ARM Cortex-M3
완벽 가이드

+

The Definitive Gude to the
ARM Cortex-M3

+

Joseph Yiu

조셉 위 지음 / 임희연 옮김 / 이종수 감수

ELSEVIER

ITC
INFO-TECH COREA

The Definitive Guide to the ARM Cortex-M3

by Joseph Yiu

Copyright ⓒ 2007 by Elsevier Inc.
ISBN : 9780750685344
Translated Edition ISBN : 9788990758217
Publication Date in Korea : January 25, 2009
Translation Copyright ⓒ 2009 by Elsevier Korea L.L.C

Translated by ITC Publishing Co.
Printed in Korea

IT 대한민국은 ITC(Info Tech Corea)가 함께 하겠습니다.
www.itcpub.co.kr

차례

제7장 익셉션 143

제8장 NVIC와 인터럽트 제어 171

제9장 인터럽트 동작 187

감수자의 글

급속도로 발전하는 기술 성장 속도와 100년에 한 번 일어날까말까라고 하는 현재의 금융 위기 같은 경제 현실이, 예전에는 서로 전혀 다른 영역으로 보였지만 이제는 아주 긴밀히 연계되어 상호작용을 하고 있습니다. Apple과 같이 새로운 기술과 마케팅으로 짧은 시간 내에 급속하게 성장하는 기업이 있는가 하면, 변화에 보수적이고 느린 반응으로 경쟁력을 잃어버린 업체의 경우 불과 몇 개월 만에 문을 닫게 되는 사례를 국내외에서 흔히 찾아볼 수 있습니다. 그만큼 빠른 속도로 기술, 고객, 기업이 유기적인 반응을 한다고 할 수 있겠습니다.

개인 혹은 단체 모두 경기가 어려울 때에는 고가의 전자 제품보다는 저가의 실용적인 제품을 찾으며, 이를 반영하여 제조회사들은 평상시보다도 훨씬 강력한 단가 인하 방법을 모색하게 됩니다. 단가를 줄이기 위한 고전적인 방법으로 물량을 키우는 규모의 전쟁이 있습니다. 최근에는 이러한 규모 이외에도 신기술로 가격장벽을 뛰어넘는 제품을 쉽게 찾아볼 수 있습니다. 이 방법은 단지 단가 인하뿐만 아니라 제품의 차별화, 신기술의 마케팅 등의 장점을 얻을 수 있어서 더욱 효과적입니다.

이 책은 ARM사의 최신 코어인 Cortex-M3에 관련된 기술적인 내용을 다루고 있습니다. 그리 멀지 않은 지난 10년 전과 비교하면 임베디드 프로세서는 비약적인 발전을 하고 있습니다. 올해 출시되는 스마트 폰은 본인이 대학교 시절 개발용으로 사용하던 PC의 성능을 능가하고 있습니다. Full-HD 화질의 동영상을 감상하고, 인터넷과 같은 무선 네트워크가 가능하며, 가정에 있는 대형 LCD-TV와 연결되어 시청하거나 심지어 프로젝션 기능까지 가능한 제품들이 출시되는 상황입니다.

최근 인기 급상승중인 소형 노트북에서도 프로세서 주도권 싸움이 한창입니다. 가격이 낮은 만큼 파급력이 높은 넷북은 전통적인 x86계열 프로세서를 주력으로 하는 Intel, AMD, VIA 등의 회사뿐만 아니라, 고성능 RISC를 앞세워 가격/성능/전력 소모의 우수성을 강조하는 ARM까지 혼재된 양상을 보이고 있습니다. PC 시장과 임베디드 시장이 분리되어 있던 과거와는 사뭇 다른 상황입니다.

예를 들어, 고성능 스마트 폰, 넷북에 사용될 임베디드 프로세서로 ARM사의 Cortex 코어가 많이 채택되고 있습니다. 뿐만 아니라 간단한 기능으로 인해 주로 마이컴을 사용하던 백색가전, 생활가전 분야에서도 변화의 바람이 점차 거세어지고 있습니다. 보다 다양한 기능과 사용자 인터페이스를 고려한 신제품에서 ARM 프로세서의 채택이 증가하고 있습니다.

기술적인 측면에서 Cortex 코어를 세부적으로 살펴보면, 고성능 멀티미디어를 위한 Cortex-A8 코어, 실시간 제어용 코어, 그리고 마이컴을 대체하기 위한 Cortex-M3 코어와 같이 크게 세 가지 형태로 분류되며 각각 약간의 차이점들을 가지고 있습니다. 그러나 기본 Cortex 명령어는 동일하며, 각각의 목적에 맞도록 추가되는 형태를 지니고 있습니다. 따라서 이 책은 기존의 ARM7/9/11의 뒤를 이은 Cortex 코어에 대한 이해와 학습을 위해 좋은 지침이 되리라고 생각합니다. PDF 문서를 제외하고 전 세계적으로 Cortex에 대한 내용만 다루는 전문서적이 없는 상황에서 국내 개발자들에게 더욱 힘이 되리라고 생각합니다.

이 책을 통해 2009년 새해를 무섭게 변화하는 기술 변화 속에서 금융 위기가 아닌 기회의 한 해로 만들어가기를 소망합니다.

이종수
(주)씨랩시스 연구소장

감수자 소개

이종수(aron.lee@clabsys.com)

IT/BT 벤처 붐이 일고 ARM 프로세서가 생소하던 그 시절, 엔지니어로서 기술적인 매력을 느껴 이를 보급하고자 기술 강의를 시작한 지 벌써 10여 년을 훌쩍 넘겨버린 베테랑 엔지니어이자 강사이다. 삼성전자와 LG전자를 필두로 대기업, 중소기업, 교육기관에서 다수의 ARM 교육과정을 만들고 강의를 진행해 왔으며, ARM 관련서적의 번역 및 감수, 잡지 기고 등의 왕성한 활동을 하고 있다. 국내 ARM 대리점이자 공인교육기관으로서, 그리고 최적화된 ARM 솔루션 등을 공급하는 임베디드 ARM 전문업체인 (주)씨랩시스의 대표이사를 거쳐 현재는 연구소장직을 맡고 있다. 최근에는 국내보다 해외시장에서의 시장점유율을 높이기 위해 최신 기술을 적용한 전문화된 솔루션 구축을 위해 힘쓰고 있다.

역자 머리말

ARM은 휴대폰, 스마트 폰, PDA 등 각종 휴대형 기기에 내장되어 우리 생활 전반에 걸쳐 알게 모르게 영향력을 미치고 있다. ARM7의 성공에 이어 ARM사의 고성능 설계 기술을 이용한 ARM9 프로세서들이 출시되자, 저전력을 요하는 기존의 휴대형 기기뿐만 아니라 TV, 냉장고, 디지털 카메라, 네비게이션 등 산업 전반에 걸쳐 앞다투어 ARM 프로세서로 제품을 개발하기 시작하였다. 프로세서의 성능이 점점 좋아지게 됨에 따라, 동영상 등의 고성능 멀티미디어 기능 구현이 가능해졌고, 이러한 멀티미디어 기능이 디폴트로 지원되면서 다양한 시장들이 하나로 통합되기 시작하였다.

ARM11 프로세서가 막 출시될 즈음에 필자는 ARM사에 대한 걱정이 들기 시작하였다. ARM9 기술만으로도 웬만한 제품 개발이 가능한 상황에서, 더 좋은 프로세서가 나온다고 해서 새로운 시장이 창출될 것 같지도 않고, 이러다가 기존의 고성능 프로세서를 요하는 시장이 포화상태가 되면 ARM사는 그 수명을 다하게 되는 게 아닐까 하는 생각이 들었기 때문이다.

처음 'Cortex'라는 이름의 새로운 제품군이 발표되었을 때, 필자는 ARM사가 ARM12라는 기존의 직관적이고도 쉬운 이름 체계를 버리고, Cortex라고 하는 새로운 이름을 사용하려고 하는지 정말 궁금했었다. 물론 Cortex라고 하니 뭔가 색다르고 멋있어 보이기는 했지만, 왠지 어려운 기술처럼 느껴져 접근이 꺼려졌기 때문이다. 하지만, 그 상세 내용을 확인하고 나서는 크게 놀라지 않을 수 없었다. 아시다시피, ARM Cortex 시리즈는 다음과 같은 세 가지 제품군으로 구분된다.

- ▶ ARM Cortex-A 시리즈: 고성능 어플리케이션 플랫폼
- ▶ ARM Cortex-R 시리즈: 실시간 어플리케이션 플랫폼
- ▶ ARM Cortex-M 시리즈: 저가 마이크로컨트롤러 플랫폼

Cortex-A 시리즈는 예상한 바와 같이 ARM12에 해당되는 고성능 어플리케이션을 위한 아키텍처이며, Cortex-R 시리즈는 RTOS가 많이 사용되는 실시간 어플리케이션을 위한 아키텍처이다. 그리고, Cortex-M 시리즈는 저가 마이크로컨트롤러가 주로 사용되는 산업 제어기기들을 위한 아키텍처이다. 위에서 알 수 있듯이, A/R/M의 각 분야는 임베디드 시장 전체를 의미한다.

이 중에서 독자들이 집중적으로 살펴보아야 할 분야가 바로 대부분 마이크로컨트롤러(마이컴)가 장악하고 있는 M 시장이다. 사실, ARM 프로세서는 A/R 영역에서는 큰 영향력을 미치고 있었으나, M 분야에서는 그다지 영향력이 없었다. 이는 8/16비트에 비해 32비트 프로세서의 가격이 비싸다는 이유도 있겠지만, 그보다는 개발 환경 셋업 비용이 상대적으로 많이 비쌌기 때문이다. 하지만, ARM은 Cortex-M 시리즈를 통해 이러한 개발 환경에 대해 개발자들이 쉽고 저렴하게 접근할 수 있도록 세심하게 배려하였다. 이런 이유로, 필자는 ARM이 마이컴 시장에서 영향력을 행사할 때가 멀지 않았다고 본다. Cortex 시리즈의 이름 또한 임베디드 시장 전반에서 A/R/M이라는 이름이 완성하고자 하는 ARM사의 의지를 담은 듯하다.

이 책은 ARM Cortex-M3에 기반한 시스템을 개발할 때 꼭 필요한 기본서로, ARM Cortex-M3 아키텍처에 대한 전반적인 이해를 추구하였으며, 시스템 설계시 고려해야 하는 개발 환경, 프로그래밍 방법 등에 대해 상세히 설명하고 있다. 아무쪼록 본 교재가 Cortex-M3 프로세서를 이용하여 개발을 검토하는 독자들에게 훌륭한 길잡이가 되기를 바란다.

임희연

역자 소개

임희연(kelly.lim@clabsys.com)

대학원 인턴 시절 ARM을 처음 접하고 그 매력에 빠져서, 현재까지도 ARM 기반의 임베디드 시스템 개발을 전문으로 하는 전자 공학도로 일하고 있다. 대학원 졸업 후, 삼성전자에서 시스템 소프트웨어 엔지니어로 일하다가, 현재는 (주)씨랩시스에서 삼성 ARM 기반의 범용 하드웨어 플랫폼 개발을 전담하고 있다. 역서로는 《ARM System Developer's Guide 한국어판(사이텍미디어, 2005)》, 《임베디드 시스템 아키텍처(ITC, 2007)》가 있다.

추천의 글

마이크로컨트롤러 프로그래머들은 선천적으로 정말 기질이 뛰어난 사람들이다. 그들은 고정된 설계를 가지고 매우 독창적인 방법으로 마이크로컨트롤러를 구현함으로써 아주 놀랍고도 새로운 제품들을 만든다. 그들은 보통 매우 빈약한 시스템으로부터 상당히 효율적인 컴퓨팅을 요구한다. 이러한 마법을 수행하기 위해 사용되는 기본적인 요소는 툴 체인 환경이다. ARM7TDMI 프로세서 설계를 이론적으로 설명하고 단순화하여 개선할 팀을 구성할 때, ARM사의 툴 체인 부서에 있는 엔지니어들이 CPU 설계자들과 힘을 합친 것도 바로 이런 이유이다.

이것의 통합 결과인 ARM Cortex-M3는 기존의 ARM 아키텍처에 가까운 개발 결과물을 보여주고 있다. 이 소자는 32비트 ARM 아키텍처로부터 가장 좋은 특징들을 상당히 성공적인 Thumb-2 명령어 세트 설계와 혼합하고, 여기에 몇 가지 새로운 기능들을 추가하였다. 이러한 변화에도 불구하고, Cortex-M3는 모든 기존 ARM 애호가들이 쉽게 인식할 수 있는 단순화된 프로그래머 모델을 유지하고 있다.

Wayne Lyons(웨인 라이온스)
ARM사의 임베디드 솔루션팀 이사

머리말

이 책은 ARM 사의 Cotex-M3 프로세서에 관심이 있는 하드웨어 엔지니어와 소프트웨어 엔지니어 모두를 위한 책이다. *Cortex-M3 Technical Reference Manual* (TRM)과 *ARMv7-M Architecture Application Level Reference Manual*은 이미 이 새로운 프로세서에 대한 많은 정보들을 제공하고 있다. 하지만, 그것들은 너무 상세하기 때문에 초보자들이 읽기에는 도전적인 작업이 될 수 있다.

이 책은 마이크로컨트롤러 또는 마이크로프로세서에 대한 경험을 가지고 Cortex-M3 프로세서에 대해 조사하고 있는 프로그래머, 임베디드 제품 설계자, SoC 엔지니어, 연구원 등의 전문가들이 좀 더 가볍고 이해하기 쉽게 읽을 수 있도록 만들어졌다. 여기에는 새로운 아키텍처에 대한 소개, 명령어 세트 요약, 몇 가지 명령어들의 예, 하드웨어 특징들에 대한 정보, 프로세서의 진보된 디버그 시스템의 개요가 포함되어 있다. 또한 GNU 툴 체인과 ARM 툴을 사용하여 Cortex-M3 프로세서를 위한 소프트웨어를 개발할 때의 기본적인 단계들을 포함하며, 어플리케이션 예들도 제공한다. 이 책은 ARM7TDMI 프로세서에 익숙하며, Cortex-M3 프로세서로 전환하고자 하는 엔지니어들을 타깃으로 하고 있다. 이것은 프로세서들 간의 차이점과 ARM7TDMI 에서 Cortex-M3 로 어플리케이션 소프트웨어를 포팅하는 내용에 대해 다루고 있기 때문이다.

이 책을 리뷰하고 조언과 피드백을 제공해 준 다음의 사람들에게 감사를 전하고 싶다.

Alan Tringham, Dan Brook, David Brash, Haydn Povey, Gary Campbell, Kevin McDermott, Richard Earnshaw, Samin Ishtiaq, Shyam Sadasivan, Simon Axford, Simon Craske, Simon Smith, Stephen Theobald and Wayne Lyons.

기술적인 지원을 해준 CodeSourcery 와 이 책의 표지 이미지를 제공해 준 루미너리 마이크로에도 감사하고 싶다. 그리고 이 책의 출판 전문 작업을 해준 Elsevier 의 팀원들에게도 감사한다.

마지막으로 나에게 이 책을 쓰라고 용기를 준 Peter Cole 과 Ivan Yardley 에게 특히 감사를 드린다.

Joseph Yiu(조셉 위)
ARM 사의 주임 엔지니어

용어 및 약어

약어	의미
ADK	AMBA Design Kit: AMBA 디자인 키트
AHB	Advanced High-Performance Bus: 진보된 고성능 버스
AHB-AP	AHB Access Port: AHB 접근 포트
AMBA	Advanced Microcontroller Bus Architecture: 진보된 마이크로 컨트롤러 버스 아키텍처
APB	Advanced Peripheral Bus: 진보된 주변장치 버스
ARM ARM	ARM Architecture Reference Manual: ARM 아키텍처 참조 매뉴얼
ASIC	Application Specific Integrated Circuit: 주문형 반도체
ATB	Advanced Trace Bus: 진보된 트레이스 버스
BE8	Byte Invariant Big Endian Mode: 바이트 불변 빅 엔디안 모드
CPI	Cycles Per Instruction: 명령어당 사이클
CPU	Central Processing Unit: 중앙처리장치
DAP	Debug Access Port: 디버그 접근 포트
DSP	Digital Signal Processor/Digital Signal Processing: 디지털 신호 처리
DWT	Data WatchPoint and Trace: 데이터 와치포인트 및 트레이스
ETM	Embedded Trace Macrocell: 임베디드 트레이스 매크로셀
FPB	Flash Patch and Breakpoint: 플래시 패치 및 브레이크포인트
FSR	Fault Status Register: 결함 상태 레지스터
HTM	CoreSight AHB Trace Macrocell: CoreSight AHB 트레이스 매크로셀
ICE	In-Circuit Emulator: 인-서킷 에뮬레이터
IDE	Integrated Development Environment: 집적 개발 환경
IRQ	Interrupt Request: 인터럽트 요청(보통 외부 인터럽트를 가리킨다)
ISA	Instruction Set Architecture: 명령어 세트 아키텍처
ISR	Interrupt Service Routine: 인터럽트 서비스 루틴
ITM	Instrumentation Trace Macrocell: 중개 트레이스 매크로셀
JTAG	Joint Test Action Group: 테스트 및 디버그 인터페이스 표준

JTAG-DP	JTAG Debug Port: JTAG 디버그 포트
LR	Link Register: 링크 레지스터
LSB	Least Significant Bit: 최하위 비트
LSU	Load/Store Unit: 로드/스토어 장치
MCU	Microcontroller Unit: 마이크로컨트롤러 장치
MMU	Memory Management Unit: 메모리 관리 장치
MPU	Memory Protection Unit: 메모리 보호 장치
MSB	Most Significant Bit: 최상위 비트
MSP	Main Stack Pointer: 메인 스택 포인터
NMI	Nonmaskable Interrupt: 마스킹이 불가능한 인터럽트
NVIC	Nested Vectored Interrupt Controller: 중첩 벡터 인터럽트 컨트롤러
OS	Operating System: 운영체제
PC	Program Counter: 프로그램 카운터
PSP	Process Stack Pointer: 프로세스 스택 포인터
PPB	Private Peripheral Bus: 전용 주변장치 버스
PSR	Program Status Register: 프로그램 상태 레지스터
SCS	System Control Space: 시스템 제어 공간
SIMD	Single Instruction, Multiple Data: 단일 명령어, 다중 데이터
SP, MSP, PSP	Stack Pointer, Main Stack Pointer, Process Stack Pointer: 스택 포인터, 메인 스택 포인터, 프로세스 스택 포인터
SoC	System-on-a-Chip: 시스템-온-칩
SP	Stack Pointer: 스택 포인터
SW	Serial-Wire: 시리얼-와이어
SW-DP	Serial-Wire Debug Port: 시리얼-와이어 디버그 포트
SWJ-DP	Serial-Wire JTAG Debug Port: 시리얼-와이어 JTAG 디버그 포트
SWV	Serial-Wire Viewer: 시리얼-와이어 뷰어(TPIU의 동작 모드)
TPA	Trace Port Analyzer: 트레이스 포트 분석기
TPIU	Trace Port Interface Unit: 트레이스 포트 인터페이스 장치
TRM	Technical Reference Manual: 기술 참조 매뉴얼

규정

이 책에서 사용된 다양한 인쇄 규정으로는 다음과 같은 것이 있다.

- 일반적인 어셈블리 프로그램 코드:

```
MOV R0, R1 ; 레지스터 R1에서 레지스터 R0로 데이터 이동
```

- 일반화된 형식의 어셈블리 코드; < > 안의 값은 읽은 레지스터 이름으로 대체되어야 한다:

```
MRS <reg>, <special_reg>;
```

- C 프로그램 코드:

```
for (i=0;i<3;i++) { func1(); }
```

- 의사 코드:

```
if (a > b){ ...
```

- 값:
  1. 4'hC, 0x123은 모두 16진수 값을 의미한다.
  2. #3은 아이템 번호 3을 가리킨다(예, IRQ#3은 IRQ 3번을 의미한다).
  3. #immed_12는 12비트 상수값(immediate data)을 가리킨다.
  4. 레지스터 비트
     전형적으로 레지스터의 값의 일부를 비트 위치를 기준으로 표현하기 위해 사용된다. 예를 들어 비트[15:12]는 12번 비트에서 15번 비트까지를 의미한다.

- 레지스터 접근 유형:
  1. R: Read only
  2. W: Write only
  3. R/W: Read or Write accessible
  4. R/Wc: Readable and clear by a Write access

참조

참조 번호	문서
1	*Cortex-M3 Technical Reference Manual* (TRM) www.arm.com/documentation/ARMProcessor_Cores/index.html의 ARM 문서 웹사이트에서 다운로드 가능
2	*ARMv7-M Architecture Application Level Reference Manual* www.arm.com/products/CPUs/ARM_Cortex-M3_v7.html의 ARM 문서 웹사이트에서 다운로드 가능
3	*CoreSight Technology System Design Guide* www.arm.com/documentation/Trace_Debug/index.html의 ARM 문서 웹사이트에서 다운로드 가능
4	*AMBA Specification* www.arm.com/products/solutions/AMBA_Spec.html의 ARM 문서 웹사이트에서 다운로드 가능
5	*AAPCS Procedure Call Standard for the ARM Architecture* www.arm.com/pdfs/aapcs.pdf의 ARM 문서 웹사이트에서 다운로드 가능
6	*RVCT 3.0 Compiler and Library Guide* www.arm.com/pdfs/DUI0205G_rvct_compiler_and_libraries_guide.pdf의 ARM 문서 웹사이트에서 다운로드 가능
7	*ARM Application Note 179: Cortex-M3 Embedded Software Development* www.arm.com/documentation/Application_Notes/index.html의 ARM 문서 웹사이트에서 다운로드 가능

Chapter 01

소개

이 장의 내용

- ARM Cortex-M3 프로세서란 무엇인가?
- ARM과 ARM 아키텍처에 대한 배경지식
- 명령어 세트 개발
- Thumb-2 명령어 세트 아키텍처(ISA)
- Cortex-M3 프로세서 어플리케이션
- 이 책의 구조
- 심화학습

ARM Cortex-M3 프로세서란 무엇인가?

마이크로컨트롤러 시장은 매우 광대하다. 2010년에는 연간 200억 개 이상의 소자들이 판매될 것으로 기대된다. 이 시장에서는 많은 벤더들과 소자들 그리고 아키텍처들이 모두 경쟁관계에 있다. 보다 높은 성능의 마이크로컨트롤러에 대한 요구사항들이 산업의 변화하고 있는 수요에 의해 전반적으로 확산되어 간다. 예를 들어, 마이크로컨트롤러는 제품의 속도나 전력 소모를 증가시키지 않고 더 많은 작업을 처리하도록 요구되고 있다. USB, 이더넷, 또는 무선 라디오와의 연결이 점점 증가되고 있으며, 이러한 통신 채널들과 진보된 주변장치들을 지원하기 위해 필요한 처리량이 점점 증가하고 있다. 유사하게, 보다 복잡한 사용자 인터페이스, 멀티미디어 요구사항, 시스템 속도, 기능들의 통합을 요구하는 범용 어플리케이션 복잡도 또한 증가하고 있다.

2006년 ARM에서 출시된 프로세서의 첫 번째 Cortex 세대인 ARM Cortex-M3 프로세서는 기본적으로 32비트 마이크로프로세서 시장을 타깃으로 설계되었다. Cortex-M3 프로세서는 낮은 게이트 수로 훌륭한 성능을 제공하고 있으며, 이전에 하이-엔드 프로세서에서만 사용할 수 있었던 많은 새로운 특징들을 채택하였다. Cortex-M3는 다음과 같은 여러 면에서 32비트 임베디드 프로세서 시장을 위한 요구사항들을 만족하고 있다.

- 보다 더 좋아진 성능 효율성, 속도나 전력 요구사항을 증가시키지 않고도 더 많은 작업을 가능하게 하였다.
- 낮은 전력 소모, 무선 네트워킹 어플리케이션을 포함하는 휴대형 제품에서 특히 중요한 배터리의 수명을 더 길게 해주었다.
- 개선된 결정성, 크리티컬한 작업과 인터럽트가 정해진 사이클 이내에서 가능한 한 빨리 처리될 수 있도록 보장하고 있다.
- 향상된 코드 집적도, 심지어는 가장 작은 메모리 풋프린트 안에도 코드가 실장될 수 있게 되었다.
- 사용의 편의성, 32비트 사용을 검토하는 8비트 및 16비트 사용자들을 위해 프로그래밍과 디버깅이 더 쉬워졌다.
- 저가격 솔루션, 32비트 기반의 시스템 비용을 기존의 8비트 및 16비트 소자를 사용했을 때와 비슷한 수준으로 줄여주어, 로우-엔드를 가능하게 하며, US$1 이내의 가격으로 출시되는 첫 번째 32비트 마이크로컨트롤러를 탄생시켰다.

- 개발 툴의 폭넓은 선택, 저가격 또는 무상 컴파일러에서부터 다양한 개발 툴 벤더에서 출시한 완전히 집적된 개발 세트에 이르기까지 툴 선택의 폭이 넓다.

Cortex-M3 프로세서를 기반으로 하고 있는 마이크로컨트롤러들은 다른 다양한 아키텍처들을 기반으로 하고 있는 소자들과 이미 정면 충돌을 하고 있다. 전통적인 소자의 비용과는 달리, 시스템 비용을 줄이고자 검토하는 설계자들이 점점 늘고 있다. 그러한 이유로, 업체들은 **소자들의 집적화**(device aggregation)를 구현하고 있고, 이로써 보다 막강한 소자 하나가 3～4개의 전통적인 8비트 소자들을 대체하는 것이 가능해졌다.

모든 시스템에 걸쳐 코드 재사용을 많이 하면, 또 다른 비용 절감 효과를 얻을 수 있다. Cortex-M3 프로세서 기반의 마이크로컨트롤러들은 C 언어를 사용하여 쉽게 프로그래밍할 수 있고 잘 설계된 아키텍처를 기반으로 하고 있기 때문에, 어플리케이션 코드를 쉽게 포팅하고 재사용할 수 있어서 개발시간과 테스트 비용을 줄여준다.

Cortex-M3가 범용 마이크로컨트롤러를 만들기 위해 사용된 첫 번째 ARM 프로세서가 아니라는 점에 주목할 만한 가치가 있다. 잘 알려져 있는 ARM7 프로세서는 이 시장에서 매우 성공적이었다. NXP(필립스), TI(Texas Instrument), 아트멜(Atmel), OKI와 같은 협력사들이 생겨났으며, 많은 다른 벤더들이 이 훌륭한 32비트 마이크로컨트롤러 장치(MCU)들을 만들어냈다. ARM7은 역사적으로 가장 폭넓게 사용된 32비트 임베디드 프로세서로, 매년 10억 개 이상의 프로세서가 모바일 폰에서부터 자동차에 이르기까지 다양한 전자 제품들 안에서 사용되었다.

Cortex-M3 프로세서는 ARM7 프로세서의 성공 위에서, 프로그래밍과 디버깅은 더 쉽지만, 처리 능력은 더 향상되도록 만들어졌다. 또한 마이크로컨트롤러 어플리케이션의 특정 요구사항을 만족시켜 주는 많은 특징들과 기술들을 소개하고 있다. 그 특징으로는 크리티컬한 태스크들을 위해 마스킹할 수 없는 인터럽트 지원, 높은 결정성을 갖는 중첩 벡터 인터럽트 지원, 단일 비트 조작 가능, 선택 가능한 메모리 보호 장치 등을 들 수 있다. 이것들은 기존의 ARM 프로세서 사용자들뿐 아니라 제품에 32비트 MCU의 사용을 고려하는 새로운 사용자들이 Cortex-M3에 관심을 갖게 하는 요소이다.

Cortex-M3 프로세서와 Cortex-M3 기반의 MCU 비교

Cortex-M3는 마이크로컨트롤러 칩의 중앙처리장치(CPU)이다. 모든 Cortex-M3 기반의 마이크로컨트롤러에는 많은 다른 컴포넌트들이 요구된다. 칩 제조사들은 Cortex-M3 프로세서를 라이센싱한 다음, 실리콘 설계 안에 Cortex-M3 프로세서를 집어 넣고, 메모리, 주변장치, I/O 및 다른 특징들을 추가할 수 있다. Cortex-M3 프로세서 기반의 칩들은 제조사에 따라 메모리 크기, 종류, 주변장치, 특징들이 다르다. 이 책은 프로세서 코어의 아키텍처에 초점을 맞추고 있다. 칩의 나머지에 대한 보다 상세한 사항이 알고 싶다면, 특정 칩 제조사의 문서를 확인하기 바란다.

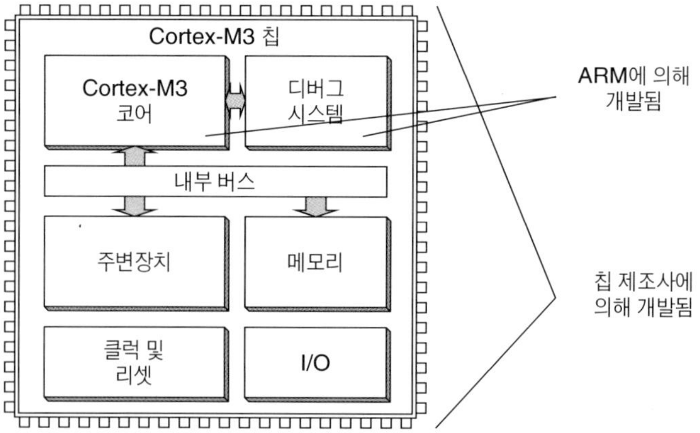

그림 1.1 Cortex-M3 프로세서 대 Cortex-M3 기반의 MCU

ARM과 ARM 아키텍처의 배경지식

간단한 역사

ARM 프로세서와 아키텍처 버전에 대한 이해를 돕기 위해 ARM의 역사에 대해서 간단히 살펴보자.

ARM은 1990년 Apple Computer, Acorn Computer Group, VLSI Technology의 합작 벤처 회사로서 Advanced RISC Machines Ltd.라는 이름으로 설립되었다. 1991

년 ARM은 ARM6 프로세서군을 소개하였고, VLSI가 처음으로 이를 라이센싱하였다. 그 다음으로, Texas Instruments, NEC, Sharp, 그리고 ST Microelectronics를 포함한 추가적인 회사들이 ARM 프로세서 설계를 라이센싱하였다. 이로써 ARM 프로세서의 어플리케이션들은 모바일 폰, 컴퓨터 하드 디스크, 개인 휴대용 정보 단말기(PDA), 가정용 오락 시스템, 그리고 많은 다른 소비자 제품에까지 확장되게 되었다.

오늘날 ARM 협력사들은 매년 2억 개 이상을 판매하고 있다. 많은 반도체 회사들과는 달리, ARM은 프로세서를 제조하거나 칩들을 직접 판매하지는 않는다. 대신, ARM은 프로세서 설계를 전 세계의 선도적인 반도체 회사들의 대부분을 포함한 비즈니스 협력사들에게 라이센스를 해준다. 협력사들은 ARM의 저가이면서 저전력 프로세서 설계를 기반으로 하여 프로세서와 마이크로컨트롤러 그리고 시스템-온-칩을 만든다. 이러한 비즈니스 모델은 일반적으로 **지적 소유권**(Intellectual Property: IP) 라이센싱이라고 불린다.

프로세서 설계 외에, ARM은 시스템 레벨 IP와 다양한 소프트웨어 IP로 라이센스를 한다. 이러한 제품들을 지원하기 위해, ARM은 협력사들이 제품을 개발할 수 있도록, 강력한 기본 개발 툴들과 하드웨어 및 소프트웨어 제품들을 개발해 오고 있다.

아키텍처 버전

여러 해 동안, ARM은 새로운 프로세서들과 시스템 블록들을 계속해서 개발해 오고 있다. 여기에는 유명한 ARM7TDMI 프로세서와 스마트 폰과 같은 하이-엔드 어플리케이션에서 사용되는 최신 ARM1176TZ(F)-S 프로세서가 포함되어 있다. 시간이 흐름에 따라 프로세서에 대한 특징들이 발전되고 향상되어 ARM 아키텍처의 연속적인 버전들을 이끌어내었다. 아키텍처 버전 번호는 프로세서명에 의존적이라는 것을 기억해 두자. 예를 들어, ARM7TDMI 프로세서는 ARMv4T 아키텍처를 기반으로 하고 있다(여기서 T는 *Thumb* 명령어 모드 지원을 의미한다).

ARMv5E 아키텍처는 ARM926E-S와 ARM946E-S 프로세서를 포함하고 있는 ARM9E 프로세서군에서 소개되었다. 이 아키텍처에는 멀티미디어 어플리케이션을 위한 '임베디드' 디지털 신호 처리(DSP) 명령어가 추가되어 있다.

ARM11 프로세서군에 이르러, 아키텍처는 ARMv6로 확대되었다. 이 아키텍처에서의 새로운 특징은 메모리 시스템 특징과 단일 명령어-다중 데이터(SIMD) 명령어를 포함한다는 것이다. ARMv6 아키텍처를 기반으로 하는 프로세서들은 ARM1136J(F)-S, ARM1156T2(F)-S, ARM1176JZ(F)-S를 포함한다.

ARM11군이 소개된 다음, 마이크로컨트롤러와 자동차 컴포넌트들의 저가 시장에 최적화된 Thumb-2 명령어 세트와 같은 많은 새로운 기술들이 채택되게 되었다. 최저가 MCU에서부터 최상위 성능의 어플리케이션 프로세서에 이르기까지 지속적으로 이 아키텍처가 필요함에도 불구하고, 어플리케이션에 꼭 맞는 프로세서 아키텍처를 만들어 내야만 했다. 이로써 비용에 민감한 시장을 위한 매우 결정적이고 낮은 게이트 수를 가진 프로세서 및 하이-엔드 어플리케이션들을 위한 풍부한 특징과 고성능 프로세서들을 만들어내는 것이 가능해지게 되었다.

지난 몇 년간, ARM은 CPU 개발을 여러 가지로 다양화함으로써 제품 포트폴리오를 확장했는데, 그 결과 아키텍처 버전 7인 v7을 만들어내게 되었다. 이 버전에서는 아키텍처 설계가 다음과 같은 세 가지 종류로 나누어지게 된다.

- *A*형, 고성능 개발형 어플리케이션 플랫폼을 위한 설계
- *R*형, 실시간 성능이 요구되는 하이-엔드 임베디드 시스템을 위한 설계
- *M*형, 임베디드 마이크로컨트롤러형 시스템을 위한 설계

이 종류들에 대해 좀 더 상세히 알아보도록 하자.

- A형(ARMv7-A): 심비안, 리눅스, 윈도우즈 임베디드 등의 하이-엔드 임베디드 운영체제(OS)와 같은 복잡한 어플리케이션을 동작시켜야 하는 어플리케이션 프로세서. 이는 높은 전력 소모, 메모리 관리 장치(MMU)를 지원하는 가상 메모리 시스템, 선택 가능한 진보된 자바 지원, 보안 프로그램 실행 환경을 필요로 한다. 제품 예로는 하이-엔드 모바일 폰과 금융 거래를 위한 전자 지갑 등이 있다.
- R형(ARMv7-R): 실시간[1] 시장의 하이-엔드 제품을 기본으로 타깃팅하고 있는 실시간, 고성능 프로세서 — 이 시장에는 하이-엔드 브레이크 시스템과 하드 드라이브 컨트롤러와 같은 어플리케이션들이 있으며, 이 어플리케이션들은 낮은 전력 소모와 높은 신뢰성이 필수적이고, 낮은 지연시간이 매우 중요시된다.

---

[1] 범용 프로세서들을 사용한 '실시간' 시스템이 있는지에 대해서는 항상 큰 논쟁이 있어 왔다. 정의에 따르면, '실시간'은 시스템이 보장된 기간 내에 반응을 얻을 수 있다는 것을 의미한다. ARM 프로세서 기반의 시스템에서는 운영체제, 인터럽트 지연, 메모리 지연의 선택과 CPU가 보다 높은 우선순위의 인터럽트를 실행하고 있는가에 따라 이러한 반응을 얻을 수도 있고 얻지 못할 수도 있다.

- M 형(ARMv7-M): 처리 효율이 중요하고 비용, 전력 소모, 낮은 인터럽트 지연시간, 사용의 편의성에 매우 크리티컬한 저가 어플리케이션과 실시간 제어 시스템을 포함한 산업 제어 어플리케이션들을 타깃으로 하는 프로세서들

Cortex-M3 프로세서군은 아키텍처 v7으로 개발된 첫 번째 제품이며, 마이크로컨트롤러 제품들을 위한 아키텍처 규정인 ARMv7-M이라고 불리는 v7 아키텍처를 기반으로 하고 있다.

이 책은 ARMv7 아키텍처를 사용하는 Cortex 제품군 중 하나인 Cortex-M3 프로세서에 초점을 맞추고 있다. 다른 Cortex 프로세서들로는 ARMv7-A형을 기반으로 하는 Cortex-A8(어플리케이션 프로세서)와 ARMv7-R형을 기반으로 하는 Cortex-R4(실시간 프로세서)가 있다.

ARMv7-M 아키텍처에 대한 보다 상세한 사항에 대해서는 *ARMv7-M Architecture Application Level Reference Manual* (Ref2)의 문서를 살펴보기 바란다. 이 문서는 ARM 웹사이드에서 간단한 등록 과징을 거치면 읻을 수 있다. ARMv7-M 아키텍처는 다음의 핵심 분야들을 포함한다.

- 프로그래머 모델
- 명령어 세트
- 메모리 모델
- 디버그 아키텍처

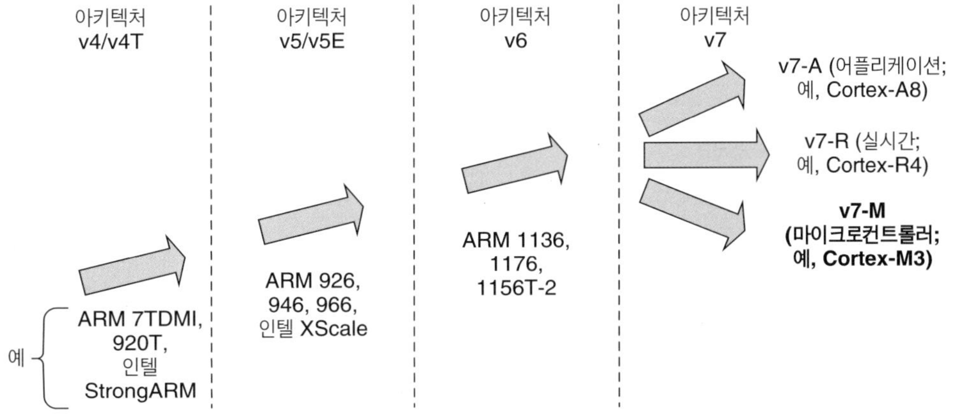

그림 1.2 ARM 프로세서 아키텍처의 진화

인터페이스 상세 사항 및 타이밍과 같은 프로세서에 대한 특화된 정보는 Cortex-M3 *Technical Reference Manual* (*TRM*) (Ref1) 문서에 나와 있다. 이 매뉴얼은 ARM 웹사이트에서 무료로 구할 수 있다. ARMv7-M 아키텍처 규정에서 다루고 있는 일부 명령어들은 옵션 사항이기 때문에, Cortex-M3 *TRM*은 아키텍처 규정에서는 다루지 않는, 지원되는 명령어 리스트와 같은 다양한 결과물에 대한 상세한 사항들에 대해서도 다루고 있다.

프로세서명

전통적으로 ARM은 프로세서명을 숫자로 명기하는 방식을 사용했었다. 또한 초기에는 (1990년대), 프로세서에 그 특징을 가리키는 접미사도 사용되고는 하였다. 예를 들어, ARM7TDMI 프로세서에서 T는 Thumb 명령어 지원을, D는 JTAG 디버깅을, M은 고속 곱셈기를, I는 임베디드 ICE 모듈을 가리킨다. 하지만 결국 이러한 특징들은 미래의 ARM 프로세서의 표준 특징이 되었기 때문에, 이러한 접미사는 더 이상 새로운 프로세서군에 추가되지 않는다. 대신에 메모리 인터페이스, 캐시, TCM(Tightly Coupled Memory)과 관련된 파생어가 프로세서명에 새롭게 붙게 되었다.

예를 들어, 캐시와 MMU를 가지고 있는 ARM 프로세서는 현재 접미사 '26' 또는 '36'이 붙는다. 반면에, 메모리 보호 장치(MPU)를 가지고 있는 프로세서는 접미사 '46'(예를 들어, ARM946E-S)이 붙는다. 또한 Synthesizable[2](*S*)과 Jazelle(*J*) 기술을 가리키기 위한 다른 접미사들도 추가되었다. 표 1.1에는 프로세서명에 대해 요약 정리하였다.

표 1.1 ARM 프로세서명

프로세서명	아키텍처 버전	메모리 관리 특징들	다른 특징들
ARM7TDMI	ARMv4T		
ARM7TDMI-S	ARMv4T		
ARM7EJ-S	ARMv5E		DSP, Jazelle

2 신디사이저블한 코어 설계는 베릴로그 또는 VHDL과 같은 하드웨어 디스크립션 언어(HDL)의 형태로 사용 가능하며, 시스템 설계 소프트웨어를 사용하여 디자인 넷 리스트로 변환될 수 있다.

표 1.1 (계속)

프로세서명	아키텍처 버전	메모리 관리 특징들	다른 특징들
ARM920T	ARMv4T	MMU	
ARM922T	ARMv4T	MMU	
ARM926EJ-S	ARMv5E	MMU	DSP, Jazelle
ARM946E-S	ARMv5E	MPU	DSP
ARM966E-S	ARMv5E		DSP
ARM968E-S	ARMv5E		DMA, DSP
ARM966HS	ARMv5E	MPU(선택 가능)	DSP
ARM1020E	ARMv5E	MMU	DSP
ARM1022E	ARMv5E	MMU	DSP
ARM1026EJ-S	ARMv5E	MMU 또는 MPU	DSP, Jazelle
ARM1136J(F)-S	ARMv6	MMU	DSP, Jazelle
ARM1176JZ(F)-S	ARMv6	MMU + TrustZone	DSP, Jazelle
ARM11 MPCore	ARMv6	MMU + 마이크로프로세서 캐시 지원	DSP, Jazelle
ARM1156T2(F)-S	ARMv6	MPU	DSP
Cortex-M3	ARMv7-M	MPU(선택 가능)	NVIC
Cortex-R4	ARMv7-R	MPU	DSP
Cortex-R4F	ARMv7-R	MPU	DSP + 부동소수점
Cortex-A8	ARMv7-A	MMU + TrustZone	DSP, Jazelle

아키텍처 버전 7에서, ARM은 해석을 필요로 하는 이렇게 복잡하게 번호를 매기는 방식에서 벗어나 프로세서군에 대해 일관된 이름을 붙이는 것으로 진화하고 있다. 그 첫 번째 브랜드가 바로 Cortex이다. 이러한 시스템은 프로세서들 간에 호환성을 나타낼 뿐 아니라, 아키텍처 버전과 프로세서군의 번호 간에 혼란을 제거시켜 준다. 예를 들어, ARM7TDMI는 v7 프로세서가 아니라, v4T 아키텍처를 기반으로 하고 있다.

명령어 세트 개발

ARM 프로세서들에 의해 사용되는 명령어 세트의 확장은 아키텍처 혁명의 핵심 원천 중 하나이다.

(ARM7TDMI 이후) 역사적으로 ARM 프로세서에는 32비트의 ARM 명령어와 16비트의 Thumb 명령어 두 개의 다른 명령어 세트가 지원되었다. 프로그램 실행중, 프로세서는 명령어 세트 중 하나를 사용하기 위해서 ARM 상태 또는 Thumb 상태를 동적으로 전환할 수 있다. Thumb 명령어 세트는 ARM 명령어 세트의 일부이다. 하지만 더 높은 코드 집적도를 제공할 수 있다. 이것은 적은 메모리 요구사항을 갖는 제품에 유용하다.

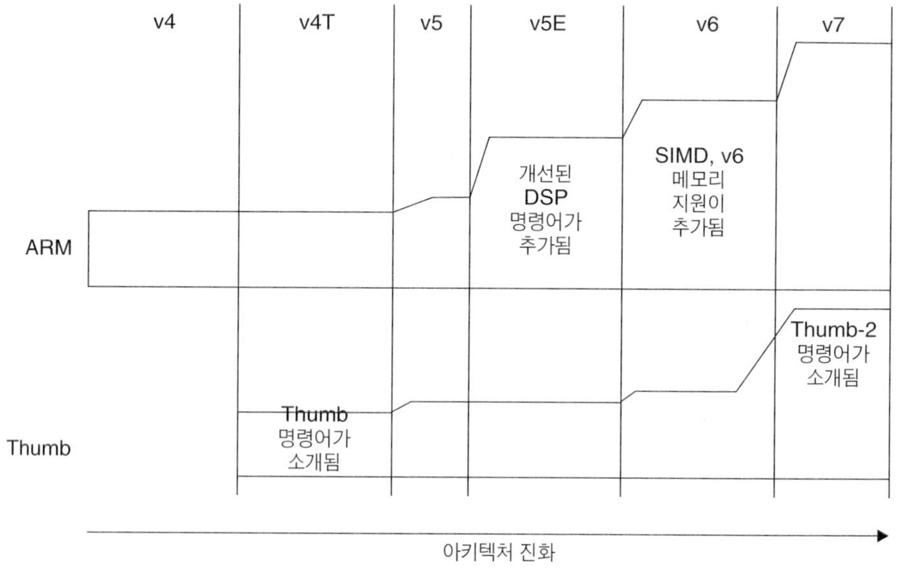

그림 1.3 명령어 세트의 진화

아키텍처 버전이 업데이트됨에 따라, ARM 명령어와 Thumb 명령어 모두에 추가적인 명령어들이 추가되었다. 부록 II는 아키텍처가 진화하는 중에, Thumb 명령어들의 변화에 대한 몇 가지 정보를 제공하고 있다. 2003년에 ARM은 Thumb-2 명령어 세트를 발표하였는데, 이것은 16비트 명령어와 32비트 명령어를 모두 포함하는 Thumb 명령어의 새로운 상위 집합이다.

명령어 세트에 관한 상세한 사항들에 대해서는 *ARM Architecture Reference Manual*(*ARM ARM*이라고도 한다)이라고 하는 문서에서 설명하고 있다. 이 매뉴얼은 ARMv5 아키텍처, ARMv6 아키텍처, ARMv7 아키텍처를 위해 업데이트되었다.

ARMv7 아키텍처에서는, 다른 이름으로 구분되어 발전하였기 때문에, 이 규정은 여러 개의 문서로 쪼개지게 되었다. Cortex-M3 개발자들을 위해서는 *ARMv7-M Architecture Application Level Reference Manual* (Ref2)가 필요한 모든 명령어 세트에 대한 상세한 사항들을 다루고 있다.

Thumb-2 명령어 세트 아키텍처(ISA)

Thumb-2[3] ISA는 사용의 편의성, 코드 크기, 성능과 관련하여 상당한 이점이 있는 매우 효율적이면서 강력한 명령어 세트이다. Thumb-2 명령어 세트는 이전의 16비트 Thumb 명령어 세트를 포함하고 있으며, 추가적으로 32비트 명령어와 유사한 16비트 명령어들을 포함하고 있다. 이것은 Thumb 상태에서 수행되어야 하는 보다 복잡한 연산을 가능하게 한다. ARM 상태와 Thumb 상태 사이에서의 상태 전환 수를 줄여줌으로써 더 높은 효율성을 제공하고 있다.

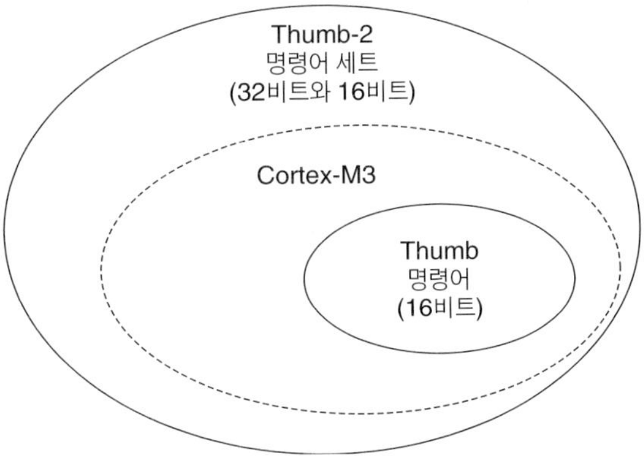

그림 1.4 Thumb-2 명령어 세트와 Thumb 명령어 세트 간의 관계

마이크로컨트롤러와 같은 작은 메모리 시스템 기기에 초점을 맞추고, 프로세서의 크기를 줄여주기 위해, Cortex-M3는 Thumb-2(와 전통적인 Thumb) 명령어 세트만을 지

[3] Thumb과 Thumb-2는 ARM의 등록 상표이다.

원한다. 전통적인 ARM 프로세서에서 어떤 동작을 위해 ARM 명령어를 사용하는 것과는 달리, 그것은 모든 동작을 위해 Thumb-2 명령어 세트를 사용한다. 결과적으로 Cortex-M3 프로세서는 전통적인 ARM 프로세서와 하위 호환되지 않는다. 즉, ARM7 프로세서를 위한 바이너리 이미지를 Cortex-M3 프로세서를 위해 사용할 수 없다. 그럼에도 불구하고, Cortex-M3 프로세서는 ARM7 군의 프로세서에서 지원되는 16비트 Thumb 명령어를 포함하여, 거의 모든 16비트 Thumb 명령어를 실행시킬 수 있기 때문에 어플리케이션을 쉽게 포팅할 수 있다.

Thumb-2 명령어 세트 안에 16비트와 32비트 명령어 모두를 지원하기 때문에, Thumb 상태(16비트 명령어)와 ARM 상태(32비트 명령어) 사이에서 프로세서를 전환할 필요가 없다. 예를 들어, 복잡한 계산이나 많은 조건 명령어를 수행하기를 원하거나 충분한 성능이 요구되는 경우, ARM7과 ARM9 군의 프로세서에서는 ARM 상태로 전환을 해야만 했다. 반면에, Cortex-M3에서는 복잡하지 않게 높은 코드 집적도와 고성능을 얻을 수 있도록 상태 전환 없이 32비트 명령어와 16비트 명령어를 혼합하여 사용할 수 있다.

Thumb-2 명령어 세트는 ARMv7 아키텍처의 매우 중요한 특징이다. ARM7 군의 프로세서(ARMv4T 아키텍처)에서 지원되는 명령어들과 비교해 볼 때, Cortex-M3 프로세서 명령어 세트는 많은 새로운 특징들을 갖는다. 최초로 하드웨어 나눗셈 명령어가 ARM 프로세서에서 가능하게 되었으며, 데이터 고속처리 성능을 향상시키기 위한 많은 곱셈 명령어들도 Cortex-M3 프로세서에서 사용할 수 있게 되었다. Cortex-M3 프로세서는 이전에 하이-엔드 프로세서에서만 가능하였던 특징인 비정렬 데이터 접근도 지원한다.

Cortex-M3 프로세서 어플리케이션

고성능과 높은 코드 집적도 그리고 작은 실리콘 풋프린트라는 특징으로 인해, Cortex-M3 프로세서는 다양한 분야의 어플리케이션에 이상적이다.

- 저가격 마이크로컨트롤러: Cortex-M3 프로세서는 저가격 마이크로컨트롤러에 매우 적합하다. 그런데 이러한 저가격 마이크로컨트롤러들은 장남감에서 가전 제품에 이르기까지 소비자 제품에서 보편적으로 사용된다. 시장에는 잘 알려진 8비트 및 16비트 마이크로컨트롤러 제품들이 많이 있기 때문에, 이 시장은 매우 경쟁력이 있는 시장이다. 낮은 가격과 높은 성능 그리고 사용 편의성이라는 장점은 임베디드 개발

자들이 ARM 아키텍처를 가지고 있는 32비트 시스템과 개발 제품들로 전환할 수 있도록 돕는다.

- 자동차: Cortex-M3의 또 다른 이상적인 어플리케이션은 자동차 분야이다. Cortex-M3 프로세서는 매우 높은 성능 효율성과 낮은 인터럽트 지연시간을 가지고 있기 때문에 실시간 시스템에서 사용이 가능하다. Cortex-M3 프로세서는 240개까지의 외부 벡터 인터럽트를 지원하며, 중첩 인터럽트를 지원하는 내장된 인터럽트 컨트롤러와 선택 가능한 메모리 보호 장치를 가지고 있다. 이러한 특징은 집적도가 높고 가격에 민감한 자동차 어플리케이션에 이상적이다.
- 데이터 통신: 비트-영역 조작을 위한 Thumb-2 명령어와 함께 프로세서의 낮은 전력 소모와 높은 효율성은 블루투스와 지그비와 같은 많은 통신 어플리케이션을 위해 Cortex-M3가 이상적인 프로세서가 되도록 해주었다.
- 산업 제어: 산업 제어 어플리케이션에서는 단순함, 빠른 응답, 신뢰성이 핵심 요소이다. Cortex-M3 프로세서의 인터럽트, 낮은 인터럽트 지연시간, 개선된 결함 처리 방식은 이 분야에 있어서 Cortex-M3가 강력한 후보자가 될 수 있게 해주었다.
- 소비자 제품: 많은 소비자 제품에서는 고성능 마이크로프로세서(또는 그것들 중 일부)가 사용된다. 작은 프로세서인 Cortex-M3 프로세서는 효율이 매우 높고 전력 소모가 매우 적으며, 확실하게 메모리를 보호하면서 복잡한 소프트웨어가 실행될 수 있도록 해주는 MPU를 지원한다.

시장에서 사용할 수 있는 많은 Cortex-M3 프로세서 기반의 제품들이 이미 출시되어 있다. 여기에는 US$1 정도 가격의 로우-엔드 제품이 포함되어 있으며, 많은 8비트 마이크로컨트롤러의 가격과 경쟁이 가능하거나 더 낮은 가격의 ARM 마이크로컨트롤러도 있다.

이 책의 구조

이 책은 Cortex-M3 프로세서에 대한 개요를 포함하고 있으며, 다음과 같은 절로 세부 내용이 정리되어 있다.

1장～2장, Cortex-M3의 소개와 개요
3장～6장, Cortex-M3 기초
7장～9장, 익셉션과 인터럽트

10장~11장, Cortex-M3 프로그래밍
12장~14장, Cortex-M3 하드웨어 특징
15장~16장, Cortex-M3에서의 디버깅 지원
17장~20장, Cortex-M3를 이용한 어플리케이션 개발
부록

심화학습

이 책은 Cortex-M3 프로세서에 대한 모든 기술적인 세부 사항들을 포함하고 있지는 않다. 이 책은 Cortex-M3 프로세서를 처음 접하는 사람들과 Cortex-M3 프로세서 기반의 마이크로컨트롤러를 사용하고자 검토하고 있는 사람들을 위한 시작 지침서이다. Cortex-M3 프로세서에 대한 보다 상세한 사항을 알고 싶다면, 다음의 문서들을 참고하기 바란다. 이 문서들은 ARM사(www.arm.com) 또는 ARM 파트너사의 웹사이트에서 다운로드 받을 수 있다.

- *Cortex-M3 Technical Reference Manual (TRM)* (Ref1)은 프로그래머 모델, 메모리 맵, 명령어 타이밍과 같은 프로세서에 대한 상세한 정보를 제공하고 있다.
- *ARMv7-M Architecture Application Level Reference Manual* (Ref2)는 명령어 세트와 메모리 모델에 대한 상세한 정보를 포함하고 있다.
- Cortex-M3 프로세서 기반의 마이크로컨트롤러 제품들에 대한 데이터시트도 참고하도록 하자. 사용하고자 하는 Cortex-M3 프로세서 기반의 제품에 대한 데이터시트를 구하려면 제조사의 웹사이트를 방문하면 된다.
- 내부 AMBA 인터페이스 버스 프로토콜 세부 사항에 대해 보다 자세히 알고 싶다면, AMBA Specification 2.0 (Ref4)를 참고하도록 하자.
- *ARM Application Note 179: Cortex-M3 Embedded Software Development* (Ref7)에서는 C 프로그래밍 팁을 찾아볼 수 있다.

이 책은 독자들이 임베디드 프로그래밍에 대한 어느 정도의 기본 지식과 경험을 가지고 있다고 가정하고 있다. ARM 프로세서를 사용해 본 사람이라면 더 좋다. 만약 독자들이 책 전부 또는 *TRM*을 읽기 위해 많은 시간을 소비하지 않고 기본 지식만을 배우고자 하는 관리자나 학생이라면, 이 책의 2장을 살펴보도록 하자. 이 책의 2장에서는 Cortex-M3 프로세서에 대해 요약 정리해 두었다.

Chapter 02

Cortex-M3의 개요

이 장의 내용

- Cortex-M3 기초
- 레지스터
- 동작 모드
- 내장된 중첩 벡터 인터럽트 컨트롤러
- 메모리 맵
- 버스 인터페이스
- 메모리 보호 장치
- 명령어 세트
- 인터럽트와 익셉션
- 디버깅 지원
- 특징 요약

Cortex-M3 기초

Cortex-M3는 32비트 마이크로프로세서이다. 따라서 32비트의 데이터 경로와 32비트 레지스터 뱅크 그리고 32비트 메모리 인터페이스를 가지고 있다. 프로세서는 하버드 아키텍처를 갖는데, 이것은 분리된 명령어 버스와 데이터 버스를 가지고 있다는 것을 의미한다. 이 아키텍처에서는 명령어와 데이터에 동시에 접근하는 것이 가능하다. 이런 이유로 데이터 접근이 명령어 파이프라인에 영향을 주지 않기 때문에, 프로세서 성능이 향상된다. 이러한 특징은 Cortex-M3에서의 다중 버스 인터페이스의 결과인데, 각각은 최적화된 사용을 지원하며, 동시에 사용될 수 있는 기능을 가지고 있다. 하지만 실제적으로 명령어 버스와 데이터 버스는 동일한 메모리 공간(통합된 메모리 시스템)을 공유한다. 다시 말하면, 분리된 버스 인터페이스를 가지고 있기 때문에, 8GB 이상의 메모리 공간을 가질 수 없다.

더 많은 메모리 시스템 특징을 요구하는 복잡한 어플리케이션을 위해서, Cortex-M3는 메모리 보호 장치(MPU)를 채택하여 사용할 수 있다. 필요하다면, 외부 캐시를 사용할 수도 있다. 그리고 리틀 엔디안과 빅 엔디안 메모리 시스템을 모두 지원한다.

Cortex-M3 프로세서는 많은 고정된 내부 디버깅 컴포넌트들을 포함하고 있다. 이 컴포넌트들은 디버깅 동작 지원과 브레이크포인트, 와치포인트 같은 특징들을 제공한다. 그리고 선택 가능한 컴포넌트들은 명령어 트레이스 같은 디버깅 특징과 다양한 종류의 디버깅 인터페이스들을 제공한다.

레지스터

Cortex-M3 프로세서는 레지스터 R0에서 R15을 갖는다. R13(스택 포인터)은 한 번에 단 하나의 R13 복사본만이 보여질 수 있도록 뱅크되어 있다.

R0-R12: 범용 레지스터

R0에서 R12는 데이터 동작을 위한 32비트 범용 레지스터이다. 16비트 Thumb 명령어들은 이 레지스터들의 일부(하위 레지스터, R0에서 R7까지)에만 접근할 수 있다.

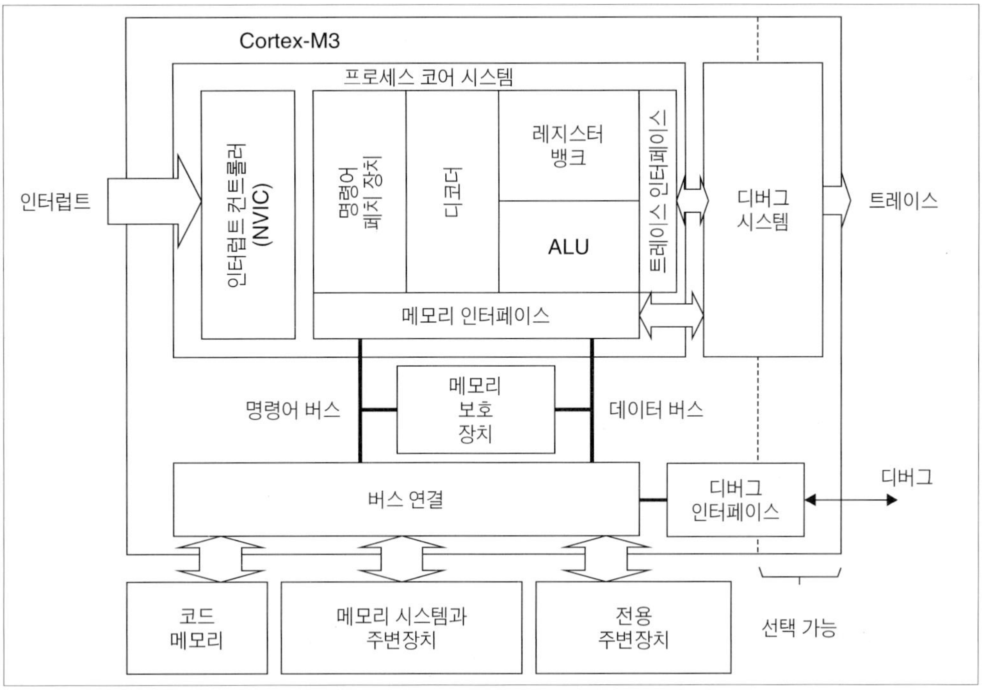

그림 2.1 Cortex-M3의 단순화된 블록도

R13: 스택 포인터

Cortex-M3는 두 개의 스택 포인터, R13을 포함하고 있다. 그것들은 한 번에 하나만 보이도록 뱅크되어 있다.

- 메인 스택 포인터(MSP): 디폴트 스택 포인터; OS 커널과 익셉션 핸들러에 의해 사용된다.
- 프로세스 스택 포인터(PSP): 사용자 어플리케이션 코드에 의해 사용된다.

스택 포인터의 최하위 두 비트는 항상 0인데, 이는 그것들이 항상 워드 정렬되어 있다는 것을 의미한다.

R14: 링크 레지스터

서브루틴이 호출될 때, 리턴 주소가 링크 레지스터에 저장된다.

그림 2.2 Cortex-M3 안의 레지스터들

R15: 프로그램 카운터

프로그램 카운터는 현재 프로그램 주소이다. 이 레지스터는 프로그램 흐름을 제어하기 위해 쓰여질 수 있다.

특별한 레지스터들

Cortex-M3 프로세서에는 많은 특별한 레지스터들이 있다.

- 프로그램 상태 레지스터(PSR)
- 인터럽트 마스크 레지스터(PRIMASK, FAULTMASK, BASEPRI)
- 제어 레지스터(CONTROL)

이 레지스터들은 특별한 기능을 가지고 있으며, 특별한 명령어들에 의해서만 접근될

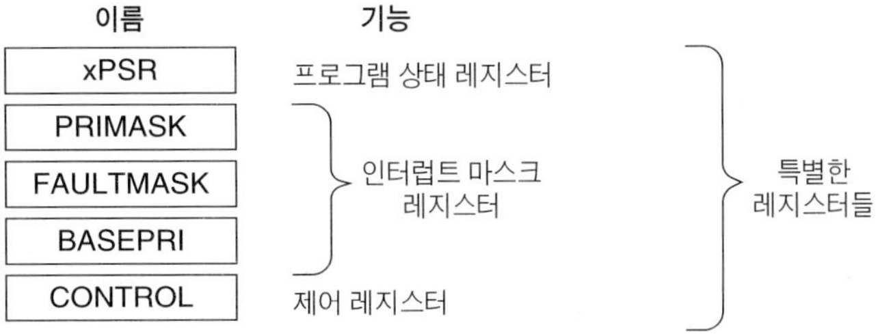

그림 2.3 Cortex-M3 안에 있는 특별한 레지스터들

표 2.1 레지스터들과 그 기능

레지스터	기능
xPSR	ALU 플래그(제로 플래그, 캐리 플래그), 실행 상태, 현재 실행하고 있는 인터럽트 번호를 제공한다.
PRIMASK	NMI(Nonmaskable Interrupt)와 HardFault를 제외한 모든 인터럽트들을 비활성화시킨다.
FAULTMASK	NMI를 제외한 모든 인터럽트들을 비활성화시킨다.
BASEPRI	특별한 우선순위 레벨 또는 더 낮은 우선순위 레벨의 인터럽트들을 제외한 모든 인터럽트들을 비활성화시킨다.
CONTROL	특권 상태와 스택 포인터 선택을 정의한다.

수 있다. 그것들은 보통의 데이터 처리를 위해서 사용될 수 없다.

이 레지스터들에 대해서는 3장에서 보다 자세히 다루겠다.

동작 모드

Cortex-M3 프로세서는 두 개의 모드와 두 개의 특권 레벨을 가지고 있다. **동작 모드**(operation modes, 쓰레드 모드와 핸들러 모드)는 프로세서가 보통의 프로그램을 실행하고 있는지 아니면 인터럽트 핸들러나 시스템 익셉션 핸들러와 같은 익셉션 핸들러를 실행하고 있는지를 결정한다. **특권 레벨**(privilege levels, 특권 레벨과 사용자 레벨)은 기본적인 보호 모델을 제공할 뿐만 아니라 크리티컬한 영역으로의 메모리 접근을 보호하기 위한 메커니즘을 제공한다.

	특권 레벨	사용자 레벨
익셉션을 하고 있을	핸들러 모드	
메인 프로그램을 하고 있을	쓰레드 모드	쓰레드 모드

그림 2.4 Cortex-M3에서의 동작 모드와 특권 레벨

프로세서는 메인 프로그램(쓰레드 모드)을 실행하고 있을 때, 특권 상태 또는 사용자 상태 중 하나에 있을 수 있다. 하지만, 익셉션 핸들러는 특권 상태 안에만 있을 수 있다. 프로세서가 리셋에서 벗어날 때, 그것은 특권 접근 권한을 가지고 쓰레드 모드 안에 있게 된다. 특권 상태 안에서 프로그램은 (MPU 설정에 의해 보호될 때조차) 모든 메모리 범주로 접근이 가능하며, 지원되는 모든 명령어를 사용할 수 있다.

특권 접근 레벨 안에 있는 소프트웨어는 제어 레지스터를 사용하여 프로그램을 사용자 접근 레벨로 전환할 수 있다. 익셉션이 발생하면, 프로세서는 항상 특권 상태로 되돌아가며, 익셉션 핸들러에서 나올 때 이전의 상태로 리턴된다. 사용자 프로그램은 제어 레지스터에 값을 써서 특권 상태로 되돌아갈 수 없다. 쓰레드 모드로 되돌아갈 때 프로세서는 특권 접근 레벨로 되돌리기 위해 제어 레지스터를 프로그래밍하는 익셉션 핸들러를 수행해야 한다.

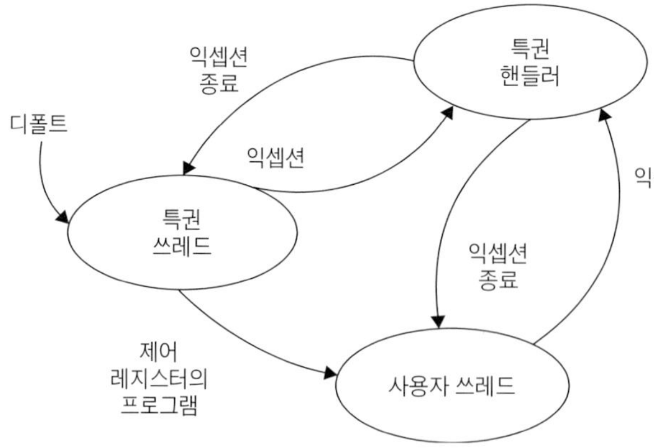

그림 2.5 허용된 동작 모드 전환

특권 레벨과 사용자 레벨을 분리한 것은, 신뢰성이 없는 일부 프로그램에 의해 시스템 설정 레지스터들이 접근되거나 변경되지 못하게 함으로써 시스템의 안정성을 향상시키게 된다. 만약 MPU를 사용할 수 있다면, 운영체제를 위한 프로그램 및 데이터와 같은 크리티컬한 메모리 위치를 보호하기 위해 특권 레벨과 함께 사용될 수 있다.

예를 들어, 특권 접근은 보통 OS 커널에 의해 사용되며, (MPU 셋업에 의해 금지되어 있지만 않다면) 이 경우 모든 메모리 위치에 접근할 수 있다. 이는 OS가 사용자 어플리케이션을 실행시킬 때, 시스템이 신뢰성 없는 사용자 프로그램의 접근 때문에 망가지는 것을 방지하기 위해 사용자 접근 레벨에서 실행될 것이다.

내장된 중첩 벡터 인터럽트 컨트롤러

Cortex-M3 프로세서는 **중첩 벡터 인터럽트 컨트롤러**(Nested Vectored Interrupt Controller: NVIC)라고 불리는 인터럽트 컨트롤러를 포함하고 있다. 이것은 프로세서 코어에 가까이 접해 있으며 많은 특징들을 제공하고 있다.

- 중첩 인터럽트 지원
- 벡터 인터럽트 지원
- 동적 우선순위 변경 지원
- 인터럽트 지연시간 감소
- 인터럽트 마스킹

중첩 인터럽트 지원

NVIC는 중첩 인터럽트를 지원한다. 모든 외부 인터럽트들과 대부분의 시스템 익셉션들은 다른 우선순위 레벨로 프로그램될 수 있다. 인터럽트가 발생할 때, NVIC는 이 인터럽트의 우선순위와 현재 실행하고 있는 우선순위 레벨을 비교한다. 만약 새로운 인터럽트의 우선순위가 현재 레벨보다 높으면, 새로운 인터럽트의 인터럽트 핸들러는 현재 실행하고 있는 태스크보다 우선적으로 실행될 것이다.

벡터 인터럽트 지원

Cortex-M3 프로세서는 벡터 인터럽트 지원 기능을 가지고 있다. 인터럽트가 받아들여지면, 인터럽트 서비스 루틴(ISR)의 시작 주소는 메모리의 벡터 테이블에 위치한다. ISR의 시작 주소를 결정하고 그 주소로 분기하는 소프트웨어를 사용할 필요는 없다. 그러므로 인터럽트 요청을 처리하는 데 시간이 적게 걸린다.

동적 우선순위 변경 지원

인터럽트들의 우선순위 레벨은 런타임 동안 소프트웨어에 의해 변경될 수 있다. 서비스될 인터럽트들은 그 인터럽트 서비스 루틴이 완료될 때까지 활성화로부터 블록된다. 따라서 우연한 재진입의 위험 없이 그 우선순위가 변경될 수 있다.

인터럽트 지연시간 감소

Cortex-M3 프로세서는 또한 인터럽트 지연시간을 줄이는 많은 진보된 특징들도 포함하고 있다. 이것들은 일부 레지스터 내용들을 자동으로 저장하고 복원하는 작업과 한 ISR에서 또 다른 ISR로 전환할 때 지연시간을 줄여주는 작업(192 페이지의 테일-체인 인터럽트에 대한 설명 참고), 그리고 늦은 인터럽트 도착(late arrival interrupt)을 처리하는 작업(192 페이지 참고)을 포함한다.

인터럽트 마스킹

인터럽트와 시스템 익셉션은 우선순위 레벨 기반으로 마스킹되거나 인터럽트 마스크 레지스터 BASEPRI, PRIMASK, FAULTMASK를 사용하여 완전히 마스킹할 수 있다. 그것들은 시간에 크리티컬한 태스크가 인터럽트 없이 제시간 안에 완료될 수 있도록 보장하기 위해 사용될 수 있다.

메모리 맵

Cortex-M3는 미리 정의된 메모리 맵을 가지고 있다. 이것은 인터럽트 컨트롤러와 디버깅 컴포넌트 같은 내장된 주변장치들이 간단한 메모리 접근 명령어에 의해 접근될 수 있도록 해준다. 그러므로 대부분의 시스템 특징들은 C 프로그램 코드 안에서 접근 가능하다. 미리 정의된 메모리 맵은 Cortex-M3 프로세서가 속도에 매우 최적화될 수 있게 해주며, 시스템-온-칩(SoC) 설계 안에 쉽게 집적될 수 있게 해준다.

전체적으로, 4GB 메모리 공간은 그림 2.6에서 보여지는 것과 같은 범주로 나누어질 수 있다.

Cortex-M3 설계는 메모리 사용을 위해 최적화되어 있는 내부 버스 인프라스트럭처를 가지고 있다. 추가로 그 설계는 이 영역들을 다르게 사용될 수 있도록 해준다. 예를 들어 데이터 메모리는 CODE 영역에 놓일 수 있으며, 프로그램 코드는 외부 RAM 영

0xFFFFFFFF
시스템 레벨
0xE0000000
전용 주변장치,
중첩 벡터 인터럽트 컨트롤러(NVIC),
MPU 제어 레지스터,
디버그 컴포넌트들을
포함하고 있다.
0xDFFFFFFF
외부 장치
0xA0000000
주로 외부 주변장치로 사용된다.
0x9FFFFFFF
외부 RAM
0x60000000
주로 외부 메모리로 사용된다.
0x5FFFFFFF
주변장치
0x40000000
주로 주변장치로 사용된다.
0x3FFFFFFF
SRAM
0x20000000
정적 RAM으로 사용된다.
0x1FFFFFFF
코드
0x00000000
주로 프로그램 코드로 사용된다.
전원 공급 후에는
익셉션 벡터 테이블을 제공한다.

그림 2.6 Cortex-M3 메모리 맵

역에서 실행될 수 있다.

시스템-레벨 메모리 영역은 외부 인터럽트 컨트롤러와 디버그 컴포넌트들을 포함하고 있다. 이 장치들은 고정된 주소를 가지고 있는데, 이에 대해서는 이 책의 5장(메모리 시스템)에서 상세하게 다루고 있다. 이 주변장치들에 대한 고정된 주소를 가짐으로써, Cortex-M3 제품들 간에 어플리케이션들을 훨씬 더 쉽게 포팅할 수 있다.

버스 인터페이스

Cortex-M3 프로세서에는 몇 가지 버스 인터페이스들이 있다. 그것들은 Cortex-M3가 명령어 페치와 데이터 접근을 동시에 수행할 수 있게 해준다. 메인 버스 인터페이스에는 다음과 같은 것들이 있다.

- 코드 메모리 버스
- 시스템 버스
- 전용 주변장치 버스

코드 메모리 영역 접근은 **코드 메모리 버스**(code memory bus) 상에서 수행되는데, 이것은 물리적으로 두 개의 버스로 구성되어 있다. 하나는 *I*-**코드**라고 불리며, 다른 하나는 *D*-**코드**라고 불린다. 이것들은 최고의 명령어 실행속도를 얻을 수 있도록 명령어 페치를 위해 최적화되어 있다.

시스템 버스(system bus)는 메모리와 주변장치로 접근하기 위해 사용된다. 이것은 SRAM, 주변장치, 외부 RAM, 외부 장치, 시스템-레벨 메모리 영역의 일부로 접근할 수 있게 해준다.

전용 주변장치 버스(private peripheral bus)는 디버깅 컴포넌트들과 같은 전용 주변장치를 위해 할당된 일부 시스템-레벨 메모리에 접근할 수 있게 해준다.

메모리 보호 장치

Cortex-M3는 선택 가능한 메모리 보호 장치, MPU를 가지고 있다. 이 장치는 접근 규정이 특권 접근과 사용자 프로그램 접근을 위해 셋업된다. 접근 규정이 어긋나면 결함 익셉션이 발생한다. 결함 익셉션 핸들러는 문제를 분석하여 가능하다면 그것을 수정할 것이다.

MPU는 다양한 방법으로 사용될 수 있다. 일반적인 시나리오에서 MPU는 운영체제에 의해 셋업되는데, 특권 코드(예를 들어, 운영체제 커널)에 의해 사용되는 데이터가 신뢰성 없는 사용자 프로그램으로부터 보호될 수 있도록 해준다. MPU는 실수로 데이터를 지우는 상황을 방지하거나 멀티태스킹 시스템에서 다른 태스크들 간에 메모리 영역들을 분리할 목적으로, 메모리 영역을 읽기 전용(Read-Only)으로 만들기 위해 사용될 수 있다. 전체적으로 이것은 임베디드 시스템을 보다 더 명확하고 신뢰성 있게 만드는데 도움을 준다.

MPU 특징은 선택 가능하며, 마이크로컨트롤러 또는 SoC 설계의 구현 단계에서 결정된다. MPU에 대한 보다 상세한 정보를 원한다면 13장을 참고하기 바란다.

명령어 세트

Cortex-M3는 Thumb-2 명령어 세트를 지원한다. 이것은 Cortex-M3 프로세서의 가장 중요한 특징 가운데 하나이다. 왜냐하면, 그것은 높은 코드 집적도와 고효율성을 위해 32비트 명령어와 16비트 명령어가 함께 사용될 수 있도록 해주기 때문이다. 이

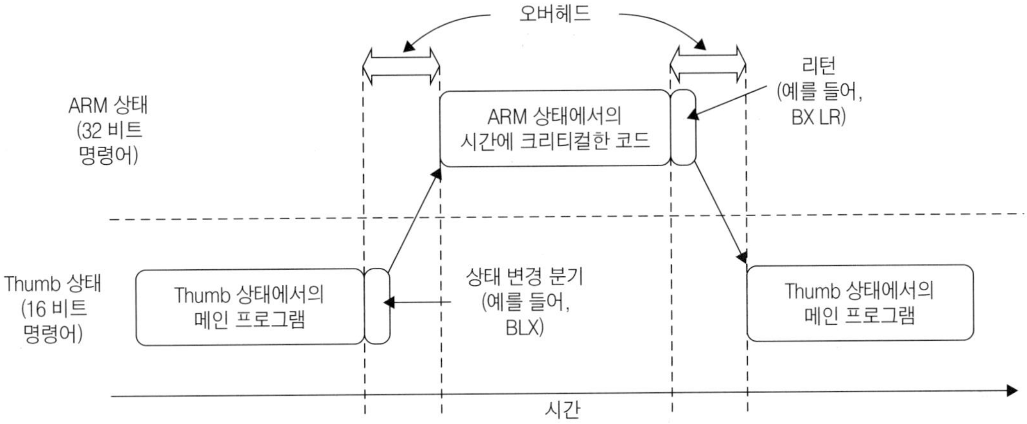

그림 2.7 ARM7과 같은 전통적인 ARM 프로세서에서 ARM 코드와 Thumb 코드 간의 전환

것은 유동적이며 강력하지만 사용이 간편하다.

이전의 ARM 프로세서에서 CPU는 두 개의 동작 상태를 가지고 있었다. 32비트 ARM 상태와 16비트 Thumb 상태가 바로 그것이다. ARM 상태에서 명령어들은 32비트이며, 매우 높은 성능을 가진 지원되는 모든 명령어들을 실행할 수 있다. Thumb 상태는 ARM 명령어들의 모든 기능들을 갖지 못하며, 어떤 종류의 동작을 완성하기 위해 더 많은 명령어들을 필요로 할 수 있다.

두 가지 상태의 좋은 점들을 얻기 위해, 많은 어플리케이션들은 ARM 코드와 Thumb 코드를 섞어서 사용한다. 하지만, 혼합된 코드 배치가 항상 좋은 것만은 아니다. 상태 전환에 대해 오버헤드(실행시간 및 명령어 공간 모두에 있어서)가 있을 수도 있고 ARM 코드와 Thumb 코드가 다른 파일로 분리되어 컴파일되어야 할 수도 있다. 이것은 소프트웨어 개발의 복잡도를 증가시키며, CPU 코어의 최대 효율성을 줄여준다.

Thumb-2 명령어 세트의 소개로, 하나의 동작 상태에서 모든 프로세싱 요구사항을 처리하는 것이 가능하다. 두 상태의 전환은 불필요하다. 사실, Cortex-M3는 ARM 코드를 지원하지 않는다. 인터럽트조차도 Thumb 상태에서 처리된다. (이전에 ARM 코어는 ARM 상태에서 인터럽트 핸들러에 진입한다) 상태들 간에 전환이 불필요하기 때문에, Cortex-M3 프로세서는 전통적인 프로세서에 비해 많은 장점들을 가지고 있다.

- 상태 전환 오버헤드가 없기 때문에, 실행시간과 명령어 공간 모두를 절약해 준다.
- ARM 코드와 Thumb 코드 소스 파일들을 분리할 필요가 없기 때문에, 소프트웨어 개발과 유지보수가 더 쉽다.
- 최상의 집적도/성능을 얻고자, ARM과 Thumb 사이에서 코드를 전환할 필요가 없기 때문에, 소프트웨어 작성이 더 쉽고, 최상의 효율성과 성능을 얻기 쉽다.

Cortex-M3 프로세서는 많은 흥미롭고 강력한 명령어들을 갖는다. 여기에 몇 가지 예제들이 있다.

- UFBX, BFI, BFC: 비트 필드 추출, 삽입, 클리어 명령어
- UDIV, SDIV: 비부호화(unsigned) 및 부호화(signed) 나눗셈 명령어
- SEV, WFE, WFI: 이벤트 전송(Send-Event), 이벤트 대기(Wait-For-Event), 인터럽트 대기(Wait-For-Interrupt); 이것들은 프로세서가 마이크로프로세서 시스템에서의 태스크 동기화를 처리할 수 있게 해주거나, 슬립 모드로 진입할 수 있게 해준다.
- MSR, MRS: 특별한 레지스터들로의 접근을 위해 사용된다.

Cortex-M3 프로세서는 Thumb-2 명령어 세트만을 지원하기 때문에, ARM을 위한 프로그램 코드에서 나오는 부분을 새로운 아키텍처에 포팅해야 한다. 대부분의 C 어플리케이션들은 Cortex-M3를 지원하는 새로운 컴파일러를 사용하여 간단히 재컴파일하면 된다. 어떤 어셈블러 코드는 새로운 아키텍처와 새롭게 통합된 어셈블러 프레임워크를 사용하기 위해 수정과 포팅을 필요로 할 수도 있다.

Cortex-M3는 Thumb-2 명령어 세트 안에 있는 모든 명령어들이 구현되어 있는 것은 아니라는 점을 기억해 두자. *ARMv7-M Architecture Application Level Reference Manual* (Ref 2)는 Thumb-2 명령어의 일부만 구현할 것을 요구한다. 예를 들어, 코프로세서 명령어들은 Cortex-M3에서는 지원되지 않으며(외부 데이터 처리 엔진이 추가될 수 있다), SIMD도 Cortex-M3에는 구현되어 있지 않다. 또한 아키텍처 v6에서 소개되었던 (Thumb에서 ARM으로 프로세서 상태를 전환하기 위해 사용되는) 상수 데이터를 갖는 BLX, CPS 명령어 쌍, SETEND 명령어와 같은 몇 가지 Thumb 명령어들도 지원되지 않는다. 지원되는 명령어의 전체 리스크를 알고 싶다면, 이 책의 부록 A 또는 *Cortex-M3 Technical Reference Manual* (Ref 1)을 참고하기 바란다.

인터럽트와 익셉션

Cortex-M3 프로세서는 ARMv7-M 아키텍처에서 소개하였던 새로운 익셉션 모델을 구현하고 있다. 이 익셉션 모델은 전통적인 ARM 익셉션 모델과는 다르며, 매우 효율적인 익셉션 처리를 가능하게 한다. 그것은 많은 시스템 익셉션과 많은 외부 IRQ(외부 인터럽트 입력)를 가지고 있다. Cortex-M3에는 FIQ(ARM7/9/10/11에서의 고속 인터럽트)는 없다. 하지만, 인터럽트 우선순위 처리와 중첩 인터럽트 지원은 현재 인터럽트 아키텍처에 포함되어 있다. 따라서 중첩 인터럽트(보다 높은 우선순위 인터럽트는 낮은 인터럽트 핸들러를 선점한다)를 지원하고 전통적인 ARM 프로세서에서의 FIQ처럼 동작하는 시스템을 구성하기가 쉽다.

Cortex-M3에서의 인터럽트 특징은 NVIC 안에 구현되어 있다. 외부 인터럽트들을 지원하는 것 외에, Cortex-M3는 시스템 결함 처리와 같은 많은 내부 익셉션 소스들을 지원한다. 결과적으로 Cortex-M3는 표 2.2에서 볼 수 있는 것처럼, 많은 미리 정의된 익셉션 종류들을 가지고 있다.

표 2.2 Cortex-M3 익셉션 종류

익셉션 번호	익셉션 종류	우선순위(프로그램 가능한 경우, 디폴트는 0)	설명
0	NA	NA	어떤 익셉션도 실행되고 있지 않은 경우
1	리셋	−3 (최상위)	리셋
2	NMI	−2	마스킹이 불가능한 인터럽트(외부 NMI 입력)
3	하드 결함	−1	모든 결함 조건, 그에 상응하는 결함 핸들러가 활성화되어 있지 않은 경우
4	MemManage 결함	프로그래밍 가능	메모리 관리 결함; MPU 침해 또는 허락되지 않은 위치로의 접근
5	버스 결함	프로그래밍 가능	버스 오류(Prefetch Abort 또는 Data Abort)
6	사용 결함	프로그래밍 가능	프로그램 오류로 인한 익셉션
7–10	Reserved	NA	예약됨
11	SVCall	프로그래밍 가능	시스템 서비스 호출
12	디버그 모니터	프로그래밍 가능	디버그 모니터(브레이크포인트, 와치포인트, 외부 디버그 요청)
13	Reserved	NA	예약됨
14	PendSV	프로그래밍 가능	시스템 장치를 위한 펜딩 가능한 요청
15	SYSTICK	프로그래밍 가능	시스템 틱 타이머
16	IRQ #0	프로그래밍 가능	외부 인터럽트 #0
17	IRQ #1	프로그래밍 가능	외부 인터럽트 #1
...	...	...	...
255	IRQ #239	프로그래밍 가능	외부 인터럽트 #239

외부 인터럽트 입력의 수는 칩 제조사에 의해 정의된다. 최대 240개의 외부 인터럽트 입력이 지원될 수 있다. 추가로, Cortex-M3는 NMI 입력을 갖는다. NMI 인터럽트가 발생하면, NMI 인터럽트 서비스 루틴이 무조건 실행된다.

디버깅 지원

Cortex-M3 프로세서는 중단과 스테핑, 명령어 브레이크포인트, 데이터 와치포인트, 레지스터 및 메모리 접근, 프로파일링, 트레이스를 포함하여, 프로그램 실행 제어와 같은 많은 디버깅 특징들을 가지고 있다.

Cortex-M3 프로세서의 디버깅 하드웨어는 CoreSight 아키텍처를 기반으로 한다. 전통적인 ARM 프로세서와는 달리, CPU 코어 그 자체는 JTAG 인터페이스가 없다. 대신 디버그 인터페이스 모듈은 코어에서 분리되어 있으며, 디버그 접근 포트(DAP)라고 불리는 버스 인터페이스는 코어 레벨에서 제공된다. 프로세서가 실행하고 있을 때조차, 외부 디버거들은 이 버스 인터페이스를 통해 시스템 메모리와 하드웨어를 디버깅하기 위해 제어 레지스터로 접근할 수 있다. 이 버스 인터페이스의 접근은 디버그 포트(Debug Port: DP) 장치에 의해서 수행된다. 현재 사용 가능한 DP들은 SW-DP(시리얼-와이어 프로토콜만 지원) 또는 SWJ-DP(시리얼-와이어 프로토콜뿐 아니라 전통적인 JTAG 프로토콜도 지원)가 있다. ARM CoreSight 제품군에서는 JTAG-DP 모듈도 사용될 수 있다. 칩 제조사들은 디버그 인터페이스들을 제공하기 위해, 이 DP 모듈들 중 하나를 선택하여 붙일 수 있다.

칩 제조사들은 명령어 트레이스를 사용하기 위해 임베디드 트레이스 매크로셀(ETM)도 포함할 수 있다. 트레이스 정보는 트레이스 포트 인터페이스 장치(TPIU)를 통해 출력되며, 디버그 호스트(보통 PC)는 외부의 트레이스-캡처 하드웨어를 통해 실행되는 명령어 정보를 모을 수 있다.

Cortex-M3 프로세서 안에서, 많은 이벤트들이 디버그 동작들을 트리거하기 위해 사용될 수 있다. 디버그 이벤트는 브레이크포인트, 와치포인트, 결함 조건, 외부 디버깅 요청 입력신호가 될 수 있다. 디버그 이벤트가 발생할 때, Cortex-M3는 중단 모드에 진입하거나 디버그 모니터 익셉션 핸들러를 실행할 수 있다.

데이터 와치포인트 기능은 Cortex-M3 프로세서 안에 있는 데이터 와치포인트 및 트레이스(DWT) 장치에 의해 제공된다. 이것은 프로세서를 멈추게 하거나(디버그 모니터 익셉션 루틴을 트리거하거나) 데이터 트레이스 정보를 생성하기 위해 사용될 수 있다. 데이터 트레이스가 사용될 때, 트레이스된 데이터는 TPIU를 통해 출력될 수 있다. (CoreSight 아키텍처에서, 여러 트레이스 장치들은 하나의 트레이스 포트를 공유할 수 있다)

이 기본적인 디버깅 특징들뿐 아니라, Cortex-M3 프로세서는 간단한 브레이크포인트 기능을 제공하거나 플래시에서 SRAM의 다른 위치로 명령어 접근을 리매핑할 수 있는 플래시 패치 및 브레이크포인트(FPB) 장치를 제공한다.

인스트루먼트 트레이스 매크로셀(Instrumentation Trace Macrocell: ITM)은 개발자들이 데이터를 디버거로 출력하기 위한 새로운 방법을 제공한다. ITM 안에 있는 레지스터 메모리로 데이터를 사용함으로써, 디버거는 트레이스 인터페이스를 통해 데이터를 수집하고 그것을 디스플레이하거나 처리할 수 있다. 이 방법은 JTAG 출력보다 사용하기 쉽고 더 빠르다.

이러한 모든 디버깅 컴포넌트들은 Cortex-M3의 DAP 인터페이스 버스를 통해 또는 프로세서 코어 상에서 실행하고 있는 프로그램에 의해 제어된다. 그리고 모든 트레이스 정보는 TPIU로부터 접근될 수 있다.

특징 요약

Cortex-M3 프로세서는 어떤 이유로 혁신적인 제품인가? Cortex-M3는 어떤 장점을 사용하고 있는가? 이 절에서는 장점 및 이점을 요약해 두었다.

고성능

- 곱셈 명령어를 포함하여 많은 명령어들은 단일 사이클이다. 또한 Cortex-M3 프로세서는 대부분의 마이크로컨트롤러 제품들의 성능을 능가한다.
- 분리된 데이터와 명령어 버스는 동시에 데이터와 명령어 접근을 수행할 수 있게 해준다.
- Thumb-2 명령어 세트는 상태 전환 오버헤드 히스토리를 만든다. ARM 상태(32비트)와 Thumb 상태(16비트) 간에 전환을 위해 시간을 소비할 필요가 없다. 따라서 명령어 사이클과 코드 크기가 줄어든다. 이 특징은 시장 진입을 빠르게 하고, 코드 유지보수를 쉽게 함으로써 소프트웨어 개발을 단순화시켜 준다.
- Thumb-2 명령어 세트는 프로그래밍에서의 추가적인 유동성을 제공한다. 많은 데이터 동작은 더 짧은 코드를 사용하여 단순화할 수 있다. 이것은 Cortex-M3가 더 높은 코드 집적도와 줄어든 메모리 요구사항을 갖는다는 것을 의미한다.
- 명령어 페치는 32비트이다. 두 개까지의 명령어들이 한 사이클에서 페치될 수 있다.

결과적으로 데이터 전송을 위해 사용 가능한 대역폭이 더 넓다.

- Cortex-M3 설계는 마이크로컨트롤러 제품이 (현재의 마이크로컨트롤러 제조과정에서 100MHz 이상의) 높은 클럭 주파수에서 동작할 수 있게 해준다. 대부분의 다른 마이크로컨트롤러 제품과 동일한 주파수에서 실행하고 있을 때조차, Cortex-M3는 더 좋은 명령어당 클럭(CPI) 비율을 갖는다. 이것은 MHz당 더 많은 작업을 할 수 있게 해주며, 더 적은 전력 소모를 위해 설계가 더 낮은 클럭 주파수에서 동작할 수 있게 해준다.

진보한 인터럽트-핸들링 특징

- 내장된 중첩 벡터 인터럽트 컨트롤러(NVIC)는 240개까지의 외부 인터럽트 입력을 지원한다. 벡터 인터럽트 특징은 인터럽트 지연시간을 크게 줄여준다. 왜냐하면, 어떤 IRQ 핸들러가 서비스될지를 결정하는 소프트웨어를 사용할 필요가 없기 때문이다. 게다가 중첩 인터럽트 지원을 설정하기 위한 소프트웨어 코드도 필요 없다.
- Cortex-M3 프로세서는 인터럽트 진입시에 레지스터 R0–R3, R12, LR, PSR, PC를 자동으로 스택 안에 넣고, 인터럽트에서 나올 때, 그것들을 스택에서 빼낸다. 이것은 IRQ 처리 지연시간을 줄여주며, 인터럽트 핸들러가 보통의 C 함수가 될 수 있도록 해준다(나중에 8장에서 설명하겠다).
- NVIC는 각 인터럽트들에 대해 프로그램 가능한 인터럽트 우선순위 제어를 할 수 있기 때문에, 인터럽트 배치가 매우 유동적이다. 최소한 8개의 우선순위 레벨이 지원되며, 이 우선순위들은 동적으로 변경될 수 있다.
- 늦은 인터럽트 도착 수신과 테일-체인 인터럽트 진입을 포함한, 특별한 최적화에 의해 인터럽트 지연이 줄어든다.
- 다중 로드(LDM), 다중 스토어(STM), PUSH, POP을 포함한 다중 사이클 명령어들의 일부는 동작중에 현재 인터럽트 발생이 가능하다.
- NMI 요청이 수신될 때 시스템이 완전히 죽은 경우가 아니라면, NMI 핸들러는 즉각적인 실행이 보장된다. NMI는 안정되고 크리티컬한 많은 어플리케이션에서 매우 중요하다.

저전력 소모

- 적은 게이트 수 때문에, Cortex-M3 프로세서는 저전력 설계에 적합하다.
- Cortex-M3는 저전력 모드를 지원(SLEEPING과 SLEEPDEEP)한다. 프로세서는 WFI 또는 WFE 명령어를 사용하여 슬립 모드에 진입한다. 이 설계는 본래의 블록을 위해 분리된 클럭들을 갖는다. 그래서 프로세서의 대부분을 위한 클럭 회로들은 슬립 동안에 멈추어질 수 있다.
- 완전히 정적이고, 동기화되어 있고, 신디사이저블한 설계는 저전력 또는 표준 반도체 처리 기술을 사용하여 프로세서를 제조하기 쉽게 해준다.

시스템 특징

- 시스템은 비트-대역 동작과 바이트 기반의 빅 엔디안 모드 그리고 비정렬 데이터 접근 지원을 제공한다.
- 문제의 위치를 더 쉽게 찾기 위해, 진보된 결함 처리 특징은 다양한 익셉션 형식과 결함 상태 레지스터를 포함하고 있다.
- 뱅크된 스택 포인터와 함께 커널의 스택 메모리와 사용자 프로세스가 독립적이다. 선택 가능한 MPU가 있어서, 확실한 소프트웨어와 신뢰성 있는 제품들을 개발하기에 충분한 프로세서가 되었다.

디버깅 지원

- JTAG 또는 시리얼-와이어 디버그 인터페이스 지원
- CoreSight 디버깅 솔루션 기반: 코어가 동작할 때조차 프로세서 상태 내용이나 메모리 내용에 접근이 가능하다.
- 6개의 브레이크포인트와 4개의 와치포인트를 위한 지원 내장
- DWT를 사용하는 명령어 트레이스와 데이터 트레이스를 위한 추가적인 ETM
- 디버깅을 더 쉽게 만들어주기 위한, 결함 상태 레지스터들을 포함한 새로운 디버깅 특징들과 새로운 결함 익셉션들, 그리고 플래시 패치 동작들
- ITM은 테스트 코드에서 디버그 정보를 출력하기 위한 간단한 사용방법을 제공한다.
- DWT 내부의 PC 샘플러(sampler)와 카운터들은 코드-프로파일링 정보를 제공한다.

Chapter 03

Cortex-M3 기본

이 장의 내용

- 레지스터
- 특별한 레지스터
- 동작 모드
- 익셉션과 인터럽트
- 벡터 테이블
- 스택 메모리 동작
- 리셋 시퀀스

레지스터

알다시피, Cortex-M3 프로세서는 레지스터 R0–R15과 많은 특별한 레지스터들을 가지고 있다. R0–R12는 범용이지만, 16비트 Thumb 명령어의 일부는 R0–R7에만 접근할 수 있다. 반면에 32비트 Thumb-2 명령어는 모든 레지스터에 접근할 수 있다. 특별한 레지스터들은 미리 정의된 기능들을 가지고 있으며, 특별한 레지스터 접근 명령어에 의해서만 접근될 수 있다.

범용 레지스터 R0-R7

R0–R7 범용 레지스터들은 **하위 레지스터**(low register)라고도 불린다. 그것들은 모든 16비트 Thumb 명령어들과 모든 32비트 Thumb-2 명령어들에 의해 접근될 수 있다. 이 레지스터들은 모두 32비트이다. 리셋값은 예측 불가이다.

범용 레지스터 R8-R12

R8–R12 범용 레지스터들은 **상위 레지스터**(high register)라고도 불린다. 그것들은 모든 32비트 Thumb-2 명령어에 의해서는 접근이 가능하지만, 모든 16비트 Thumb 명령어에 의해서는 접근할 수가 없다. 이 레지스터들은 모두 32비트이다. 리셋값은 예측 불가이다.

스택 포인터 R13

R13은 스택 포인터로, Cortex-M3 프로세서는 두 개의 스택 포인터를 갖는다. 이러한 이원성은 두 개의 분리된 스택 메모리가 셋업될 수 있게 해준다. 레지스터명 R13을 사용할 때는, 현재의 스택 포인터에만 접근할 수 있다. 특별한 명령어 MSR과 MRS를 사용하지 않는 한, 다른 것에는 접근할 수 없다. 두 개의 스택 포인터는 다음과 같다.

- 메인 스택 포인터(MSP) 또는 *SP_main*: 이것은 디폴트 스택 포인터로서, OS 커널, 익셉션 핸들러, 특권 접근을 요구하는 모든 어플리케이션 코드에 의해 사용된다.
- 프로세스 스택 포인터(PSP) 또는 *SP_process*: (익셉션 핸들러를 실행할 때가 아닌) 베이스 레벨 어플리케이션 코드에 의해 사용된다.

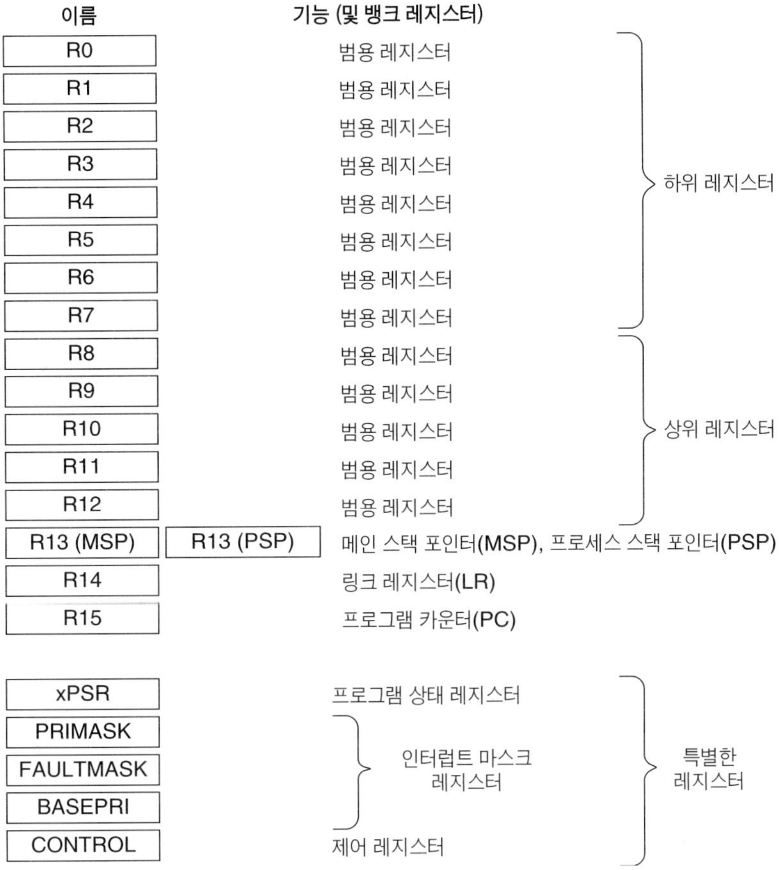

그림 3.1 Cortex-M3에서의 레지스터

두 스택 포인터를 사용하는 것은 불필요하다. 간단한 어플리케이션은 MSP에만 의존할 수 있다. PUSH와 POP과 같은 스택 메모리 프로세스에 접근하기 위해 스택 포인터가 사용된다.

스택 PUSH 및 POP

스택은 메모리 사용 모델이다. 그것은 단지 시스템 메모리의 일부분이다. 그리고 (프로세서 내부의) 포인터 레지스터는 그것이 FILO(First-In/Last-Out) 버퍼로 동작하게 하기 위해 사용된다. 스택의 일반적인 사용은 어떤 데이터 처리 전에 레지스터 내용을 저장하고, 처리

작업이 끝나면, 스택에서 그 내용들을 복원하는 것이다.

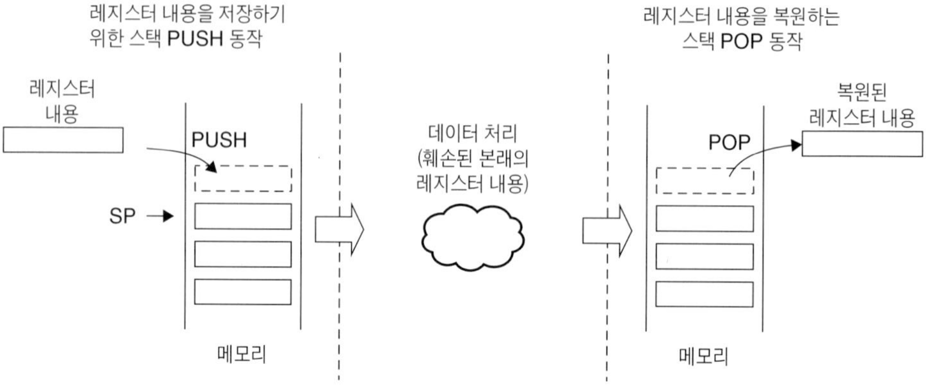

그림 3.2 스택 메모리의 기본적인 개념

PUSH와 POP 동작을 수행할 때, 보통 스택 포인터(SP)라고 불리는 포인터 레지스터는 다음 스택 동작이 이전에 스택에 저장된 데이터값과 충돌이 일어나지 않도록 하기 위해 자동으로 조절된다. 스택 동작에 대한 보다 상세한 사항들은 이 장의 뒷부분에서 설명하겠다.

Cortex-M3에서 스택 메모리에 접근하기 위한 명령어들로는 PUSH와 POP이 있다. 어셈블리 명령어 형식은 다음과 같다(세미콜론[;] 다음의 각 문자는 주석이다).

```
PUSH    {R0}    ; R13=R13-4, 그러면 메모리[R13]=R0
POP     {R0}    ; R0=메모리[R13], 그러면 R13=R13+4
```

Cortex-M3는 Full-Descending 스택 배치를 사용한다(이에 대한 보다 상세한 사항들은 이 장의 "스택 메모리 동작"절에서 확인할 수 있다). 그러므로 새로운 데이터가 스택 안에 저장될 때, 스택 포인터는 감소한다. PUSH와 POP은 보통 서브루틴의 시작에서 레지스터 내용을 스택 메모리에 저장하고, 서브루틴의 끝에서 레지스터들을 스택 메모리에서 복원하기 위해 사용된다. 한 명령어에서 여러 개의 레지스터들을 PUSH 또는 POP할 수 있다.

```
Subroutine _1
    PUSH    {R0-R7, R12, R14}    ; 레지스터들을 저장
    ...                          ; 기타 처리
```

```
POP     {R0-R7, R12, R14}     ; 레지스터들을 복원
BX      R14                   ; 호출한 함수로 리턴
```

*R13*을 사용하는 대신에 프로그램 코드에 *SP*(Stack Pointer, **스택 포인터**)를 사용할 수 있다. 이것들은 동일한 의미이다. 프로그램 코드 안에서 MSP와 PSP는 모두 *R13/SP*라고 불릴 수 있다. 이들은 특별한 레지스터 접근 명령어(MRS/MSR)를 사용해야만 접근할 수 있다.

ARM 문서에서 *SP_main*이라고 불리는 MSP는 전원이 공급될 때 사용될 수 있는 디폴트 스택 포인터이다. 그것은 커널 코드와 익셉션 핸들러에 의해 사용된다. ARM 문서에서 *SP_process*라고 불리는 PSP는 보통 쓰레드 프로세스에 의해 사용된다.

레지스터 PUSH 및 POP 동작은 항상 워드 정렬되어 있기 때문에(그 주소는 0x0, 0x4, 0x8, …이어야만 한다), 스택 포인터 R13의 비트 0과 1은 하드웨어적으로 0에 연결되어 있으며, 항상 0으로 읽힌다(RAZ).

링크 레지스터 R14

R14은 링크 레지스터(LR)이다. 어셈블리 프로그램 안에서 링크 레지스터는 *R14* 또는 *LR*로 쓰여질 수 있다. LR은 서브루틴 또는 함수가 호출될 때, 리턴 프로그램 카운터를 저장하기 위해 사용된다. 예를 들어 BL(Branch and Link) 명령어를 사용하고 있을 때,

```
main        ; 메인 프로그램
            …
            BL    function1   ; 링크가 있는 분기 명령어를 사용하여 function1을 호출
                              ; PC=function1이고
                              ; LR=메인 안에 있는 다음 명령어
            …
function1
            …                 ; function1을 위한 프로그램 코드
            BX    LR          ; 리턴
```

(명령어들이 워드 정렬되어 있거나 하프워드 정렬되어 있기 때문에) 프로그램 카운터의 0번 비트는 항상 0임에도 불구하고, LR 비트 0을 읽거나 쓸 수 있다. 이것은 Thumb 명령어 세트 안에서 ARM/Thumb 상태를 가리키기 위해 비트 0이 종종 사용되기 때

문이다. Cortex-M3를 위한 Thumb-2 프로그램이 Thumb-2 명령어 세트를 지원하는 다른 ARM 프로세서와 동작할 수 있도록, 이러한 LSB를 읽고 쓸 수 있다.

프로그램 카운터 R15

R15은 프로그램 카운터이다. 어셈블리 코드 안에서는 R15 또는 PC를 사용하여 이것에 접근할 수 있다. Cortex-M3 프로세서의 파이프라인 특성으로 인해 이 레지스터를 읽을 때, 그 값은 실행하고 있는 명령어의 위치에 비해 4만큼 다르다는 사실을 알게 될 것이다. 예를 들어,

```
0x1000 :   MOV R0,  PC   ; R0 = 0x1004
```

프로그램 카운터에 값을 쓰는 것은 분기를 야기한다(하지만 링크 레지스터는 업데이트되지 않는다). 명령어 주소는 하프워드 정렬되어 있기 때문에, 프로그램 카운터를 읽은 값의 LSB(비트 0)는 항상 0이다. 하지만, PC에 값을 쓰거나 분기 명령어를 사용하여 분기를 할 때, 타깃 주소의 LSB는 항상 1로 설정되어야 한다. 왜냐하면 그것은 Thumb 상태에서 동작하고 있다는 것을 가리키기 위해 사용되기 때문이다. 만약 LSB가 0이면, 그것은 ARM 상태로 전환하고자 한다는 것을 의미하는데, Cortex-M3에서는 결함 익셉션을 야기할 것이다.

특별한 레지스터

Cortex-M3 프로세서 안에 있는 특별한 레지스터들로는 다음과 같은 것들이 있다.

- 프로그램 상태 레지스터(PSR)
- 인터럽트 마스크 레지스터(PRIMASK, FAULTMASK, BASEPRI)
- 제어 레지스터(CONTROL)

특별한 레지스터들은 MSR과 MRS 명령어를 통해서만 접근될 수 있다. 이것들은 메모리 주소가 없다.

```
MRS  <reg>, <special_reg> ; 특별한 레지스터에서 값을 읽음
MSR  <special_reg>, <reg> ; 특별한 레지스터에 값을 씀
```

프로그램 상태 레지스터

프로그램 상태 레지스터(PSR)들은 다음과 같은 세 개의 상태 레지스터들로 구분된다.

- 어플리케이션 PSR(APSR)[1]
- 인터럽트 PSR(IPSR)
- 실행 PSR(EPSR)

세 개의 PSR은 특별한 레지스터 접근 명령어인 MSR과 MRS를 사용하여 동시에 또는 분리하여 접근할 수 있다. 그것들을 한 번에 접근할 때에는 그 이름을 *xPSR*이라고 사용한다.

MRS 명령어를 사용하여 프로그램 상태 레지스터들을 읽을 수 있다. 그리고 MSR 명령어를 사용하여 APSR을 변경할 수도 있다. 하지만 EPSR과 IPSR은 읽기 전용이다. 예를 들어,

	31	30	29	28	27	26:25	24	23:20	19:16	15:10	9	8	7	6	5	4:0
APSR	N	Z	C	V	Q											
IPSR												익셉션 번호				
EPSR						ICI/IT	T			ICI/IT						

그림 3.3 Cortex-M3에서의 프로그램 상태 레지스터(PSR)

	31	30	29	28	27	26:25	24	23:20	19:16	15:10	9	8	7	6	5	4:0
xPSR	N	Z	C	V	Q	ICI/IT	T			ICI/IT		익셉션 번호				

그림 3.4 Cortex-M3에서의 통합 프로그램 상태 레지스터(xPSR)

[1] Cortex-M3 개발의 초창기에는 APSR은 플래그 프로그램 상태 레지스터(Flags Program Status Register: FPSR)라고 불렀다. 그래서 개발 툴의 일부 초기 버전은 APSR을 위해 FPSR이라는 이름을 사용할 수도 있다.

```
MRS   r0, APSR      ; 플래그 상태를 R0에 읽어들임
MRS   r0, IPSR      ; 익셉션/인터럽트 상태를 읽음
MRS   r0, EPSR      ; 실행 상태를 읽음
MSR   APSR, r0      ; 플래그 상태를 씀
```

ARM 어셈블러에서 xPSR(세 개의 프로그램 상태 레지스터들을 한 번에 사용할 때)에 접근할 때, 심벌 *PSR*이 사용된다.

```
MRS   r0, PSR       ; 통합 프로그램 상태 워드를 읽음
MSR   PSR, r0       ; 통합 프로그램 상태 워드를 씀
```

PSR 안에 있는 비트 필드에 대한 설명은 표 3.1에서와 같다.

이것을 ARM7 안에 있는 현재 프로그램 상태 레지스터(CPSR)와 비교한다면, ARM7에서 사용되었던 일부 비트 필드가 없어졌다는 사실을 알 수 있을 것이다. Cortex-M3는 ARM7에서 정의되어 있는 것과 같은 동작 모드를 가지고 있지 않기 때문에 모드(M) 비트 필드가 없어졌다. Thumb(T) 비트는 비트 24로 이동하였다. 인터럽트 상태(I와 F) 비트는 새로운 인터럽트 마스크 레지스터(PRIMASK)로 대체되었으며, PSR에서 분리되었다. 비교를 위해 전통적인 ARM 프로세서에서 CPSR을 그림 3.5에 나타내었다.

표 3.1 Cortex-M3 프로그램 상태 레지스터 안에 있는 비트 필드

비트	설명
N	음수(Negative)
Z	0(Zero)
C	캐리(Carry/Borrow)
V	오버플로우(Overflow)
Q	포화 플래그(Sticky Saturation Flag)
ICI/IT	인터럽트-연속 가능한 명령어(ICI) 비트, IF-THEN 명령어 상태 비트
T	Thumb 상태, 항상 1이다; 이 비트를 0으로 클리어하는 것은 결함 익셉션을 야기할 것이다.
익셉션 번호	프로세서가 어떤 익셉션을 처리하고 있는지를 가리킨다.

	31	30	29	28	27	26:25	24	23:20	19:16	15:10	9	8	7	6	5	4:0
xPSR	N	Z	C	V	Q	IT	J	Resrv	GE[3:0]	IT	E	A	I	F	T	M[4:0]

그림 3.5 전통적인 ARM 프로세서에서의 현재 프로그램 상태 레지스터(CPSR)

PRIMASK, FAULTMASK, BASEPRI 레지스터

익셉션들을 비활성화하기 위해 PRIMASK, FAULTMASK, BASEPRI 레지스터들이 사용된다(표 3.2 참고).

PRIMASK와 BASEPRI 레지스터들은 시간에 크리티컬한 태스크에서 임시로 인터럽트들을 비활성화하기 위해 사용된다. OS는 태스크가 충돌이 일어났을 때 임시로 결함 처리를 비활성화하기 위해 FAULTMASK를 사용할 수 있다. 이 시나리오에서, 많은 다른 결함들은 충돌이 일어난 프로세스에 의해 야기되는 다른 결함들을 발생시킬 수 있다. 그러면 FAULTMASK는 결함 조건을 처리하기 위한 OS 커널 시간을 제공한다.

PRIMASK, FAULTMASK, BASEPRI 레지스터에 접근하기 위해, MRS와 MSR 명령어들이 사용된다. 예를 들어,

```
MRS   r0, BASEPRI    ; BASEPRI 레지스터를 R0에 읽어들임
MRS   r0, PRIMASK    ; PRIMASK 레지스터를 R0에 읽어들임
```

표 3.2 Cortex-M3 인터럽트 마스크 레지스터

레지스터 이름	설명
PRIMASK	1비트 레지스터. 이것이 1로 설정되면, 그것은 NMI와 하드 결함 익셉션을 가능하게 하며, 모든 다른 인터럽트와 익셉션들은 마스킹된다. 디폴트값은 0인데, 이것은 어떠한 마스킹도 1로 설정되어 있지 않다는 것을 의미한다.
FAULTMASK	1비트 레지스터. 이것이 1로 설정되면, 그것은 NMI만을 가능하게 하며, 모든 인터럽트 및 결함 처리 익셉션들은 비활성화된다. 디폴트값은 0인데, 이것은 어떠한 마스킹도 1로 설정되어 있지 않다는 것을 의미한다.
BASEPRI	9비트까지로 구성된 레지스터(우선순위 레벨을 위해 구현된 비트 대역에 따라 다르다). 그것은 마스킹 우선순위 레벨을 정의한다. 이것이 1로 설정되면, 그것은 동일한 우선순위나 그보다 낮은 우선순위의 모든 인터럽트들을 비활성화한다. 더 높은 우선순위 인터럽트는 여전히 허용된다. 만약 이것이 0으로 설정되면, 마스킹 함수는 비활성화된다(이것이 디폴트값이다).

```
MRS    r0, FAULTMASK      ; FAULTMASK 레지스터를 R0에 읽어들임
MSR    BASEPRI, r0        ; R0를 BASEPRI 레지스터에 씀
MSR    PRIMASK, r0        ; R0를 PRIMASK 레지스터에 씀
MSR    FAULTMASK, r0      ; R0를 FAULTMASK 레지스터에 씀
```

PRIMASK, FAULTMASK, BASEPRI 레지스터들은 사용자 접근 레벨에서는 설정될 수 없다.

CONTROL 레지스터

CONTROL 레지스터는 특권 레벨과 스택 포인터 선택을 정의하기 위해 사용된다. 이 레지스터는 두 비트를 갖는데, 이에 대해서 표 3.3에 나타내었다.

CONTROL[1]

Cortex-M3에서는, CONTROL[1] 비트가 핸들러 모드 안에서 항상 0이다. 하지만, 쓰레드 또는 베이스 레벨에서 0 또는 1이 될 수 있다.

이 비트는 코어가 쓰레드 모드와 특권 레벨 안에 있을 때에만 쓰기가 가능하다. 사용자 상태 또는 핸들러 모드에서 이 비트에 값을 쓰는 것이 허용되지 않는다. 이 레지스

표 3.3 Cortex-M3 CONTROL 레지스터

비트	기능
CONTROL[1]	스택 상태: 1 = 대체 스택이 사용된다. 0 = 디폴트 스택(MSP)이 사용된다. 만약 그것이 쓰레드 또는 베이스 레벨 안에 있다면, 대체 스택은 PSP이다. 핸들러 모드를 위해서는 대체 스택이 없다. 그래서 프로세서가 핸들러 모드 안에 있을 때, 이 비트는 0이어야 한다.
CONTROL[0]	0 = 쓰레드 모드 안에 있는 특권 상태 1 = 쓰레드 모드 안에 있는 사용자 상태 만약 그것이 (쓰레드 모드가 아니라) 핸들러 모드 안에 있다면, 프로세서는 특권 모드에서 동작한다.

터에 값을 쓰는 것 외에, 이 비트를 변경하기 위한 방법은 익셉션 리턴에서 LR의 2번 비트를 변경하는 것이다. 이에 대해서는 8장에서 논의할 것이며, 익셉션에 대한 상세한 사항들도 설명하겠다.

CONTROL[0]

CONTROL[0]는 특권 상태에서만 쓰기가 가능하다. 만약 그것이 사용자 상태로 진입하게 되면, 특권 상태로 되돌아갈 수 있는 유일한 방법은 인터럽트를 발생시킨 다음, 익셉션 핸들러에서 이것을 변경하는 것이다.

CONTROL 레지스터에 접근하기 위해서는 MRS와 MSR 명령어들이 사용된다.

```
MRS   r0, CONTROL    ; CONTROL 레지스터를 R0에 읽어들임
MSR   CONTROL, r0    ; R0를 CONTROL 레지스터에 씀
```

동작 모드

Cortex-M3 프로세서는 두 개의 모드와 두 개의 특권 레벨을 지원한다.

프로세서가 쓰레드 모드에서 실행되고 있을 때, 그것은 특권 레벨이나 사용자 레벨 안에 있을 수 있다. 하지만, 핸들러는 특권 레벨에만 있을 수 있다. 프로세서가 리셋에서 벗어날 때, 그것은 특권 접근 권한을 가진 쓰레드 모드 안에 있게 된다.

사용자 접근 레벨(쓰레드 모드)에서, 시스템 제어 공간(System Control Space:SCS) — 설정 레지스터와 디버깅 컴포넌트들을 위한 메모리 영역의 일부 — 으로의 접근은 차단된다. 게다가 (APSR에 접근할 때를 제외하면, MSR과 같은) 특별한 레지스터들로 접

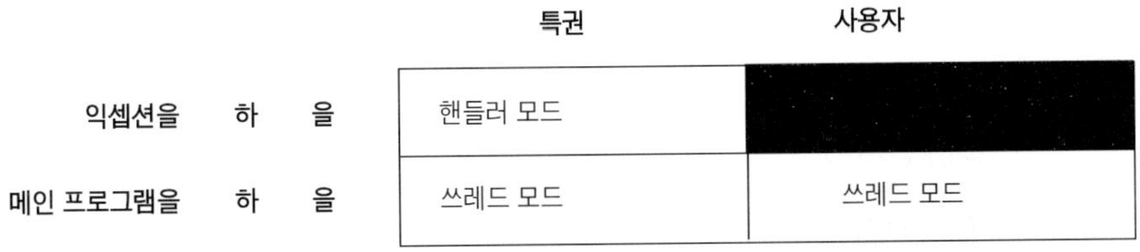

특권
사용자
익셉션을 하 을
핸들러 모드
메인 프로그램을 하 을
쓰레드 모드
쓰레드 모드

그림 3.6 Cortex-M3에서의 동작 모드와 특권 레벨

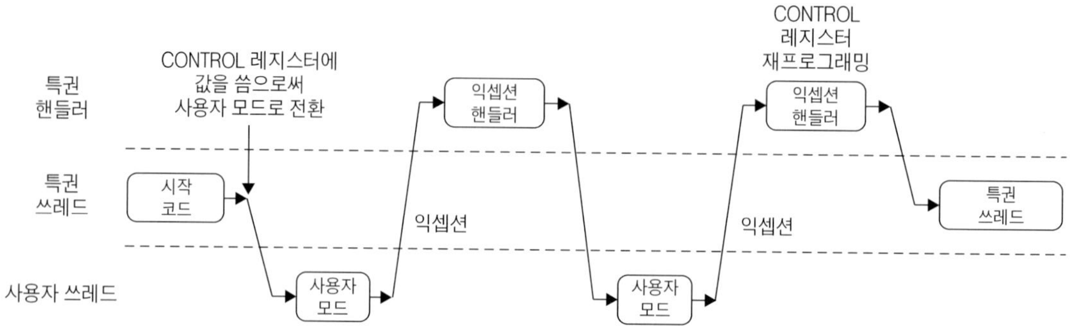

그림 3.7 CONTROL 레지스터에 프로그래밍을 하거나 익셉션에 의해 동작 모드 전환

근하는 명령어는 사용될 수 없다. 사용자 접근 레벨에서 실행하는 프로그램이 SCS 또는 특별한 레지스터로의 접근을 시도하면, 결함 익셉션이 발생할 것이다.

특권 접근 레벨에서의 소프트웨어는 CONTROL 레지스터를 사용하여 프로그램을 사용자 접근 레벨로 전환할 수 있다. 익셉션이 발생할 때 프로세서는 항상 특권 상태로 전환하게 되며, 익셉션 핸들러에서 나올 때 이전의 상태로 되돌아간다. 사용자 프로그램은 CONTROL 레지스터에 값을 써서 직접 특권 상태로 되돌아갈 수는 없다. 쓰레드 모드로 되돌아갈 때, 프로세서를 특권 접근 레벨로 전환하기 위해서 CONTROL 레지스터에 프로그램을 하는 익셉션 핸들러를 통해야만 가능하다.

특권 접근 레벨과 사용자 접근 레벨의 지원은 보다 안전하고 확실한 아키텍처를 제공한다. 예를 들어, 사용자 프로그램이 잘못되었다고 해도, 그것은 NVIC 안에 있는 CONTROL 레지스터에 오류를 발생시킬 수 없을 것이다. 추가로, MPU가 존재한다면, 특권 프로세스에 의해 사용되는 메모리 영역에 접근하지 못하게 하는 것이 가능하다.

사용자 프로그램 안에서 스택 동작 오류에 의해 야기되는 시스템의 충돌 가능성을 피하기 위해 사용자 어플리케이션 스택을 커널 스택 메모리와 분리할 수 있다. 여기서 (쓰레드 모드에서 동작하는) 사용자 프로그램은 PSP를 사용하며, 익셉션 핸들러는 MSP를 사용한다. 스택 포인터의 전환은 익셉션 핸들러로 진입하거나 나올 때 자동으로 이루어진다. 이 주제에 대해서는 이 책의 8장에서 보다 상세하게 다룰 것이다.

프로세서의 모드와 접근 레벨은 CONTROL 레지스터에 의해 정의된다. CONTROL 레지스터 비트 0이 0일 경우, 익셉션이 발생할 때 프로세서 모드가 변경된다.

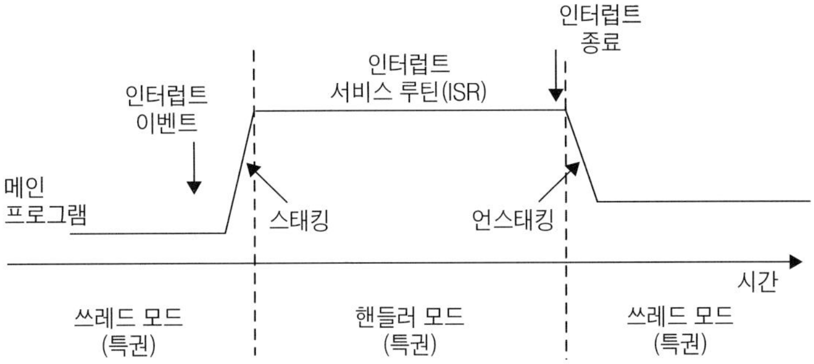

그림 3.8 인터럽트에서의 프로세서 모드 전환

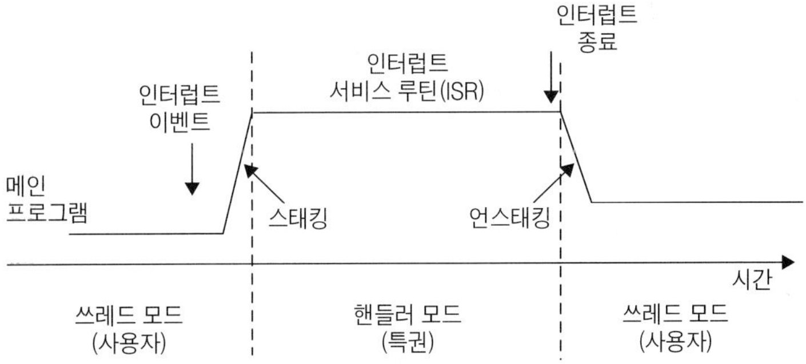

그림 3.9 인터럽트에서의 프로세서 모드 및 특권 레벨 전환

CONTROL 레지스터 비트 0이 1일 경우(사용자 어플리케이션을 실행하는 쓰레드), 프로세서 모드와 접근 레벨은 익셉션이 발생할 때 변경된다.

CONTROL 레지스터 비트 0은 특권 레벨에서만 프로그래밍이 가능하다. 사용자-레벨 프로그램을 특권 상태로 전환하기 위해서는, 인터럽트를 발생시키거나(예를 들어, SVC 또는 시스템 서비스 호출), 핸들러 안에서 CONTROL[0]에 값을 쓰면 된다.

익셉션과 인터럽트

Cortex-M3는 많은 고정된 시스템 익셉션들과 보통 *IRQ*라고 불리는 인터럽트들을 포함하여 많은 익셉션들을 지원한다. Cortex-M3 마이크로컨트롤러에서의 인터럽트 입력의 수는 각각의 설계에 따라 다르다. 시스템 틱 타이머(System Tick Timer)를 제외하고, 주변장치에 의해 생성되는 인터럽트들은 인터럽트 입력신호들에 연결된다. 전형적인 인터럽트 입력의 수는 16개 또는 32개이다. 하지만 그 이상이나(그 이하의) 인터럽트 입력을 가지고 있는 일부 마이크로컨트롤러 설계도 있다.

인터럽트 입력 외에, NMI 입력신호일 수도 있다. NMI의 실제 사용은 사용하고 있는 마이크로컨트롤러 또는 SoC 제품의 설계에 따라 다르다. 대부분의 경우, NMI는 와치독 타이머나 특정 레벨 이하로 전압이 떨어질 때 프로세서에게 경고를 해주는 전압-모니터링 블록에 연결될 수 있다. NMI 신호는 코어가 리셋에서 벗어난 후에 조차도 언제든지 활성화될 수 있다.

Cortex-M3에서의 익셉션 리스트는 표 3.4에 나타나 있다. 많은 시스템 익셉션들은 다양한 오류 상태에 의해 트리거될 수 있는 결함-처리 익셉션들이다. NVIC는 오류 핸들러가 익셉션들의 원인을 결정할 수 있기 위해 많은 결함 상태 레지스터들을 제공한다.

표 3.4 Cortex-M3 익셉션 종류

익셉션 번호	익셉션 종류	우선순위	설명
1	리셋	-3 (최상위)	리셋
2	NMI	-2	마스킹이 불가능한 인터럽트
3	하드 결함	-1	모든 결함 조건, 익셉션 마스킹에 의해 마스킹되어 있거나 비활성화되어 있기 때문에, 그에 상응하는 결함 핸들러가 활성화되어 있지 않은 경우
4	MemManage 결함	설정 가능	메모리 관리 결함; MPU 침해 또는 허락되지 않은 위치로의 접근에 의해 야기된다(실행 가능하지 않은 영역에서 명령어를 페치하는 것과 같은).
5	버스 결함	설정 가능	버스 시스템에서 받는 잘못된 응답; 명령어 Prefetch Abort 또는 Data 접근 오류에 의해 야기된다.
6	사용 결함	설정 가능	사용상 결함; 전형적인 원인으로 유효하지 않은 명령어 사용과 (Cortex-M3에서 ARM 상태로 전환하려고 하는 것과 같은) 유효하지 않은 상태 전환 시도가 있다.

표 3.4 (계속)

익셉션 번호	익셉션 종류	우선순위	설명
7-10	-	-	예약됨
11	SVC	설정 가능	SVC 명령어를 통해 시스템 서비스 호출
12	디버그 모니터	설정 가능	디버그 모니터
13	-	-	예약됨
14	PendSV	설정 가능	시스템 서비스를 위한 펜딩 가능한 요청
15	SYSTICK	설정 가능	시스템 틱 타이머
16-255	IRQ	설정 가능	IRQ 입력 #0-239

Cortex-M3에서의 익셉션 동작에 대한 보다 상세한 사항들은 7장에서 9장을 통해 설명하겠다.

벡터 테이블

Cortex-M3에서 익셉션 이벤트가 발생하고, 프로세서 코어가 그것을 받아들이면, 그에 상응하는 익셉션 핸들러가 실행된다. 익셉션 핸들러의 시작 주소를 결정하기 위해 벡터 테이블 메커니즘이 사용된다. **벡터 테이블**(vector table)은 워드 데이터 배열이며, 각각은 하나의 익셉션의 시작 주소를 나타낸다. 벡터 테이블은 위치를 변경할 수 있으며, NVIC 안에 있는 재배치 레지스터에 의해 재배치가 제어된다. 리셋 후, 재배치 제어 레지스터는 0으로 리셋된다. 그러므로 벡터 테이블은 리셋 후에 주소 0x0에 위치한다.

예를 들어, 리셋이 익셉션 종류 1이라면, 리셋 벡터의 주소는 1에 4를 곱한 값이며(각 워드는 4바이트이다), 이것은 0x00000004와 같다. NMI 벡터(종류 2)는 2 × 4 = 0x00000008 안에 위치한다. 주소 0x00000000은 MSP를 위한 시작값으로 사용된다.

각 익셉션 벡터의 LSB는 익셉션이 Thumb 상태에서 실행될지 아닐지를 가리킨다. Cortex-M3는 Thumb 명령어만을 지원할 수 있기 때문에, 모든 익셉션 벡터의 LSB

표 3.5 리셋 후 벡터 테이블 정의

익셉션 종류	주소 오프셋	익셉션 벡터
18-255	0x48-0x3FF	IRQ #2-239
17	0x44	IRQ #1
16	0x40	IRQ #0
15	0x3C	SYSTICK
14	0x38	PendSV
13	0x34	예약됨
12	0x30	디버그 모니터
11	0x2C	SVC
7-10	0x1C-0x28	예약됨
6	0x18	사용 결함
5	0x14	Bus Fault
4	0x10	MemManage 결함
3	0x0C	하드 결함
2	0x08	NMI
1	0x04	리셋
0	0x00	MSP의 시작값

는 1로 설정되어야 한다.

스택 메모리 동작

Cortex-M3에서 보통 소프트웨어로 제어되는 스택 PUSH와 POP 외에, 익셉션/인터럽트 핸들러에 진입하거나 나올 때에도 스택 PUSH와 POP 동작이 자동으로 수행된다. 이 절에서는 소프트웨어 스택 동작을 살펴보겠다(익셉션 처리중의 스택 동작은 9장에서 다루겠다).

스택의 기본적인 동작

일반적으로 스택 동작은 스택 포인터(SP)에 의해 규정된 주소를 가지고 메모리를 쓰거나 읽는 동작을 말한다. 레지스터들 안에 있는 데이터는 PUSH 동작에 의해 스택 메모리에 저장되며, 나중에 POP 동작에 의해 레지스터로 복원된다. 여러 데이터 PUSH가 이전에 스택에 저장된 데이터를 지우지 않도록 하기 위해 스택 포인터는 PUSH와 POP 안에서 자동으로 조절된다.

스택의 기능은 처리하는 태스크가 완료되면 나중에 복원될 수 있도록 하기 위해, 레지스터 내용들을 메모리에 저장하는 것이다. 일반적인 사용을 위해서 각각의 저장(PUSH) 후, 그에 상응하는 읽기(POP)가 있어야 하며, POP 동작의 주소는 PUSH 동작의 주소와 일치해야 한다(그림 3.10 참고). PUSH/POP 명령어가 사용될 때, 스택 포인터는 자동으로 증가하거나 감소된다.

프로그램 제어권이 메인 프로그램으로 되돌아갈 때, R0–R2 내용들은 이전과 동일하다. PUSH와 POP의 순서를 기억해 두자. POP 순서는 PUSH의 반대이어야 한다.

다중 로드/스토어를 가능하게 하는 PUSH와 POP 명령어 덕분에, 이 동작들은 단순화될 수 있다. 이 경우, 레지스터 POP의 순서는 프로세서에 의해 자동으로 반전된다(그

메인 프로그램

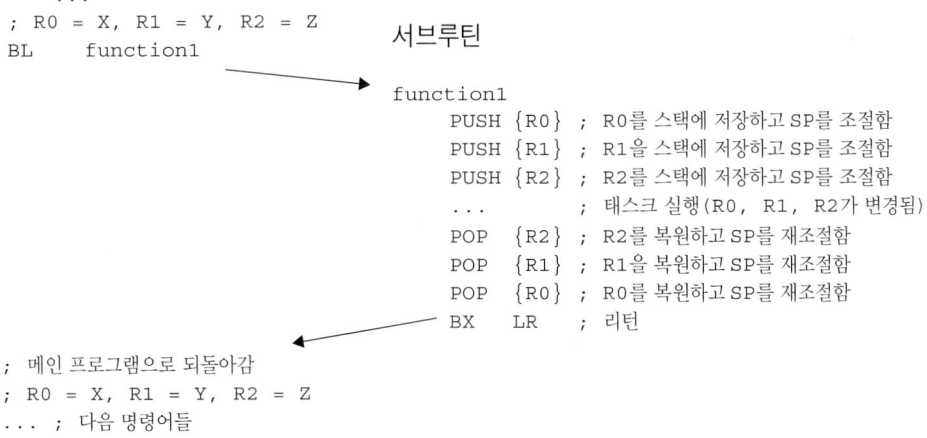

```
    ...
; R0 = X, R1 = Y, R2 = Z
BL     function1
```

서브루틴

```
function1
     PUSH {R0} ; R0를 스택에 저장하고 SP를 조절함
     PUSH {R1} ; R1을 스택에 저장하고 SP를 조절함
     PUSH {R2} ; R2를 스택에 저장하고 SP를 조절함
     ...       ; 태스크 실행(R0, R1, R2가 변경됨)
     POP  {R2} ; R2를 복원하고 SP를 재조절함
     POP  {R1} ; R1을 복원하고 SP를 재조절함
     POP  {R0} ; R0를 복원하고 SP를 재조절함
     BX   LR   ; 리턴
```

```
; 메인 프로그램으로 되돌아감
; R0 = X, R1 = Y, R2 = Z
... ; 다음 명령어들
```

그림 3.10 스택 동작의 기본: 각 스택 동작에서의 한 레지스터

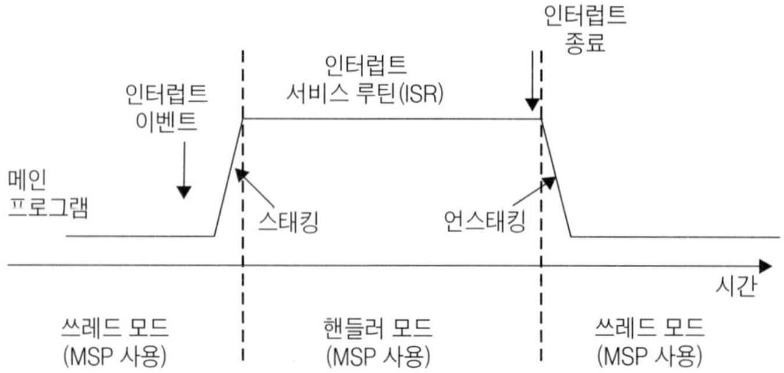

그림 3.11 스택 동작 기본: 다중 레지스터 스택 동작

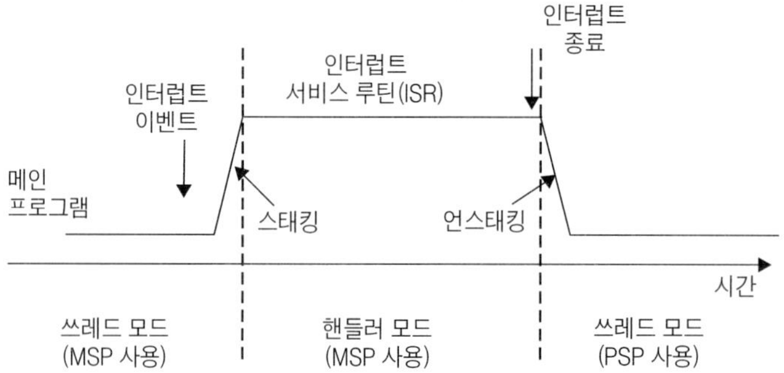

그림 3.12 스택 동작 기본: 통합 스택 POP과 리턴

림 3.11 참고).

리턴을 POP 동작과 통합할 수도 있다. 이것은 서브루틴의 시작에서 LR을 스택에 넣고, 서브루틴의 끝에서 그 스택값을 다시 PC로 복원한다(그림 3.12 참고).

Cortex-M3 스택 구현

Cortex-M3는 Full-Descending 스택 동작 모델을 채택하고 있다. 스택 포인터(SP)는 스택 메모리에 마지막으로 저장된 데이터를 가리키며, 새로운 PUSH 동작이 있기 전에 SP가 감소한다. 명령어 PUSH{R0}의 실행을 보여주기 위한 예제로 그림 3.13을 살펴보도록 하자.

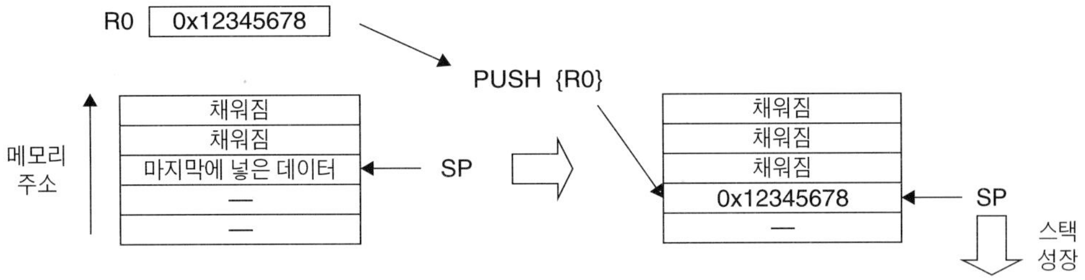

그림 3.13 Cortex-M3 스택 PUSH 구현

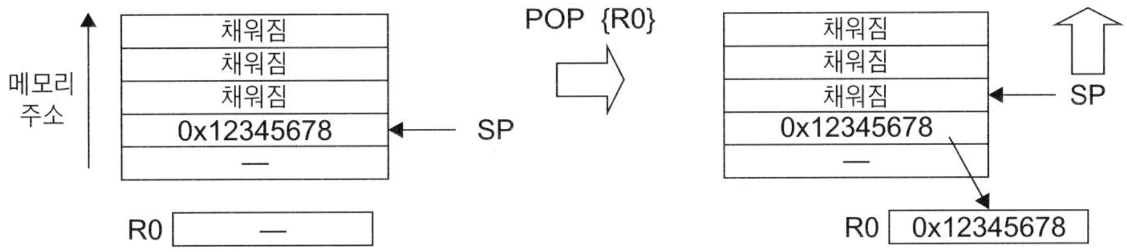

그림 3.14 Cortex-M3 스택 POP 구현

POP 동작을 위해 데이터는 SP가 가리키는 메모리 위치에서 데이터를 읽은 다음, 스택 포인터가 증가한다. 메모리 위치에 있는 내용은 변경되지 않지만, 다음의 PUSH 동작이 발생할 때 중복되어 지워질 것이다(그림 3.14 참고).

각각의 PUSH/POP 동작은 4바이트의 데이터를 전송하기 때문에, SP는 한 번에 4만큼, 하나 이상의 레지스터들이 PUSH 또는 POP 된다면, 4의 배수만큼 감소/증가한다.

Cortex-M3에서 R13은 SP로 정의된다. 인터럽트가 발생할 때, 많은 레지스터들이 자동으로 스택에 저장된다. R13은 이러한 스택 처리를 위해 SP로 사용될 것이다. 유사하게 스택에 저장된 레지스터들은 인터럽트 핸들러에서 나올 때 자동으로 복원되고, 스택 포인터 또한 조절될 것이다.

Cortex-M3에서의 두 가지 스택 모델

앞에서 말한 것처럼, Cortex-M3는 메인 스택 포인터(MSP)와 프로세스 스택 포인터(PSP), 두 개의 스택 포인터를 가지고 있다. 사용되는 SP 레지스터는 제어 레지스터 비트 1에 의해 제어된다(다음 내용에서의 CONTROL[1]).

CONTROL[1]이 0일 때, MSP는 쓰레드 모드와 핸들러 모드에서 모두 사용된다. 이 배치에서, 메인 프로그램과 익셉션 핸들러는 동일한 스택 메모리 영역을 공유한다. 이것은 전원이 공급된 후의 디폴트 설정이다.

제어 레지스터 비트 1이 1일 때, PSP는 Thumb 모드에서 사용된다. 이 배치에서, 메인 프로그램과 익셉션 핸들러는 분리된 스택 메모리 영역을 가질 수 있다. (사용자 어플리케이션은 쓰레드 모드에서만 실행되고 OS 커널은 핸들러 모드에서 실행된다고 가정할 때) 이것은 사용자 어플리케이션 안에서의 스택 오류가 OS에서 사용되는 스택에 손상을 가하는 것을 방지할 수 있다.

이 상황에서 자동으로 스태킹하고 언스태킹하는 메커니즘이 PSP를 사용할 것이며, 핸들러 안에서의 스택 동작은 MSP를 사용할 것이라는 사실을 기억해 두자.

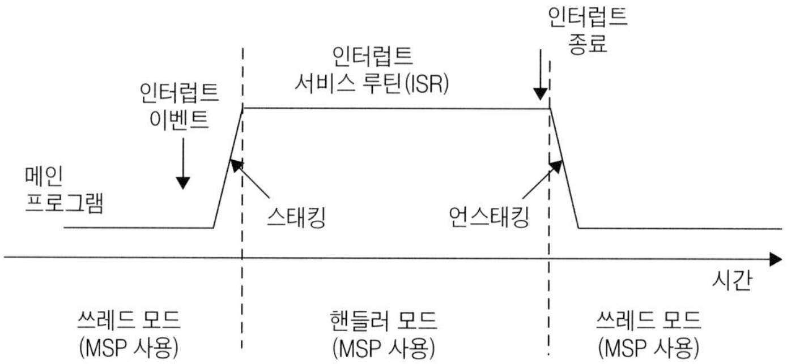

그림 3.15 CONTROL[1]=0: 쓰레드 레벨과 핸들러 모두 메인 스택을 사용한다

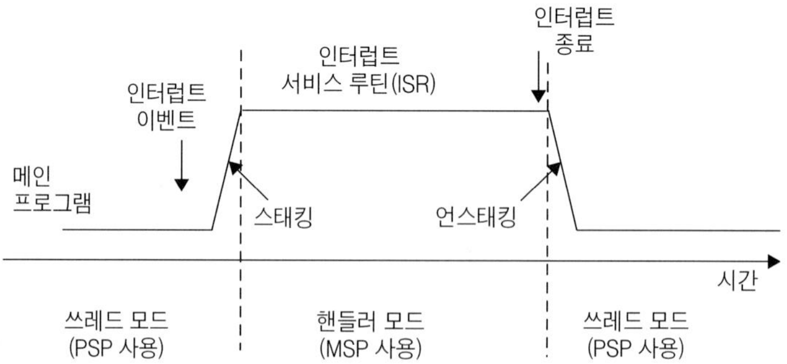

그림 3.16 CONTROL[1]=1: 쓰레드 레벨은 프로세스 스택을 사용하고 핸들러는 메인 스택을 사용한다

어떤 R13이 사용되고 있는지에 대한 혼동 없이, MSP와 PSP에 직접 읽기/쓰기 동작을 수행하는 것은 가능하다. 특권 레벨 안에 있는 경우에는 MRS와 MSR 명령어를 사용하여 MSP와 PSP에 접근할 수 있다.

```
MRS   R0, MSP        ; 메인 스택 포인터를 R0에 읽어들임
MSR   MSP, R0        ; R0를 메인 스택 포인터에 씀
MRS   R0, PSP        ; 프로세스 스택 포인터를 R0에 읽어들임
MSR   PSP, R0        ; R0를 프로세스 스택 포인터에 씀
```

MRS 명령어를 사용하여 PSP값을 읽으면, OS는 사용자 어플리케이션에 의해 스택에 저장된 데이터를 읽을 수 있다(시스템 서비스 호출, SVC 전의 레지스터 내용). 추가로, OS는 PSP 포인터값을 변경할 수 있다 — 예를 들어, 멀티태스킹 시스템에서 문맥 전환을 하는 동안 스택 포인터값을 변경할 수 있다.

리셋 시퀀스

프로세서가 리셋에서 벗어나면 그것은 메모리에서 두 워드를 읽을 것이다.

- 주소 0x00000000: R13(스택 포인터)의 시작 주소
- 주소 0x00000004: 리셋 벡터(프로그램 실행의 시작 주소; Thumb 상태를 가리키기 위해 LSB는 1로 설정되어야 한다)

이것은 전통적인 ARM 프로세서 동작과는 다르다. 이전의 ARM 프로세서는 주소 0x0에서 시작하는 프로그램 코드를 실행했었다. 게다가 이전 ARM 소자 안에 있는 벡터 테이블에 명령어들이 있었다(익셉션 핸들러가 또 다른 위치에 놓일 수 있도록 하기 위해, 그 곳에 분기 명령어를 놓아야만 한다). Cortex-M3에서 MSP를 위한 초기값은 메모리

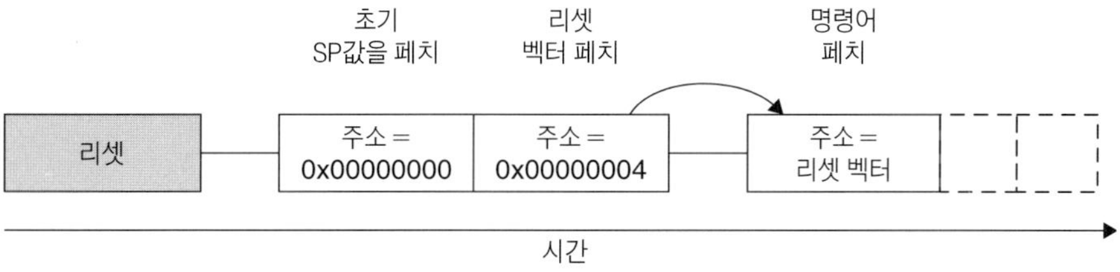

그림 3.17 리셋 시퀀스

맵의 시작에 놓이고, 다음에 벡터 테이블이 놓인다. 여기에는 벡터 주소값이 포함된다. (벡터 테이블은 프로그램이 실행되는 동안 나중에 또 다른 위치로 재배치될 수 있다) 추가로, 벡터 테이블의 내용은 분기 명령어가 아니라 주소값이다. 벡터 테이블 안에 있는 첫 번째 항목(익셉션 종류 1)은 리셋 벡터이다. 이것은 리셋 후, 프로세서에 의해 페치되는 두 번째 종류의 데이터이다.

Cortex-M3에서의 스택 동작은 Full-Descending 스택(저장 전에 스택 포인터 감소)이기 때문에, 초기 스택 포인터값은 스택 영역의 맨 상단에 오는 첫 번째 메모리에 설정되어야 한다. 예를 들어, 0x20007C00에서 0x20007FFF(1KB)의 범주의 스택 메모리 영역을 가지고 있다면, 초기 스택값은 0x20008000에 설정되어야 한다.

벡터 테이블은 초기 SP값 뒤에 나온다. 첫 번째 벡터는 리셋 벡터이다. Cortex-M3에서 벡터 테이블 안에 있는 벡터 주소는 그것이 Thumb 코드라는 것을 가리키기 위해 LSB를 1로 설정되게 해야 한다. 이러한 이유로, 이전의 예제는 리셋 벡터 안에 0x101을 가지고 있었다. 반면에 부트 코드는 주소 0x100에서 시작한다. 리셋 벡터가

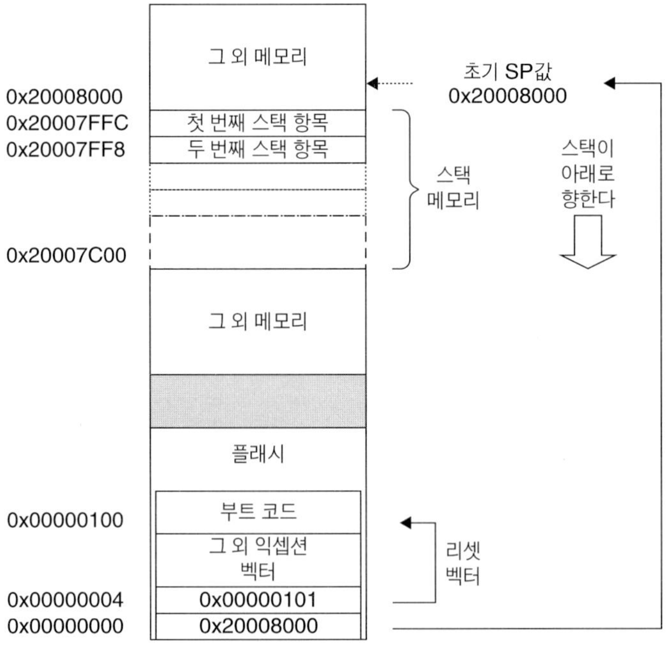

그림 3.18 초기 스택값과 초기 프로그램 카운터(PC)값의 예

페치된 후, Cortex-M3는 리셋 벡터 주소에서 프로그램을 실행하기 시작하고 일반적인 동작을 시작할 것이다. (NMI와 같은) 익셉션의 일부는 리셋 후 바로 발생할 수도 있기 때문에, 스택 포인터가 초기화되고, 이러한 익셉션들의 핸들러를 위해 스택 메모리가 필요할 수도 있다.

다양한 소프트웨어 개발 툴은 스택 포인터값과 리셋 벡터값의 시작을 규정하기 위한 다양한 방법들을 가질 수도 있다. 만약 이 주제에 대한 보다 자세한 정보가 필요하다면, 개발 툴에서 제공되는 프로젝트 예제들을 살펴보는 것이 가장 좋다. ARM 툴을 위한 몇 가지 예제들은 이 책의 10장과 20장에서 제공되며, GNU 툴 체인에 대한 몇 가지 예제들은 19장에서 제공되고 있다.

Chapter 04

명령어 세트

이 장의 내용

- 어셈블리 기초
- 명령어 리스트
- 명령어 설명
- Cortex-M3 에서의 몇 가지 유용한 명령어

이 장에서는 Cortex-M3의 명령어 세트와 다양한 명령어들에 대한 예를 간단히 살펴보도록 하자. 이 책의 부록 A에는 지원되는 명령어들에 대한 퀵 레퍼런스가 포함되어 있다. 각 명령어들에 대한 완전한 설명을 위해서는 *ARM v7-M Architecture Application Level Reference Manual* (Ref2)를 참고하기 바란다.

어셈블리 기초

이 책 안에 있는 코드 예제들을 보다 쉽게 이해할 수 있도록 하기 위해, ARM 어셈블리의 몇 가지 간단한 표기법(syntax)을 소개하고자 한다. 책 안에 있는 대부분의 어셈블리 코드 예제들은 ARM 어셈블러 툴을 기반으로 하고 있으며, 19장에서 설명하고 있는 코드들만이 GNU 툴 체인을 기반으로 하고 있다.

어셈블리어: 기본적인 표기법

어셈블러 코드에서는 다음과 같은 명령어 형식이 일반적으로 사용된다.

```
label
        opcode operand1, operand2,... ; Comments
```

여기서 **라벨**(label)은 옵션이다. 명령어들의 주소가 라벨을 사용하여 지정될 수 있도록 하기 위해, 어떤 명령어들은 그 맨 앞에 라벨을 갖는다. 그 다음에는 오피코드(opcode)가 나오고, 그 뒤에 많은 오퍼랜드(operand)들이 나온다. 보통 첫 번째 오퍼랜드는 동작의 목적지를 의미한다. 명령어의 오퍼랜드 수는 명령어의 종류에 따라 다르며, 오퍼랜드의 표기 형식 또한 달라질 수 있다. 예를 들어, 상수 데이터는 항상 다음과 같이 #숫자의 형식을 갖는다.

```
MOV R0, #0x12  ; R0 = 0x12(16진수)로 설정
MOV R1, #'A'   ; R1 = ASCII 문자 A로 설정
```

각 세미콜론(;) 뒤에 나오는 문자는 주석이다. 이러한 주석들은 프로그램의 동작에는 영향을 주지 않는다. 하지만 이 주석들은 사람들이 프로그램을 더 쉽게 이해할 수 있게 해준다.

상수는 EQU를 이용하여 정의한 다음, 프로그램 코드 내에서 사용할 수 있다. 예를

들어, 다음과 같다.

```
NVIC_IRQ_SETEN0 EQU 0xE000E100
NVIC_IRQ0_ENABLE EQU 0x1
    ...
    LDR R0, =NVIC_IRQ_SETEN0          ; 여기서 LDR은 어셈블러에 의해 PC 상대값으로
                                      ; 변환되는 의사 명령어임
    MOV R1, #NVIC_IRQ0_ENABLE         ; 상수 데이터를 레지스터로 이동함
    STR R1, [R0]                      ; R0 안에 있는 주소에 R1을 써서 IRQ를 활성화함
```

DCI는 어셈블러가 원하는 정확한 명령어를 생성할 수 없는 경우나 명령어를 위한 바이너리 코드를 알고 싶을 경우, 명령어를 코딩하기 위해 사용될 수 있다.

```
DCI 0xBE00 ; 브레이크포인트 (BKPT 0), 16비트 명령어
```

코드 내에 바이너리 데이터를 정의하기 위해서 DCB(문자와 같은 바이트 크기의 상수값을 정의하는 경우)와 DCD(워드 크기의 상수값을 정의하는 경우)를 사용할 수 있다

```
    LDR R3, =MY_NUMBER                ; MY_NUMBER의 메모리 주소값을 얻음
    LDR R4, [R3]                      ; R4 안에 0x12345678이 가리키는 주소 안의 값을 얻음
    ...
    LDR R0, =HELLO_TXT                ; HELLO_TXT의 시작 메모리 주소를 얻음
    BL  PrintText                     ; 문자열을 출력하기 위해 PrintText라는 이름의 함수를
                                      ; 호출함
    ...
MY_NUMBER
    DCD 0x12345678
HELLO_TXT
    DCB "Hello\n", 0                  ; null 문자로 종료되는 문자열
```

어셈블러 표기법은 사용하고 있는 어셈블러 툴에 따라 달라진다는 점을 기억해 두자. 여기서는 ARM 어셈블러 툴 형식이 소개되어 있다. 다른 어셈블러 툴의 표기법을 위해서는 그 툴에서 제공되는 예제 코드를 가지고 살펴보는 것이 가장 좋다.

어셈블리어: 접미사의 사용

ARM 프로세서를 위한 어셈블러에서, 명령어들은 표 4.1에서 볼 수 있듯이 접미사(suffixes)가 뒤에 붙을 수 있다.

표 4.1 명령어 안의 접미사

접미사	설명
S	APSR(플래그) 업데이트. 예를 들면 다음과 같다. ADDS R0, R1 ; 이것은 APSR을 업데이트할 것이다.
EQ, NE, LT, GT 등	조건부 실행 ; EQ = Equal, NE = Not Equal, LT = Less Than, GT = Greater Than 등. 예를 들면 다음과 같다. BEQ <Label> ; 조건이 같으면, <Label>로 분기

Cortex-M3에서 조건부 실행 접미사들은 보통 분기 명령어를 위해 사용된다. 하지만 IF-THEN 명령어 구문 안에 사용되는 경우, 다른 명령어들에도 조건부 실행 접미사가 추가되어 사용될 수 있다. (이 내용은 이 장의 마지막 부분에 설명되어 있다) 그러한 경우에는, *S* 접미사와 조건부 실행 접미사들이 동시에 사용될 수 있다. 이 장의 뒷부분에서 설명되어 있듯이, 총 14개의 조건 선택이 가능하다.

어셈블리어: 통합된 어셈블리어

Thumb-2 명령어 세트 중 가장 좋은 것들을 취득하여 지원하기 위해, 통합된 어셈블리어(Unified Assembler Language: UAL)가 개발되었다. 이것은 16비트 명령어와 32비트 명령어들을 선택하는 것을 가능하게 해주었으며, 이 두 명령어에 대해 동일한 표기법을 사용하기 때문에 ARM 코드와 Thumb 코드 간에 어플리케이션 포팅이 더 쉬워졌다. (UAL로 인해, 현재 Thumb 명령어의 표기법은 ARM 명령어와 동일하다)

```
ADD R0, R1                ; R0 = R0 + R1, 전통적인 Thumb 표기법
ADD R0, R0, R1            ; UAL 표기법을 사용한 동일한 명령어
```

전통적인 Thumb 표기법도 여전히 사용될 수 있다. 다만 주의해야 할 점은 전통적인 Thumb 명령어 표기법에서, 어떤 명령어들은 *S* 접미사가 사용되지 않더라도 APSR 안에 있는 플래그들을 변경시킨다는 점이다. 하지만 UAL 표기법이 사용되면, 명령어가 플래그를 변경시킬지 아닐지는 *S* 접미사에 의존적이다. 예를 들어 다음과 같다.

```
AND  R0, R1               ; 전통적인 Thumb 표기법
ANDS R0, R0, R1           ; 동일한 UAL 표기법(S 접미사가 추가됨)
```

새로운 Thumb-2 명령어가 지원됨에 따라, 어떤 동작들은 Thumb 명령어나 Thumb-2 명령어 중 하나로 처리될 수 있다. 예를 들어, R0 = R0 + 1은 16비트 Thumb 명령어 또는 32비트 Thumb-2 명령어로 구현될 수 있다. UAL에서는 접미사를 추가함으로써 원하는 명령어가 어떤 명령어인지를 규정할 수 있다.

```
ADDS   R0, #1          ; 더 작은 코드 크기를 위해, 디폴트로는 16비트 Thumb
                       ; 명령어를 사용함
ADDS.N R0, #1          ; 16비트 Thumb 명령어를 사용함(N=narrow)
ADDS.W R0, #1          ; 32비트 Thumb-2 명령어를 사용함(W=wide)
```

.W(wide) 접미사는 32비트 명령어를 의미한다. 만약 접미사가 없다면, 어셈블러 툴은 둘 중 어떤 명령어든 선택할 수 있지만, 보통은 코드 크기를 줄이기 위해 16비트 Thumb 코드를 디폴트로 사용한다.

툴의 지원에 따라, 16비트 Thumb 명령어를 규정하기 위해 .N(narrow) 접미사가 사용되기도 한다.

다시 한번 말하지만, 이 표기법은 ARM 어셈블러 툴을 위한 것이다. 다른 어셈블러들은 다소 다른 표기법을 가지고 있을 수도 있다. 만약 접미사가 없다면, 어셈블러는 최소한의 코드 크기를 갖는 명령어를 선택한다.

대부분의 경우, 어플리케이션들은 C로 코딩되는데, C 컴파일러는 더 작은 코드 크기를 위해 가능하다면 16비트 명령어들을 사용할 것이다. 하지만, 상수값이 어떤 범주를 초과하거나, 32비트 Thumb-2 명령어로 처리하는 것이 더 좋은 연산의 경우에는 32비트 명령어가 사용된다.

32비트 Thumb-2 명령어들은 하프워드(half word)로 정렬될 수도 있다. 예를 들어, 하프워드 위치에 32비트 명령어가 놓일 수도 있다.

```
0x1000 : LDR r0, [r1]        ; 16비트 명령어(0x1000-0x1001에 위치)
0x1002 : RBIT.W r0           ; 32비트 Thumb-2 명령어(0x1002-0x1005에 위치)
```

16비트 명령어의 대부분은 레지스터 R0에서 R7까지만 접근 가능하다. 32비트 Thumb-2 명령어는 이러한 제한을 갖지 않는다. 하지만 어떤 명령어에서는 PC(R15)의 사용이 허용되지 않을 수 있다. 이 분야에 대해 보다 상세하게 알고 싶다면, *ARM v7-M Architecture Application Level Reference Manual* (Ref2: A4.6절)을 참고하기 바란다.

명령어 리스트

지원되는 명령어에 대해서는 표 4.2∼4.9에 나타내었다. 각 명령어에 대한 완전한 설명은 *ARM v7-M Architecture Application Level Reference Manual* (Ref2)에서 살펴볼 수 있다. 부록 A에는 지원되는 명령어 세트에 대한 요약본을 제공하고 있다.

표 4.2 16비트 데이터 처리 명령어

명령어	기능
ADC	캐리를 고려한 덧셈
ADD	덧셈
AND	논리적 AND
ASR	오른쪽으로 산술 시프트
BIC	특정 비트를 0으로 클리어
CMN	Compare Negative(한 데이터와 다른 데이터의 2의 보수를 비교하고, 플래그 업데이트)
CMP	비교(두 데이터를 비교하고, 플래그 업데이트)
CPY	복사(아키텍처 v6에서 사용 가능함. 상위 레지스터 또는 하위 레지스터에서 다른 상위 레지스터 또는 하위 레지스터로 값을 이동)
EOR	배타적 OR
LSL	왼쪽으로 논리 시프트
LSR	오른쪽으로 논리 시프트
MOV	이동(레지스터에서 레지스터로 전송하거나 상수 데이터를 레지스터로 읽어들일 때 사용)
MUL	곱셈
MVN	Move NOT(논리적 반전값을 얻을 때 사용)
NEG	Negate(2의 보수값을 얻을 때 사용)
ORR	논리적 OR
ROR	오른쪽으로 로테이트
SBC	캐리를 고려하여 뺄셈
SUB	뺄셈
TST	테스트(논리적 AND로 사용함. Z 플래그가 업데이트되는 AND 결과는 저장되지 않음)

표 4.2 (계속)

명령어	기능
REV	32비트 레지스터에서 바이트 순서를 반전함(아키텍처 v6에서 사용 가능)
REVH	32비트 레지스터의 각각의 16비트 하프워드의 바이트 순서를 반전함(아키텍처 v6에서 사용 가능)
REVSH	32비트의 하위 16비트 하프워드에서 바이트 순서를 반전하고 32비트의 결과를 부호 확장함(아키텍처 v6에서 사용 가능)
SXTB	부호 확장된 바이트(아키텍처 v6에서 사용 가능)
SXTH	부호 확장된 하프워드(아키텍처 v6에서 사용 가능)
UXTB	비부호 확장된 바이트(아키텍처 v6에서 사용 가능)
UXTH	비부호 확장된 하프워드(아키텍처 v6에서 사용 가능)

표 4.3 16비트 분기 명령어

명령어	기능
B	분기
B⟨cond⟩	조건 분기
BL	링크를 고려한 분기. 서브루틴을 호출하고 리턴될 주소를 LR에 저장
BLX	링크를 고려한 분기 및 모드 변경(BLX ⟨reg⟩만 지원)[1]
CBZ	비교 후 0인 경우 분기(아키텍처 v7)
CBNZ	비교 후 0이 아닌 경우 분기(아키텍처 v7)
IT	IF-THEN(아키텍처 v7)

표 4.4 16비트 로드/스토어 명령어

명령어	기능
LDR	메모리에서 레지스터로 워드를 로드
LDRH	메모리에서 레지스터로 하프워드를 로드
LDRB	메모리에서 레지스터로 바이트를 로드

[1] 상수값을 가진 BLX는 지원되지 않는다. 상수값을 가진 BLX가 Cortex-M3에서는 지원되지 않는 ARM 상태로의 변경을 항상 시도할 것이기 때문이다.

표 4.4 (계속)

명령어	기능
LDRSH	메모리에서 레지스터로 하프워드를 로드, 부호 확장되어 레지스터에 반영
LDRSB	메모리에서 레지스터로 바이트를 로드, 부호 확장되어 레지스터에 반영
STR	레지스터에서 메모리로 워드 저장
STRH	레지스터에서 메모리로 하프워드 저장
STRB	레지스터에서 메모리로 바이트 저장
LDMIA	여러 개를 동시에 로드(로드 후 주소 증가)
STMIA	여러 개를 동시에 저장(저장 후 주소 증가)
PUSH	여러 개의 레지스터들을 스택에 저장
POP	여러 개의 레지스터들을 스택에서 읽어들임

표 4.5 다른 16비트 명령어

명령어	기능
SVC	시스템 서비스 호출
BKPT	브레이크포인트. 디버그가 활성화되어 있으면 (중단된) 디버그 모드로 진입하게 될 것이며, 디버그 모니터 익셉션이 활성화되어 있으면, 디버그 익셉션을 발생시킬 것이다. 그 외 경우에는 결함(fault) 익셉션을 발생시킬 것이다.
NOP	동작 없음
CPSIE	PRIMASK(CPSIE i)/FAULTMASK(CPSIE f) 레지스터 활성화(레지스터를 0으로 설정)
CPSID	PRIMASK(CPSID i)/FAULTMASK(CPSID f) 레지스터 비활성화(레지스터를 1로 설정)

표 4.6 32비트 데이터 처리 명령어

명령어	기능
ADC	캐리를 고려한 덧셈
ADD	덧셈
ADDW	덧셈 확장(#immed_12)
AND	논리적 AND
ASR	오른쪽으로 산술 시프트

표 4.6 (계속)

명령어	기능
BIC	특정 비트를 0으로 클리어(한 데이터를 논리적으로 반전한 값과 다른 데이터값을 논리적으로 AND)
BFC	비트 필드 클리어
BFI	비트 필드 삽입
CMN	Compare Negative(한 데이터와 다른 데이터의 2의 보수를 비교하고, 플래그 업데이트)
CMP	비교(두 데이터를 비교하고, 플래그 업데이트)
CLZ	처음 0이 나오는 자릿수 카운팅
EOR	배타적 OR
LSL	왼쪽으로 논리 시프트
LSR	오른쪽으로 논리 시프트
MLA	곱셈과 덧셈
MLS	곱셈과 뺄셈
MOV	이동
MOVW	확장 이동(16비트 상수값을 레지스터에 씀)
MOVT	상위 이동(상수값은 목적 레지스터의 상위 하프워드에 씀)
MVN	반전 이동(move negative)
MUL	곱셈
ORR	논리적 OR
ORN	논리적 OR NOT
RBIT	비트 반전
REV	바이트 반전 워드
REVH/REV16	바이트 반전 통합 하프워드
REVSH	바이트 반전 부호화 하프워드
ROR	오른쪽으로 로테이트 레지스터
RSB	반전 뺄셈
RRX	오른쪽으로 로테이트 확장
SBFX	부호화 비트 필드 추출
SDIV	부호화 나눗셈
SMLAL	부호화 곱셈/덧셈 확장
SMULL	부호화 곱셈 확장

표 4.6 (계속)

명령어	기능
SSAT	부호화 포화
SBC	캐리를 고려한 뺄셈
SUB	뺄셈
SUBW	뺄셈 확장(#immed_12)
SXTB	부호 확장된 바이트
TEQ	같음을 테스트(논리 배타적 OR처럼 사용되며, 플래그는 업데이트되지만 그 결과는 저장되지 않음)
TST	테스트(논리적 AND처럼 사용되며, 플래그는 업데이트되지만 그 결과는 저장되지 않음)
UBFX	비부호화 비트 필드 추출
UDIV	비부호화 나눗셈
UMLAL	비부호화 곱셈/덧셈 확장
UMULL	비부호화 곱셈 확장
USAT	비부호화 포화
UXTB	비부호 확장된 바이트
UXTH	비부호 확장된 하프워드

표 4.7 32비트 로드/스토어 명령어

명령어	기능
LDR	메모리에서 레지스터로 워드 데이터 로드
LDRB	메모리에서 레지스터로 바이트 데이터 로드
LDRH	메모리에서 레지스터로 하프워드 데이터 로드
LDRSB	메모리에서 바이트 데이터를 로드하고, 그것을 부호 확장하여 레지스터에 저장
LDRSH	메모리에서 하프워드 데이터를 로드하고, 그것을 부호 확장하여 레지스터에 저장
LDM	메모리에서 레지스터로 여러 데이터를 로드
LDRD	메모리에서 레지스터로 더블워드 데이터를 로드
STR	워드를 메모리에 저장
STRB	바이트 데이터를 메모리에 저장
STRH	하프워드 데이터를 메모리에 저장
STM	레지스터로부터 여러 개의 워드를 메모리에 저장

표 4.7 (계속)

명령어	기능
STRD	레지스터로부터 더블워드 데이터를 메모리에 저장
PUSH	여러 개의 레지스터들을 스택에 저장
POP	여러 개의 레지스터들을 스택에서 읽어들임

표 4.8 32비트 분기 명령어

명령어	기능
B	분기
BL	분기 및 링크
TBB	테이블 분기 바이트. 하나의 바이트 오프셋의 테이블을 사용하여 앞쪽으로 분기함
TBH	테이블 분기 하프워드. 하나의 하프워드 오프셋의 테이블을 사용하여 앞쪽으로 분기함

표 4.9 다른 32비트 명령어

명령어	기능
LDREX	배타적 로드 워드
LDREXH	배타적 로드 하프워드
LDREXB	배타적 로드 바이트
STREX	배타적 저장 워드
STREXH	배타적 저장 하프워드
STREXB	배타적 저장 바이트
CLREX	로컬 프로세서의 논리 배타적 접근 기록을 클리어함
MRS	특별한 레지스터를 범용 레지스터로 이동
MSR	범용 레지스터에서 특별한 레지스터로 이동
NOP	아무 동작도 안 함
SEV	이벤트 전송
WFE	이벤트를 위해 대기 후 깨어남
WFI	인터럽트를 위해 대기 후 깨어남
ISB	인터럽트 동기화 배리어
DSB	데이터 동기화 배리어
DMB	데이터 메모리 배리어

지원되지 않는 명령어

Cortex-M3에서는 많은 Thumb 명령어들이 지원되지 않는다. 표 4.10에는 그것들을 표기하였다.

표 4.10 전통적인 ARM 프로세서에서 지원되지 않는 Thumb 명령어

지원되지 않는 명령어	기능
BLX label	이것은 링크와 상태 변경을 고려한 분기 명령어이다. 상수 데이터를 가진 형식에서 BLX는 항상 ARM 상태로 바뀐다. Cortex-M3는 ARM 상태를 지원하지 않기 때문에, ARM 상태로 변경하고자 시도하는 이와 같은 명령어들은 사용 결함(usage fault)이라고 불리는 결함 익셉션을 야기하게 될 것이다.
SETEND	아키텍처 v6에서 소개된 이 Thumb 명령어는 동작중에 엔디안 설정을 바꾼다. Cortex-M3에서는 동적 엔디안을 지원하지 않기 때문에, SETEND 명령어를 사용하는 것은 결함 익셉션을 야기하게 될 것이다.

*ARM v7-M Architecture Application Level Reference Manual*에 설명된 많은 명령어들은 Cortex-M3에서는 지원되지 않는다. ARM v7-M 아키텍처는 Thumb-2 코프로세서 명령어들을 허용하지만, Cortex-M3 프로세서는 어떠한 코프로세서 지원도 하지 못한다. 그러므로 표 4.11에 나타나 있는 코프로세서 명령어를 실행하면, 결함 익셉션(NVIC 안에 있는 NOCP 플래그를 1로 설정하는 사용 결함)을 야기하게 될 것이다.

표 4.11 지원되지 않는 코프로세서 명령어

지원되지 않는 명령어	기능
MCR	ARM 프로세서 레지스터에서 코프로세서 레지스터로 이동
MCR2	ARM 프로세서 레지스터에서 코프로세서 레지스터로 이동
MCRR	두 개의 ARM 프로세서 레지스터에서 코프로세서 레지스터로 이동
MRC	코프로세서 레지스터에서 ARM 프로세서 레지스터로 이동
MRC2	코프로세서 레지스터에서 ARM 프로세서 레지스터로 이동
MRRC	코프로세서 레지스터에서 두 개의 ARM 프로세서 레지스터로 이동
LDC	코프로세서 로드. 일련의 연속된 메모리 주소의 메모리 데이터를 코프로세서로 로드
STC	코프로세서 저장. 코프로세서의 데이터를 일련의 연속된 메모리 주소의 메모리에 저장

CPS(Change Process State) 명령어 중 어떤 것들은 Cortex-M3에서 지원되지 않는다(표 4.12 참고). 이는 PSR 정의가 변경되어서 ARM 아키텍처 v6에서 정의된 몇몇 비트들을 Cortex-M3에서 사용할 수 없게 되었기 때문이다.

표 4.12 지원되지 않는 CPS 명령어

지원되지 않는 명령어	기능
CPS〈IE|ID〉.W A	Cortex-M3에는 A 비트가 없다.
CPS.W #mode	Cortex-M3 PSR에는 모드 비트가 없다.

그리고, 표 4.13에 설명되어 있는 힌트 명령어는 Cortex-M3에서 NOP로 동작한다.

표 4.13 지원되지 않는 힌트 명령어

지원되지 않는 명령어	기능
DBG	디버그 시스템 및 트레이스 시스템에 대한 힌트 명령어이다.
PLD	프리로드 데이터. 이것은 캐시 메모리를 위한 힌트 명령어이다. 하지만, Cortex-M3 프로세서에는 캐시가 없기 때문에 이 명령어는 NOP로 동작한다.
PLI	프리로드 명령어. 이것은 캐시 메모리를 위한 힌트 명령어이다. 하지만, Cortex-M3 프로세서에는 캐시가 없기 때문에 이 명령어는 NOP로 동작한다.
YIELD	전반적인 시스템 성능 향상을 위해, 멀티쓰레딩 소프트웨어가 교체될 수 있는 태스크를 동작시키고 있다고 하드웨어에게 알리기 위해 사용되는 힌트 명령어이다.

그 외의 정의되지 않는 모든 명령어들은 그것들이 실행될 때 사용 결함 익셉션을 발생시킬 것이다.

명령어 설명

여기에서는 ARM 어셈블리 코드를 위해서 보편적으로 사용되는 형식 중 몇 가지에 대해 소개하겠다. 일부 명령어들은 배럴 시프터(barrel shifter)와 같은 다양한 옵션을 가지고 있다. 이것들에 대해서는 이 장에서 완전히 다루고 있지는 않을 것이다.

어셈블리어: 데이터 이동

프로세서에서 가장 기본적인 기능 중 하나는 데이터를 전송하는 것이다. Cortex-M3에서 데이터 전송은 다음과 같은 종류가 있다.

- 레지스터와 레지스터 간에 데이터 이동
- 메모리와 레지스터 간에 데이터 이동
- 특별한 레지스터와 레지스터 간에 데이터 이동
- 상수값을 레지스터로 이동

레지스터 간에 데이터를 이동하기 위한 명령으로는 MOV(move)가 있다. 예를 들어, 레지스터 R3에서 레지스터 R8으로 데이터를 이동하려면 다음과 같이 표기할 수 있다.

```
MOV R8, R3
```

또 다른 명령어로는 원래의 값을 음수로 만들어주는 명령어가 있다. 이것은 MVN (move negative)이라고 불린다.

메모리를 접근하기 위한 가장 기본적인 명령어들로는 로드(load)와 스토어(store)가 있다. 로드(LDR)는 메모리에서 레지스터로 데이터를 전송하며, 스토어(store)는 레지스터에서 메모리로 데이터를 전송한다. 표 4.14에서 설명하고 있는 것처럼, 데이터 크기(바이트, 하프워드, 워드, 더블워드)가 달라도 전송이 가능하다.

표 4.14 일반적으로 사용되는 메모리 접근 명령어

예제	설명
`LDRB Rd, [Rn, #offset]`	메모리 위치 Rn + offset으로부터 바이트를 읽는다.
`LDRH Rd, [Rn, #offset]`	메모리 위치 Rn + offset으로부터 하프워드를 읽는다.
`LDR Rd, [Rn, #offset]`	메모리 위치 Rn + offset으로부터 워드를 읽는다.
`LDRD Rd1, Rd2, [Rn, #offset]`	메모리 위치 Rn + offset으로부터 더블워드를 읽는다.
`STRB Rd, [Rn, #offset]`	메모리 위치 Rn + offset에 바이트를 저장한다.
`STRH Rd, [Rn, #offset]`	메모리 위치 Rn + offset에 하프워드를 저장한다.
`STR Rd, [Rn, #offset]`	메모리 위치 Rn + offset에 워드를 저장한다.
`STRD Rd1, Rd2, [Rn, #offset]`	메모리 위치 Rn + offset에 더블워드를 저장한다.

다중 로드/스토어(Multiple Load and Store) 연산은 표 4.15에서 설명하고 있는 것처럼 LDM(Load Multiple)과 STM(Store Multiple)이라고 불리는 단일 명령어로 처리될 수 있다.

표 4.15 다중 메모리 접근 명령어

예제	설명
`LDMIA Rd!,<reg list>`	Rd로 규정된 특정 메모리 위치에서 여러 개의 워드를 읽는다. 각각을 전송한 후(IA) 주소가 증가한다(16비트 Thumb 명령어).
`STMIA Rd!,<reg list>`	Rd로 규정된 특정 메모리 위치에 여러 개의 워드를 저장한다. 각각을 전송한 후(IA) 주소가 증가한다(16비트 Thumb 명령어).
`LDMIA.W Rd(!),<reg list>`	Rd로 규정된 특정 메모리 위치에서 여러 개의 워드를 읽는다. 각각을 읽은 후 주소가 증가한다(규정된 .W는 이것이 32비트 Thumb-2 명령어라는 것을 의미한다).
`LDMDB.W Rd(!),<reg list>`	Rd로 규정된 특정 메모리 위치에서 여러 개의 워드를 읽는다. 각각을 읽기 전에(DB) 주소가 감소한다(규정된 .W는 이것이 32비트 Thumb-2 명령어라는 것을 의미한다).
`STMIA.W Rd(!),<reg list>`	Rd로 규정된 특정 메모리 위치에 여러 개의 워드를 쓴다. 각각을 읽은 후 주소가 증가한다(규정된 .W는 이것이 32비트 Thumb-2 명령어라는 것을 의미한다).
`STMDB.W Rd(!),<reg list>`	Rd로 규정된 특정 메모리 위치에 여러 개의 워드를 쓴다. 각각을 읽기 전에 주소가 감소한다(규정된 .W는 이것이 32비트 Thumb-2 명령어라는 것을 의미한다).

명령어에서 느낌표 표시(!)는 명령어가 완료된 후, 레지스터 *Rd*가 업데이트되었는지 아닌지를 규정한다. 예를 들어, R8이 0x8000이라면 다음과 같다.

```
STMIA.W  R8!, {R0-R3}     ; 저장 후 R8은 0x8010으로 변경됨(4워드만큼 증가함)
STMIA.W  R8,  {R0-R3}     ; 저장 후 R8이 변경되지 않음
```

ARM 프로세서는 프리-인덱스 및 포스트-인덱스 기능을 가진 메모리 접근을 지원한다. 프리-인덱스에 있어서, 메모리 주소를 저장하고 있는 레지스터가 조정된다. 그리고, 메모리 전송이 업데이트된 주소에 놓인다.

```
LDR.W R0,[R1, #offset]!          ; 메모리[R1+offset]을 읽음, R1은
                                 ; R1+offset으로 업데이트됨
```

!의 사용은 베이스 레지스터 R1의 업데이트를 가리킨다. !는 옵션이다. 이것이 없다면, 명령어는 그 베이스 주소에서 오프셋을 갖는 일반적인 메모리 전송만 할 것이다. 프리-인덱스 메모리 접근 명령어는 다양한 전송 크기의 로드/스토어 명령어를 포함하고 있다(표 4.16 참고).

표 4.16 프리-인덱스 메모리 접근 명령어의 예

예제		설명
LDR.W	Rd, [Rn, #offset]!	다양한 크기(워드, 바이트, 하프워드, 더블워드)에 대한 프리-인덱스 로드 명령어
LDRB.W	Rd, [Rn, #offset]!	
LDRH.W	Rd, [Rn, #offset]!	
LDRD.W	Rd1, Rd2, [Rn, #offset]!	
LDRSB.W	Rd, [Rn, #offset]!	부호 확장된 다양한 크기(바이트, 하프워드)에 대한 프리-인덱스 로드 명령어
LDRSH.W	Rd, [Rn, #offset]!	
STR.W	Rd, [Rn, #offset]!	다양한 크기(워드, 바이트, 하프워드, 더블워드)에 대한 프리-인덱스 스토어 명령어
STRB.W	Rd, [Rn, #offset]!	
STRH.W	Rd, [Rn, #offset]!	
STRD.W	Rd1, Rd2, [Rn, #offset]!	

포스트-인덱스 메모리 접근 명령어는 레지스터에 의해 규정된 베이스 주소를 사용하여 메모리 전송을 수행하고, 그 후에 주소 레지스터를 업데이트한다.

```
LDR.W  R0,[R1], #offset    ; 메모리[R1]을 읽음, R1은 R1+offset으로 업데이트됨
```

포스트-인덱스 명령어를 사용할 때에는 ! 표시를 사용할 필요가 없다. 왜냐하면, 모든 포스트-인덱스 명령어는 베이스 주소 레지스터를 업데이트하기 때문이다. 반면에, 프리-인덱스에서는 베이스 주소 레지스터를 업데이트할지 안할지를 선택할 수 있다.

프리-인덱스와 유사하게, 포스트-인덱스 메모리 접근 명령어는 다른 전송 크기를 위해서 사용 가능하다(표 4.17 참고).

표 4.17 포스트-인덱스 메모리 접근 명령어의 예

예제	설명

`LDR.W Rd, [Rn], #offset`
`LDRB.W Rd, [Rn], #offset`
`LDRH.W Rd, [Rn], #offset`
`LDRD.W Rd1, Rd2, [Rn], #offset`
	다양한 크기(워드, 바이트, 하프워드, 더블워드)에 대한 포스트-인덱스 로드 명령어

`LDRSB.W Rd, [Rn], #offset` `LDRSH.W Rd, [Rn], #offset`	부호 확장된 다양한 크기(바이트, 하프워드)에 대한 포스트-인덱스 로드 명령어

`STR.W Rd, [Rn], #offset`
`STRB.W Rd, [Rn], #offset`
`STRH.W Rd, [Rn], #offset`
`STRD.W Rd1, Rd2, [Rn], #offset`
	다양한 크기(워드, 바이트, 하프워드, 더블워드)에 대한 포스트-인덱스 스토어 명령어

두 개의 다른 종류의 메모리 동작으로는 스택 PUSH와 스택 POP이 있다. 예를 들어,

```
PUSH {R0, R4-R7, R9}        ; R0, R4, R5, R6, R7, R9을 스택 메모리에 저장함
POP  {R2, R3}               ; 스택에서 R2와 R3를 읽음
```

보통 PUSH 명령어는 동일한 레지스터 리스트가 있는 그에 상응하는 POP을 가지고 있다. 하지만 이것이 항상 필수적인 것은 아니다. 예를 들어, 보통의 예외 상황으로는 POP이 함수 리턴으로 사용될 때가 있다.

```
PUSH {R0-R3, LR}            ; 서브루틴의 시작에서 레지스터 내용을 저장함
...                         ; 처리중
POP  {R0-R3, PC}            ; 레지스터를 복원하고 리턴함
```

이 경우, LR 레지스터에서 데이터를 읽고 LR에 있는 주소로 분기하는 대신, 프로그램 카운터 안에 그 주소값을 바로 읽어들인다.

3장에서 말한 것처럼, Cortex-M3는 많은 특별한 레지스터들을 가지고 있다. 이 레지스터에 접근하기 위해서는 MRS와 MSR 명령어를 사용해야 한다. 예를 들어,

```
MRS  R0, PSR                ; 프로세서 상태 워드를 R0에 읽음
MSR  CONTROL, R1            ; R1의 값을 제어 레지스터에 씀
```

APSR에 접근하지 않는다면, 특권 모드에서만 다른 특별한 레지스터에 접근하기 위해

MSR과 MRS를 사용할 수 있다.

상수 데이터를 레지스터에 저장하는 것은 가장 일반적인 작업이다. 예를 들어, 주변장치 레지스터에 접근하고자 하는 경우, 우선 그 주소값을 레지스터에 넣어야 한다.

작은 값(8비트 또는 그 이하)을 위해서는 MOV(move) 명령어를 사용할 수 있다.

```
MOV  R0, #0x12     ; R0를 0x12로 설정함
```

큰 값(8비트 이상)을 위해서는 Thumb-2 이동 명령어를 사용해야 한다.

```
MOVW.W  R0, #0x789A    ; R0를 0x789A로 설정함
```

만약 그 값이 32비트라면, 상위값과 하위값을 설정하기 위해 두 개의 명령어를 사용할 수 있다.

```
MOVW.W  R0, #0x789A         ; R0의 하위값을 0x789A로 설정함
MOVT.W  R0, #0x3456         ; R0의 상위값을 0x3456으로 설정함
                            ; 이제 R0=0x3456789A
```

대안으로, LDR(ARM 어셈블러에서 제공하는 의사 명령어)을 사용할 수 있다.

```
LDR  R0, =0x3456789A
```

이것은 실제 어셈블러 명령은 아니다. 하지만 ARM 어셈블러는 원하는 데이터를 생성하기 위해서 이것을 PC에 상대적인 로드 명령어로 변환할 것이다. 32비트 상수 데이터를 생성하기 위해서는 MOVW.W와 MOVT.W 조합을 사용하는 것보다 LDR을 사용하는 것을 권장한다. 왜냐하면 그것은 가독성을 높여주고, 동일한 프로그램에서 적절한 위치에 동일한 상수 데이터가 재사용되고 있다면, 어셈블러가 사용되는 메모리를 줄여줄 수 있기 때문이다.

LDR과 ADR 의사 명령어

LDR과 ADR 의사 명령어는 모두 레지스터를 프로그램 주소값으로 설정하기 위해 사용된다. 그것들은 다른 표기법과 동작을 갖는다. LDR을 위해 주소가 프로그램 주소값이라면, 그것은 LSB를 1로 설정할 것이다.

```
    LDR  R0, =address1   ; R0를 0x4001로 설정
    ...
address1
0x4000: MOV  R0, R1   ; address1은 프로그램 코드를 포함함
    ...
```

LDR 명령어는 0x4001을 R1에 넣을 것이다. 이것이 Thumb 코드라는 것을 가리키기 위해 LSB는 1로 설정된다. 만약 *address1*이 데이터 주소라면, LSB는 변경되지 않을 것이다.

```
    LDR  R0, =address1        ; R0는 0x4000으로 설정
address1
0x4000: DCD  0x0   ; address1은 데이터를 포함함
    ...
```

ADR에서는 LSB를 자동으로 설정하지 않고도 프로그램의 주소값을 레지스터로 로드할 수 있다.

```
    ADR  R0, address1
    ...
address1
0x4000: MOV  R0, R1   ; address1은 프로그램 코드를 포함함
    ...
```

ADR 명령어에서 0x4000을 얻을 수 있다. 그것은 ADR 구문에서 등호 표시(=)와 동일하지 않다는 것을 기억해 두자.

LDR은 프로그램 코드 안에 데이터를 넣음으로써, 상수 데이터를 얻는다. 그리고, 그 데이터를 레지스터에 저장하기 위해서 PC에 상대적인 로드를 사용한다. ADR은 명령어를 더하는 명령어 또는 빼는 명령어에 의해 상수값을 생성하려고 시도한다(예를 들어, 현재 PC값을 기반으로). 결과적으로, ADR을 사용하여 모든 상수값을 생성하는 것은 불가능하며, 타깃 주소 라벨은 가까운 범주 안에 있어야 한다. 하지만, ADR을 사용하는 것은 LDR에 비해 더 작은 코드 크기를 생성할 수 있다.

어셈블리어: 데이터 처리

Cortex-M3는 데이터를 처리하기 위한 많은 다른 명령어들을 제공하고 있다. 몇 가지 기본적인 것을 여기서 소개하겠다. 많은 데이터 동작 명령어는 여러 명령어 형식을 가질 수 있다. 예를 들어, ADD 명령어는 두 개의 레지스터 사이에서 동작할 수도 있고, 하나의 명령어와 하나의 상수 데이터값 사이에서 동작할 수도 있다.

```
ADD    R0, R1          ; R0 = R0 + R1
ADD    R0, #0x12       ; R0 = R0 + 0x12
ADD.W  R0, R1, R2      ; R0 = R1 + R2
```

이것들이 모두 ADD 명령어이다. 하지만 그것들은 다른 표기법과 바이너리 코드를 갖는다.

16비트 Thumb 코드가 사용되면, ADD 명령어는 PSR의 플래그를 변경할 수 있다. 하지만, 32비트 Thumb-2 명령어는 플래그를 변경시킬 수도 있고, 그 값을 변경시키지 않고 유지할 수도 있다. 두 개의 다른 동작을 구분하기 위해, *S* 접미사가 사용되어야 한다. 다음의 동작은 플래그에 따라 다르다.

```
ADD.W   R0, R1, R2     ; 플래그가 변경되지 않음
ADDS.W  R0, R1, R2     ; 플래그가 변경됨
```

ADD 명령어 외에, Cortex-M3가 지원하는 산술 함수들로는 SUB(뺄셈), MUL(곱셈), UDIV/SDIV(부호화/비부호화 나눗셈)가 있다. 표 4.18은 가장 일반적으로 사용되는 산술 명령어들을 보여주고 있다.

표 4.18 산술 명령어의 예

명령어	동작

ADD Rd, Rn, Rm ; Rd = Rn + Rm
ADD Rd, Rm ; Rd = Rd + Rm
ADD Rd, #immed ; Rd = Rd + #immed
	덧셈 동작

ADC Rd, Rn, Rm ; Rd = Rn + Rm + carry ADC Rd, Rm ; Rd = Rd + Rm + carry ADC Rd, #immed ; Rd = Rd + #immed + carry	캐리를 고려한 덧셈
ADDW Rd, Rn, #immed ; Rd = Rn + #immed	12비트 상수값을 갖는 덧셈 레지스터
SUB Rd, Rn, Rm ; Rd = Rn - Rm SUB Rd, #immed ; Rd = Rd - #immed	뺄셈

표 4.18 (계속)

명령어	동작
SUB Rd, Rn, #immed ; Rd = Rn - #immed	
SBC Rd, Rm ; Rd = Rd - Rm - carry SBC.W Rd, Rn, #immed ; Rd = Rn - #immed - carry SBC.W Rd, Rn, Rm ; Rd = Rn - Rm - carry	캐리를 고려한 뺄셈
RSB.W Rd, Rn, #immed ; Rd = #immed - Rn RSB.W Rd, Rn, Rm ; Rd = Rm - Rn	반전 뺄셈
MUL Rd, Rm ; Rd = Rd * Rm MUL.W Rd, Rn, Rm ; Rd = Rn * Rm	곱셈
UDIV Rd, Rn, Rm ; Rd = Rn /Rm SDIV Rd, Rn, Rm ; Rd = Rn /Rm	비부호화 및 부호화 나눗셈

Cortex-M3는 32비트 곱셈 명령어와 64비트 결과를 생성하는 곱셈/덧셈 명령어도 지원한다. 이러한 명령어들은 부호화 또는 비부호화의 값을 지원한다(표 4.19 참고).

표 4.19 32비트 곱셈 명령어

명령어	동작
SMULL RdLo, RdHi, Rn, Rm ;{RdHi, RdLo} = Rn * Rm SMLAL RdLo, RdHi, Rn, Rm ;{RdHi, RdLo} += Rn * Rm	부호화값들에 대한 32비트 곱셈 명령어
UMULL RdLo, RdHi, Rn, Rm ;{RdHi, RdLo} = Rn * Rm UMLAL RdLo, RdHi, Rn, Rm ;{RdHi, RdLo} += Rn * Rm	비부호화값들에 대한 32비트 곱셈 명령어

데이터 처리 명령어들의 또 다른 그룹으로는 AND, ORR(or), 시프트 및 로테이트 기능과 같은 논리 연산 명령어와 논리 연산이 있다. 표 4.20은 가장 일반적으로 사용되는 논리 명령어들 중 일부를 나타내고 있다.

표 4.20 논리 연산 명령어

명령어			동작
AND	Rd, Rn	; Rd = Rd & Rn	비트 논리 AND
AND.W	Rd, Rn, #immed	; Rd = Rn & #immed	
AND.W	Rd, Rn, Rm	; Rd = Rn & Rd	
ORR	Rd, Rn	; Rd = Rd | Rn	비트 논리 OR
ORR.W	Rd, Rn, #immed	; Rd = Rn | #immed	
ORR.W	Rd, Rn, Rm	; Rd = Rn | Rd	
BIC	Rd, Rn	; Rd = Rd & (~Rn)	비트 클리어
BIC.W	Rd, Rn, #immed	; Rd = Rn & (~#immed)	
BIC.W	Rd, Rn, Rm	; Rd = Rn & (~Rd)	
ORN.W	Rd, Rn, #immed	; Rd = Rn | (~#immed)	비트 논리 OR NOT
ORN.W	Rd, Rn, Rm	; Rd = Rn | (~Rd)	
EOR	Rd, Rn	; Rd = Rd ^ Rn	비트 논리 배타적 OR
EOR.W	Rd, Rn, #immed	; Rd = Rn | #immed	
EOR.W	Rd, Rn, Rm	; Rd = Rn | Rd	

Cortex-M3는 로테이트 및 시프트 명령어를 제공한다. 어떤 경우, 로테이트 동작은 다른 동작들과 조합될 수 있다(예를 들어, 로드/스토어 명령어를 위한 메모리 주소 오프셋 계산에서). 단독 로테이트/시프트 동작을 위한 명령어들은 표 4.21에서 나타내고 있다.

표 4.21 시프트 및 로테이트 명령어

명령어			동작
ASR	Rd, Rn, #immed	; Rd = Rn >> immed	오른쪽으로 산술 시프트
ASR	Rd, Rn	; Rd = Rd >> Rn	
ASR.W	Rd, Rn, Rm	; Rd = Rn >> Rm	
LSL	Rd, Rn, #immed	; Rd = Rn << immed	왼쪽으로 논리 시프트
LSL	Rd, Rn	; Rd = Rd << Rn	
LSL.W	Rd, Rn, Rm	; Rd = Rn << Rm	
LSR	Rd, Rn, #immed	; Rd = Rn >> immed	오른쪽으로 논리 시프트
LSR	Rd, Rn	; Rd = Rd >> Rn	
LSR.W	Rd, Rn, Rm	; Rd = Rn >> Rm	

표 4.21 (계속)

명령어			동작
ROR	Rd, Rn	; Rd를 Rn만큼 로테이트	오른쪽으로 로테이트
ROR.W	Rd, Rn, Rm	; Rd = Rn을 Rm만큼 로테이트	
RRX.W	Rd, Rn	; {C, Rd} = {Rn, C}	오른쪽으로 로테이트 확장

만약 *S* 접미사가 사용되면, 로테이트 및 시프트 동작은 캐리 플래그를 업데이트할 수 있다(그리고 16비트 Thumb 코드가 사용되면, 캐리 플래그가 항상 업데이트된다). 그림 4.1을 살펴보자.

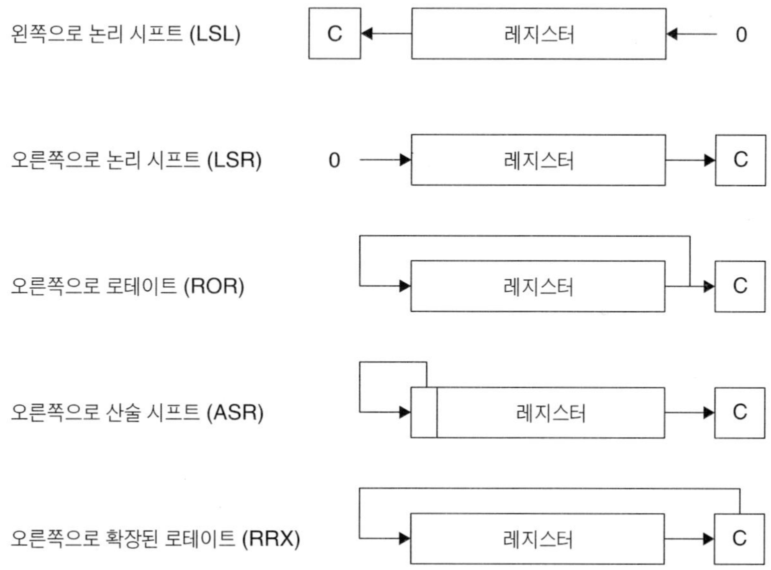

그림 4.1 시프트 및 로테이트 명령어

시프트 또는 로테이트 동작이 레지스터 위치를 여러 비트만큼 시프트하면, 캐리 플래그 *C*의 값은 레지스터에서 시프트된 마지막 비트일 것이다.

오른쪽으로 로테이트하는 명령어는 있는데,
왜 왼쪽으로 로테이트하는 명령어는 없을까?

왼쪽으로 로테이트하는 동작은 다른 로테이트 오프셋을 이용하여 오른쪽으로 로테이트하는 동작에 의해 대체될 수 있다. 예를 들어, 4비트만큼 왼쪽으로 로테이트하면, 28비트만큼 오른쪽으로 로테이트하는 명령어처럼 사용될 수 있다. 이것은 동일한 결과를 생성하며, 실행하는 데도 동일한 시간이 소요된다.

바이트 또는 하프워드를 워드로, 부호화 데이터 변환하기 위해서 Cortex-M3는 표 4.22에 표기된 두 개의 명령어들을 제공한다.

표 4.22 부호 확장 명령어

명령어	동작
SXTB.W Rd, Rm ; Rd = signext(Rn[7:0])	부호 확장된 바이트 데이터를 워드로 변환
SXTH.W Rd, Rm ; Rd = signext(Rn[15:0])	부호 확장된 하프워드 데이터를 워드로 변환

데이터 처리 명령어의 또 다른 그룹으로는 레지스터 안에 데이터 바이트를 반전하기 위해 사용된다(표 4.23 참고). 이 명령어들은 보통 리틀 엔디안과 빅 엔디안 데이터 사이에서 변환하기 위해 사용된다.

표 4.23 데이터 반전 정렬 명령어

명령어	동작
REV.W Rd, Rn ; Rd = rev(Rn)	워드에서 바이트 반전
REV16.W <Rd>, <Rn> ; Rd = rev16(Rn)	각각의 하프워드에서 바이트 반전
REVSH.W <Rd>, <Rn> ; Rd = revsh(Rn)	하위 하프워드에서 바이트 반전하고 그 결과를 부호 확장함

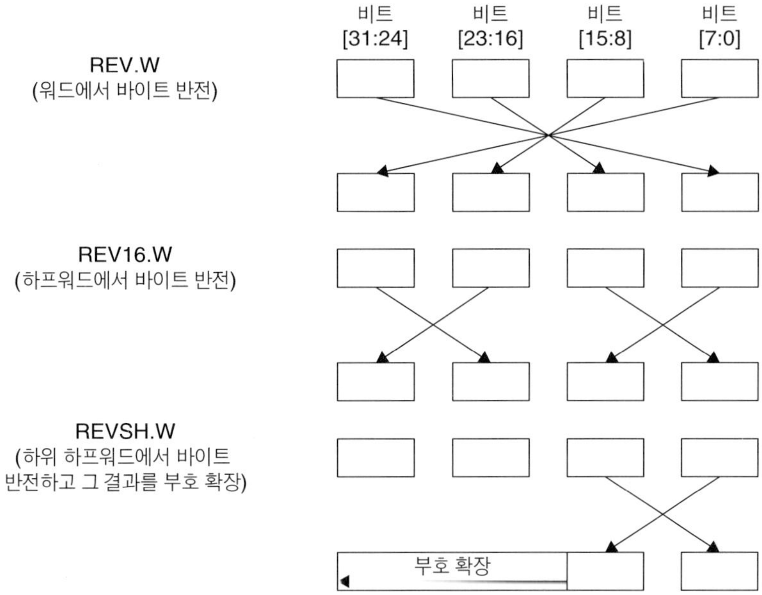

그림 4.2 반전 동작

데이터 처리 명령어의 마지막 그룹은 비트 필드 처리이다. 그것들은 표 4.24에서 설명된 명령어들을 포함한다. 이 명령어들의 예제는 이 장의 마지막 부분에서 다루겠다.

표 4.24 비트 필드 처리 및 조작 명령어

명령어	동작
`BFC.W Rd, Rn, #<width>`	레지스터 안에서 비트 필드 클리어
`BFI.W Rd, Rn, #<lsb>, #<width>`	레지스터로 비트 필드 삽입
`CLZ.W Rd, Rn`	제로 앞까지의 비트 카운팅
`RBIT.W Rd, Rn`	레지스터 안에서 비트 순서 반전
`SBFX.W Rd, Rn, #<lsb>, #<width>`	소스에서 비트 필드를 복사하여 그것을 부호 확장함
`UBFX.W Rd, Rn, #<lsb>, #<width>`	소스 레지스터에서 비트 필드 복사

어셈블리어: 호출 및 무조건 분기

가장 기본적인 분기 명령어들은 다음과 같다.

```
B   label    ; 라벨 주소로 분기
BX  reg      ; 레지스터에서 규정한 주소로 분기
```

BX 명령어에서, 레지스터 안에 포함된 값의 LSB는 프로세서의 다음 상태(Thumb/ARM)를 결정한다. Cortex-M3에서는 항상 Thumb 상태에 있기 때문에 이것은 항상 1로 설정된다. 만약 그것이 1이면, 프로세서가 ARM 상태로 전환하려고 하기 때문에 프로그램은 사용 결함 익셉션을 야기할 것이다.

함수를 호출하기 위해서는 분기 및 링크 명령어가 사용되어야 한다.

```
BL   label  ; 라벨 주소로 분기하고, 리턴값을 LR에 저장함
BLX  reg    ; 레지스터에서 규정된 주소로 분기하고 리턴 주소를 LR에 저장함
```

이 명령어들을 사용하면, 리턴 주소는 링크 레지스터(LR)에 저장될 것이며, BX LR을 사용하여 그 함수가 종료될 것이다. 그러면 이것은 호출한 프로세스로 되돌아가기 위해 프로그램을 제어할 것이다. 하지만 BLX를 사용할 때, 레지스터의 LSB가 1이라는 것을 확인하도록 하자. 그렇지 않으면, 프로세서는 ARM 상태로 전환하려고 시도하기 때문에 결함 익셉션을 야기할 것이다.

MOV 명령어와 LDR 명령어를 사용하여 분기 동작을 수행할 수도 있다.

```
MOV  R15,  R0       ; R0에 저장된 주소로 분기
LDR  R15, [R0]      ; R0로 규정된 메모리 위치에 있는 주소로 분기
POP  {R15}          ; 스택 POP 동작을 수행하고, 프로그램 카운터값을 결과
                    ; 값으로 변경함
```

이 방법을 사용하여 분기를 할 때에는, 새로운 프로그램 카운터값의 LSB가 0x1이라는 것을 확인해야 한다. 그렇지 않으면, 사용 결함 익셉션이 발생할 것이다. 왜냐하면, 프로세서는 ARM 상태로 전환하려고 시도하게 되는데, 이것은 Cortex-M3에서는 허용되지 않기 때문이다.

서브루틴을 호출해야 할 때, LR을 저장하도록 하자

BL 명령어는 LR 레지스터의 현재 내용을 없앨 것이다. 따라서 프로그램 코드가 나중에 LR 레지스터를 필요로 한다면, BL 명령어를 사용하기 전에, LR을 저장해야 한다. 일반적인 방법으로는, 서브루틴을 시작할 때 스택에 LR을 저장하는 것이 있다.

```
main
        …
        BL functionA
        …
functionA
        PUSH  {LR}    ; LR의 내용을 스택에 저장
        …
        BL functionB
        …
        POP   {PC}    ; main으로 되돌아가기 위해 스택에 저장된 LR 내용을 사용
functionB
        PUSH  {LR}
        …
        POP   {PC}    ; functionA로 되돌아가기 위해 스택에 저장된 LR 내용을 사용
```

만약 호출한 서브루틴이 C 함수라면, R0–R3와 R12 안에 있는 내용을 나중에 사용해야 하는 경우, 이것들을 저장해 두어야 한다. *AAPCS* (Ref5)에 따르면, 이 레지스터들의 내용은 C 함수에서 변경될 수 있다.

어셈블리어: 결정 및 조건 분기

ARM 프로세서에서 대부분의 조건 분기는 분기가 수행되어야 하는지 아닌지를 결정하기 위해 APSR(어플리케이션 프로그램 상태 레지스터) 안에 있는 플래그를 사용한다. APSR에는 5개의 플래그 비트들이 있다. 그것들 중 4개는 분기 결정을 위해 사용된다(표 4.25 참고).

표 4.25 조건 분기를 위해 사용될 수 있는 APSR에서의 플래그 비트

플래그	PSR 비트	설명
N	31	음의 플래그(마지막 동작 결과가 음수일 때)
Z	30	제로 플래그(마지막 동작 결과가 0일 때)
C	29	캐리 플래그(마지막 동작이 캐리 또는 borrow를 리턴할 때)
V	28	오버플로우 플래그(마지막 동작이 오버플로우의 결과를 야기할 때)

비트[27]에는 **Q** 플래그라고 불리는 또 다른 플래그가 있다. 이것은 포화 산수 연산을 위해 존재하며, 조건 분기를 위해서는 사용되지 않는다.

ARM 프로세서에서의 플래그

종종 데이터 처리 명령어는 PSR의 플래그들을 변경한다. 플래그들은 분기 결정을 위해 사용되거나 다음 명령어의 입력의 일부로 사용될 수 있다. ARM 프로세서는 보통 최소한 *Z*, *N*, *C*, *V* 플래그를 포함하는데, 이것은 데이터 처리 명령어들의 실행 결과에 의해 업데이트 된다.

- Z(제로) 플래그: 이 플래그는 명령어의 결과가 0이거나 두 개의 데이터를 비교했을 때, 동일하다는 결과를 리턴할 때 1로 설정된다.
- N(음수) 플래그: 이 플래그는 명령어의 결과가 음의 값(비트 31이 1일 때)일 때, 1로 설정된다.
- C(캐리) 플래그: 이 플래그는 비부호화된 데이터 처리를 위해 사용된다. 예를 들어, 덧셈(ADD)에서 오버플로우가 발생할 때, 그리고 뺄셈(SUB)에서 borrow가 사용되지 않을 때 1로 설정된다(borrow는 캐리의 반대값이다).
- V(오버플로우) 플래그: 이 플래그는 부호화된 데이터 처리를 위해 사용된다. 예를 들어, 덧셈(ADD)에서 두 개의 양수값이 더해졌을 때 음수값을 생성하거나, 두 개의 음수값을 더했을 때 양수값을 생성하는 경우 1로 설정된다.

이 플래그들은 시프트 및 로테이트 명령어를 사용할 때, 특별한 결과를 가질 수 있다. 보다 상세한 사항은 *ARM v7-M Architecture Application Level Reference Manual* (Ref2)를 참고하도록 하자.

표 4.26 분기를 위한 조건 또는 다른 조건적인 동작

심벌	조건	플래그
EQ	같음	Z 셋
NE	같지 않음	Z 클리어
CS/HS	캐리 셋/비부호화된 더 높은 값 또는 같은 값을 가짐	C 셋
CC/LO	캐리 클리어/비부호화된 더 낮은 값을 가짐	C 클리어
MI	마이너스/음수	N 셋
PL	플러스/양수 또는 0	N 클리어
VS	오버플로우	V 셋
VC	오버플로우 없음	V 클리어
HI	비부호화된 더 높은 값을 가짐	C 셋 및 Z 클리어
LS	비부호화된 더 낮거나 같은 값을 가짐	C 클리어 또는 Z 셋
GE	부호화된 더 높거나 같은 값을 가짐	N 셋 또는 V 셋 N 클리어 및 V 클리어(N==V)
LT	부호화된 더 낮은 값을 가짐	N 셋 및 V 클리어 N 클리어 및 V 셋(N!=V)
GT	부호화된 더 높은 값을 가짐	Z 클리어이고, N 셋이면서 V 셋이거나, N 클리어이면서 V 클리어(Z==0, N==V)
LE	부호화된 더 낮거나 같은 값을 가짐	Z 셋 또는 N 셋 및 V 클리어 N 클리어 및 V 셋(Z==1 또는 N!=V)
AL	항상(무조건적)	–

4개의 플래그(*N*, *Z*, *C*, *V*)의 조합으로, 15개의 분기 조건을 정의할 수 있다(표 4.26 참고). 이 조건들을 사용하면, 분기 명령어들이 다음과 같은 예제처럼 쓰여질 수 있다.

```
BEQ  label    ; Z 플래그가 셋되면 주소 'label'로 분기함
```

만약 분기 타깃이 멀리 떨어져 있다면, Thumb-2 버전이 사용될 수 있다.

```
BEQ.W label    ; Z 플래그가 셋되면, 주소 'label'로 분기함
```

정의된 분기 조건은 IF-THEN-ELSE 구조에서 사용될 수도 있다.

```
CMP    R0, R1        ; R0와 R1을 비교함
ITTEE  GT            ; 만약 R0 > R1이면, (사실인 경우 첫 번째 두 구문이 실행되고,
                     ; 거짓인 경우 다른 두 구문이 실행됨)
MOVGT  R2, R0        ; R2 = R0
MOVGT  R3, R1        ; R3 = R1
MOVLE  R2, R0        ; 그렇지 않으면, R2 = R1
MOVLE  R3, R1        ; R3 = R0
```

PSR 플래그들은 다음에 영향을 받을 수 있다.

- 16비트 ALU 명령어들
- *S* 접미사를 가진 32비트(Thumb-2) ALU 명령어들. 예를 들어, ADDS.W
- 비교(예를 들어, CMP) 및 테스트(예를 들어, TST, TEQ) 명령어들
- APSR/PSR에 직접 쓰기

16비트 Thumb 산술 명령어들의 대부분은 *N*, *Z*, *C*, *V* 플래그에 영향을 미친다. 32비트 Thumb-2 명령어를 사용하는 경우, ALU 동작은 플래그에 영향을 미칠 수도 미치지 않을 수도 있다.

```
ADDS.W  R0, R1, R2   ; 이 32비트 Thumb-2 명령어는 플래그를 업데이트함
ADD.W   R0, R1, R2   ; 이 32비트 Thumb-2 명령어는 플래그를 업데이트하지 않음
ADDS    R0, R1       ; 이 16비트 Thumb 명령어는 플래그를 업데이트함
ADD     R0, #0x1     ; 이 16비트 Thumb 명령어는 플래그를 업데이트하지 않음
```

Thumb과 Thumb-2 사이에서 ALU 명령어를 변경할 때에는 주의를 기울여야 한다. 명령어 안에 *S* 접미사가 없더라도, Thumb 명령어는 플래그를 업데이트하는 반면, Thumb-2 명령어는 플래그를 업데이트하지 않을 것이기 때문이다. 따라서 다른 결과를 얻게 될 것이다. 코드가 다른 툴을 가지고 동작되는지를 확인하기 위해, 조건 분기와 같은 조건적인 동작을 위해 플래그가 업데이트되어야 한다면, 항상 *S* 접미사를 사용해야 한다.

CMP(비교) 명령어는 두 개의 값을 빼고 플래그를 업데이트하지만, 그 결과를 레지스터에 저장하지는 않는다. CMP는 다음과 같은 형식을 갖는다.

```
CMP  R0, R1          ; R0 - R1을 계산하고 플래그를 업데이트함
CMP  R0, #0x12       ; R0 - 0x12를 계산하고 플래그를 업데이트함
```

유사한 명령어로는 CMN(음의 비교)이 있다. 이것은 한 값을 음수로 바꾸고(2의 보수) 다른 값과 비교하며, 플래그가 업데이트되지만 그 결과는 레지스터에 저장되지 않는다.

```
CMN  R0, R1             ; R0 - (-R1)을 계산하고 플래그를 업데이트함
CMN  R0, #0x12          ; R0 - (-0x12)를 계산하고 플래그를 업데이트함
```

TST(테스트) 명령어는 AND 명령어와 더 유사하다. 이것은 두 값을 AND 연산하고 플래그를 업데이트한다. 하지만 그 결과는 레지스터에 저장되지 않는다. CMP와 유사하게 이것은 두 입력값을 갖는다.

```
TST  R0, R1             ; R0와 R1을 계산하고 플래그를 업데이트함
TST  R0, #0x12          ; R0와 0x12를 계산하고 플래그를 업데이트함
```

어셈블리어: 비교 및 조건 분기의 조합

ARM 아키텍처 v7-M에서는 0과의 간단한 비교 및 조건 분기 동작을 제공하기 위해 두 개의 새로운 명령어들이 Cortex-M3에 제공된다. 이것은 CBZ(비교 후 0인 경우 분기)와 CBNZ(비교 후 0이 아닌 경우 분기)가 있다.

이 비교 및 분기 명령어는 앞으로의 분기만 지원한다.

```
i = 5;
while (i  != 0){
func1();  ; 함수 호출
i--;
}
```

이것은 다음과 같이 컴파일될 수 있다.

```
         MOV  R0, #5          ; 루프 카운터 설정
loop1    CBZ  R0, Loop1exit  ; 루프 카운터가 0이면, 루프를 벗어남
         BL  func1            ; 함수를 호출
         SUB  R0, #1          ; 루프 카운터 감소
         B  loop1             ; 다음 루프
loop1exit
```

어셈블리어: IT 명령어를 사용한 조건 분기

IT(IF-THEN) 블록은 작은 조건부 코드를 처리하기 위해 매우 유용하다. 이것은 프로그램 흐름의 변화가 없기 때문에, 분기로 인한 단점을 피할 수 있다. 그것은 조건적으로 실행되는 최대 4개의 명령어들을 제공한다.

IT 명령어 블록에서, 첫 번째 라인은 실행의 선택을 구체화하는 IT 명령어이어야 한다. 그 다음에는 그것이 확인한 조건이 온다. IT 명령 다음에 오는 첫 번째 구문은 TRUE-THEN-EXECUTE이어야 하는데, 이것은 항상 *ITxxx*처럼 쓰여진다. 여기서 *T*는 THEN을 의미하며, *E*는 ELSE를 의미한다. 두 번째에서 네 번째 구문은 THEN(사실) 또는 ELSE(거짓)가 될 수 있다.

```
IT<x><y><z>  <cond>                              ; IT 명령어(<x>, <y>, <z>는 T 또는
                                                 ; E일 수 있음)
instr1<cond>                <operands>           ; 첫 번째 명령어(<cond>는 IT와
                                                 ; 동일해야 함)
instr2<cond or not cond>    <operands>           ; 두 번째 명령어(<cond> 또는
                                                 ; <!cond>가 될 수 있음)
instr3<cond or not cond>    <operands>           ; 세 번째 명령어(<cond> 또는
                                                 ; <!cond>가 될 수 있음)
instr4<cond or not cond>    <operands>           ; 네 번째 명령어(<cond> 또는
                                                 ; <!cond>가 될 수 있음)
```

만약 *<cond>*가 거짓일 때 이 구문이 실행된다면, 명령어를 위한 접미사는 조건의 반대이어야 한다. 예를 들어, EQ의 반대는 NE이며, GT의 반대는 LE 등등이다. 다음의 코드는 간단한 조건부 실행의 예제를 보여주고 있다.

```
if (R1<R2) then
  R2=R2-R1
  R2=R2/2
else
  R1=R1-R2
  R1=R1/2
```

어셈블리어로는 다음과 같다.

```
CMP    R1, R2               ; R1 < R2이면(보다 작으면)
ITTEE  LT                   ; (T가 가리키는) 명령어 1과 2가 실행됨
                            ; 그렇지 않으면, (E가 가리키는) 명령어 3과 4가 실행됨
```

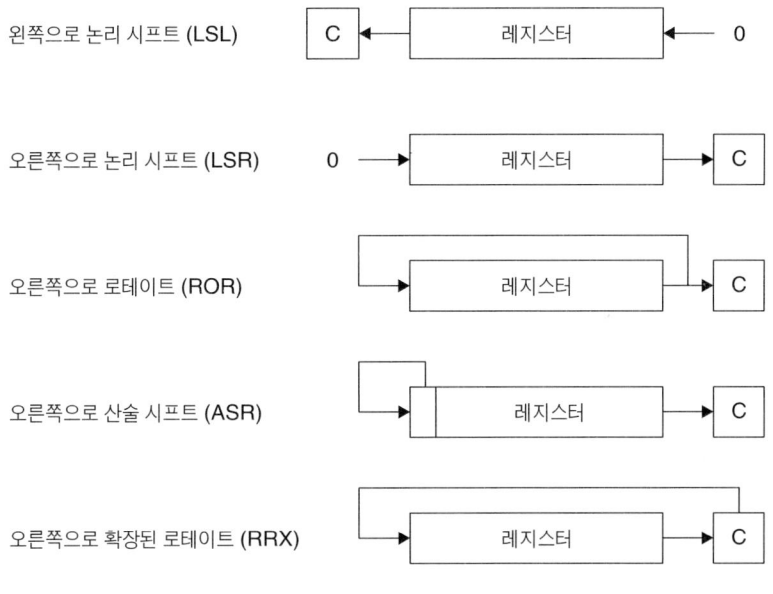

```
SUBLT.W  R2, R1          ; 첫 번째 명령어
LSRLT.W  R2, #1          ; 두 번째 명령어
SUBGE.W  R1, R2          ; 세 번째 명령어(GE는 LT의 반대)
LSRGE.W  R1, #1          ; 네 번째 명령어
```

조건부로 실행되는 명령어는 4개 이하를 가질 수도 있다. 최소 명령어는 1개이다. IT 명령어 안에서 *T*와 *E*의 발생 수는 IT 뒤에서 조건부로 실행되는 명령어의 수와 일치한다.

IT 명령어 블록에서 익셉션이 발생한다면, 블록의 실행 상태가 스택에 저장된 PSR (IT/ICI 비트 필드) 안에 저장될 것이다. 따라서, 익셉션 핸들러가 완료되고 IT 블록이 다시 시작되면, 블록 안에 있는 나머지 명령어들이 정확하게 계속 실행될 수 있다. IT 블록 안에 여러 사이클의 명령어를 사용하는 경우(예를 들어, 다중 로드/스토어 명령어), 실행하는 동안 익셉션이 발생한다면, 익셉션을 받아들이기 전에 전체 명령어들이 완료되어야 한다.

어셈블리어: 명령어 배리어 및 메모리 배리어 명령어

Cortex-M3는 많은 배리어 명령어들을 지원한다. 이 명령어들은 메모리 시스템이 점점 더 복잡해질 경우 필요하다. 어떤 경우 메모리 배리어 명령어가 사용되지 않는다면, 경주 조건이 발생할 수 있다.

예를 들어, 메모리 맵이 하드웨어 레지스터에 의해 전환될 수 있다면, 메모리 전환 레지스터에 쓴 다음 DSB 명령어를 사용해야 한다. 그렇지 않으면, 메모리 전환 레지스터에 쓰는 작업은 버퍼링되고 완료될 때까지 몇 사이클이 소요되며, 다음 명령어는 전환된 메모리 영역에 바로 접근하고, 그 접근은 예전 메모리 맵을 사용하게 될 것이다. 어떤 경우에는 메모리 전환 및 메모리 접근이 동시에 발생하게 되면, 유효하지 않은 접근의 결과를 야기할 수 있다. 이 경우 DSB를 사용하면, 레지스터를 전환한 메모리 맵에 쓰는 작업은 새로운 명령어가 실행되기 전에 완료되게끔 보장한다.

Cortex-M3에는 3개의 배리어 명령어가 있다.

- DMB
- DSB
- ISB

표 4.27 배리어 명령어

명령어	설명
DMB	데이터 메모리 배리어. 새로운 메모리 접근이 수행되기 전에 모든 메모리 접근이 완료되었는지를 확인한다.
DSB	데이터 동기화 배리어. 새로운 명령어가 수행되기 전에 모든 메모리 접근이 완료되었는지를 확인한다.
ISB	명령어 동기화 배리어. 새로운 명령어가 수행되기 전에 파이프라인을 플러시하고 모든 이전 명령어들이 완료되었는지를 확인한다.

이 명령어들에 대해서는 표 4.27에 설명하였다.

만약 듀얼 포트 메모리에 쓰기 바로 다음에 읽기를 수행할 때, 만약 메모리 쓰기가 버퍼링되어 있다면, 업데이트된 값을 읽었다는 것을 보장하기 위해 DMB 명령어가 사용될 수 있다.

DSB와 ISB 명령어는 셀프-수정 코드를 위해 중요하다. 예를 들어, 만약 프로그램이 그 자신의 프로그램 코드를 변경한다면, 다음에 실행되는 명령어가 업데이트된 프로그램을 기반으로 해야 한다. 하지만 프로세서가 파이프라인을 사용하고 있기 때문에, 수정된 명령어 위치가 이미 페치되었을 수도 있다. DSB와 ISB를 사용하는 것은 수정된 프로그램 코드가 다시 페치되었는지를 보장해 줄 수 있다.

메모리 배리어에 대한 보다 상세한 사항에 대해서는 *ARM v7-M Architecture Application Level Reference Manual* (Ref2)에서 찾아볼 수 있다.

어셈블리어: 포화 동작

Cortex-M3는 부호화 및 비부호화 포화 동작을 제공하기 위해 두 개의 명령어들을 지원한다. 부호화 데이터형을 위한 SSAT와 비부호화 데이터형을 위한 USAT가 바로 그것이다. 포화 동작은 보통 신호 처리 — 예를 들어, 신호 증폭에서 사용된다. 입력신호가 증폭될 때, 출력이 허용된 출력 범위 이상이 될 수도 있다. 만약 그 값이 사용되지 않은 MSB를 제거함으로써 단순히 조정된다면, 오버플로우 결과는 신호 파형이 완전히 변하는 결과를 야기하게 될 것이다(그림 4.3 참고).

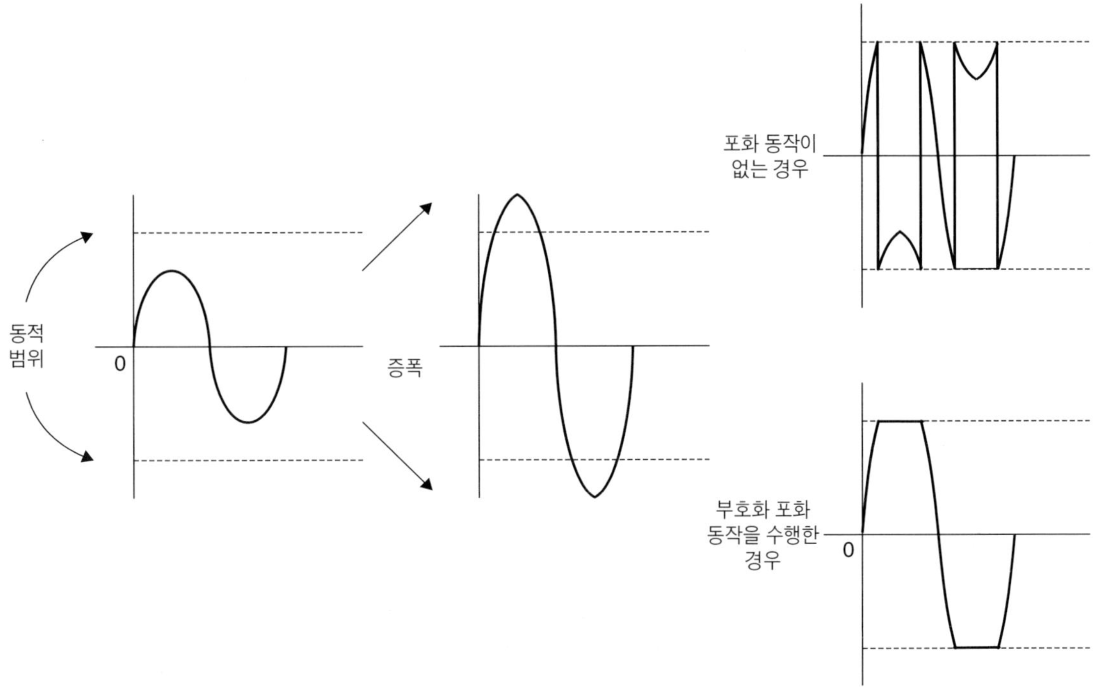

그림 4.3 부호화 포화 동작

포화 동작은 신호의 찌그러짐을 막아주지는 못한다. 하지만 최소한 신호 파형에서의 찌그러지는 양을 상당히 줄여줄 수 있다.

SSAT와 USAT 명령어의 명령어 표기법은 여기서와 표 4.28에서 간단히 설명하겠다.

- Rn: 입력값
- Shift: 포화 전의 입력값을 위한 시프트 동작. 선택 가능하고, *#LSL N* 또는 *#ASR N*을 사용할 수 있다.
- Immed: 포화 동작이 수행될 때의 비트 위치

표 4.28 포화 명령어

명령어	설명
SSAT.W <Rd>, #<immed>, <Rn>, {,<shift>}	부호화값을 위한 포화
USAT.W <Rd>, #<immed>, <Rn>, {,<shift>}	부호화값을 비부호화값으로 포화

• Rd: 목적지 레지스터

목적지 레지스터 외에, APSR의 Q 비트가 그 결과에 의해 영향을 받을 수 있다. 포화 동작이 발생할 때, Q 플래그가 1로 설정되며, APSR에 값을 씀으로써 0으로 클리어 될 수 있다(표 4.29 참고). 예를 들어, 만약 32비트 부호화값이 16비트 부호화값으로 포화된다면, 다음의 명령어가 사용될 수 있다.

```
SSAT.W  R1, #16, R0
```

표 4.29 부호화 포화 결과의 예제

입력(R0)	출력(R1)	Q 비트
0x00020000	0x00007FFF	1로 설정
0x00008000	0x00007FFF	1로 설정
0x00007FFF	0x00007FFF	변화 없음
0x00000000	0x00000000	변화 없음
0xFFFF8000	0xFFFF8000	변화 없음
0xFFFF8001	0xFFFF8000	1로 설정
0xFFFE0000	0xFFFF8000	1로 설정

유사하게 32비트 부호화값이 16비트 비부호화값으로 포화된다면, 다음의 명령어가 사용될 수 있다.

```
USAT.W  R1, #16, R0
```

이것은 그림 4.4에서 보여지는 특징을 갖는 포화 기능이다.

다음의 16비트 포화 예제 명령어에 대해, 표 4.30에서 나타낸 출력 결과를 살펴볼 수 있다.

포화 명령어는 데이터형 변환을 위해 사용될 수도 있다. 예를 들어, 그것들은 32비트 정수값을 16비트 정수값으로 변환하기 위해 사용될 수 있다. 하지만, C 컴파일러는 이 명령어들을 직접 사용할 수 없다. 그래서 데이터 변환을 위한 어셈블러 함수들(임베디드/인라인 어셈블러 코드)이 요구된다.

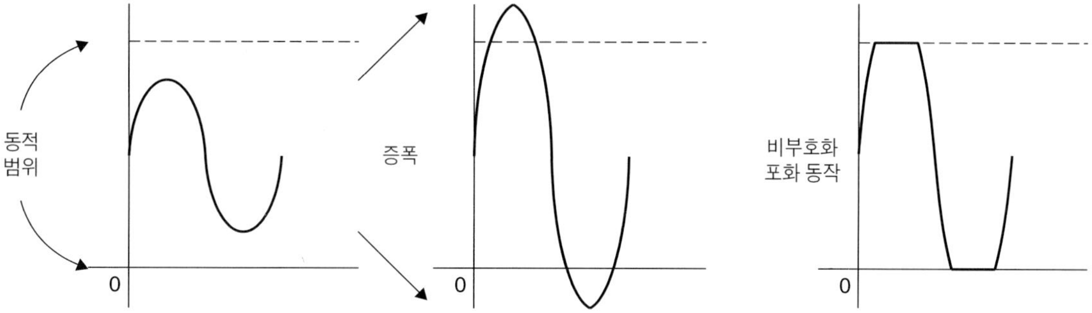

그림 4.4 비부호화 포화 동작

표 4.30 비부호화 포화 결과의 예제

입력(R0)	출력(R1)	Q 비트
0x00020000	0x0000FFFF	1로 설정
0x00008000	0x00008000	1로 설정
0x00007FFF	0x00007FFF	변화 없음
0x00000000	0x00000000	변화 없음
0xFFFF8000	0x00000000	1로 설정
0xFFFF8001	0x00000000	1로 설정
0xFFFFFFFF	0x00000000	1로 설정

Cortex-M3에서의 몇 가지 유용한 명령어

여기에서는 아키텍처 v7과 v6에서의 몇 가지 유용한 Thumb-2 명령어를 소개하고 있다.

MSR과 MRS

이 두 명령어는 Cortex-M3의 특별한 레지스터로의 접근을 가능하게 해준다. 이 명령어들의 표기법은 다음과 같다.

```
MRS  <Rn>, <SReg>                  ; 특별한 레지스터에서 데이터 이동
MSR  <SReg>, <Rn>                  ; 특별한 레지스터로 데이터를 씀
```

여기서 *<SReg>*는 표 4.31에서 나타낸 옵션값 중 하나가 될 수 있다.

예를 들어, 다음의 코드는 프로세스 스택 포인터를 셋업하기 위해 사용될 수 있다.

```
LDR R0, =0x20008000                ; 프로세스 스택 포인터(PSP)를 위한 새로운 값
MSR PSP, R0
```

표 4.31 MRS와 MSR 명령어를 위한 특별한 레지스터 이름

심벌	설명
IPSR	인터럽트 상태 레지스터
EPSR	실행 상태 레지스터(0으로 읽힘)
APSR[2]	이전 동작으로부터의 플래그
IEPSR	IPSR과 EPSR의 조합
IAPSR	IPSR과 APSR의 조합
EAPSR	EPSR과 APSR의 조합
PSR	APSR, EPSR, IPSR의 조합
MSP	메인 스택 포인터
PSP	프로세스 스택 포인터
PRIMASK	일반 익셉션 마스크 레지스터
BASEPRI	일반 익셉션 우선순위 마스크 레지스터
BASEPRI_MAX	일반 익셉션 우선순위 마스크 레지스터와 동일함, 조건부 쓰기 기능(새로운 우선순위 레벨은 이전 레벨보다 더 높아야 함)
FAULTMASK	결함 익셉션 마스크 레지스터(일반 인터럽트들을 비활성화함)
CONTROL	제어 레지스터

[2] 예전의 ARM Cortex-M3 문서에서, APSR은 FPSR이라고 불렸다. 만약 Cortex-M3 개발 초기 단계에서 개발되었던 오랜된 소프트웨어 개발 툴을 사용하고 있다면, 어셈블리 코드에서 레지스터 이름 FPSR을 사용해야 한다.

APSR에 접근하는 것이 아니라면, MRS와 MSR 명령어는 특권 모드에서만 사용될 수 있다. 그렇지 않은 경우, 이 동작은 무시될 것이고 리턴되어 읽힌 값(MRS가 사용된다면)은 0이 될 것이다.

IF_THEN

IF_THEN(IT) 명령어는 조건부로 실행되는 4개의 연속적인 명령어(*IT* 블록이라고 불린다)이다. 그것들은 다음과 같은 형식으로 표현된다.

```
IT<x>              <cond>
IT<x><y>           <cond>
IT<x><y><z>        <cond>
```

여기서,

- <*x*>는 두 번째 명령어를 위한 실행 조건을 나타낸다.
- <*y*>는 세 번째 명령어를 위한 실행 조건을 나타낸다.
- <*z*>는 네 번째 명령어를 위한 실행 조건을 나타낸다.
- <*cond*>는 명령어 블록의 기본 조건을 나타낸다. 만약 <*cond*> 조건이 충족되면, IT 다음에 오는 첫 번째 명령어가 실행된다.

<*x*>, <*y*>, <*z*> 중 하나는 *T*(THEN) 또는 *E*(ELSE)가 될 수 있는데, 이것은 기본 조건 <*cond*>를 의미하며, 그렇지 않은 경우 <*cond*>는 EQ, NE, GT 등과 같은 전통적인 표기법을 사용한다.

다음과 같은 IT 사용 예제를 살펴보도록 하자.

```
if (R0 equal R1) then {
  R3 = R4 + R5
  R3 = R3/2
  } else {
  R3 = R6 + R7
  R3 = R3/2
  }
```

이것은 다음과 같이 코딩될 수 있다.

```
CMP    R0, R1          ; R0와 R1을 비교함
ITTEE  EQ              ; 만약 R0가 R1과 같다면, Then-Then-Else-Else
ADDEQ  R3, R4, R5      ; 같으면 더함
ASREQ  R3, R3, #1      ; 같으면 오른쪽으로 산술 시프트함
ADDNE  R3, R6, R7      ; 같지 않으면 더함
ASRNE  R3, R3, #1      ; 같지 않으면 오른쪽으로 산술 시프트함
```

CBZ와 CBNZ

CBZ와 CBNZ 명령어들은 루프(예를 들어, C에서의 WHILE 루프)를 위해 유용하다. 그 표기법은 다음과 같다.

```
CBZ <Rn>, <label>
```

또는

```
CBNZ <Rn>, <label>
```

여기서 *label*은 앞쪽 분기 주소이다.

```
while (R0 != 0) {
   function1();
   }
```

이것은 다음과 같이 코딩될 수 있다.

```
   ...
loop
   CBZ R0, loopexit
   BL  function1
   B   loop
loopexit
  ...
```

플래그들은 이 명령어에 의해 영향을 받지 않는다.

SDIV와 UDIV

부호화 및 비부호화 나눗셈 명령어를 위한 표기법은 다음과 같다.

```
SDIV.W  <Rd>, <Rn>, <Rm>
UDIV.W  <Rd>, <Rn>,< Rm>
```

그 결과는 Rd = Rn/Rm이다.

```
LDR     R0, =300  ; 십진수 300
MOV     R1, #5
UDIV.W  R2, R0, R1
```

이것은 60(0x3C)라는 결과를 R2에 저장한다.

0으로 나눌 때, 결함 익셉션(사용 결함)이 발생하도록 하기 위해서는, NVIC 설정 제어 레지스터 안에 있는 DIVBYZERO 비트를 1로 설정할 수 있다. 그렇게 하지 않은 경우, 0으로 나누기를 하면 *<Rd>*는 0이 될 것이다.

REV, REVH, REVSH

REV는 데이터 워드 안에 바이트 순서를 바꾼다. REVH는 하프워드 안에서 바이트 순서를 바꾼다. 예를 들어, R0가 0x12345678일 때, 다음과 같이 실행시키면,

```
REV   R1, R0
REVH  R2, R0
```

R1은 0x78563412가 될 것이고, R2는 0x34127856이 될 것이다. REV와 REVH는 빅 엔디안과 리틀 엔디안 사이에서 데이터를 변환할 때 특히 유용하다.

REVSH는 하위 하프워드만을 처리한 후 그 결과를 부호 확장한다는 점만 제외하면, REVH와 유사하다. 예를 들어 R0가 0x33448899일 때, 다음 명령어를 실행하면,

```
REVSH  R1, R0
```

R1은 0xFFFF9988이 될 것이다.

RBIT

RBIT 명령어는 데이터 워드 안에서 비트 순서를 바꾼다. 그 표기법은 다음과 같다.

```
RBIT.W  <Rd>, <Rn>
```

이 명령어는 데이터 통신에서 직렬 비트 스트림을 처리하기 위해 매우 유용하다. 예를 들어, R0가 0xB4E10C23(이진값 1011_0100_1110_0001_0000_1100_0010_0011)일 때, 다음 명령어를 실행하면,

```
RBIT.W  R0, R1
```

R0는 0xC430872D(이진값 1100_0100_0011_0000_1000_0111_0010_1101)가 될 것이다.

SXTB, SXTH, UXTB, UXTH

네 개의 명령어 SXTB, SXTH, UXTB, UXTH는 한 바이트 또는 하프워드 데이터를 워드 데이터로 확장하기 위해 사용된다. 이 명령어의 표기법은 다음과 같다.

```
SXTB  <Rd>, <Rn>
SXTH  <Rd>, <Rn>
UXTB  <Rd>, <Rn>
UXTH  <Rd>, <Rn>
```

SXTB/SXTH에서 데이터는 Rn의 비트[7]/비트[15]를 사용하여 부호를 확장한다. UXTB와 UXTH에서 그 값은 32비트까지 0으로 확장한다.

예를 들어, 만약 R0가 0x55AA8765이면 다음과 같다.

```
STXB  R1, R0          ; R1 = 0x00000065
SXTH  R1, R0          ; R1 = 0xFFFF8765
UXTB  R1, R0          ; R1 = 0x00000065
UXTH  R1, R0          ; R1 = 0x00008765
```

BFC와 BFI

BFC(Bit Filed Clear)는 레지스터의 어떤 위치에 대응되는 비트 수만큼을 0으로 클리어한다. 이 명령어의 표기법은 다음과 같다.

```
BFC.W  <Rd>, <#lsb>, <#width>
```

예를 들어,

```
LDR    R0, =0x1234FFFF
BFC.W  R0, #4, #8
```

그러면 R0는 0x1234F00F가 될 것이다.

BFI(Bit Field Insert)는 한 레지스터의 비트 수(#width)만큼을 다른 레지스터의 어떤 위치(#lsb)로 복사한다. 그 표기법은 다음과 같다.

```
BFI.W  <Rd>, <Rn>, <#lsb>, <#width>
```

예를 들어,

```
LDR    R0, =0x12345678
LDR    R1, =0x3355AACC
BFI.W  R1, R0, #8, #16          ; R0[15:0]를 R1[23:8]에 삽입함
```

그러면 R1는 0x335678CC가 될 것이다.

UBFX와 SBFX

UBFX와 SBFX는 비부호 및 부호 비트 영역 추출 명령어이다. 이 명령어의 표기법은 다음과 같다.

```
UBFX.W  <Rd>, <Rn>, <#lsb> <#width>
SBFX.W  <Rd>, <Rn>, <#lsb> <#width>
```

UBFX는 (#width라고 표기된) 어떤 너비를 갖고 (#lsb라고 표기된) 어떤 위치에서 시작하는 레지스터에서 비트 영역을 추출하고, 그것을 0으로 확장하여 목적지 레지스터에 저장한다. 예를 들어,

```
LDR     R0, =0x5678ABCD
UBFX.W  R1, R0, #4, #8
```

그러면 R1은 0x000000BC가 될 것이다.

유사하게 SBFX는 비트 영역을 추출하지만, 그것을 목적지 주소에 넣기 전에 부호 확장한다. 예를 들어,

```
LDR     R0, =0x5678ABCD
SBFX.W  R1, R0, #4, #8
```

그러면 R1은 0xFFFFFFBC가 될 것이다.

LDRD와 STRD

두 개의 명령어 LDRD와 STRD는 두 레지스터에 두 워드의 데이터를 전송한다. 이 명령어의 표기법은 다음과 같다.

```
LDRD.W  <Rxf>, <Rxf2>, [Rn, #+/-offset]{!}       ; 프리-인덱스
LDRD.W  <Rxf>, <Rxf2>, [Rn], #+/-offset          ; 포스트-인덱스
STRD.W  <Rxf>, <Rxf2>, [Rn, #+/-offset]{!}       ; 프리-인덱스
STRD.W  <Rxf>, <Rxf2>, [Rn], #+/-offset          ; 포스트-인덱스
```

여기서 *<Rxf>*는 첫 번째 목적지/소스 레지스터이고, *<Rxf2>*는 두 번째 목적지/소스 레지스터이다.

예를 들어, 다음의 코드는 메모리 주소 0x1000에 위치한 64비트값을 읽어서 R0와 R1에 저장한다.

```
LDR     R2, =0x1000
LDRD.W  R0, R1, [R2]              ; 이것은 R0 = 메모리[0x1000]를,
                                  ; R1 = 메모리[0x1004]를 저장함
```

TBB와 TBH

TBB(테이블 분기 바이트)와 TBH(테이블 분기 하프워드)는 분기 테이블을 구현하기 위해 만들어졌다. TBB 명령어는 바이트 크기 오프셋의 분기 테이블을 사용하며, TBH

는 하프워드 오프셋의 분기 테이블을 사용한다. 프로그램 카운터의 비트 0이 항상 0이기 때문에, 분기 테이블의 값은 그것이 PC에 더해지기 전에 2씩 곱해진다. 또한 PC값은 현재 명령어 더하기 4의 값이기 때문에, TBB를 위한 분기 범주는 (2 × 255) + 4 = 514이다. TBH를 위한 분기 범주는 (2 × 65535) + 4 = 131074이다. TBB와 TBH는 모두 앞쪽으로의 분기만을 지원한다. TBB는 다음과 같은 일반적인 표기법을 갖는다.

```
TBB.W  [Rn, Rm]
```

여기서 *Rn*은 베이스 메모리 오프셋이며, *Rm*은 분기 테이블 인덱스이다. TBB를 위한 분기 테이블 아이템은 Rn + Rm에 위치한다. Rn을 위해 PC를 사용하고 있다고 가정할 때, 그림 4.5와 같은 동작을 확인할 수 있다.

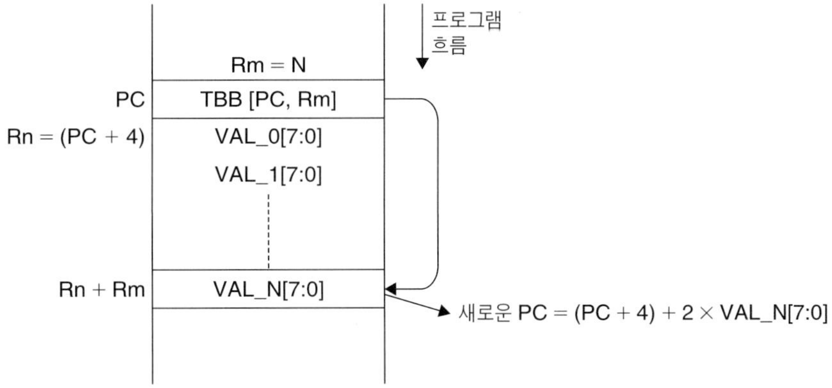

그림 4.5 TBB 동작

TBH 명령어에서는, 분기 테이블 아이템의 메모리 위치가 Rn + 2 × Rm에 위치하고 최대 분기 오프셋이 더 크다는 점을 제외하고는 유사한 과정을 갖는다. 다시 말하면, 그림 4.6에서 볼 수 있듯이 Rn이 PC로 설정된다고 가정한다.

테이블 분기 명령어에서 *Rn*이 R15으로 설정된다면, 프로세서의 파이프라인 때문에 *Rn*을 위해 사용되는 값은 PC + 4이다. 이 두 명령어들은 switch(case) 구문을 위한 코드를 생성하기 위해 C 컴파일러에 의해 사용될 것이다. 분기 테이블 안에 있는 값은 현재 프로그램 카운터에 상대적이고, 특히 분기 타깃이 분리된 프로그램 코드 파일 안에 있는 경우, 주소 오프셋값이 어셈블리/컴파일 단계에서 결정될 수 없기 때문에, 어셈블러에서 수동으로 분기 테이블 내용을 코딩하는 것은 쉽지 않다. TBB/TBH 분기 테이블 내용을 계산하기 위한 코딩 표기법은 개발 툴에 따라 달라질 수 있다. ARM 어셈블러(*armasm*)에서는 TBB 분기 테이블이 다음과 같이 작성될 수 있다.

```
    TBB.W  [pc, r0]         ; 이 명령어를 실행할 때, PC는 branchtable과 같다.
branchtable
    DCB  ((dest0 - branchtable)/2)     ; 값이 8비트이기 때문에, DCB가 사용된다는 것을
                                       ; 기억해 두자.
    DCB  ((dest1 - branchtable)/2)
    DCB  ((dest2 - branchtable)/2)
    DCB  ((dest3 - branchtable)/2)
dest0
    … ; r0 = 0이면 실행된다.
dest1
    … ; r0 = 1이면 실행된다.
dest2
    … ; r0 = 2이면 실행된다.
dest3
    … ; r0 = 3이면 실행된다.
```

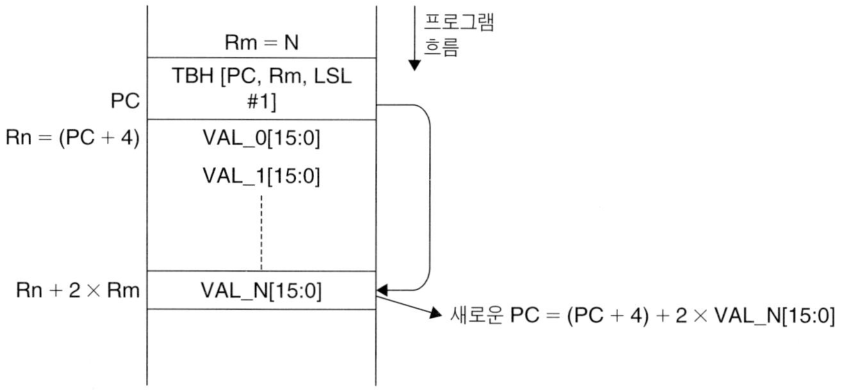

그림 4.6 TBH 동작

TBB 명령어가 실행될 때, 현재 PC값은 *branchtable*이라는 라벨의 주소이다(프로세서의 파이프라인 때문에). 유사하게 TBH 명령어에서 이것은 다음과 같이 사용된다.

```
    TBH.W  [pc, r0, LSL #1]
branchtable
    DCI  ((dest0 - branchtable)/2)   ; 값이 16비트이기 때문에, DCI가 사용된다는 것을
                                     ; 기억해 두자.
    DCI  ((dest1 - branchtable)/2)
    DCI  ((dest2 - branchtable)/2)
    DCI  ((dest3 - branchtable)/2)
dest0
    … ; r0 = 0이면 실행된다.
dest1
    … ; r0 = 1이면 실행된다.
dest2
    … ; r0 = 2이면 실행된다.
dest3
    … ; r0 = 3이면 실행된다.
```

Chapter 05

메모리 시스템

이 장의 내용

- 메모리 시스템 특징 개요
- 메모리 맵
- 메모리 접근 속성
- 디폴트 메모리 접근 허용
- 비트-대역 동작
- 비정렬 전송
- 배타적 접근
- 엔디안 모드

메모리 시스템 특징 개요

Cortex-M3 프로세서는 전통적인 ARM 프로세서와는 다른 메모리 아키텍처를 갖는다. 먼저, 이것은 메모리 위치가 접근될 때 어떤 버스 인터페이스가 사용될지를 규정한 미리 정의된 메모리 맵을 갖는다. 이 특징은 프로세서 설계가 다른 장치들이 접근될 때, 접근 동작을 최적화할 수 있게 해준다.

Cortex-M3에서의 메모리 시스템의 또 다른 특징은 비트-대역 지원이다. 이것은 메모리나 주변장치 안에 있는 비트 데이터들이 단일 동작을 할 수 있도록 해준다. 이 주제에 대해서는 이 장의 뒷부분에서 보다 상세히 설명하겠다.

Cortex-M3 메모리 시스템은 비정렬 전송 및 배타적 접근을 지원한다. 이 특징들은 v7-M 아키텍처의 일부이다. 마지막으로, Cortex-M3는 리틀 엔디안과 빅 엔디안 메모리 설정을 모두 지원한다.

메모리 맵

Cortex-M3는 고정된 메모리 맵을 가지고 있다. 이것은 Cortex-M3 제품에서 다른 제품으로 소프트웨어를 쉽게 포팅할 수 있게 만들어준다. 예를 들어, 이전 절에서 설명했던 NVIC와 MPU 같은 컴포넌트들은 모든 Cortex-M3 제품에서 동일한 메모리 위치를 갖는다. 그럼에도 불구하고 제조사들이 다른 제조사들의 Cortex-M3 기반의 제품과 구별할 수 있도록 메모리 맵 정의에 상당한 유연성을 제공한다.

일부 메모리 위치는 디버깅 컴포넌트들과 같은 전용 주변장치를 위해 할당된다. 그것들은 전용 주변장치 메모리 영역에 위치한다. 이 디버깅 컴포넌트들은 다음과 같은 장치들을 포함하고 있다.

- 페치 패치 및 브레이크포인트 장치(FPB)
- 데이터 와치포인트 및 트레이스 장치(DWT)
- 인스트루먼트 트레이스 매크로셀(ITM)
- 임베디드 트레이스 매크로셀(ETM)
- 트레이스 포트 인터페이스 장치(TPIU)

• ROM 테이블

이 컴포넌트들에 대한 상세한 설명은 디버깅 특징을 다루는 다음 장에서 언급하도록 하겠다.

Cortex-M3 프로세서는 전체 4GB의 주소 공간을 갖는다. 프로그램 코드는 코드 영역, SRAM 영역, 또는 외부 RAM 영역에 위치할 수 있다. 하지만, 여기서 코드 영역에 프로그램 코드를 넣은 것이 가장 좋다. 왜냐하면 이렇게 배치를 하면, 두 개의 분리된 버스 인터페이스를 통해 명령어 페치와 데이터 접근을 동시에 수행할 수 있기 때문이다.

SRAM 메모리 범주는 내부 SRAM과 연결하기 위해 존재한다. 이 영역으로의 접근은 시스템 인터페이스 버스를 통해 수행된다. 이 영역에서는 32MB 범주가 비트-대역 앨리어스로 정의된다. 32MB 비트-대역 앨리어스 메모리 범주 내에서는 각 워드 주소가 1Mb 비트-대역 영역 안에 있는 단일 비트를 나타낸다. 이 메모리 범주로의 데이터 쓰기 접근은 프로그램이 메모리 안에 있는 각각의 데이터 비트들을 설정 또는 클리어할 수 있도록 비트-대역 영역으로의 단일 READ-MODIFY-WRITE 동작으로 변환될 것이다. 비트-대역 동작은 메모리 페치가 아닌 데이터 접근에만 적용된다. 불(Boolean) 정보(단일 비트들)를 비트-대역 영역 안에 넣음으로써, 비트-대역 앨리어스를 통해 각각에 접근될 때 다중 불 데이터를 한 워드에 합쳐 사용할 수 있다. 따라서 소프트웨어로 READ-MODIFY-WRITE를 처리하기 위해 별도의 요구사항 없이 메모리 공간을 절약할 수 있다. 비트-대역 앨리어스에 대한 보다 상세한 사항은 이 장의 뒷부분에서 설명하도록 하겠다.

0.5GB의 또 다른 주소 범주 블록은 온-칩 주변장치에 할당된다. SRAM과 유사하게 이 영역은 비트-대역 앨리어스를 지원하며, 시스템 버스 인터페이스를 통해 접근된다. 하지만, 이 영역에서의 명령어 실행은 허용되지 않는다. 주변장치 영역에서의 비트-대역 지원은 주변장치의 제어 비트와 상태 비트에 접근 및 변경을 쉽게 할 수 있도록 하며, 주변장치 제어를 프로그래밍하기 쉽게 해준다.

1GB 메모리 공간의 두 슬롯은 외부 RAM과 외부 장치를 위해 할당된다. 이 둘 사이의 차이점은 외부 장치 영역에서의 프로그램 실행이 허용되지 않는다는 것이다. 그리고 캐시 동작에 있어서도 몇 가지 차이점을 보여준다.

마지막 0.5GB 메모리 공간은 시스템-레벨 컴포넌트들과 내부 주변장치 버스들, 외부 주변장치 버스, 그리고 벤더에 특화된 시스템 주변장치들을 위해 존재한다. 전용 주변

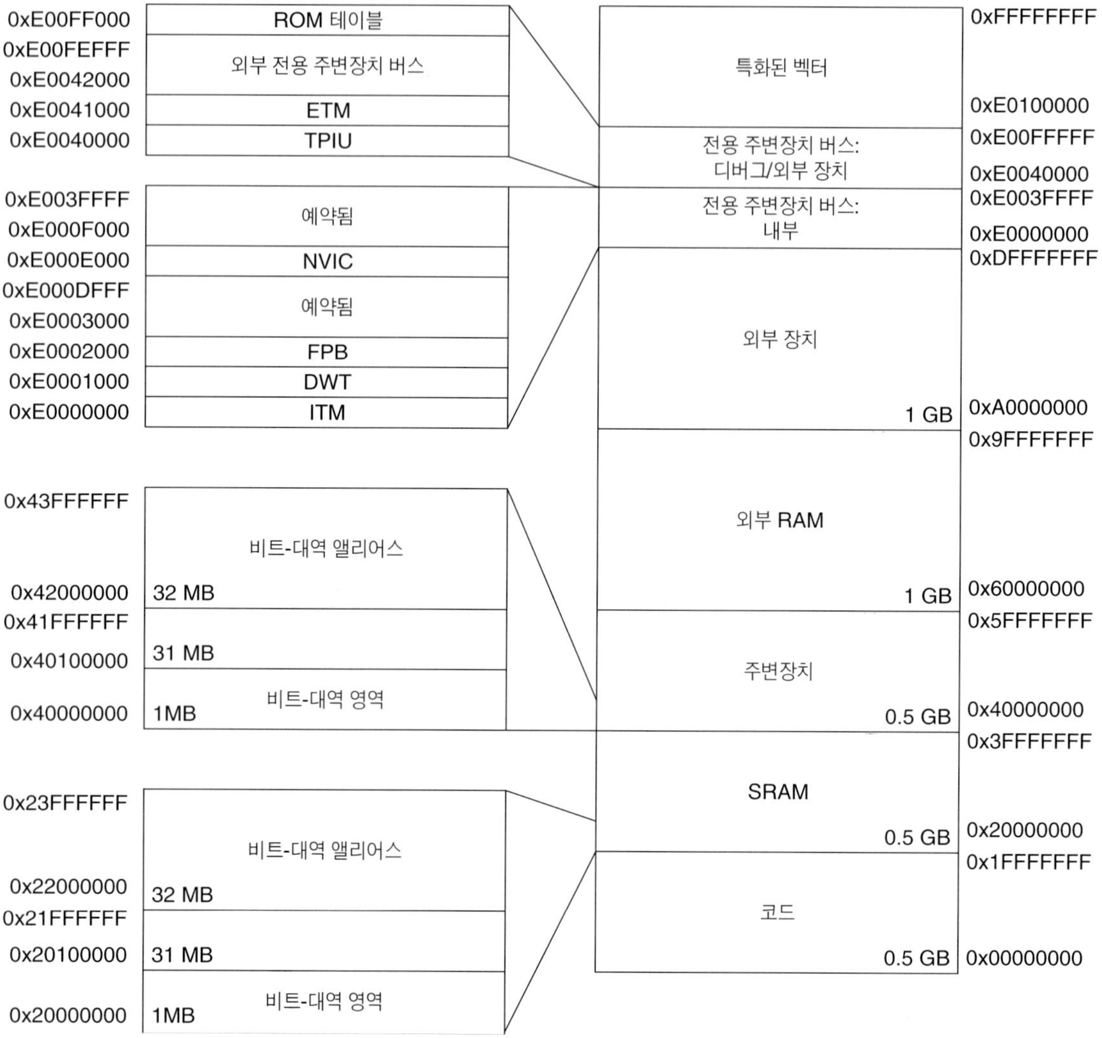

그림 5.1 Cortex-M3 미리 정의된 메모리 맵

장치 버스에는 두 가지 세그먼트가 있다.

- Cortex-M3 내부 AHB 주변장치를 위한 AHB 전용 주변장치 버스: 이것은 NVIC, FPB, DWT, ITM을 포함한다.
- Cortex-M3 내부 APB 장치와 외부 주변장치(Cortex-M3 프로세서의 외부에 연결된)를 위한 APB 전용 주변장치 버스: Cortex-M3는 칩 벤더가 APB 인터페이스를 통

해 이 APB 전용 버스에 추가적인 온-칩 APB 주변장치를 추가할 수 있게 해준다.

NVIC는 시스템 제어 공간(SCS)이라고 불리는 메모리 영역에 위치한다. 인터럽트 제어 특징을 제공하는 것 외에, 이 영역은 SYSTICK, MPU, 코드 디버깅 제어를 위한 제어 레지스터들도 제공한다.

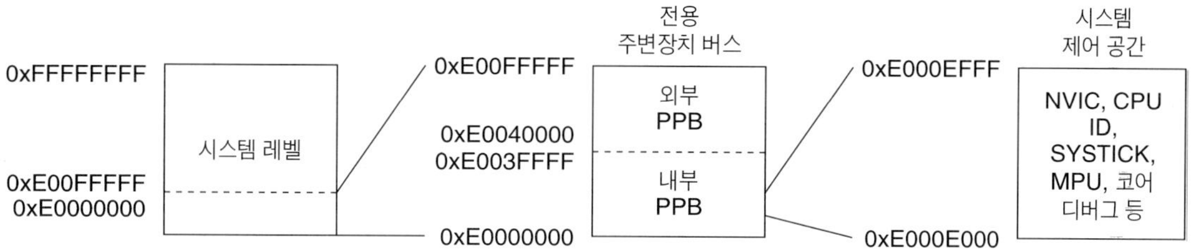

그림 5.2 시스템 제어 공간

남아 있는 사용되지 않은 벤더에 특화된 메모리 영역은 시스템 버스 인터페이스를 통해 접근될 수 있다. 하지만, 이 영역에서 명령어 실행은 허용되지 않는다.

Cortex-M3 프로세서는 선택 가능한 MPU를 포함할 수 있다. 칩 제조사들은 MPU를 그들의 제품에 포함할지 말지를 결정할 수 있다.

지금까지 메모리 맵 상에서 본 것들은 단지 탬플릿일 뿐이다. 각각의 반도체 벤더들은 ROM, RAM, 주변장치 메모리 위치의 실제 위치와 크기를 포함한 자세한 메모리 맵을 제공할 것이다.

메모리 접근 속성

메모리 맵은 각 메모리 영역 안에 무엇이 포함되어 있는지를 보여준다. 어떤 메모리 블록 또는 장치가 접근 가능한지를 디코딩하는 것 외에, 메모리 맵은 접근에 대한 메모리 속성을 정의한다. Cortex-M3 프로세서에서 찾아볼 수 있는 메모리 속성은 다음과 같은 사항을 포함한다.

- 버퍼 가능
- 캐시 가능

- 실행 가능
- 공유 가능

MPU가 존재하고 영역이 디폴트와 다르게 중복 설정될 수 있다면, 디폴트 메모리 속성 설정이 변경될 수 있다. Cortex-M3 프로세서가 캐시 메모리나 캐시 컨트롤러를 가지고 있지 않더라도, 외부 캐시를 추가할 수 있으며, 캐시 속성은 칩 제조사에 의해 사용되는 메모리 컨트롤러에 따라 온-칩 메모리와 오프-칩 메모리를 위한 메모리 컨트롤러의 동작에 영향을 줄 수 있다.

- 코드 메모리 영역(0x00000000–0x1FFFFFFF): 이 영역은 실행 가능하며, 캐시 속성은 WT(Write Through)이다. 이 영역에는 데이터 메모리도 넣을 수 있다. 이 영역이 데이터 영역으로 사용된다면, 그것들은 데이터 버스 인터페이스를 통해 발생할 것이다. 이 영역은 쓰기 버퍼 영역이다.
- SRAM 메모리 영역(0x20000000–0x3FFFFFFF): 이 영역은 온-칩 RAM을 위해 만들어졌다. 이 영역은 쓰기 버퍼 영역이며, 캐시 속성은 WB-WA(Write Back, Write Allocated)이다. 이 영역은 실행 가능하기 때문에, 여기에 프로그램 코드를 복사할 수 있고, 그것을 실행할 수 있다.
- 주변장치 영역(0x40000000–0x5FFFFFFF): 이 영역은 주변장치를 위해 만들어졌다. 캐시 불가능 영역이며, 이 영역에서는 명령어 코드를 실행할 수 없다[Cortex-M3 TRM과 같은 ARM 문서에서는 실행 불가(XN: Execute Never) 영역이라고 표기한다].
- 외부 RAM 영역(0x60000000–0x7FFFFFFF): 이 영역은 온-칩 또는 오프-칩 메모리를 위해 만들어졌다. 캐시 가능 영역(WB-WA)이며, 이 영역에서는 코드를 실행할 수 있다.
- 외부 RAM 영역(0x80000000–0x9FFFFFFF): 이 영역은 온-칩 또는 오프-칩 메모리를 위해 만들어졌다. 캐시 가능 영역(WT)이며, 이 영역에서는 코드를 실행할 수 있다.
- 외부 장치(0xA0000000–0xBFFFFFFF): 이 영역은 순차적이면서 버퍼 기능이 없는 접근을 요구하는 외부 장치들과 공유 메모리를 위해 만들어졌다. 이 영역은 실행 불가능한 영역이다.
- 외부 장치(0xC0000000–0xDFFFFFFF): 이 영역은 순차적이면서 버퍼 기능이 없는 접근을 요구하는 외부 장치들과 공유 메모리를 위해 만들어졌다. 이 영역은 실행 불가능한 영역이다.

- 시스템 영역(0xE0000000–0xFFFFFFFF): 이 영역은 전용 주변장치와 특정 벤더 장치를 위해 만들어졌다. 캐시 불가능 영역이며, 전용 주변장치 버스 메모리 범위 하에서 순차적으로 접근이 이루어진다(캐시 불가능, 버퍼 불가능). 특정 벤더 메모리 영역을 위해서는 버퍼 가능하지만 캐시 불가능한 영역이다.

Cortex-M3의 버전 1 이후로, 코드 영역을 위한 메모리 속성은 캐시 가능하고 버퍼 불가능하도록 하드웨어적으로 되어 있다는 것을 기억해 두자. 이것은 MPU 설정에 의해 재설정될 수 없다.

디폴트 메모리 접근 허용

Cortex-M3 메모리 맵은 메모리 접근 허용을 위한 디폴트 설정값을 가지고 있다. 이것은 사용자 프로그램이 NVIC와 같은 시스템 제어 메모리 공간에 접근하지 못하게 한다. 디폴트 메모리 접근 허용은 다음의 경우 중 하나일 때 사용된다.

- MPU가 존재하지 않을 때
- MPU가 존재하지만 비활성화되어 있을 때

만약 MPU가 존재하고 활성화되어 있다면, MPU 설정에서의 접근 허용은 사용자 접근이 허용될지 여부를 결정할 것이다.

디폴트 메모리 접근 허용은 표 5.1에서와 같다.

사용자 접근이 불가능한 경우, 결함 익셉션이 바로 발생한다.

표 5.1 디폴트 메모리 접근 허용

메모리 영역	주소	사용자 프로그램의 접근
특화된 벤더	0xE0100000–0xFFFFFFFF	전체 접근 가능
ROM 테이블	0xE00FF000–0xE00FFFFF	불가능. 사용자 접근은 버스 결함을 야기한다.
외부 PPB	0xE0042000–0xE00FEFFF	불가능. 사용자 접근은 버스 결함을 야기한다.
ETM	0xE0041000–0xE0041FFF	불가능. 사용자 접근은 버스 결함을 야기한다.
TPIU	0xE0040000–0xE0040FFF	불가능. 사용자 접근은 버스 결함을 야기한다.
내부 PPB	0xE000F000–0xE003FFFF	불가능. 사용자 접근은 버스 결함을 야기한다.

표 5.1 (계속)

메모리 영역	주소	사용자 프로그램의 접근
NVIC	0xE000E000-0xE000EFFF	불가능. 사용자 접근은 버스 결함을 야기한다. 단, 사용자 접근을 허용하기 위해 소프트웨어 트리거 인터럽트 레지스터가 프로그래밍될 수 있다.
FPB	0xE0002000-0xE0003FFF	불가능. 사용자 접근은 버스 결함을 야기한다.
DWT	0xE0001000-0xE0001FFF	불가능. 사용자 접근은 버스 결함을 야기한다.
ITM	0xE0000000-0xE0000FFF	읽기 가능. 사용자 접근을 활성화시키는 자극 포트를 제외한 쓰기는 무시된다.
외부 장치	0xA0000000-0xDFFFFFFF	전체 접근 가능
외부 RAM	0x60000000-0x9FFFFFFF	전체 접근 가능
주변장치	0x40000000-0x5FFFFFFF	전체 접근 가능
SRAM	0x20000000-0x3FFFFFFF	전체 접근 가능
코드	0x00000000-0x1FFFFFFF	전체 접근 가능

비트-대역 동작

비트-대역 동작 지원은 단일 로드/스토어 동작이 하나의 데이터 비트에 접근(읽기/쓰기)할 수 있게 해준다. Cortex-M3에서 이것은 **비트-대역 영역**(bit-band regions)이라고 불리는 두 개의 미리 정의된 메모리 영역 안에서 지원된다. 하나는 SRAM의 처음 1MB 안에 위치하며, 다른 하나는 주변장치 영역의 처음 1MB 안에 위치한다. 이 두 개의 메모리 영역들은 일반 메모리와 같이 접근될 수 있다. 또한 **비트-대역 앨리어스**(bit-band alias)라고 불리는 분리된 메모리 영역을 통해서도 접근이 가능하다. 비트-대역 앨리어스 주소가 사용되면, 각각의 워드-정렬된 주소의 최하위 비트(LSB)에서 각 개별 비트들이 분리되어 접근될 수 있다.

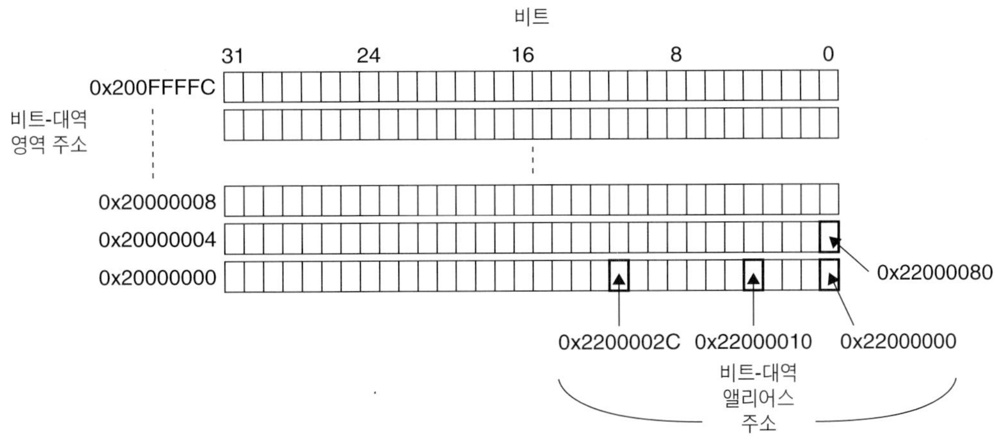

그림 5.3 비트-대역 앨리어스를 통한 비트-대역 영역에서의 비트 접근

예를 들어, 주소 0x20000000 안에 있는 워드 데이터의 비트 2를 1로 설정할 경우를 보자. 우선 데이터를 읽고 그 비트를 1로 설정한다. 그런 다음 그 결과를 다시 쓰기 위해 세 개의 명령어들을 사용하는 대신, 하나의 명령어를 사용하여 이 작업을 수행할 수 있게 된다(그림 5.4 참고).

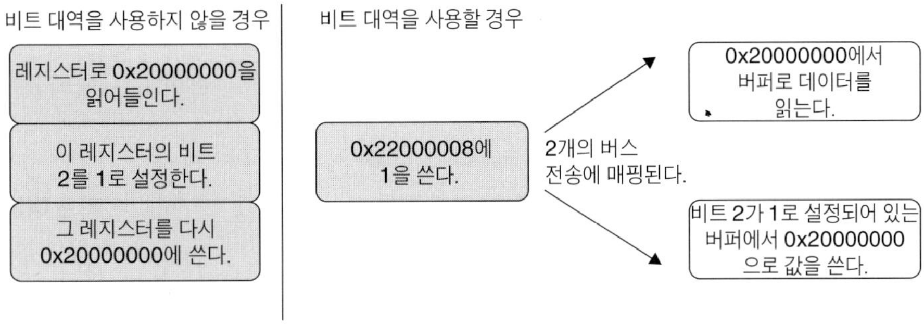

그림 5.4 비트-대역 앨리어스에 쓰기

이 두 경우를 위한 어셈블러 과정은 그림 5.5에서 보여주는 바와 같다.

이와 유사하게, 만약 어떤 메모리 위치 안에 있는 비트 하나를 읽고자 하는 경우, 비트-대역 지원은 어플리케이션 코드를 간단하게 만들어줄 수 있다. 예를 들어, 주소 0x20000000의 비트 2를 사용해야 하는 경우, 그림 5.6에서 보여주는 단계를 사용하면 된다.

비트 대역을 사용하지 않을 경우

```
LDR    R0,=0x20000000 ; 주소 셋업
LDR    R1, [R0]       ; 읽기
ORR.W  R1, #0x4       ; 비트 수정
STR    R1, [R0] ; 결과를 다시 쓰기
```

비트 대역을 사용할 경우

```
LDR  R0,=0x22000008 ; 주소 셋업
MOV  R1, #1         ; 데이터 셋업
STR  R1, [R0]       ; 쓰기
```

그림 5.5 비트 대역을 사용할 경우와 사용하지 않을 경우, 한 비트를 쓰는 어셈블러 과정의 예

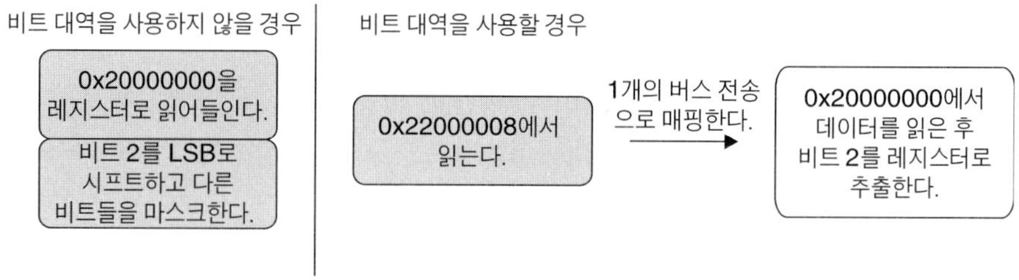

그림 5.6 비트-대역 앨리어스로부터 읽기

이 두 경우를 위한 어셈블러 과정은 그림 5.7에서 보여지는 바와 같다.

비트 대역을 사용하지 않을 경우

```
LDR     R0,=0x20000000 ; 주소 셋업
LDR     R1, [R0]       ; 읽기
UBFX.W  R1,R1, #2, #1  ; 비트[2] 추출
```

비트 대역을 사용할 경우

```
LDR  R0,=0x22000008 ; 주소 셋업
LDR  R1, [R0]       ; 읽기
```

그림 5.7 비트-대역 앨리어스로부터 읽기

비트-대역 동작은 새로운 생각이 아니다. 사실, 유사한 특징이 8051과 같은 8비트 마이크로컨트롤러에서 30년 이상 동안 존재해 왔다. 비록 Cortex-M3에는 비트 동작을

위한 특별한 명령어가 없지만, 이 영역으로의 데이터 접근이 자동으로 비트-대역 동작으로 변환될 수 있도록 특별한 메모리 영역이 정의되어 있다.

Cortex-M3는 비트-대역 메모리 주소를 위해 다음과 같은 용어를 사용하고 있다는 것을 기억해 두자.

- 비트-대역 영역: 이것은 비트-대역 동작을 지원하는 메모리 주소 영역이다.
- 비트-대역 앨리어스: 비트-대역 앨리어스로의 접근은 비트-대역 영역으로의 접근(비트-대역 동작)을 야기할 것이다. (주: 메모리 리매핑이 수행된다)

비트-대역 영역 내에서, 각 워드는 비트-대역 주소 영역 안에 있는 32개 워드의 LSB에 의해 표현된다. 비트-대역 앨리어스 주소가 접근될 때, 주소가 비트-대역 주소로 리매핑된다는 것은 실제로 발생하는 일이다. 읽기 동작에서는 그 워드가 읽혀지고, 선택된 비트 위치가 읽기 리턴 데이터의 LSB에 시프트된다. 쓰기 동작에서는 쓰여진 비트 데이터가 요구되는 비트 위치에 시프트되고, READ-MODIFY-WRITE가 수행된다.

비트-대역 동작을 위해, 메모리의 두 영역이 존재한다.

- 0x20000000–0x200FFFFF(SRAM, 1Mb)
- 0x40000000–0x400FFFFF(주변장치, 1Mb)

SRAM 메모리 영역을 위한 비트-대역 앨리어스의 리매핑은 표 5.2에서 보여주고 있다.

표 5.2 SRAM 영역 안의 비트-대역 주소 리매핑

비트-대역 영역	앨리어스된 동일한 영역
0x20000000 비트[0]	0x22000000 비트[0]
0x20000000 비트[1]	0x22000004 비트[0]
0x20000000 비트[2]	0x22000008 비트[0]
…	…
0x20000000 비트[31]	0x2200007C 비트[0]
0x20000004 비트[0]	0x22000080 비트[0]
…	…
0x20000004 비트[31]	0x220000FC 비트[0]
…	…
0x200FFFFC 비트[31]	0x23FFFFFC 비트[0]

이와 유사하게, 주변장치 메모리 영역의 비트-대역 영역은 표 5.3에서 보여지는 것과 같이 비트-대역 접근 앨리어스 주소를 통해 접근될 수 있다.

표 5.3 주변장치 메모리 영역에서의 비트-대역 주소의 리매핑

비트-대역 영역	앨리어스된 동일한 영역
0x40000000 비트[0]	0x42000000 비트[0]
0x40000000 비트[1]	0x42000004 비트[0]
0x40000000 비트[2]	0x42000008 비트[0]
...	...
0x40000000 비트[31]	0x4200007C 비트[0]
0x40000004 비트[0]	0x42000080 비트[0]
...	...
0x40000004 비트[31]	0x420000FC 비트[0]
...	...
0x400FFFFC 비트[31]	0x43FFFFFC 비트[0]

여기에 간단한 예제가 있다.

1. 주소 0x20000000을 0x3355AACC의 값으로 설정한다.
2. 주소 0x22000008을 읽는다. 이 읽기 접근은 0x20000000에 대한 읽기 접근으로 리맵된다. 리턴값은 1(0x3355AACC의 비트[2])이다.
3. 0x22000008에 0x0을 쓴다. 이 쓰기 접근은 0x20000000에 대한 READ-MODIFY-WRITE에 리맵된다. 값 0x3355AACC는 메모리에서 읽혀지고 비트 2가 0으로 클리어되면, 0x3355AAC8의 값은 주소 0x20000000에 다시 쓰여진다.
4. 이제 0x20000000을 읽는다. 그것은 0x3355AAC8(비트[2]가 클리어되어 있다)의 리턴값을 제공해 줄 것이다.

비트-대역 앨리어스 주소에 접근하면, 데이터 안에 있는 LSB(비트[0])만이 사용된다. 또한 비트-대역 앨리어스 영역에 대한 접근은 비정렬되어서는 안 된다. 비정렬 접근이 비트-대역 앨리어스 주소 범주 밖에서 수행되면, 예기치 못한 결과를 야기한다.

비트-대역 동작의 장점

그래서 비트-대역 동작의 사용이란 무엇인가? 예를 들어, 범용 입/출력(GPIO) 포트에서의 시리얼 데이터 전송을 시리얼 장치로 구현하기 위해 그것들을 사용할 수 있다. 시리얼 데이터로의 접근과 클럭 신호가 분리될 수 있기 때문에, 어플리케이션 코드는 쉽게 구현될 수 있다.

> ### 비트 대역 vs 비트 뱅
>
> Cortex-M3에서는 그 특징이 비트 접근을 제공하는 특별한 메모리 대역(영역)을 의미한다는 것을 가리키기 위해 비트 대역이라는 용어를 사용하였다. 비트 대역은 보통 시리얼 통신 기능을 제공하는 소프트웨어 제어 하에서 I/O 핀을 제어하는 것을 의미한다. Cortex-M3에서의 비트-대역 특징은 비트-뱅 구현을 위해 사용될 수 있지만, 이 두 용어의 정의는 다르다.

비트-대역 동작은 분기 결정을 단순화하기 위해서도 사용될 수 있다. 예를 들어, 다음과 같은 작업 대신 주변장치의 상태 레지스터 안에 있는 한 비트에 의해 분기가 수행되어야 한다면,

- 모든 레지스터를 읽는다.
- 원하지 않는 비트를 마스킹한다.
- 비교하고 분기한다.

다음과 같이 그 동작을 단순화할 수 있다.

- 비트-대역 앨리어스(0 또는 1을 얻는다)를 통해 상태 비트를 읽는다.
- 비교하고 분기한다.

보다 적은 명령어를 사용하여 보다 빠른 비트 동작을 제공하는 것 외에, Cortex-M3에서의 비트-대역 특징은 자원이 하나 이상의 프로세스에 의해 공유되는 상황에서도 매우 중요하다. 비트-대역 동작의 가장 중요한 장점 또는 특징 중의 하나는 그것이 **단일 동작**(atomic)이라는 점이다. 즉, READ-MODIFY-WRITE 과정이 다른 버스 동작에 의해 방해를 받지 않는다. 예를 들어, 소프트웨어 READ-MODIFY-WRITE 과정을 사용하는 데 있어서 이 동작이 없다면, 다음의 문제가 발생할 수 있다: 비트 0이 메인 프로그램에 의해 사용되고, 비트 1이 인터럽트 핸들러에 의해 사용되고 있다고 가정

하자. READ-MODIFY-WRITE 동작을 기반으로 하는 소프트웨어는 그림 5.8에서 보여지는 것처럼, 데이터 충돌을 야기할 수 있다.

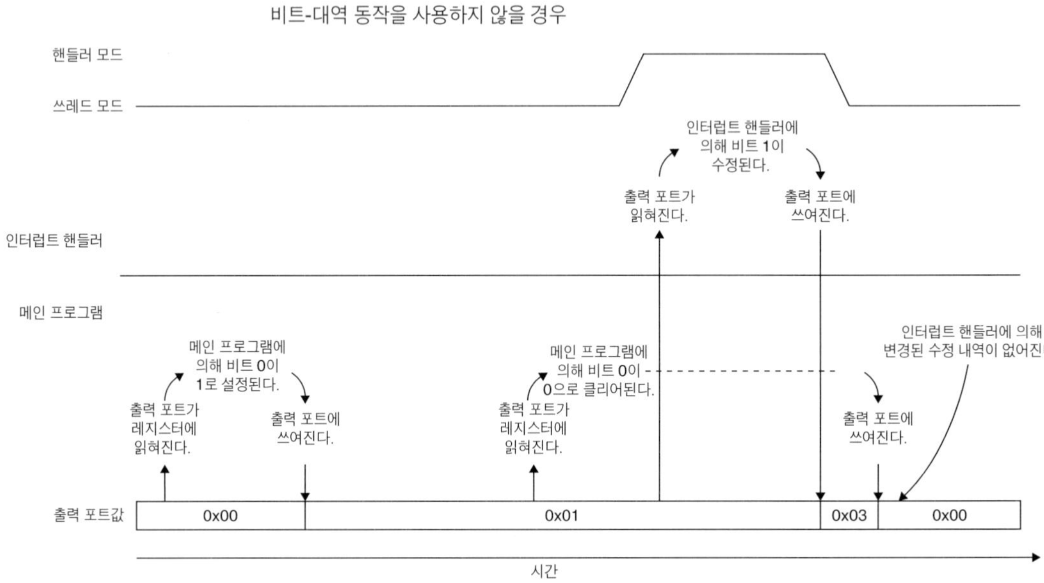
비트-대역 동작을 사용하지 않을 경우
핸들러 모드
쓰레드 모드
인터럽트 핸들러에 의해 비트 1이 수정된다.
출력 포트가 읽혀진다.
출력 포트에 쓰여진다.
인터럽트 핸들러
메인 프로그램
메인 프로그램에 의해 비트 0이 1로 설정된다.
출력 포트가 레지스터에 읽혀진다.
출력 포트에 쓰여진다.
메인 프로그램에 의해 비트 0이 0으로 클리어된다.
출력 포트가 레지스터에 읽혀진다.
인터럽트 핸들러에 의해 변경된 수정 내역이 없어진다.
출력 포트에 쓰여진다.
출력 포트값
0x00
0x01
0x03
0x00
시간

그림 5.8 익셉션 핸들러가 공유된 메모리 위치를 수정할 때 데이터 손실

Cortex-M3 비트-대역 특징을 사용하면, 이런 종류의 경주 상태(race condition)를 피할 수 있다. 왜냐하면, READ-MODIFY-WRITE가 하드웨어 레벨에서 수행되고 그것이 단일 동작(두 전송은 분리되어 수행될 수 없다)이며, 인터럽트가 그것들 사이에서는 발생할 수 없기 때문이다(그림 5.9 참고).

유사한 이슈가 멀티태스킹 시스템에서도 발견될 수 있다. 예를 들어, 출력 포트의 비트 0이 프로세스 A에 의해, 그리고 비트 1이 프로세스 B에 의해 사용될 때, 소프트웨어 기반의 READ-MODIFY-WRITE에서 데이터 충돌이 발생한다(그림 5.10 참고).

다시 한번 말하자면, 비트-대역 특징은 데이터 충돌이 발생하지 않도록 각 태스크로부터의 비트 접근이 분리되도록 보장할 수 있다(그림 5.11 참고).

I/O 기능 외에, 비트-대역 특징은 불 데이터를 SRAM 영역 안에 저장하고 처리하기 위해 사용될 수 있다. 예를 들어, 메모리 공간을 절약하기 위해 다중 불 변수를 하나

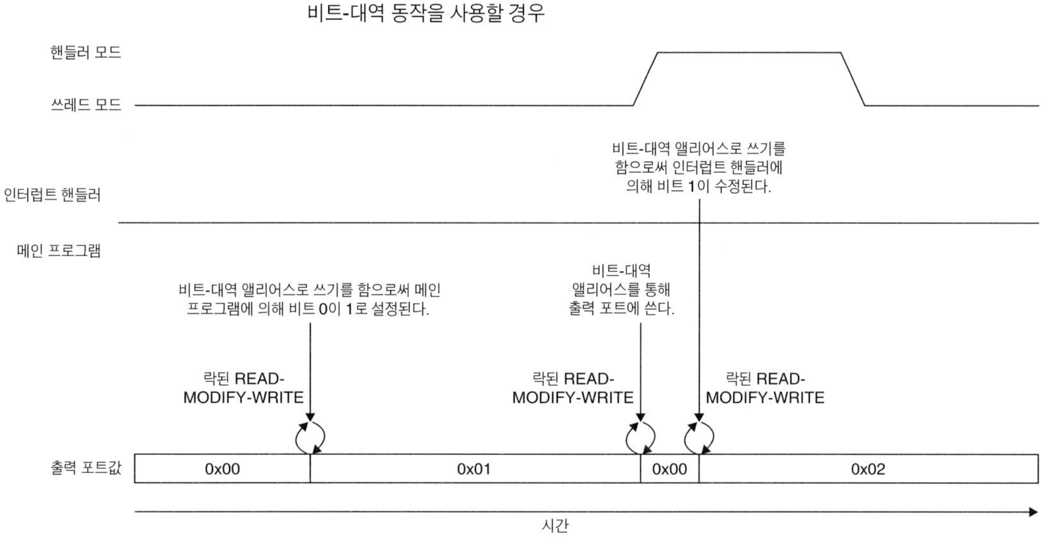
비트-대역 동작을 사용할 경우
핸들러 모드
쓰레드 모드
비트-대역 앨리어스로 쓰기를 함으로써 인터럽트 핸들러에 의해 비트 1이 수정된다.
인터럽트 핸들러
메인 프로그램
비트-대역 앨리어스로 쓰기를 함으로써 메인 프로그램에 의해 비트 0이 1로 설정된다.
비트-대역 앨리어스를 통해 출력 포트에 쓴다.
락된 READ-MODIFY-WRITE
락된 READ-MODIFY-WRITE
락된 READ-MODIFY-WRITE
출력 포트값
0x00
0x01
0x00
0x02
시간

그림 5.9 비트-대역 특성을 사용하여 락 전송을 할 때 데이터 손실 방지

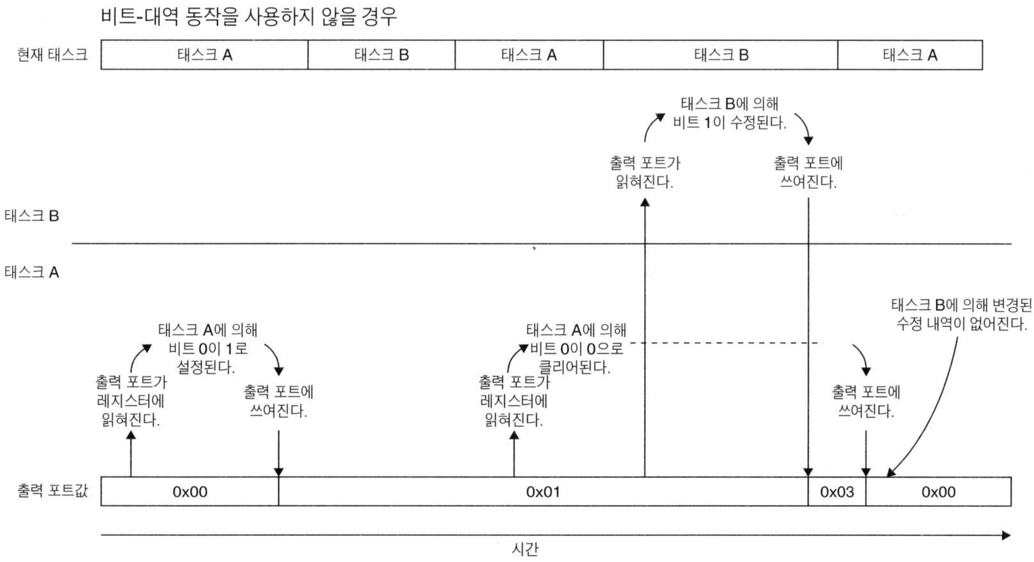
비트-대역 동작을 사용하지 않을 경우
현재 태스크
태스크 A
태스크 B
태스크 A
태스크 B
태스크 A
태스크 B에 의해 비트 1이 수정된다.
출력 포트가 읽혀진다.
출력 포트에 쓰여진다.
태스크 B
태스크 A
태스크 A에 의해 비트 0이 1로 설정된다.
출력 포트가 레지스터에 읽혀진다.
출력 포트에 쓰여진다.
태스크 A에 의해 비트 0이 0으로 클리어된다.
출력 포트가 레지스터에 읽혀진다.
태스크 B에 의해 변경된 수정 내역이 없어진다.
출력 포트에 쓰여진다.
출력 포트값
0x00
0x01
0x03
0x00
시간

그림 5.10 다른 태스크가 공유 메모리 위치를 수정할 때 데이터 손실

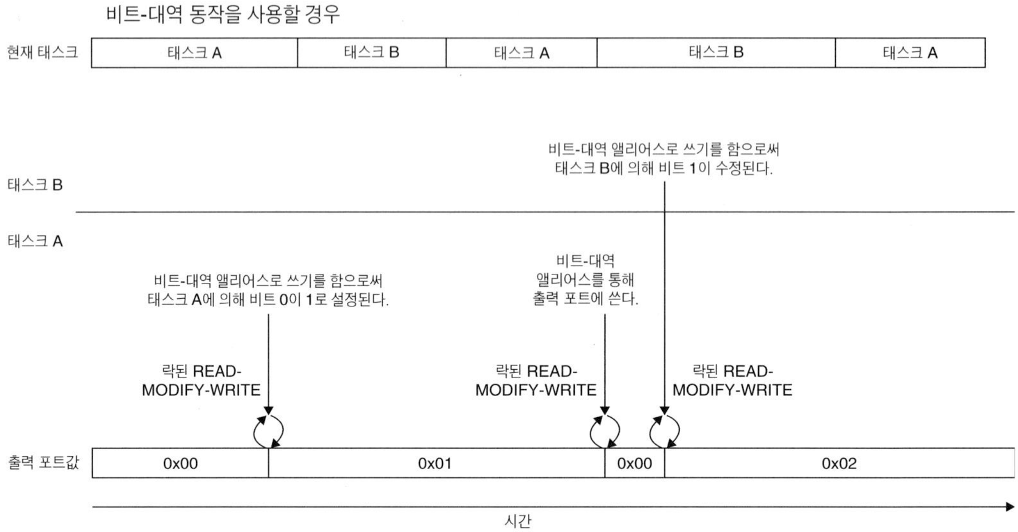

그림 5.11 비트-대역 특징을 사용하여 락 전송을 할 때 데이터 손실 방지

의 메모리 위치에 묶을 수 있다. 반면 비트-대역 앨리어스 주소 범위를 통해 접근을 수행하면, 각 비트에 대한 접근은 완전하게 분리될 수 있다.

비트-대역 기능을 지원하는 장치를 설계하는 SoC 설계자들은, 장치의 메모리 주소가 비트-대역 메모리 내에 위치하도록 해야 하며, 락 전송이 수행될 때 버스에 의해서가 아니면, 쓸 수 있는 레지스터 내용이 변경되지 않았는지 확인하기 위해 AHB 인터페이스로부터 나온 락(HMASTLOCK) 신호를 확인해야 한다.

다른 데이터 크기의 비트-대역 동작

비트-대역 동작은 워드 전송으로 제한되어 있지 않다. 그것은 바이트 전송 또는 하프워드 전송으로도 수행될 수 있다. 예를 들어, 바이트 접근 명령어(LDRB/STRB)가 비트-대역 앨리어스 주소 공간을 접근하기 위해 사용될 때, 비트-대역 영역으로의 접근은 바이트 크기가 될 것이다. 하프워드 전송(LDRH/STRH)에서도 동일하게 적용된다. 만약 비트-대역 앨리어스 주소로 워드가 아닌 전송을 사용하면, 주소값은 워드로 정렬되어야 한다.

C 프로그램에서의 비트-대역 동작

C 컴파일러에서는 비트-대역 동작을 지원하지 않는다. 예를 들어, C 컴파일러는 두 개의 다른 주소를 사용하여 동일한 메모리에 접근될 수 있다는 것을 이해하지 못한다. 비트-대역 앨리어스로의 접근이 메모리 위치의 LSB에만 접근될 것이라는 점을 알지 못한다. C에서 비트-대역 특징을 사용하기 위해서 가장 간단한 솔루션은 메모리 위치의 주소와 비트-대역 앨리어스를 구분하여 정의하는 것이다. 예를 들어,

```
#define    DEVICE_REG0          ((volatile unsigned long *)      (0x40000000))
#define    DEVICE_REG0_BIT0     ((volatile unsigned long *)      (0x42000000))
#define    DEVICE_REG0_BIT1     ((volatile unsigned long *)      (0x42000004))
  ...
  *DEVICE_REG0 = 0xAB;              // 일반적인 주소로 하드웨어 레지스터에 접근
  ...
  *DEVICE_REG0 = *DEVICE_REG0|0x2;  // 비트-대역 특징을 사용하지 않고 비트 1을 설정
  ...
  *DEVICE_REG0_BIT1 = 0x1           // 비트-대역 앨리어스 주소를 통해 비트-대역 특징을
                                    // 사용하여 비트 1을 설정
```

비트-대역 앨리어스에 더 쉽게 접근하기 위해서 C 매크로를 개발하는 것도 가능하다. 예를 들어, 비트-대역 주소와 비트 번호를 비트-대역 앨리어스 주소로 변환하기 위해 매크로를 하나 설정하고, 그 주소값을 포인터로 사용하여 메모리 위치에 접근하기 위해서 또 다른 매크로를 하나 설정할 수 있다.

```
// 비트-대역 주소와 비트 번호를 비트-대역 앨리어스 주소로 변환
#define BITBAND(addr, bitnum) ((addr & 0xF0000000)+0x2000000+
  ((addr & 0xFFFFF)<<5)+(bitnum <<2))

// 주소를 포인터로 변경
#define MEM_ADDR(addr) *((volatile unsigned long *)(addr))
```

이전 예제를 기반으로 코드는 다음과 같이 재작성될 수 있다.

```
#define DEVICE_REG0 0x40000000
#define BITBAND(addr, bitnum) ((addr & 0xF0000000)+0x2000000+
  ((addr & 0xFFFFF)<<5)+(bitnum <<2))
#define MEM_ADDR(addr) *((volatile unsigned long *)(addr))
    ...
```

```
MEM_ADDR(DEVICE_REG0) = 0xAB; // 일반 주소로 하드웨어 레지스터에 접근
...
// 비트-대역 특징을 사용하지 않고 비트 1을 설정
MEM_ADDR(DEVICE_REG0) = MEM_ADDR(DEVICE_REG0) | 0x2;
...
// 비트-대역 특징을 사용하여 비트 1을 설정
MEM_ADDR(BITBAND(DEVICE_REG0,1)) = 0x1;
```

비트-대역 특징이 사용될 때, 접근될 변수들은 *volatile*로 선언되어야 한다는 점을 기억해 두자. C 컴파일러들은 동일한 데이터가 두 개의 다른 주소에서 접근될 수 있다는 것을 알지 못한다. 따라서 변수에 접근될 때마다 프로세서 내부의 데이터 복사본 대신 항상 메모리 위치가 접근되도록 하기 위해 volatile 특징이 사용된다.

ARM Application Note 179 (Ref7)에는 ARM RealView Compiler Tools 3.0을 이용한, C 매크로 방식의 비트-대역 접근의 많은 예제들이 포함되어 있다.

비정렬 전송

Cortex-M3는 단일 접근에 대해 비정렬 전송을 지원한다. 데이터 메모리 접근은 정렬 또는 비정렬로 정의될 수 있다. 전통적으로 (ARM7/ARM9/ARM10과 같은) ARM 프로세서는 오직 정렬 전송만을 지원한다. 이것은 메모리 접근에 있어서 워드 전송은 주소 비트[1]과 비트[0]이 항상 0이어야 하고, 하프워드 전송은 주소 비트[0]이 항상 0이어야 한다는 것을 의미한다. 예를 들어, 워드 데이터는 0x1000 또는 0x1004에 위치할 수 있지만, 0x1001, 0x1002, 0x1003에는 위치할 수 없다. 하프워드 데이터에서 주소는 0x1000 또는 0x1002가 될 수는 있지만, 0x1001이 될 수는 없다.

그러면 비정렬 전송의 경우는 어떨까? 그림 5.12에서 그림 5.16은 몇 가지 예제를 보여주고 있다. 메모리 인프라스트럭처가 32비트(4바이트) 폭이라고 가정하면, 비정렬 전송은 그림 5.12에서 그림 5.14에 나타낸 바와 같이, 주소가 4의 배수가 아니더라도 어떤 워드 크기의 읽기/쓰기가 되어도 상관 없다. 그림 5.15와 그림 5.16에서처럼, 전송이 바이트 워드 크기일 때에는 주소가 2의 배수가 아니어도 된다.

	바이트 3	바이트 2	바이트 1	바이트 0
주소 N + 4				[31:24]
주소 N	[23:16]	[15:8]	[7:0]	

그림 5.12 비정렬 전송 예 1

	바이트 3	바이트 2	바이트 1	바이트 0
주소 N + 4			[31:24]	[23:16]
주소 N	[15:8]	[7:0]		

그림 5.13 비정렬 전송 예 2

	바이트 3	바이트 2	바이트 1	바이트 0
주소 N + 4		[31:24]	[23:16]	[15:8]
주소 N	[7:0]			

그림 5.14 비정렬 전송 예 3

	바이트 3	바이트 2	바이트 1	바이트 0
주소 N + 4				
주소 N		[15:8]	[7:0]	

그림 5.15 비정렬 전송 예 4

	바이트 3	바이트 2	바이트 1	바이트 0
주소 N + 4				[15:8]
주소 N	[7:0]			

그림 5.16 비정렬 전송 예 5

Cortex-M3에서는 모든 바이트-크기 전송으로 정렬된다. 왜냐하면, 최소 주소 단계는 1바이트이기 때문이다.

Cortex-M3에서는 (LDR, LDRH, STR, STRH 명령어와 같은) 일반 메모리 접근에서 비정렬 전송이 지원된다. 하지만 여기에는 많은 제한이 있다.

- 비정렬 전송은 로드/스토어 다중 명령어에서는 지원되지 않는다.
- 스택 동작(PUSH/POP)은 정렬되어 사용되어야 한다.
- (LDREX 또는 STREX과 같은) 배타적 접근은 정렬되어 사용되어야 한다. 그렇지 않으면 결함 익셉션(사용 결함)이 발생될 것이다.
- 비정렬 전송은 비트-대역 동작에서는 지원되지 않는다. 이것을 시도한다면 예기치 못한 결과를 야기할 것이다.

비정렬 전송이 사용되면, 실제로는 프로세서의 버스 인터페이스 장치에 의해 다중 정렬 전송으로 변환된다. 이 변환은 투명하기 때문에, 어플리케이션 프로그래머들은 그것에 대해 걱정할 필요가 없다. 하지만, 비정렬 전송이 발생할 때 그것은 분리된 전송으로 나누어지며, 결과적으로 하나의 데이터 접근을 위해 그 이상의 클럭 사이클을 소요하게 된다. 따라서 높은 성능을 요구하는 상황에는 좋지 않을 수 있다. 가장 좋은 성능을 얻기 위해서는 데이터가 적절하게 정렬되어 있는지를 확인하는 것이 좋다.

비정렬 전송이 발생할 때, 익셉션이 발생할 수 있도록 NVIC를 셋업할 수 있다. 이것은 NVIC(0xE000ED14)의 설정 제어 레지스터(Configuration Control Register) 안에 있는 UNALIGN_TRP(비정렬 트랩)을 설정함으로써 수행된다. 이런 방법으로 Cortex-M3는 비정렬 전송이 발생할 때, 결함 익셉션을 발생시킨다. 이것은 어플리케이션이 비정렬 전송을 만들어내는지 아닌지 테스트하는 소프트웨어를 개발할 때 유용하다.

배타적 접근

Cortex-M3가 SWP 명령어(스왑)를 가지고 있지 않음은 알고 있을 것이다. SWP 명령어는 ARM7TDMI와 같은 전통적인 ARM 프로세서에서 세마포어 동작을 위해 사용되었었다. Cortex-M3에서는 배타적 접근 동작이 이를 대신한다. 배타적 접근이란 아키텍처 v6에서 처음으로 지원되었다(예를 들어, ARM1136에서).

세마포어는 보통 공유된 자원을 어플리케이션에게 할당하기 위해 사용된다. 자원이 한 프로세스에 의해 사용된다면, 그 프로세서에 독점되어 락이 해제될 때까지는 다른 프로세스에게 서비스되지 않는다. 세마포어를 셋업하기 위해서 메모리 위치가 공유 자원이 프로세스에 의해 락되어 있는지 아닌지를 가리키는 락 플래그로 정의된다. 프로세스나 어플리케이션이 자원을 사용하기를 원할 때에는 우선 그 자원이 락되어 있는지를 확인할 필요가 있다. 만약 그것이 사용되고 있지 않다면, 그 자원이 현재 락되어 있다는 것을 가리키기 위해 락 플래그를 1로 설정할 수 있다. 전통적으로 ARM 프로세서에서는 SWP 명령어를 사용하여 락 플래그에 접근할 수 있었다. 자원이 동시에 두 개의 프로세스에 의해 락되지 못하도록, 락 플래그 읽고 쓰기는 한 번에 하나씩 허용된다.

새로운 ARM 프로세서에서는 읽기/쓰기 접근이 분리된 버스에 의해 수행될 수 있다. 그러한 상황에서 SWP 명령어는 메모리 접근을 단일화하기 위해 더 이상 사용될 수 없다. 왜냐하면 락 전송 과정에서 읽고 쓰는 동작이 같은 버스에서 이루어져야 하기 때문이다. 그러므로 락 전송은 배타적 접근에 의해 대체된다. 배타적 접근 동작의 개념은 매우 간단하지만, SWP와는 다르다. 이것은 세마포어를 위한 메모리 위치가 동일한 프로세스에서 동작하는 다른 버스 마스터나 다른 프로세스에 의해 접근될 수 있는 가능성을 제공한다(그림 5.17 참고).

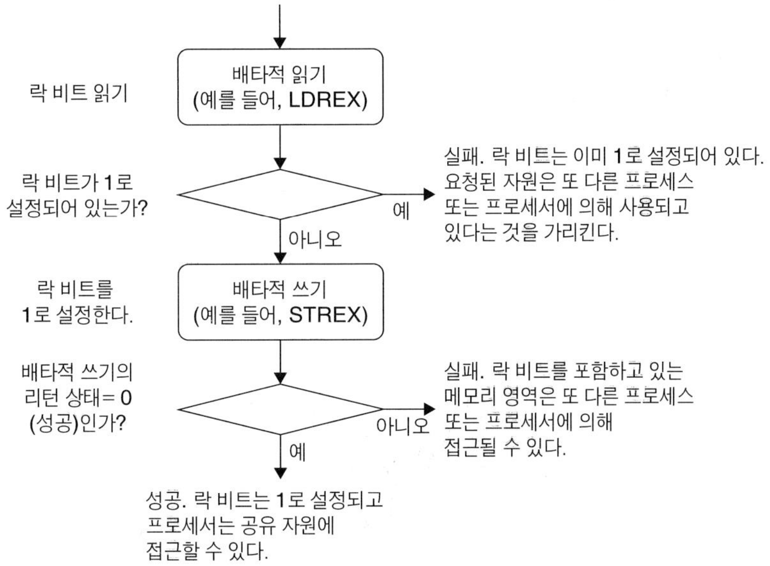
락 비트 읽기
배타적 읽기
(예를 들어, LDREX)
락 비트가 1로
설정되어 있는가?
예
아니오
실패. 락 비트는 이미 1로 설정되어 있다.
요청된 자원은 또 다른 프로세스
또는 프로세서에 의해 사용되고
있다는 것을 가리킨다.
락 비트를
1로 설정한다.
배타적 쓰기
(예를 들어, STREX)
배타적 쓰기의
리턴 상태=0
(성공)인가?
아니오
예
실패. 락 비트를 포함하고 있는
메모리 영역은 또 다른 프로세스
또는 프로세서에 의해
접근될 수 있다.
성공. 락 비트는 1로 설정되고
프로세서는 공유 자원에
접근할 수 있다.

그림 5.17 세마포어에서 배타적 접근 사용하기

만약 배타적 읽기·및 배타적 쓰기 동작중에 메모리 장치가 또 다른 버스 마스터에 의해 접근된다면, 배타적 접근 모니터는 프로세서가 배타적 쓰기를 시도할 때 버스 시스템을 통해 배타적 실패가 이루어졌다고 알려줄 것이다. 이것은 배타적 쓰기의 리턴 상태가 1이 되게 한다. (다중 프로세서 설계와 같은) 다중 버스 마스터를 가진 시스템에서는 배타적 접근을 모니터링하기 위해, 추가적인 모니터 하드웨어와 버스 사이드밴드 신호가 필요하다. Cortex-M3 프로세서에서는 D-코드 버스(EXREQD 및 EXRESPD라고 불린다)와 시스템 버스(EXREQS와 EXRESPS)를 위해 요구되는 사이드밴드 신호를 사용할 수 있다. 명령어 버스(I-코드)는 배타적 접근 사이드밴드 신호를 가지고 있지 않다.

Cortex-M3에서의 배타적 접근 명령어는 LDREX(워드), LDREXB(바이트), LDREXH(하프워드), STREX(워드), STREXB(바이트), STREXH(하프워드)를 포함하고 있다. 표기법에 대한 간단한 예는 다음과 같다.

```
LDREX  <Ref>, [Rn, #offset]
STREX  <Rd>, <Rxf>, [Rn, #offset]
```

여기서 *<Rd>*는 배타적 쓰기의 리턴 상태이다(0 = 성공, 1 = 실패). 배타적 접근에 대한 예제 코드는 10장에서 설명하였다.

배타적 접근이 사용되면, Cortex-M3 버스 인터페이스의 내부 쓰기 버퍼는 MPU가 이 영역을 쓰기 버퍼 영역으로 정의하였더라도 바이패스될 것이다. 이것은 물리 메모리 상에 세마포어 정보가 항상 업데이트되고, 버스 마스터 간에 데이터가 항상 일치하게 보장한다. 다중 프로세서 시스템 상에 Cortex-M3를 사용하는 SoC 설계자들은 배타적 접근이 발생할 때, 메모리 시스템이 데이터 일치를 보장하고 있음을 반드시 확인해야 한다.

엔디안 모드

Cortex-M3는 리틀 엔디안 모드와 빅 엔디안 모드를 모두 지원한다. 하지만, 지원되는 메모리 종류는 마이크로컨트롤러의 나머지(버스 연결, 메모리 컨트롤러, 주변장치 등)를 어떻게 설계하느냐에 따라 항상 달라진다. 소프트웨어를 개발하기 전에 마이크로컨트롤러 데이터시트를 상세하게 확인해 보도록 하자. 대부분의 경우, Cortex-M3 기반의 마이크로컨트롤러는 리틀 엔디안이다.

Cortex-M3에서의 빅 엔디안의 정의는 ARM7의 그것과는 다르다. ARM7TDMI에서 빅 엔디안 방식은 **워드 기반의 빅 엔디안**(word-invariant big endian)이라고 불리지만, Cortex-M3에서 빅 엔디안 방식은 **바이트 기반의 빅 엔디안**(byte-invariant big endian)이라고 불린다. (바이트 기반의 빅 엔디안은 ARM 아키텍처 v6와 v7에서 지원된다) 표 5.4를 참고하자.

표 5.4 Cortex-M3(바이트 기반의 빅 엔디안): 메모리 관점

주소, 크기	비트 31-24	비트 23-16	비트 15-8	비트 7-0
0x1000, 워드	데이터[7:0]	데이터[15:8]	데이터[23:16]	데이터[31:24]
0x1000, 하프워드	데이터[7:0]	데이터[15:8]	-	-
0x1002, 하프워드	-	-	데이터[7:0]	데이터[15:8]
0x1000, 바이트	데이터[7:0]	-	-	-
0x1001, 바이트	-	데이터[7:0]	-	-
0x1002, 바이트	-	-	데이터[7:0]	-
0x1003, 바이트	-	-	-	데이터[7:0]

BE-8 모드에서 AHB 버스로 데이터를 전송하는 것은 리틀 엔디안에서와 동일한 데이터 바이트 순서를 사용한다는 것을 기억해 두자. 하지만, 하프워드나 워드 데이터 내에서의 데이터 바이트는 역순이다(표 5.5 참고).

이 동작은 빅 엔디안 모드로 동작할 때 다른 버스 정렬을 갖는 ARM7TDMI와는 다르다. 이미 말했듯이, ARM7에서 사용되었던 빅 엔디안 모드는 **워드 기반의 빅 엔디안**이라고 불리며, 버스 안에서의 버스 정렬은 표 5.6에서와 같다.

Cortex-M3에서는 프로세서가 리셋에서 나올 때 엔디안 모드가 설정된다. 엔디안 모드는 그 이후에는 변경될 수 없다. (동적 엔디안 전환은 없으며, SETEND 명령어는 지원되지 않는다) 데이터 접근은 설정 제어 메모리 공간(NVIC, FPB 등)과 외부 PPB 메모리 범위 안에서 이루어지기 때문에, 명령어 페치는 항상 리틀 엔디안이다(0xE0000000에서 0xE00FFFFF까지의 메모리 공간은 항상 리틀 엔디안이다).

표 5.5 Cortex-M3(바이트 기반의 빅 엔디안): AHB 버스 상에 있는 데이터

주소, 크기	비트 31-24	비트 23-16	비트 15-8	비트 7-0
0x1000, 워드	데이터[7:0]	데이터[15:8]	데이터[23:16]	데이터[31:24]
0x1000, 하프워드	-	-	데이터[7:0]	데이터[15:8]
0x1002, 하프워드	데이터[7:0]	데이터[15:8]	-	-
0x1000, 바이트	-	-	-	데이터[7:0]
0x1001, 바이트	-	-	데이터[7:0]	-
0x1002, 바이트	-	데이터[7:0]	-	-
0x1003, 바이트	데이터[7:0]	-	-	-

표 5.6 ARM7(워드 기반의 빅 엔디안): AHB 버스 상에 있는 데이터(메모리 관점에서와 차이점)

주소, 크기	비트 31-24	비트 23-16	비트 15-8	비트 7-0
0x1000, 워드	데이터[7:0]	데이터[15:8]	데이터[23:16]	데이터[31:24]
0x1000, 하프워드	데이터[7:0]	데이터[15:8]	-	-
0x1002, 하프워드	-	-	데이터[7:0]	데이터[15:8]
0x1000, 바이트	데이터[7:0]	-	-	-
0x1001, 바이트	-	데이터[7:0]	-	-
0x1002, 바이트	-	-	데이터[7:0]	-
0x1003, 바이트	-	-	-	데이러[7:0]

만약 당신의 SoC가 빅 엔디안을 지원하지 않는데, 사용하고 있는 주변장치 중 하나 또는 일부가 빅 엔디안 데이터를 포함하고 있는 경우, Cortex-M3의 새로운 명령어들 중 일부를 사용하면 리틀 엔디안과 빅 엔디안 사이에서 쉽게 데이터를 전환할 수 있다. 예를 들어, REV와 REVH는 이러한 종류의 전환을 위해 매우 유용하다.

Chapter 06

Cortex-M3 구현 개요

이 장의 내용

- 파이프라인
- 상세한 블록 다이어그램
- Cortex-M3에서의 버스 인터페이스
- Cortex-M3에서의 다른 인터페이스
- 외부 전용 주변장치 버스
- 전형적인 연결
- 리셋 신호

파이프라인

Cortex-M3 프로세서는 3단계 파이프라인을 가지고 있다. 파이프라인 단계로는 명령어 페치 단계, 명령어 디코드 단계, 명령어 실행 단계가 있다(그림 6.1 참고).

명령어 N	페치	디코드	실행		
명령어 N + 1		페치	디코드	실행	
명령어 N + 2			페치	디코드	실행
명령어 N + 3				페치	디코드	실행

그림 6.1 Cortex-M3에서의 3단계 파이프라인

메모리에 접근할 때에 버스 인터페이스 안에도 파이프라인 동작이 있기 때문에, 어떤 사람들은 4단계가 있다고 주장하기도 한다. 하지만, 이 단계는 프로세서 외부에서 이루어지기 때문에, 프로세서 그 자체는 여전히 3단계만 갖는다고 할 수 있다.

대부분 16비트 명령어들을 가지고 프로그램을 실행할 때, 프로세서가 매 사이클마다 명령어들을 페치하는 것은 아니라는 점을 알게 될 것이다. 이는 프로세서가 한 번에 두 명령어씩(32비트) 페치하기 때문이다. 한 명령어가 페치된 후에는 바로 다음 명령어가 프로세서 내부에 위치하게 된다. 이런 경우에 프로세서 버스 인터페이스는 다음 명령어 뒤에 오는 명령어를 페치하려고 하며, 버퍼가 가득 차있다면, 버스 인터페이스는 대기 상태가 된다. 일부 명령어들은 실행하는 데에 있어서 여러 사이클이 소요될 수 있는데, 이 경우 파이프라인은 중지 상태가 될 것이다.

분기 명령어를 실행하는 경우, 파이프라인은 플러시될 것이다. 프로세서는 파이프라인을 다시 채우기 위해 분기 목적지에서 명령어를 페치해야 한다. 하지만 Cortex-M3 프로세서는 v7-M 아키텍처 안에 있는 많은 명령어들을 지원한다. 따라서 그것들을 조건 실행 코드와 대체함으로써 짧은 거리 분기 중 일부를 피할 수 있다.[1]

프로세서의 파이프라인 특성과 프로그램 코드가 Thumb 코드와 호환된다는 것을 보

---

[1] 이 정보에 대해서 좀 더 자세히 알고 싶다면, 4장의 "IF-THEN 명령어" 절을 참고하라.

장하고 있기 때문에, 명령어 실행 동안에 프로그램 카운터를 읽으면, 그 읽은 값은 주소에 4를 더한 값이 된다. 이 오프셋은 16비트 Thumb 명령어와 32비트 Thumb-2 명령어의 조합과 독립적인 상수이다. 이것은 Thumb와 Thumb-2 사이에 일치를 보장한다.

프로세서 코어의 명령어 프리페치 장치 내부에는, 명령어 버퍼도 있다. 이 버퍼는 추가적인 명령어들이 필요로 하기 전에 큐에 쌓일 수 있도록 해준다. 이 버퍼는 명령어 과정이 워드로 정렬되지 않은 32비트 Thumb-2 명령어를 포함하고 있을 때, 중단되지 않게 해준다. 하지만, 이 버퍼는 파이프라인에 추가단계를 덧붙이지 않기 때문에, 분기 패널티를 증가시키지 않는다.

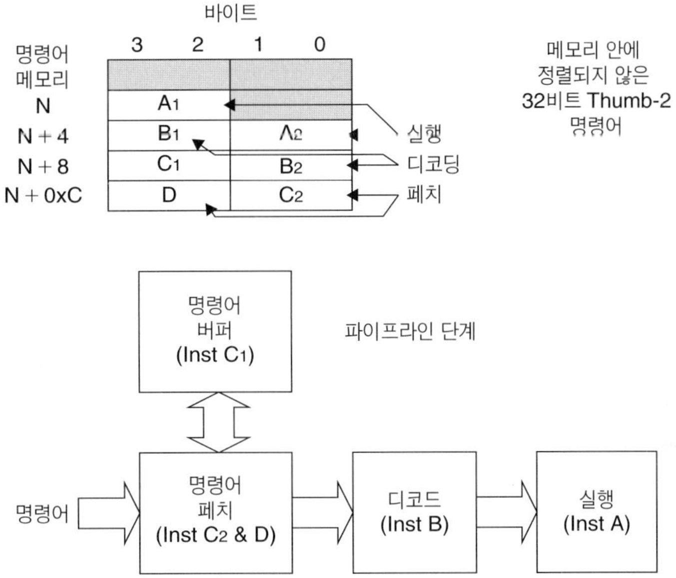

그림 6.2 32비트 명령어 처리를 향상시키기 위해 명령어 페치 장치에 버퍼 사용하기

상세한 블록 다이어그램

Cortex-M3 프로세서는 프로세서 코어뿐만 아니라 시스템 관리를 위한 많은 컴포넌트들과 디버깅 지원 컴포넌트들을 포함하고 있다.

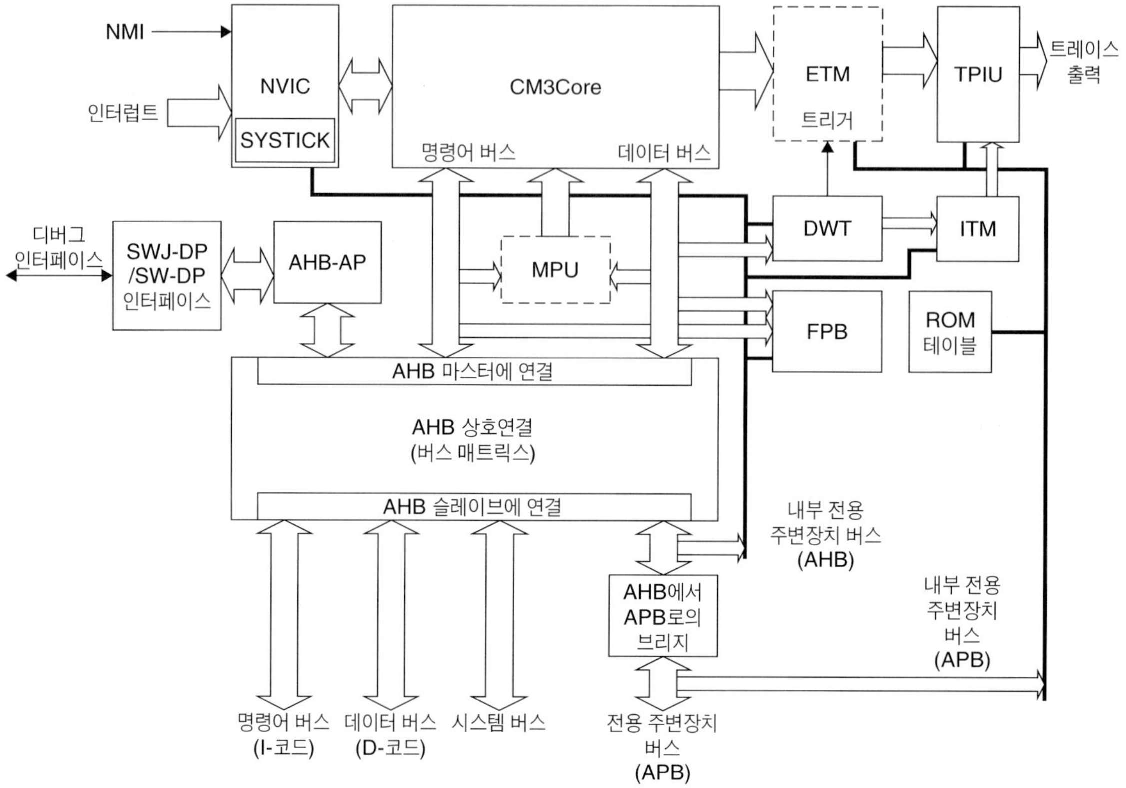

그림 6.3 Cortex-M3 프로세서 시스템 블록 다이어그램

MPU와 ETM 블록은 구현 시점에 마이크로컨트롤러 시스템에 포함될 수 있는 옵션 블록이라는 것을 기억해 두자.

많은 새로운 컴포넌트들이 이 다이어그램 안에 나타나 있다(표 6.1 참고).

Cortex-M3 프로세서는 프로세서 서브시스템으로 릴리즈되었다. CPU 코어 그 자체는 인터럽트 컨트롤러(NVIC)와 다양한 디버그 로직 블록들과 매우 가까이 연결되어 있다.

- CM3Core: Cortex-M3 코어는 레지스터들, ALU, 데이터 패스, 버스 인터페이스를 포함하고 있다.
- 중첩 벡터 인터럽트 컨트롤러: NVIC는 내장되어 있는 인터럽트 컨트롤러이다. 인터럽트의 수는 칩 제조사에 의해 최적화되어 있다. NVIC는 CPU 코어와 매우 근접

표 6.1 블록 다이어그램의 두문자어 및 정의

이름	정의
CM3Core	Cortex-M3 프로세서의 중앙처리장치
NVIC	중첩 벡터 인터럽트 컨트롤러
SYSTICK 타이머	운영체제에 의해 사용될 수 있는 간단한 타이머
MPU	메모리 보호 장치(선택 가능)
CM3BusMatrix	내부 AHB 상호연결
AHB에서 APB	AHB에서 APB로 변환하기 위한 버스 브리지
SW-DP/SWJ-DP 인터페이스	시리얼-와이어/시리얼-와이어 JTAG 디버그 포트(DP) 인터페이스: 시리얼-와이어 프로토콜이나 전통적인 JTAG 프로토콜(SWJ-DP를 위한)을 사용하여 구현된 디버그 인터페이스 연결
AHB-AP	AHB 접근 포트: 시리얼-와이어/SWJ 인터페이스로부터의 명령어를 AHB 전송으로 변환
ETM	임베디드 트레이스 매크로셀: 디버깅을 위해 명령어 트레이스를 처리하는 모듈
DWT	데이터 와치포인트 및 트레이스 장치: 디버그를 위해 데이터 와치포인트 기능을 처리하는 모듈
ITM	인스트루먼트 트레이스 매크로셀
TPIU	트레이스 포트 인터페이스 장치: 디버그 데이터를 외부 트레이스 캡처 하드웨어로 전송하기 위한 인터페이스 블록
FPB	플래시 패치 및 브레이크포인트 장치
ROM 테이블	설정 정보를 저장하는 작은 룩업 테이블

하게 연결되어 있으며, 많은 시스템 제어 레지스터들을 포함하고 있다. 그것은 중첩된 인터럽트 처리를 지원하는데, 이것은 Cortex-M3에서 중첩된 인터럽트 처리가 매우 간단하다는 것을 의미한다. 그것은 또한 인터럽트가 발생할 때, 어떤 인터럽트가 발생하였는지를 결정하는 공유 핸들러를 사용하지 않도록 그에 상응하는 인터럽트 핸들러 루틴으로 직접 진입할 수 있는 벡터 인터럽트 특징을 가지고 있다.

- SYSTICK 타이머: 시스템 틱(SYSTICK) 타이머는 시스템이 슬립 모드에 있을 때조차 규칙적인 시간구간마다 인터럽트를 발생시키기 위해 사용될 수 있는 기본적인 카운트다운 타이머이다. 이것은 Cortex-M3 소자들 간에 OS 포팅을 훨씬 더 쉽게 만들어준다. 왜냐하면, OS 시스템 타이머 코드를 변경할 필요가 없기 때문이다. SYSTICK 타이머는 NVIC의 일부로 구현된다.

- 메모리 보호 장치: MPU 블록은 옵션이다. 이것은 Cortex-M3의 어떤 버전은 MPU를 가지고 있고 어떤 버전은 MPU를 가지고 있지 않음을 의미한다. 만약 MPU가 포함되어 있다면, MPU는 메모리 영역을 읽기 전용으로 설정하거나, 사용자 어플리케이션이 특권을 가진 어플리케이션 데이터에 접근하지 못하게 함으로써 메모리 내용을 보호하도록 사용될 수 있다.
- 버스 매트릭스: 버스 매트릭스는 Cortex-M3 내부 버스 시스템의 심장으로 사용된다. 그것은 AHB 상호연결 네트워크이며, 두 버스 마스터가 동일한 메모리 영역에 접근하고자 하는 것이 아니라면, 전송작업이 동시에 다른 버스에서 발생할 수 있게 해준다. 버스 매트릭스는 비트 기반의 동작(비트 대역)과 쓰기 버퍼를 포함하여 추가 데이터 전송 관리 기능을 제공한다.
- AHB에서 APB: AHB에서 APB로의 버스 브리지는 디버깅 컴포넌트들과 같은 많은 APB 장치들을 Cortex-M3 프로세서의 전용 주변장치 버스에 연결하기 위해 사용한다. 추가적으로, Cortex-M3는 칩 제조사들이 이 APB 버스를 사용하여 추가적인 APB 장치들을 외부 전용 주변장치 버스에 연결할 수 있게 해준다.

이 블록 다이어그램 안에 있는 나머지 컴포넌트들은 디버깅 지원을 위한 것이며, 보통 어플리케이션 코드에 의해서는 사용되지 않는다.

- SW-DP/SWJ-DP: 시리얼-와이어 디버그 포트(SW-DP)/시리얼-와이어 JTAG 디버그 포트(SWJ-DP)는 디버그 동작을 제어하기 위해 외부 디버거가 AHB 전송을 생성하도록 AHB 접근 포트(AHB-AP)와 함께 동작한다. Cortex-M3의 프로세서 코어 내부에는 JTAG 스캔 체인이 없다. 대부분의 디버깅 기능은 AHB 접근을 통해서 NVIC 레지스터에 의해 제어된다. SWJ-DP는 시리얼-와이어 프로토콜과 JTAG 프로토콜을 모두 지원하는 반면, SW-DP는 시리얼-와이어 프로토콜만을 지원한다.
- AHB-AP: AHB 접근 포트는 몇 개의 레지스터들을 통해 모든 Cortex-M3 메모리에 접근할 수 있도록 해준다. 이 블록은 디버그 접근 포트(DAP)라고 불리는 범용 디버그 인터페이스를 통해서 SW-DP/SWJ-DP에 의해 제어된다. 디버깅 기능을 수행하기 위해서, 외부의 디버깅 하드웨어는 요구된 AHB 전송을 생성하고자 SW-DP/SWJ-DP를 통해서 AHB-AP에 접근할 수 있다.
- 임베디드 트레이스 매크로셀: ETM은 명령어 트레이스를 위한 옵션 컴포넌트이다. 어떤 Cortex-M3 제품은 실시간 명령어 트레이스 기능을 가지고 있지 않을 수 있다. 트레이스 정보는 TPIU를 통해 트레이스 포트에 출력된다. ETM 제어 레지스터들은

메모리에 매핑되는데, 이것은 DAP를 통해서 디버거에 의해 제어될 수 있다.

- 데이터 와치포인트 및 트레이스: DWT는 데이터 와치포인트가 셋업되도록 한다. 데이터 주소 또는 데이터값 일치가 발견되면, 디버거를 활성화하고, 데이터 트레이스 정보를 생성하고, ETM을 활성화하는 와치포인트 이벤트를 생성하기 위해 매치 히트 이벤트가 사용될 수 있다.
- 인스트루먼트 트레이스 매크로셀: ITM은 몇 가지 방법으로 사용될 수 있다. TPIU로 정보를 출력하기 위해 소프트웨어가 이 모듈에 직접 값을 쓸 수 있다. 아니면, 트레이스 데이터 스트림으로의 출력을 위해 ITM을 통해서 데이터 트레이스 패킷을 생성하기 위한 DWT 매칭 이벤트가 사용될 수 있다.
- 트레이스 포트 인터페이스 장치: TPIU는 트레이스 포트 분석기와 같은 외부 트레이스 하드웨어와 인터페이스하기 위해 사용된다. Cortex-M3 내부에 트레이스 정보는 진보된 트레이스 버스(ATB) 패킷의 형태로 구성되어 있으며, TPIU는 데이터가 외부 장치에 의해 캡처될 수 있도록 데이터를 재구성한다.
- FPB: FPB는 플래시 패치 및 브레이크포인트 기능을 제공하기 위해 사용된다. 플래시 패치는 만약 CPU에 의한 명령어 접근이 어떤 주소와 일치하는 경우, 다른 값이 페치될 수 있도록 그 주소를 다른 위치에 재배치할 수 있다는 것을 의미한다. 대안으로, 매칭된 주소는 브레이크포인트 이벤트를 발생시키기 위해 사용될 수 있다. 플래시 패치 특징은 FPB가 프로그램 제어를 변경하기 위해 사용되지 않는 경우, 보통의 상황에서는 사용될 수 없는 장치에 진단 프로그램 코드를 추가하는 것과 같은 테스팅을 위해 매우 유용하다.
- ROM 테이블: 작은 ROM 테이블이 제공된다. 이것은 단순히 다양한 시스템 장치와 디버깅 컴포넌트들을 위해 메모리 맵 정보를 제공하는 작은 룩업 테이블일 뿐이다. 디버깅 시스템은 디버깅 컴포넌트들의 메모리 주소를 위치시키기 위해 이 테이블을 사용한다. 대부분의 경우, 메모리 맵은 Cortex-M3 TRM에 문서화되어 있는 것처럼, 표준 메모리 위치에 고정되어 있어야 한다. 하지만 디버깅 컴포넌트들 중 일부는 옵션 사항이고, 추가적인 컴포넌트들이 추가될 수 있기 때문에, 각 칩 제조사들은 그들의 칩 디버깅 특징을 최적화하고자 할 수도 있다. 이런 경우, 디버깅 소프트웨어가 정확한 메모리 맵을 결정하고, 어떤 종류의 디버깅 컴포넌트들이 사용될 수 있는지를 감지할 수 있도록 ROM 테이블은 최적화되어 사용되어야 한다.

Cortex-M3에서의 버스 인터페이스

Cortex-M3 프로세서를 사용하여 SoC 제품을 설계하고 있지 않다면, 여기서 설명한 버스 인터페이스 신호에 직접 접근하는 것이 쉬운 일은 아닐 것이다. 보통 칩 제조사들은 모든 버스 신호들을 메모리 블록과 주변장치에 연결할 것이다. 하지만, 어떤 경우에는 칩 제조사들이 버스를 버스 브리지에 연결하고, 외부 버스 시스템들을 칩 외부에 연결하기도 한다. Cortex-M3 프로세서에서의 버스 인터페이스는 AHB-Lite 및 APB 프로토콜을 기반으로 하고 있는데, 이것은 AMBA Specification (Ref4)에 문서화되어 있다.

I-코드 버스

I-코드 버스는 0x00000000에서 0x1FFFFFFF 사이의 메모리 영역에서 명령어를 페치하기 위해 사용되는 AHB-Lite 버스 프로토콜을 기반으로 하는 32비트 버스이다. 명령어 페치는 Thumb 명령어일지라도 워드 크기로 수행된다. 그러므로 실행하는 동안 CPU 코어는 한 번에 두 개의 Thumb 명령어를 페치할 수 있다.

D-코드 버스

D-코드 버스는 AHB-Lite 버스 프로토콜을 기반으로 하는 32비트 버스이다. 이것은 0x00000000에서 0x1FFFFFFF 사이의 메모리 영역에서 데이터 접근을 위해 사용된다. Cortex-M3 프로세서가 비정렬 전송을 지원한다고 하더라도, 프로세서 상에서 버스 인터페이스가 비정렬 전송을 정렬 전송으로 전환하기 때문에, 이 버스에서는 비정렬 전송을 사용할 수 없다. 그러므로, 버스에 연결되어 있는 메모리와 같은 소자들은 오직 AHB-Lite(AMBA2.0) 정렬 전송만을 지원한다.

시스템 버스

시스템 버스는 AHB-Lite 버스 프로토콜을 기반으로 하는 32비트 버스이다. 이것은 0x20000000에서 0xDFFFFFFF, 그리고 0xE0100000에서 0xFFFFFFFF의 메모리 범위에서 명령어 페치와 데이터 접근을 위해 사용할 수 있다. D-코드 버스와 마찬가지로, 모든 전송은 정렬되어 있다.

외부 전용 주변장치 버스

외부 전용 주변장치 버스(외부 PPB)는 APB 버스 프로토콜을 기반으로 하는 32비트 버스이다. 이것은 0xE0040000에서 0xE00FFFFF의 메모리 범위에서 전용 주변장치 접근을 위해 만들어졌다. 하지만, APB 메모리의 어떤 부분은 TPIU, ETM, ROM 테이블을 위해 이미 사용되고 있기 때문에, 이 버스에서 추가적인 주변장치를 연결하기 위해 사용될 수 있는 메모리 영역은 0xE0042000에서 0xE00FF000뿐이다. 이 버스에서의 전송은 워드 정렬되어 있다.

디버그 접근 포트 버스

디버그 접근 포트(DAP) 버스 인터페이스는 APB 규정의 개선된 버전을 기반으로 하는 32비트 버스이다. 이것은 SWJ-DP 또는 SW-DP와 같은 디버그 인터페이스 블록에 연결되기 위해 만들어졌다. 다른 목적을 위해서 이 버스를 사용하지 않도록 하자. 이 인터페이스에 대한 보다 많은 정보는 15장 "디버그 아키텍처" 또는 ARM 문서 *CoreSight Technology System Design Guide* (Ref3)에서 다루고 있다.

Cortex-M3에서의 다른 인터페이스

버스 인터페이스 외에, Cortex-M3 프로세서는 다양한 목적을 위한 많은 다른 인터페이스를 가지고 있다. 이 신호는 실리콘 칩의 핀에서는 찾아보기 어렵다. 왜냐하면, 그것들은 대부분 SoC의 다양한 부분에 연결되어 있기는 하지만 사용되지 않기 때문이다. 이 신호들에 대한 상세한 사항들은 *Cortex-M3 Technical Reference Manual (TRM)* (Ref1)에 포함되어 있다. 표 6.2는 이것들에 대해서 일부 간단히 요약 정리하고 있다.

표 6.2 기타 인터페이스 신호

신호 그룹	기능
멀티프로세서 통신 (TXEV, RXEV)	다중 프로세서 사이에서의 간단한 태스크 동기화 신호
슬립 신호 (SLEEPING, SLEEPDEEP)	전원 관리를 위한 슬립 상태
인터럽트 상태 신호 (ETMINTNUM, ETMINTSTATE, CURRPRI)	ETM 동작 및 디버그 사용을 위한 인터럽트 동작 상태
리셋 요청 (SYSRESETREQ)	NVIC로부터의 리셋 요청 출력
락업[2] 및 정지 상태 (LOCKUP, HALTED)	프로세서 코어가 락업 상태(하드 결함 또는 NMI 핸들러 내에서의 오류 상태에 의해 야기됨) 또는 정지 상태(디버그 동작을 위해)에 진입하였다는 것을 가리킨다.
엔디안 입력 (ENDIAN)	코어가 리셋이 걸렸을 때 Cortex-M3의 엔디안을 1로 셋업
ETM 인터페이스	명령어 트레이스를 위해 임베디드 트레이스 매크로셀(ETM)에 연결한다.
ITM의 ATB 인터페이스	진보된 트레이스 버스(ATB)는 트레이스 데이터 전송을 위한 ARM의 CoreSight 디버그 아키텍처 안에 있는 버스 프로토콜이다. 여기서 이 인터페이스는 Cortex-M3의 인스트루먼트 트레이스 매크로셀(ITM)로부터의 트레이스 데이터 출력을 제공하는데, 이것은 트레이스 포트 인터페이스 장치(TPIU)에 연결되어 있다.

외부 전용 주변장치 버스

Cortex-M3 프로세서는 외부 전용 주변장치 버스(외부 PPB) 인터페이스를 가지고 있다. 외부 PPB 인터페이스는 AMBA Specification 2.0에서의 진보된 주변장치 버스(APB) 프로토콜을 기반으로 한다. 이것은 디버깅 컴포넌트들과 같이 공유되지 않는 시스템 장치들을 위해 만들어졌다. CoreSight 장치 지원을 위해서, 이 인터페이스는 PADDR31이라고 불리는 추가적인 신호를 포함한다. 이 신호는 전송 소스를 가리킨다. 이 신호가 0이면, 이것은 전송이 Cortex-M3에서 동작하는 소프트웨어에서 발생되었다는 것을 의미한다. 이 신호가 1이면, 이것은 전송이 디버깅 하드웨어에 의해 발생되었다는 것을 의미한다. 이 신호를 기반으로, 디버거만이 이것을 사용할 수 있도록 주변장치가 설계

[2] 이 정보에 대해서 좀 더 자세히 알고 싶다면, 12장을 참고하라.

되어 있으며, 소프트웨어에 의해 사용될 때에는 이 특징 중 일부만이 허용된다.

이 버스는 주변장치에서처럼, 범용을 위해 만들어진 것이 아니다. 비록 칩 설계자가 범용 주변장치를 이 버스에 설계하여 연결할 수 있다고 하더라도, 사용자들에게는 특권 접근 레벨 관리 때문에, 나중에 프로그래밍을 할 때 문제가 생긴다. 예를 들어 MPU가 사용될 때 사용자 상태에서 그 장치에 프로그래밍을 하거나, 그 장치를 다른 메모리 영역과 분리할 때 문제가 발생한다.

외부 PPB는 비정렬 접근을 지원하지 않는다. 버스의 데이터 너비는 32비트이고 APB 기반이므로 이 메모리 영역을 위해 주변장치를 설계할 때, 이 주변장치 안에 모든 레지스터 주소가 워드로 정렬되어 있는지를 확인해야 할 필요가 있다. 또한 이 영역에서

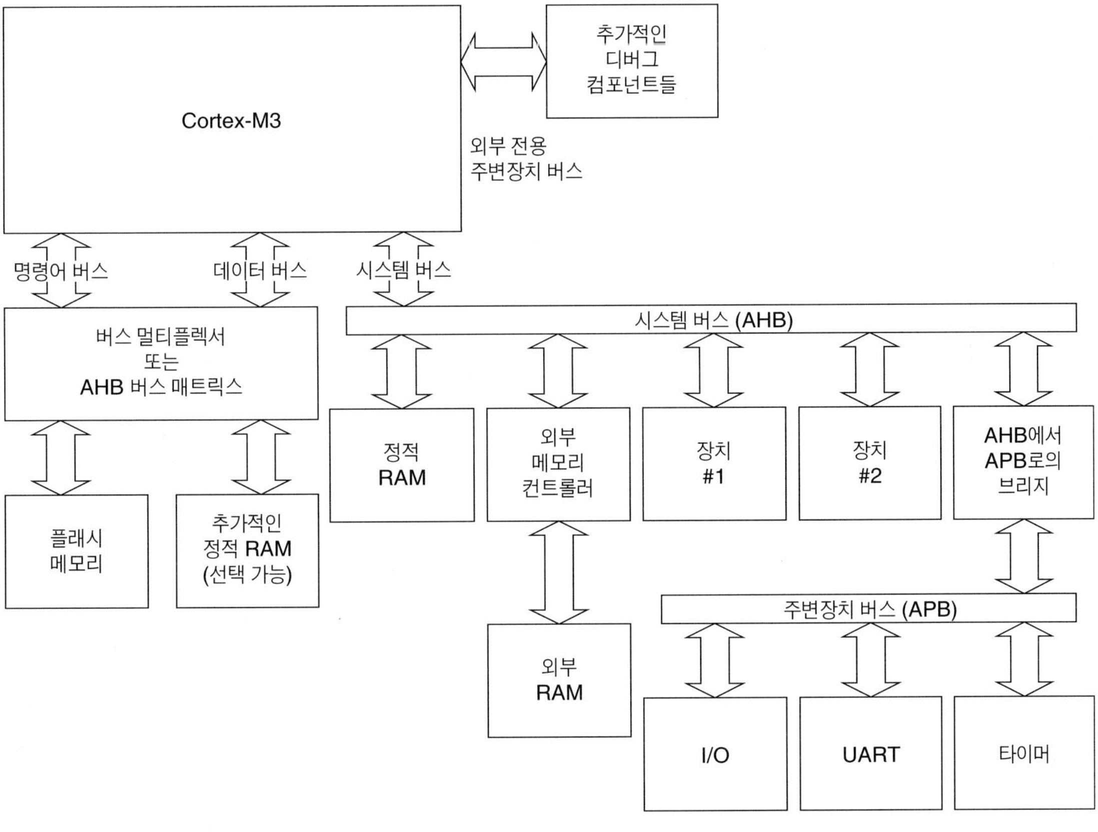

그림 6.4 Cortex-M3 버스 연결의 예

장치들에게 접근하는 소프트웨어를 작성할 때, 모든 접근이 워드 크기로 되어 있는지를 확인해 보기를 권장한다. PPB 접근은 항상 리틀 엔디안이다.

전형적인 연결

Cortex-M3 프로세서에는 많은 버스 인터페이스가 있기 때문에, 그것이 메모리나 주변장치와 같은 다른 장치에 어떻게 연결되는지를 살펴보는 것이 다소 혼란스러울 수 있다. 그림 6.4는 간략화된 예를 보여주고 있다.

코드 메모리 영역은 명령어 버스(명령어가 페치되는 경우)와 데이터 버스(데이터 접근이 있는 경우)에 의해 접근될 수 있기 때문에, 버스 매트릭스[3]라고 불리는 AHB 버스 스위치 또는 AHB 버스 멀티플렉서가 필요하다. 버스 매트릭스에서는 플래시 메모리와 (구현되어 있다면) 추가적인 SRAM 메모리가 버스 인터페이스 중 하나에 의해 접근될 수 있다. 버스 매트릭스는 ARM의 AMBA Development Kit(ADK)[4]에서 사용할 수 있다. 데이터 버스와 명령어 버스가 모두 동일한 메모리 소자에 접근하려고 한다면, 보다 나은 성능을 위해 데이터 버스 접근에게 더 높은 우선순위가 주어진다.

AHB 버스 매트릭스를 사용하는 경우, 명령어 버스와 데이터 버스가 동시에 다른 메모리 소자에 접근하려고 한다면, (예를 들어, 명령어 페치와 데이터 버스가 추가 SRAM으로부터 데이터를 읽으려고 할 때) 이 전송은 동시에 수행될 수 있다. 하지만 버스 멀티플렉서가 사용된다면, 전송은 동시에 발생할 수 없게 된다. 하지만 이 경우에는 회로 크기가 더 작아질 수 있다. 일반적인 Cortex-M3 마이크로컨트롤러 설계에서는 SRAM 연결을 위해 시스템 버스가 사용된다.

메인 SRAM 블록은 SRAM 메모리 주소 영역을 사용하여, 시스템 버스 인터페이스를 통해 연결되어야 한다. 이것은 명령어 접근과 데이터 접근이 동시에 수행될 수 있게 해준다. 비트 대역의 특징을 사용하면, 불(Boolean) 데이터 유형 설정도 가능하게 한다.

어떤 마이크로컨트롤러는 외부의 메모리 인터페이스도 가질 수 있다. 그것은 칩 외부의 메모리 소자를 AHB에 직접 연결할 수 없기 때문에, 외부 메모리 컨트롤러를 요구한다. 외부 메모리 컨트롤러는 Cortex-M3의 시스템 버스에 연결될 수 있다. 추가적인

[3] 여기서 말하는 버스 매트릭스는 Cortex-M3 내의 버스 매트릭스와는 다르다. Cortex-M3 내부의 버스 매트릭스는 특별하게 설계되어 있으며, 범용 AHB 스위치로 사용될 수 없다.

[4] ADK는 VHDL/Verilog 안에 AMBA 컴포넌트들 및 예제 시스템들의 모음이다.

AHB 소자 또한 버스 매트릭스 없이도 쉽게 시스템 버스에 연결될 수 있다.

간단한 주변장치는 AHB에서 APB로의 브리지를 통해 Cortex-M3에 연결될 수 있다. 이것은 주변장치를 위해 더 간단한 버스 프로토콜 APB를 사용할 수 있게 해준다.

그림 6.4에 나타낸 다이어그램은 매우 간단한 예제일 뿐이다. 칩 설계자들은 다른 버스 연결 설계를 선택한다. 소프트웨어/펌웨어 개발을 위해서는 메모리 맵을 알아두어야 한다.

다이어그램에 나타나 있는 버스 매트릭스, AHB에서 APB로의 버스 브리지, 메모리 컨트롤러, I/O 인터페이스, 타이머, UART와 같은 설계 블록은 ARM과 많은 IP 업체에서 모두 사용 가능하다. 마이크로컨트롤러는 주변장치가 다른 제공업체로부터 제공될 수 있기 때문에, Cortex-M3 시스템을 위한 소프트웨어를 개발할 때에는 정확한 프로그래머 모델을 위해서 마이크로컨트롤러의 데이터시트를 찾아보도록 하자.

리셋 신호

Cortex-M3 마이크로컨트롤러 또는 SoC에서의 리셋 회로 설계는 특별한 구현 방법이 있다. *Cortex-M3 Technical Reference Manual* (Ref1)에는 몇 가지 리셋 신호가 문서화되어 있다. 하지만 구현된 Cortex-M3 칩은 오직 하나 또는 두 개의 리셋 신호만을 가지고 있으며, 나머지는 칩 벤더에 의해 설계된 리셋 발생기에 의해 내부적으로 발생하게 될 것이다. (Cortex-M3 기반의 마이크로컨트롤러에 정확하게 리셋을 걸어주는 명령어에 대해서는 제조사의 데이터시트를 참고하도록 하자) Cortex-M3 프로세서 레벨에서는 표 6.3에서와 같은 리셋 신호를 발견할 수 있을 것이다.

표 6.3 Cortex-M3에서의 다양한 리셋 종류

리셋 신호	설명
파워 온 리셋 (PORESETn)	소자에 전원이 인가되었을 때 발생하는 리셋, 프로세서 코어와 디버깅 시스템 모두를 리셋한다.
시스템 리셋 (SYSRESETn)	시스템 리셋, 프로세서 코어, NVIC(디버그 제어 레지스터 제외), MPU에 영향을 주지만, 디버깅 시스템에는 영향을 주지 않는다.
테스트 리셋 (nTRST)	디버깅 시스템을 리셋한다.

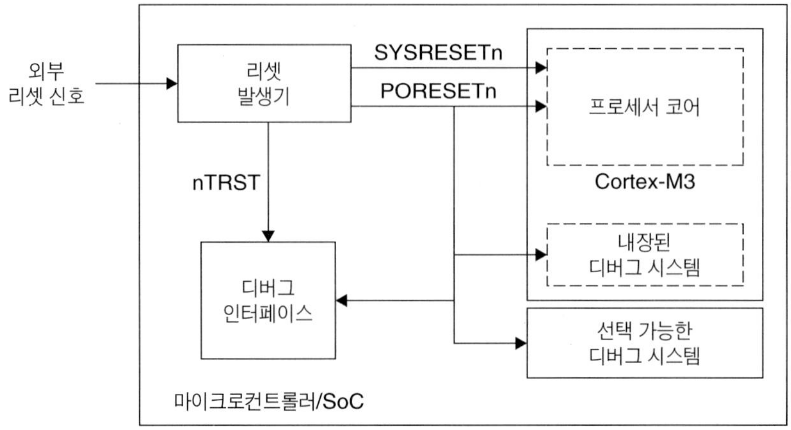

그림 6.5 전형적인 Cortex-M3 마이크로컨트롤러에서 추가적인 내부 리셋 신호들의 리셋 발생

Chapter 07

익셉션

이 장의 내용

- 익셉션 유형
- 우선순위 정의
- 벡터 테이블
- 인터럽트 입력 및 펜딩 동작
- 결함 익셉션
- SVC와 PendSV

익셉션 유형

Cortex-M3는 많은 시스템 익셉션과 외부 인터럽트들을 지원하는 특화된 익셉션 아키텍처를 제공하고 있다. 익셉션들은 시스템 익셉션을 위해 1～15번을 사용하고 있으며, 외부 인터럽트 입력을 위해 16과 그 이상의 번호를 사용한다. 대부분의 익셉션들은 프로그램 가능한 우선순위를 가지고 있으며, 몇 개는 고정된 우선순위를 갖는다.

Cortex-M3 칩은 외부 인터럽트 입력(1～240)에 대해 그리고 우선순위 레벨에 대해 다른 번호들을 가질 수 있다. 이것은 칩 설계자가 다른 요구 사항을 위해 Cortex-M3 설계 소스 코드를 설정할 수 있기 때문이다.

표 7.1에서 설명한 것처럼, 익셉션 유형 1～15는 시스템 익셉션이다(익셉션 유형 0은 없다). 유형 16 또는 그 이상의 익셉션들은 외부 인터럽트 입력이다(표 7.2 참고).

현재 실행되는 익셉션의 값은 특별한 레지스터 IPSR 또는 NVIC의 인터럽트 제어 상태 레지스터(VECTACTIVE 필드)에서 규정할 수 있다.

여기서 인터럽트 번호(예를 들어, 인터럽트 #0)는 Cortex-M3 NVIC로의 인터럽트 입력을 가리킨다는 것을 기억해 두자. 실제 마이크로컨트롤러 제품 또는 SoC에서는 외부 인터럽트 입력 핀 번호가 NVIC 상의 인터럽트 입력 번호와 일치하지 않을 수도 있다. 예를 들어, 처음 몇 개의 인터럽트 입력들 중 일부는 내부 주변장치로 할당될 수 있으며, 외부 인터럽트 핀들은 다음 두 개의 인터럽트 입력에 할당될 수 있다. 그러므로, 인터럽트들의 번호를 결정하기 위해서는 칩 제조사의 데이터시트를 반드시 확인해 보아야 한다.

활성화된 익셉션이 발생하였지만 바로 수행되지 않을 때, (예를 들어, 더 높은 우선순위의 인터럽트 서비스 루틴이 실행되고 있거나 인터럽트 마스크 레지스터가 1로 설정되어 있을 때) 그것은 펜딩될 것이다(단, 몇 가지 결함 익셉션[1] 예외). 이것은 익셉션이 수행될 수 있을 때까지 레지스터(펜딩 상태)가 익셉션 요청을 저장하고 있을 것이라는 것을

---

[1] 익셉션-펜딩 동작을 위한 몇 가지 익셉션들이 있다. 만약 결함이 발생하였는데, 더 높은 우선순위 핸들러가 실행되고 있어서 그에 상응하는 결함 핸들러가 바로 실행되지 않는다면, 하드 결함 핸들러(가장 높은 우선순위의 결함 핸들러)가 대신 실행될 것이다. 이 주제에 대한 보다 상세한 사항에 대해서는 이 장의 뒷부분에서 다루고 있는데, 여기서는 결함 익셉션들에 대해 살펴볼 수 있다. 완전한 설명은 *Cortex-M3 Technical Reference Manual*과 *ARM v7-M Architecture Application Level Reference Manual*에 나와 있다.

표 7.1 시스템 익셉션 리스트

익셉션 번호	익셉션 유형	우선순위	설명
1	리셋	−3(최상위)	리셋
2	NMI	−2	마스킹이 불가능한 인터럽트(외부 NMI 입력)
3	하드 결함	−1	모든 결함 조건, 만약 그에 상응하는 결함 핸들러가 활성화되어 있지 않은 경우
4	MemManage 결함	프로그램 가능	메모리 관리 결함, MPU 침해 또는 허용되지 않은 위치로의 접근
5	버스 결함	프로그램 가능	버스 오류, AHB 인터페이스가 버스 슬레이브로부터 오류 반응을 얻을 때 발생(만약 명령어 페치인 경우, prefetch abort라고 불리며, 데이터 접근인 경우, data abort라고 불린다)
6	사용 결함	프로그램 가능	프로그램 오류 또는 코프로세서로의 접근을 시도할 때 발생하는 익셉션(Cortex-M3는 코프로세서를 지원하지 않는다)
7-10	Reserved	NA	–
11	SVCall	프로그램 가능	시스템 서비스 호출
12	디버그 모니터	프로그램 가능	디버그 모니터(브레이크포인트, 와치포인트 또는 외부 디버그 요청)
13	Reserved	NA	–
14	PendSV	프로그램 가능	시스템 장치를 위한 펜딩 가능한 요청
15	SYSTICK	프로그램 가능	시스템 틱 타이머

표 7.2 외부 인터럽트 리스트

익셉션 번호	익셉션 유형	우선순위
16	외부 인터럽트 #0	프로그램 가능
17	외부 인터럽트 #1	프로그램 가능
…	…	…
255	외부 인터럽트 #239	프로그램 가능

의미한다. 이것은 전통적인 ARM 프로세서와는 다르다. 이전에 인터럽트를 발생시킨 장치들은 그것들이 처리될 때까지 그 요청을 저장하고 있어야만 했다. 이제는 NVIC 안에 있는 펜딩 레지스터를 이용하여 인터럽트를 요청한 소스가 그 요청 신호를 삭제한다고 하더라도 발생된 인터럽트가 처리될 수 있다.

우선순위 정의

Cortex-M3에서는 익셉션이 수행될지 여부와 언제 수행될지가 익셉션의 우선순위에 의해 영향을 받을 수 있다. 더 높은 우선순위의 익셉션(우선순위 레벨에서 번호가 더 낮은 것)은 더 낮은 우선순위(우선순위 레벨에서 번호가 더 높은 것)의 익셉션을 선점할 수 있다. 익셉션은 중첩된 익셉션/인터럽트 시나리오이다. 어떤 익셉션(리셋, NMI, 하드 결함)들은 고정된 우선순위 레벨을 갖는다. 그것들은 다른 익셉션보다 더 높은 우선순위 레벨을 갖는다는 것을 가리키기 위해 음수값을 갖는다. 다른 익셉션들은 우선순위 레벨을 프로그래밍할 수 있다.

Cortex-M3는 세 개의 고정된 최상위 우선순위 레벨과 256개 레벨의 프로그래밍 가능한 우선순위를 지원한다(최대 128개 레벨의 선점). 하지만, 대부분의 Cortex-M3 칩은 더 적은 수의 지원 레벨을 갖는다 — 예를 들어, 8, 16, 32 등. Cortex-M3 칩 또는 SoC가 설계될 때, 설계자들은 원하는 레벨 번호를 얻기 위해 그것을 최적화한다. 이렇게 레벨 수를 줄이는 것은 우선순위 설정 레지스터의 LSB 부분을 없앰으로써 구현할 수 있다.

예를 들어, 만약 우선순위 레벨의 3비트만이 설계시 구현되어 있다면, 우선순위-레벨 설정 레지스터는 그림 7.1과 같은 모습일 것이다.

비트 7	비트 6	비트 5	비트 4	비트 3	비트 2	비트 1	비트 0
구현되어 있음			구현되어 있지 않음. 0으로 읽힘				

그림 7.1 3비트로 구현된 우선순위-레벨 레지스터

비트 4에서 비트 0까지는 구현되어 있지 않기 때문에, 그것들은 항상 0으로 읽힌다. 그리고 이 비트에 값을 쓰면, 무시될 것이다. 이러한 설정 하에서는 가능한 우선순위 레벨은 0x00(최상위 우선순위), 0x20, 0x40, 0x60, 0x80, 0xA0, 0xC0, 0xE0(최하위 우선순위)이 있다.

유사하게, 설계 상에 4 비트의 우선순위 레벨이 구현되어 있다면, 우선순위-레벨 설정 레지스터는 그림 7.2와 같은 모습일 것이다.

비트 7	비트 6	비트 5	비트 4	비트 3	비트 2	비트 1	비트 0
구현되어 있음				구현되어 있지 않음. 0으로 읽힘			

그림 7.2 4비트로 구현된 우선순위-레벨 레지스터

더 많은 비트들로 구현되어 있다면, 더 많은 우선순위 레벨이 가능하다. 하지만 더 많은 우선순위 비트는 게이트 수와 전력 소모를 증가시킨다. Cortex-M3에서는 최소한으로 구현된 우선순위 레지스터 폭이 3 비트이다(8개의 레벨).

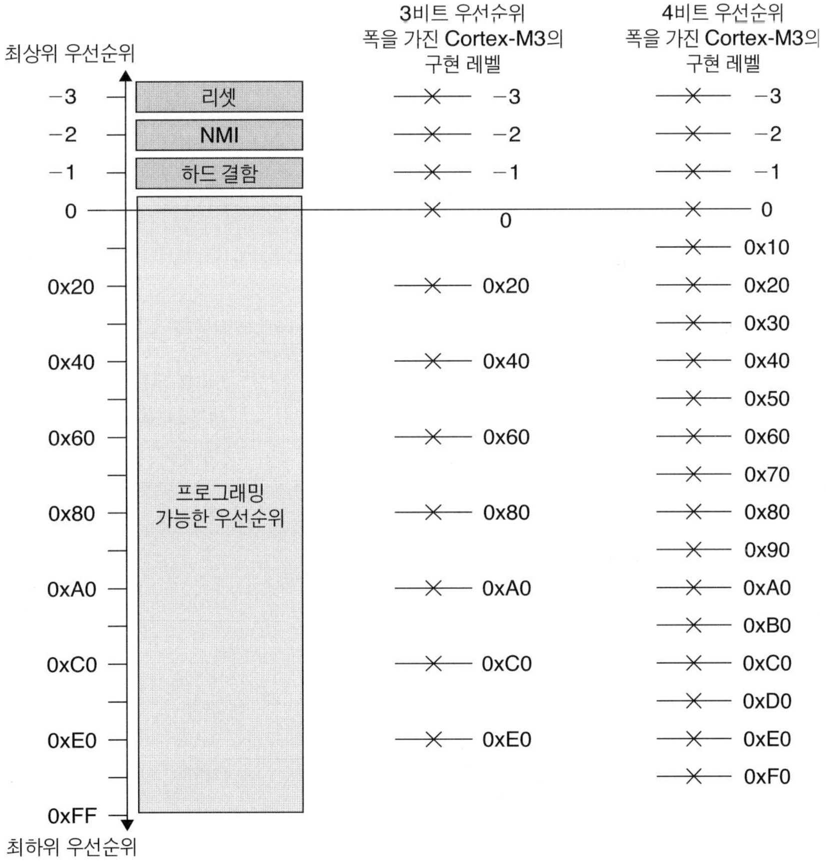

그림 7.3 3비트 또는 4비트 우선순위 폭을 갖는 가능한 우선순위 레벨

MSB 대신 레지스터의 LSB를 제거하는 이유는 Cortex-M3 소자에서 다른 소자로 소프트웨어를 쉽게 포팅하기 위해서이다. 이러한 방식으로, 4비트 우선순위 설정 레지스터를 가지고 있는 소자를 위해 쓰여진 프로그램은 3비트 우선순위 설정 레지스터를 갖는 소자에서 동작할 수 있다. 만약 LSB 대신 MSB가 제거된다면, 어떤 Cortex-M3 칩에서 다른 Cortex-M3 칩으로 어플리케이션을 포팅할 때, 우선순위 배치를 반전해야 한다. 예를 들어, 어플리케이션이 IRQ#0를 위해 우선순위 레벨 0x05를, IRQ#1을 위해 레벨 0x03을 사용하고 있다면, IRQ#1은 더 높은 우선순위를 가져야 한다. 하지만, MSB 비트 2가 제거된다면 IRQ#0는 레벨 0x01이 될 것이고, IRQ#1보다 더 높은 우선순위를 갖는다.

3비트와 5비트, 8비트 우선순위-레지스터를 갖는 소자에 대한 가능한 익셉션 우선순위 레벨의 예제는 표 7.3과 같다.

우선순위-레벨 설정 레지스터가 8비트 폭인데, 왜 128개의 선점 레벨만 있는지 어떤 독자들은 궁금할 것이다. 이는 8비트 레지스터가 **선점형 우선순위**(preempt priority)와 **서브 우선순위**(subpriority)의 두 부분으로 나누어지기 때문이다.

우선순위 그룹(priority group, NVIC 안에 있는 어플리케이션 인터럽트 및 리셋 제어 레지스터의 일부, 표 7.5 참고)이라고 불리는 NVIC에 있는 설정 레지스터를 사용하면, 프로그래밍 가능한 우선순위 레벨을 갖는 각각의 익셉션을 위한 우선순위-레벨 설정 레지스스

표 7.3 3비트, 5비트, 8비트 우선순위-레벨 레지스터를 갖는 소자에서 사용 가능한 익셉션 우선순위 레벨

우선순위 레벨	익셉션 유형	3비트 우선순위 설정 레지스터를 갖는 소자	5비트 우선순위 설정 레지스터를 갖는 소자	8비트 우선순위 설정 레지스터를 갖는 소자
−3 (최상위)	리셋	−3	−3	−3
−2	NMI	−2	−2	−2
−1	하드 결함	−1	−1	−1
0,	프로그래밍 가능한 우선순위 레벨의 익셉션	0x00	0x00	0x00, 0x01
1,		0x20	0x08	0x02, 0x03
…		…	…	…
0xFF		0xE0	0xF8	0xFE, 0xFE

터는 반씩 두 부분으로 나누어진다. 상위 절반(왼쪽 비트들)은 선점형 우선순위이고, 하위 절반(오른쪽 비트들)은 서브 우선순위이다(표 7.4 참고).

표 7.4 다른 우선순위 그룹 설정에서 우선순위-레벨 레지스터의 선점형 우선순위 필드 및 서브 우선순위 필드의 정의

우선순위 그룹	선점형 우선순위 필드	서브 우선순위 필드
0	비트[7:1]	비트[0]
1	비트[7:2]	비트[1:0]
2	비트[7:3]	비트[2:0]
3	비트[7:4]	비트[3:0]
4	비트[7:5]	비트[4:0]
5	비트[7:6]	비트[5:0]
6	비트[7]	비트[6:0]
7	없음	비트[7:0]

표 7.5 어플리케이션 인터럽트 및 리셋 제어 레지스터(주소 0xE000ED0C)

비트	이름	종류	리셋값	설명
31:16	VECTKEY	R/W	–	접근 키. 이 레지스터에 값을 쓰기 위해서는 0x05FA가 이 필드에 쓰여져야 한다. 그렇지 않으면, 그 쓰기는 무시될 것이다. 상위 절반 워드를 읽으면, 그 값은 0xFA05가 된다.
15	ENDIANNESS	R	–	데이터를 위한 엔디안을 가리킨다. 빅 엔디안(BE8)을 위해서는 1이, 리틀 엔디안을 위해서는 0이 된다. 이것은 오직 리셋 후에만 변경될 수 있다.
10:8	PRIGROUP	R/W	0	우선순위 그룹
2	SYSRESETREQ	W	–	리셋을 발생시키기 위해 칩 제어 로직을 요청한다.
1	VECTCLRACTIVE	W	–	익셉션을 위해 모든 활성화 상태 정보를 0으로 클리어한다. 보통은 시스템 오류로부터 시스템이 복원될 수 있도록 디버그 또는 OS에서 사용된다(리셋이 더 안전하다).
0	VECTRESET	W	–	(디버그 로직 외에) Cortex-M3 프로세서를 리셋한다. 하지만, 이것은 프로세서 밖의 회로들은 리셋하지 않을 것이다.

선점형 우선순위 레벨(preempt priority level)은 프로세서가 또 다른 인터럽트 핸들러를 이미 실행하고 있을 때, 인터럽트가 발생할지를 정의한다. **서브 우선순위 레벨**(sub-priority level)값은 동일한 두 익셉션을 가진 선점형 우선순위 레벨이 동시에 발생할 때에만 사용된다. 이 경우, 더 높은 서브 우선순위(낮은 값)를 갖는 익셉션이 먼저 수행될 것이다.

우선순위를 그룹화한 결과, 선점형 우선순위의 최대 폭은 7이며, 128개의 레벨이 있게 되는 것이다. 우선순위 그룹이 7로 설정될 때, 프로그래밍 가능한 우선순위 레벨을 갖는 모든 익셉션들은 동일한 레벨이 되며, 하드 결함, NMI, 리셋을 제외한 이 익셉션들 간에 선점은 발생하지 않을 것이다. 하드 결함, NMI, 리셋의 우선순위는 각각 −1, −2, −3이며, 이것들은 이러한 익셉션들을 선점할 수 있다.

효과적인 선점형 우선순위 레벨과 서브 우선순위 레벨을 결정할 때, 다음과 같은 요소들을 고려해야 한다.

- 구현된 우선순위-레벨 설정 레지스터
- 우선순위 그룹 설정

예를 들어, 설정 레지스터의 폭이 3(비트 7에서 비트 5가 사용 가능하다)이고 우선순위 그룹이 5로 설정되어 있다면, 선점형 우선순위 레벨(비트 7에서 비트 6) 중 4개 레벨을 가질 수 있고, 각 우선순위 레벨 내에 두 레벨의 서브 우선순위(비트 5)가 있을 수 있다.

비트 7	비트 6	비트 5	비트 4	비트 3	비트 2	비트 1	비트 0
선점형 우선순위		서브 우선순위					

그림 7.4 5로 설정된 우선순위 그룹을 갖는 3비트 우선순위-레벨 레지스터에서의 우선순위 필드 정의

그림 7.4에서 보여지는 것과 같은 설정에서, 사용 가능한 우선순위 레벨은 그림 7.5에 나타내어져 있다. 동일한 설계에서 우선순위 그룹이 0x1로 설정되어 있다면, 8개의 선점형 우선순위 레벨만 있을 수 있고, 각 선점형 레벨 내에는 서브 우선순위 레벨이 없다(선점형 우선순위의 비트[1:0]은 항상 0이다). 우선순위-레벨 설정 레지스터의 정의는 그림 7.6에서 보여지는 것과 같으며, 사용 가능한 우선순위 레벨은 그림 7.7에 나타내

어져 있다.

만약 Cortex-M3 소자가 우선순위-레벨 설정 레지스터 안에 있는 8비트를 모두 이용하여 구현되어 있다면, 0의 우선순위 그룹 설정을 사용하여, 그것이 가질 수 있는 최대 선점형 레벨의 수는 128일 것이다. 이러한 우선순위 필드 정의는 그림 7.8에서 보는 바와 같다.

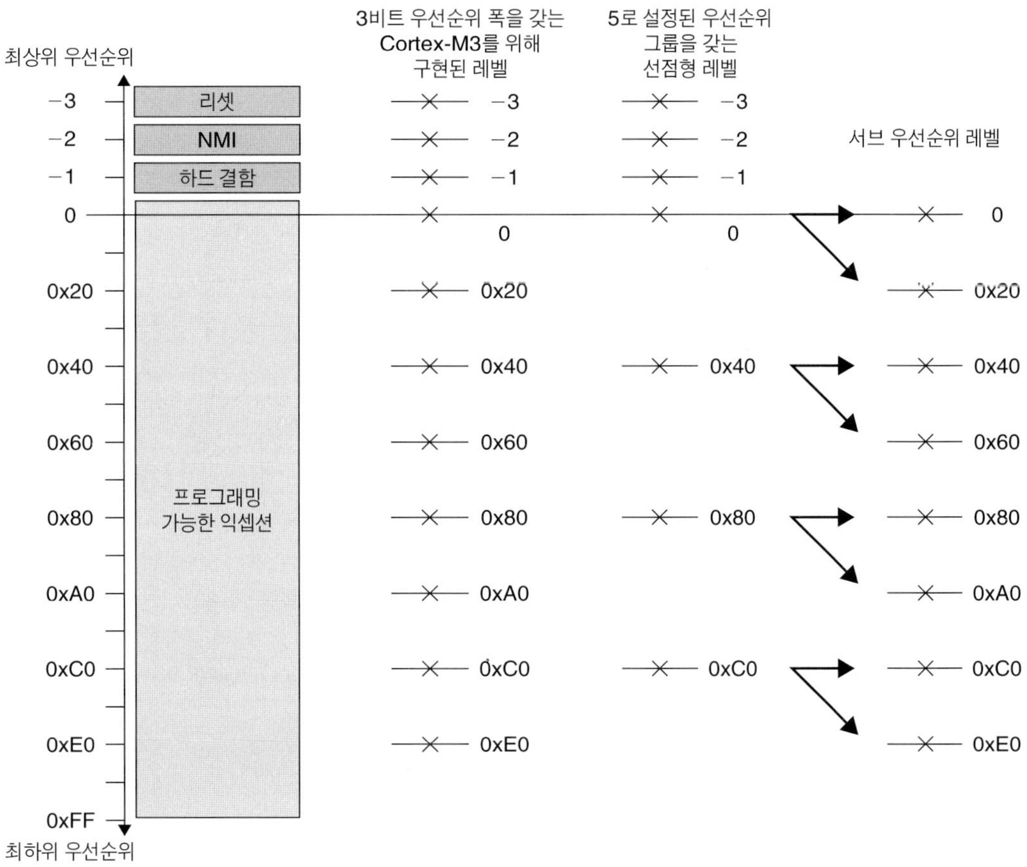

그림 7.5 3비트 우선순위 폭을 갖는 가능한 우선순위 레벨과 5로 설정된 우선순위 그룹

비트 7	비트 6	비트 5	비트 4	비트 3	비트 2	비트 1	비트 0
선점형 우선순위[5:3]			선점형 우선순위 비트[2:0] (항상 0)			서브 우선순위 (항상 0)	

그림 7.6 1로 설정된 우선순위 그룹을 갖는 8비트 우선순위-레벨 레지스터에서의 우선순위 필드 정의

정확하게 동일한 선점형 우선순위 레벨과 서브 우선순위 레벨을 가지고 동시에 두 개의 인터럽트가 발생할 때, 더 작은 익셉션 번호를 갖는 인터럽트는 더 높은 우선순위를 갖는다(IRQ#0는 IRQ#1 보다 더 높은 우선순위를 갖는다).

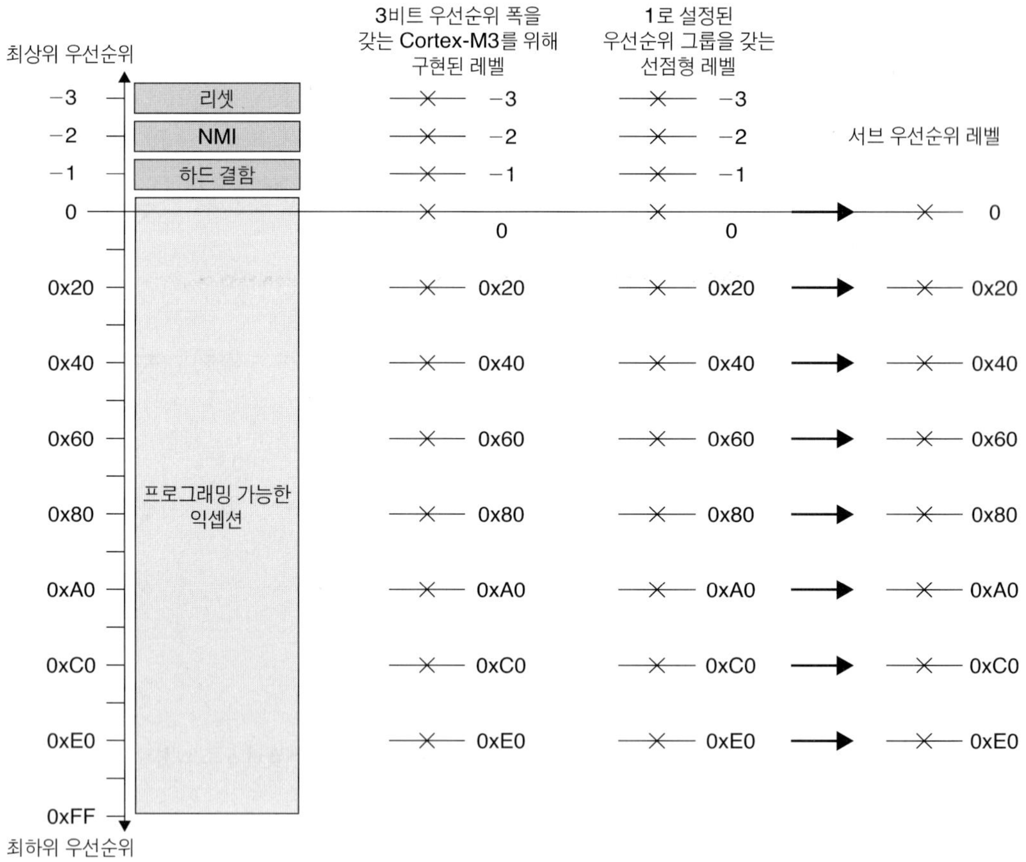

그림 7.7 3비트 우선순위 폭을 갖는 가능한 우선순위-레벨과 1로 설정된 우선순위 그룹

인터럽트들에 대한 예기치 못한 우선순위 레벨 변화를 피하기 위해, 어플리케이션 인터럽트 및 리셋 제어 레지스터(주소 0xE000ED0C)에 값을 쓸 때에는 주의를 기울여야 한다. 대부분의 경우, 우선순위 그룹이 설정된 이후, 리셋을 발생시킬 때를 제외하고 이 레지스터를 사용할 필요가 없다(표 7.5 참고).

비트 7	비트 6	비트 5	비트 4	비트 3	비트 2	비트 1	비트 0
선점형 우선순위							서브 우선순위

그림 7.8 0으로 설정된 우선순위 그룹을 갖는 8비트 우선순위-레벨 레지스터에서의 우선순위 필드 정의

벡터 테이블

익셉션이 발생하여 Cortex-M3에 의해 처리될 때, 프로세서는 익셉션 핸들러의 시작 주소를 알아야 한다. 이 정보는 벡터 테이블 안에 저장된다. 디폴트로, 벡터 테이블은 주소 0에서 시작되며, 익셉션 번호의 4배씩 벡터 주소가 배정된다(표 7.6 참고).

표 7.6 전원이 공급된 후의 익셉션 벡터 테이블

주소	익셉션 번호	값(워드 크기)
0x00000000	–	MSP 초기값
0x00000004	1	리셋 벡터(프로그램 카운터 초기값)
0x00000008	2	NMI 핸들러 시작 주소
0x0000000C	3	하드 결함 핸들러 시작 주소
...	...	다른 핸들러 시작 주소

주소 0x0이 부트 코드이어야 하기 때문에, 보통 그것은 플래시 메모리 또는 ROM 소자 안에 있게 되며, 그 값은 동작중 변경될 수 없다. 하지만, 벡터 테이블은 동작중에 핸들러를 변경할 수 있도록 하기 위해, RAM이 위치한 RAM 영역 또는 코드 내의 다른 메모리 위치로 재배치될 수 있다. 이것은 **벡터 테이블 오프셋 레지스터**(vector table offset register, 주소 0xE000ED08)라고 불리는 NVIC 안의 레지스터를 설정함으로써 수행된다. 그 주소 오프셋은 벡터 테이블 크기로 정렬되어야 하며, 2의 승수로 확장되어야 한다. 예를 들어 32개의 IRQ 입력이 있다면, 익셉션의 전체 수는 32 + 16(시스템 익셉션) = 48개가 될 것이다. 그것을 2의 승수로 확대하면 그것은 64가 될 것이다. 그것에 4를 곱하면 256(0x100)이 된다. 그러므로, 벡터 테이블 오프셋은 0x0, 0x100, 0x200 등으로 프로그래밍될 수 있다. 벡터 테이블 오프셋 레지스터는 표 7.7에 나타낸 것들을 포함한다.

표 7.7 벡터 테이블 오프셋 레지스터(주소 0xE000ED08)

비트	이름	종류	리셋값	설명
29	TBLBASE	R/W	0	코드(0) 또는 RAM(1) 안에 있는 테이블 베이스
28:7	TBLOFF	R/W	0	코드 영역 또는RAM 영역에서의 테이블 오프셋값

익셉션 핸들러를 동적으로 변경해야 하는 어플리케이션에서는 부트 이미지의 시작에 (최소한) 다음과 같은 것들을 가지고 있어야 한다.

- 초기 메인 스택 포인터값
- 리셋 벡터
- NMI 벡터
- 하드 결함 벡터

부팅 과정중에 NMI와 하드 결함이 발생할 수도 있기 때문에 이것들이 요구되는 것이다. 다른 익셉션들은 그것이 활성화될 때까지 발생될 수 없다.

부팅 과정이 수행되면, 새로운 벡터 테이블로 SRAM의 일부를 정의하고 벡터 테이블을 쓸 수 있는 새로운 곳으로 재배치한다.

인터럽트 입력 및 펜딩 동작

이 절에서는 IRQ 입력 동작과 펜딩 동작을 설명하고 있다. 코어가 NMI 핸들러를 이미 실행하고 있거나, 디버거에 의해 중단되거나, 어떤 심각한 시스템 오류로 인해 락업되지 않은 경우, NMI가 대부분 바로 실행된다는 점을 제외하면 NMI 입력에도 적용된다.

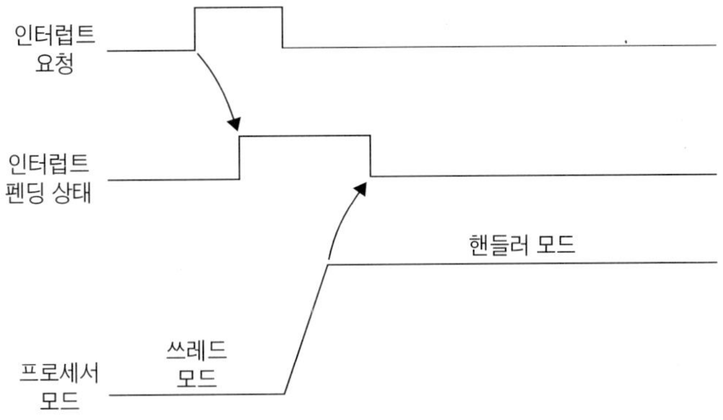

그림 7.9 인터럽트 펜딩

인터럽트 입력이 발생할 때, 그것은 펜딩된다. 인터럽트 소스가 인터럽트를 발생시키지 않는다고 하더라도 펜딩된 인터럽트 상태는 우선순위가 허락된다면, 인터럽트 핸들러가 실행되도록 만든다.

하지만, 프로세서가 펜딩된 인터럽트에 반응하기 전에 펜딩된 상태가 클리어된다면, (예를 들어, PRIMASK/FAULTMASK가 1로 설정되는 동안 펜딩된 상태 레지스터가 클리어되기 때문에) 인터럽트는 취소될 수 있다(그림 7.10). 인터럽트의 펜딩 상태는 NVIC 안에서 접근될 수 있으며, 쓰기가 가능하다. 따라서 펜딩 레지스터를 설정함으로써 새로운 인터럽트를 펜딩하기 위해 펜딩 인터럽트를 클리어하거나 소프트웨어를 사용할 수 있다.

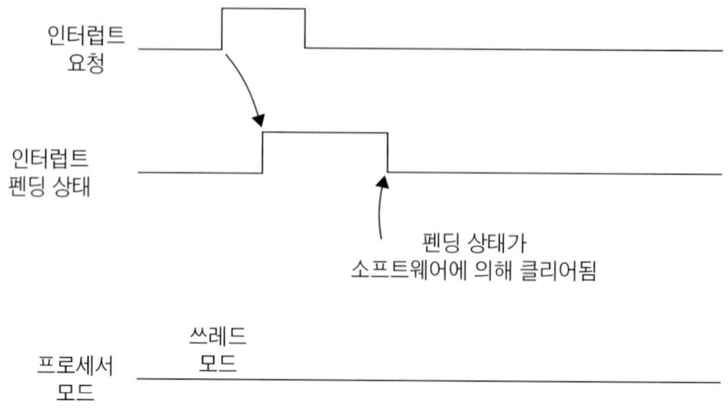

그림 7.10 프로세서가 활성화되기 전에 클리어된 인터럽트 펜딩

프로세서가 인터럽트를 실행하기 시작하면 인터럽트는 활성화되고, 펜딩 비트는 자동적으로 클리어될 것이다(그림 7.11). 인터럽트가 활성화될 때, 인터럽트 리턴[9장에서 설명한 바와 같이 이것은 **익셉션 종료**(exception exit)라고도 불린다]을 하여 인터럽트 서비스 루틴을 종료할 때까지 동일한 인터럽트를 다시 처리할 수 없다. 그러면 활성화 상태가 클리어되고, 만약 펜딩 상태가 1이라면 인터럽트가 다시 처리될 수 있다. 인터럽트 서비스 루틴이 끝나기 전에 인터럽트를 다시 펜딩시키는 것도 가능하다.

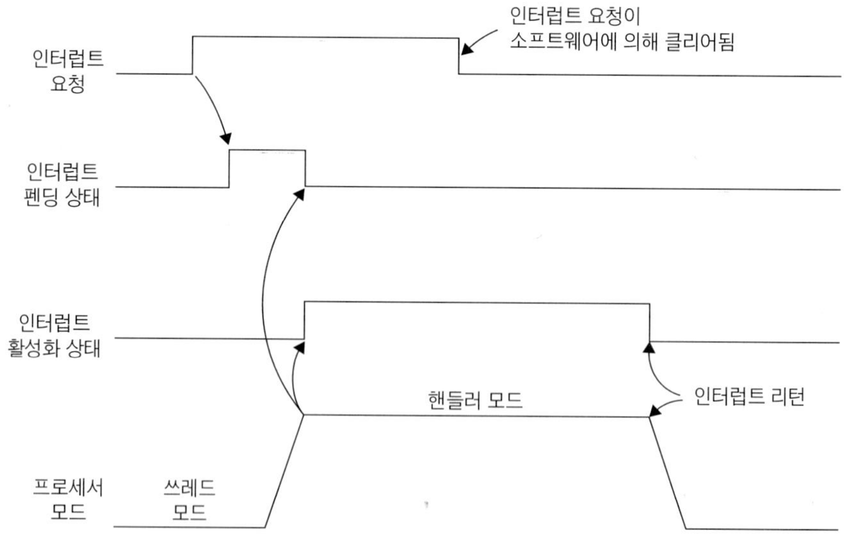

그림 7.11 프로세서가 핸들러에 진입할 때 인터럽트 활성화 상태 설정

인터럽트 소스가 인터럽트 요청 신호를 활성화 상태로 유지한다면, 그림 7.12에서와 같이 인터럽트는 인터럽트 서비스 루틴의 끝에서 다시 펜딩될 것이다. 이것은 전통적인 ARM7TDMI에서와 같다.

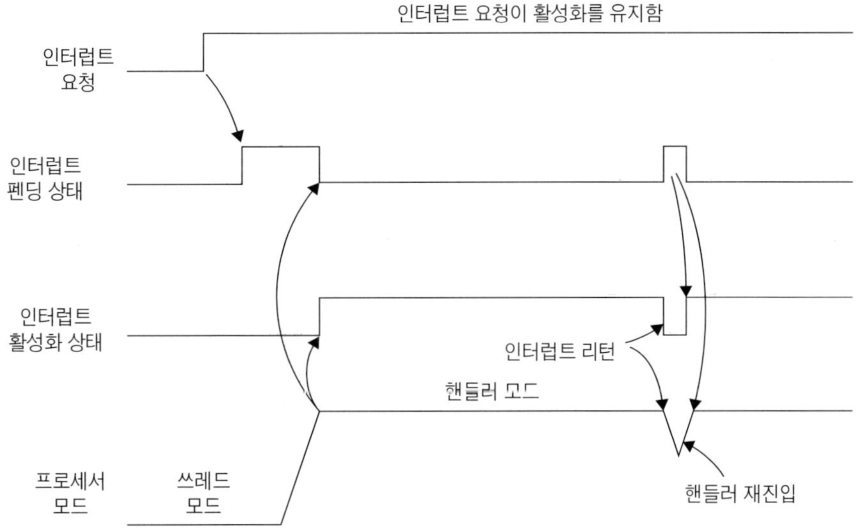

그림 7.12 인터럽트에서 나온 다음 다시 연속적으로 인터럽트 요청이 펜딩되는 경우

프로세서가 처리하기 전에 인터럽트가 여러 번 발생한다면 그림 7.13에서와 같이 그것은 한 번의 인터럽트 요청만 있었던 것으로 여겨질 것이다.

만약 인터럽트 서비스 루틴에서 인터럽트 펄스가 다시 발생한다면 그림 7.14에서 보여지는 것처럼 그것은 다시 펜딩될 것이다.

인터럽트가 비활성화되어 있을 때조차 인터럽트 펜딩이 발생할 수 있다. 펜딩된 인터럽트는 나중에 활성화로 설정될 때, 인터럽트 동작을 트리거시킬 것이다. 결과적으로, 인터럽트를 활성화하기 전에 펜딩 레지스터가 1로 설정되어 있는지 아닌지를 확인하는 것이 좋다. 인터럽트 소스는 이전에 활성화되어 있다면, 펜딩 레지스터가 1로 설정되어 있게 될 것이다. 필요하다면, 인터럽트를 활성화하기 전에 펜딩 상태를 클리어할 수 있다.

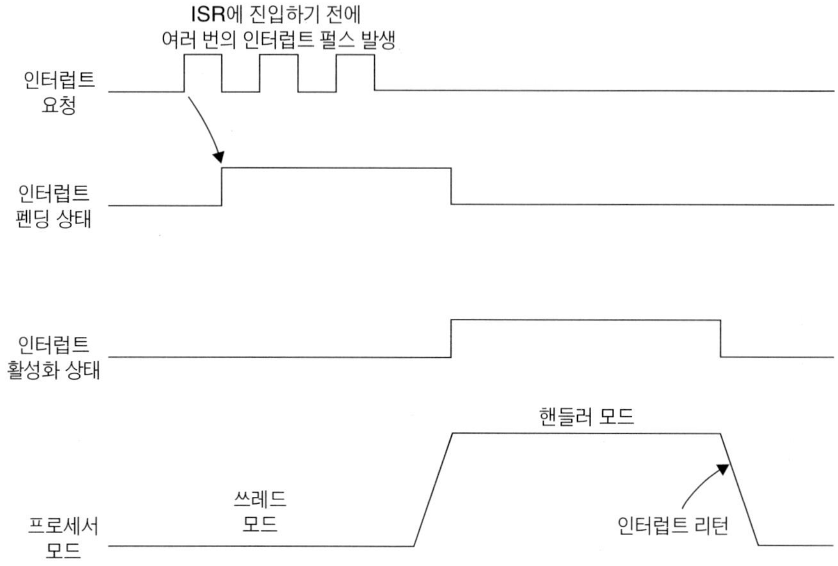

그림 7.13 핸들러 앞에서 여러 번 펄스가 발생하더라도 인터럽트가 한 번만 펜딩

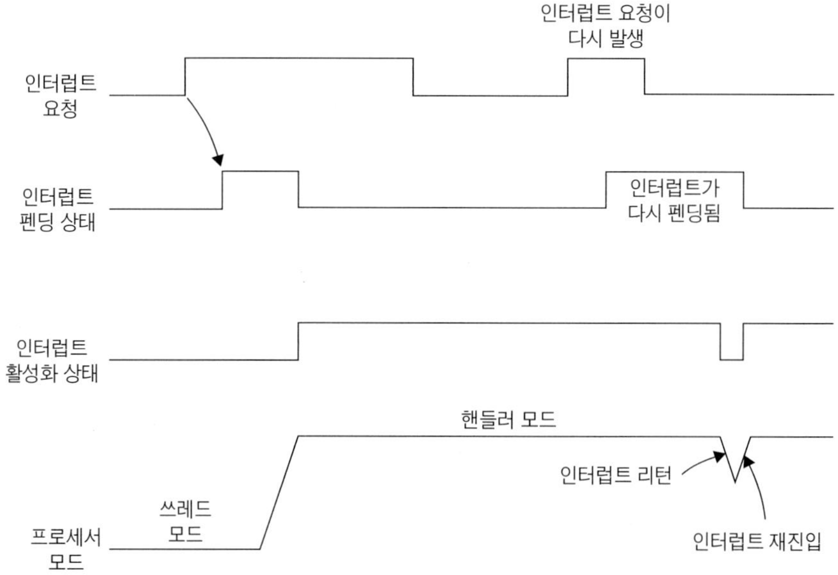

그림 7.14 핸들러 동안에 인터럽트 펜딩이 다시 발생할 때

결함 익셉션

많은 시스템 익셉션은 결함 처리를 위해 유용하다. 결함에는 여러 가지 종류가 있다.

- 버스 결함
- 메모리 관리 결함
- 사용 결함
- 하드 결함

버스 결함

AHB 인터페이스에서 전송을 하는 동안 오류 반응을 얻는 경우, 버스 결함이 발생한다. 이것은 다음의 단계에서 발생할 수 있다.

- 명령어 페치, 보통 *prefetch abort*라고 불린다.
- 데이터 읽기/쓰기, 보통 *data abort*라고 불린다.

Cortex-M3에서 버스 결함은 다음의 과정 동안에서도 발생할 수 있다.

- 인터럽트 처리 전에 스택 PUSH, **스태킹 오류**(stacking error)라고 불린다.
- 인터럽트 처리 끝에서 스택 POP, **언스태킹 오류**(unstacking error)라고 불린다.
- 프로세서가 인터럽트 처리 과정을 시작할 때, 인터럽트 벡터 주소(벡터 페치)를 읽는 동안(특별한 경우 하드 결함으로 분리된다)

AHB 오류 반응은 무엇을 야기할 수 있을까?

버스 결함은 AHB 버스에서 오류 반응을 얻을 때 발생한다. 일반적인 원인은 다음과 같다.

- 유효하지 않은 메모리 영역으로의 접근(예를 들어, 연결된 메모리가 없는 메모리 위치)
- 전송을 받아들일 장치가 준비되지 않을 경우(예를 들어, SDRAM 컨트롤러를 초기화하지 않고 SDRAM으로 접근을 시도하는 경우)
- 타깃 장치에 의해 지원되지 않는 전송 크기를 가지고 전송을 수행하고자 할 때(예를 들어, 워드로 접근되어야 하는 주변장치 레지스터에 바이트 접근을 할 때)
- 장치가 여러 가지 이유로 전송을 받아들이지 않을 때(예를 들어, 특권 접근 레벨에서만 프로그래밍되어야 하는 주변장치)

이러한 종류의 버스 결함이 발생할 때, 만약 버스 결함 핸들러가 활성화되어 있고, 동일하거나 더 높은 우선순위를 가진 다른 익셉션이 동작하고 있지 않다면, 버스 결함 핸들러가 실행될 것이다. 만약 버스 결함 핸들러가 활성화되어 있지만, 코어가 더 높은 우선순위를 갖는 또 다른 익셉션 핸들러를 동시에 받아들였다면, 버스 결함 핸들러는 펜딩될 것이다. 마지막으로 버스 결함 핸들러가 활성화되어 있지 않거나, 버스 결함보다 더 높거나 동일한 우선순위를 갖는 익셉션 핸들러에서 버스 결함이 발생할 때에는 대신 하드 결함 핸들러가 실행될 것이다. 만약 하드 결함 핸들러가 실행되고 있는 동안 또 다른 버스 결함이 발생한다면, 코어는 락업 상태로 진입할 것이다.

버스 결함 핸들러를 활성화하기 위해서는 NVIC 안에 있는 시스템 핸들러 제어 및 상태 레지스터 안에 있는 BUSFAULTENA 비트를 1로 설정해야 한다. 그것을 수행하기 전, 벡터 테이블이 RAM에 재배치되어 있다면, 벡터 테이블 안에 버스 결함 핸들러 시작 주소가 설정되어 있는지를 확인해 보도록 하자.

그러면, 프로세서가 버스 결함 핸들러에 진입할 때, 잘못된 것을 어떻게 확인할 수 있을까? NVIC는 결함 상태 레지스터를 가지고 있다. 그것들 중 하나는 버스 결함 상태 레지스터(BFSR)이다. 이 레지스터로부터 버스 결함 핸들러는 결함이 데이터/명령어에 의해 야기되었는지, 인터럽트 스태킹 또는 언스태킹 동작에 의해 발생한 것인지를 알 수 있다.

정확한 버스 결함을 위해서는 스택에 저장된 프로그램 카운터에 의해 추가적인 명령어가 위치할 수 있다. 만약 BFSR 안에 있는 BFARVALID 비트가 1로 설정되면, 버스 결함을 야기했던 메모리 위치를 결정하는 것도 가능하다. 이것은 버스 결함 주소 레지스터(BFAR)라고 불리는 또 다른 NVIC 레지스터를 읽어서도 알 수 있다. 하지만 부정확한 버스 결함에 대해서는 동일한 정보를 사용할 수 없다. 왜냐하면, 프로세서가 오류를 알게 될 때쯤, 프로세서는 이미 많은 다른 명령어를 수행하기 때문이다.

정확한 버스 결함과 부정확한 버스 결함

데이터 접근에 의해 야기되는 버스 결함은 정확한 것 또는 부정확한 것으로 분류될 수 있다. 부정확한 버스 결함의 경우, 여러 클럭 사이클 전에 발생했을 수 있는 이미 완료된 동작(버퍼링된 쓰기와 같이)에 의해 결함이 야기된다. 정확한 버스 결함은 마지막에 완료된 동작에 의해 야기된다. 예를 들어, 데이터를 받을 때까지 명령어가 야기될 수 없기 때문에, 메모리 읽기가 Cortex-M3에서 정확하다.

표 7.8 버스 결함 상태 레지스터(0xE000ED29)

비트	이름	종류	리셋값	설명
7	BFARVALID	–	0	BFAR이 유효하다는 것을 가리킴
6:5	–	–	–	–
4	STKERR	R/Wc	0	스태킹 오류
3	UNSTKERR	R/Wc	0	언스태킹 오류
2	IMPREISERR	R/Wc	0	부정확한 데이터 접근 침해
1	PRECISERR	R/Wc	0	정확한 데이터 접근 침해
0	IBUSERR	R/Wc	0	명령어 접근 침해

메모리 관리 결함

메모리 관리 결함은 MPU에서의 설정을 침해하는 메모리 접근이나 어떤 불합리한 접근(예를 들어, 실행 불가능한 메모리 영역에서 코드를 실행하고자 할 때)에 의해 야기될 수 있으며, MPU가 존재하지 않을 때조차 결함 익셉션을 발생시킨다.

보통의 MPU 결함의 일부는 다음과 같은 것들을 포함한다.

- MPU 설정에서 정의되지 않은 메모리 영역으로의 접근
- 읽기 전용 영역으로의 쓰기
- 특권 접근만 가능하도록 정의된 영역에 사용자 상태에서 접근할 때

메모리 관리 결함이 발생할 때, 메모리 관리 결함 핸들러가 활성화된다면, 메모리 관리 결함 핸들러가 실행될 것이다. 만약 더 높은 우선순위의 익셉션과 동시에 결함이 발생하면, 다른 익셉션이 먼저 처리되고 메모리 관리 결함은 펜딩될 것이다. 만약 프로세서가 동일하거나 더 높은 우선순위의 익셉션 핸들러를 이미 실행하고 있거나 메모리 관리 결함 핸들러가 활성화되어 있지 않다면, 하드 결함 핸들러가 대신 실행될 것이다. 만약 메모리 관리 결함이 하드 결함 핸들러 또는 NMI 핸들러 안에서 발생한다면, 프로세서는 락업 상태에 진입할 것이다.

버스 결함 핸들러와 마찬가지로 메모리 관리 결함 핸들러는 활성화되어야 한다. 이것은 NVIC 시스템 핸들러 제어 및 상태 레지스터 안에 있는 MEMFAULTENA 비트에 의해 수행된다. 만약 벡터 테이블이 RAM에 재배치된다면, 메모리 관리 결함 핸들러

시작 주소는 벡터 테이블에 먼저 셋업되어야 한다.

NVIC는 메모리 관리 결함의 원인을 가리키기 위해 메모리 관리 결함 상태 레지스터(MFSR)를 포함하고 있다. 만약 상태 레지스터가 결함이 데이터 접근 침해(DACCVIOL 비트) 또는 명령어 접근 침해(IACCVIOL 비트)라는 것을 가리키고 있다면, 스택에 저장된 프로그램 카운터에 의해 추가적인 코드가 배치될 수 있다. 만약 MFSR 안에 있는 MMARVALID 비트가 1로 설정되면, NVIC 안에 있는 메모리 관리 주소 레지스터(MMAR)에서 결함을 야기한 메모리 주소 위치를 결정하는 것도 가능하다.

MFSR을 위한 프로그래머 모델은 표 7.9에서 보여지는 바와 같다. 그것은 8비트 폭이며, 주소 0xE000ED28로의 바이트 전송 또는 워드 전송을 통해 접근될 수 있다. 최하위 바이트에 MFSR을 갖는다. 또 다른 결함 상태 레지스터에서처럼 결함 상태 비트는 그 비트에 1을 씀으로써 0으로 클리어될 수 있다.

표 7.9 메모리 관리 결함 상태 레지스터(0xE000ED28)

비트	이름	종류	리셋값	설명
7	MMARVALID	–	0	MMAR이 유효하다는 것을 가리킴
6:5	–	–	–	–
4	MSTKERR	R/Wc	0	스태킹 오류
3	MUNSTKERR	R/Wc	0	언스태킹 오류
2	–	–	–	–
1	DACCVIOL	R/Wc	0	데이터 접근 침해
0	IACCVIOL	R/Wc	0	명령어 접근 침해

사용 결함

사용 결함은 여러 가지 원인들로 인해 야기될 수 있다.

- 정의되지 않은 명령어
- 코프로세서 명령어(Cortex-M3 프로세서는 코프로세서를 지원하지 않는다. 하지만, 코프로세서 에뮬레이션을 통해 다른 Cortex 프로세서들을 위해 컴파일된 소프트웨어를 실행시키기 위해 결함 익셉션 메커니즘을 사용하는 것은 가능하다)

- ARM 상태로의 전환을 시도(소프트웨어를 실행하는 프로세서가 ARM 코드를 지원하는지를 테스트하기 위해 이 결함 메커니즘을 사용할 수 있다. Cortex-M3는 ARM 상태를 지원하지 않기 때문에, 전환을 시도하려고 한다면 사용 결함이 발생한다)
- 유효하지 않은 인터럽트 리턴(링크 레지스터는 유효하지 않은/부정확한 값을 포함한다)
- 다중 로드/스토어 명령어를 사용할 때, 정렬되지 않은 메모리 접근

NVIC 안에 어떤 제어 비트를 설정함으로써 사용 결함을 발생시키는 것도 가능하다.

- 0으로 나눔
- 어떤 정렬되지 않은 메모리 접근

사용 결함이 발생하고, 사용 결함 핸들러가 활성화되어 있다면, 보통 사용 결함 핸들러가 실행된다. 하지만, 동시에 더 높은 우선순위의 익셉션이 발생한다면, 사용 결함이 펜딩될 것이다. 만약 프로세서가 동일하거나 더 높은 우선순위를 갖는 익셉션 핸들러를 실행하고 있거나, 사용 결함 핸들러가 비활성화되어 있다면, 대신 하드 결함 핸들러가 실행될 것이다. 만약 하드 결함 핸들러 또는 NMI 핸들러 안에서 사용 결함이 발생한다면, 프로세서는 락업 상태에 진입할 것이다.

사용 결함 핸들러는 NVIC 안에 있는 시스템 핸들러 제어 및 상태 레지스터의 USGFAULTENA 비트를 1로 설정함으로써 활성화된다. 벡터 테이블이 RAM에 재배치된다면, 사용 결함 핸들러 시작 주소는 벡터 테이블에 먼저 셋업되어야 한다.

NVIC는 사용 결함 핸들러가 결함의 원인을 결정하기 위해 사용 결함 상태 레지스터(UFSR)를 제공한다. 핸들러 내에서 오류를 야기한 프로그램 카운터는 스택에 저장된 프로그램 카운터값을 사용하여 배치될 수 있다.

우연히 ARM 상태로 전환하기

사용 결함의 가장 일반적인 원인 중 하나는 프로세서가 우연히 ARM 모드로 전환하려고 시도하는 것이다. 이것은 LSB가 0인 새로운 값을 PC로 로드할 때 발생할 수 있다. 예를 들어, LSB를 설정하지 않고 레지스터 안의 주소로 분기하려고 할 때(BX LR), 익셉션 벡터 테이블 내 벡터의 LSB 안에 0이 있을 때, LSB를 0으로 클리어하지 않고 POP {PC}에 의해 읽혀진 PC값이 수동으로 수정될 때, 이러한 상태가 발생하면, UFSR 안에 있는 INVSTATE 비트가 1로 설정되면서 사용 결함 익셉션이 발생할 것이다.

UFSR은 표 7.10에 나타내었다. 그것은 두 바이트를 차지하며 주소 0xE000ED28로의 하프워드 전송 또는 워드 전송에 의해 접근될 수 있다. UFSR은 최상위 하프워드에 위치한다. 다른 결함 상태 레지스터와 마찬가지로, 결함 상태 비트는 그 비트에 1을 씀으로써 0으로 클리어될 수 있다.

표 7.10 사용 결함 상태 레지스터(0xE000ED2A)

비트	이름	종류	리셋값	설명
9	DIVBYZERO	R/Wc	0	0으로의 나눗셈이 이루어졌다는 것을 가리킨다(DIV_0_TRP가 1로 설정되었을 경우에만 설정될 수 있다).
8	UNALIGNED	R/Wc	0	정렬되지 않은 접근 결함이 발생했다는 것을 가리킨다.
7:4	–	–	–	–
3	NOCP	R/Wc	0	코프로세서 명령어를 실행하려고 시도하였다.
2	INVPC	R/Wc	0	EXC_RETURN 안에 잘못된 값을 가지고 익셉션을 수행하려고 시도하였다.
1	INVSTATE	R/Wc	0	유효하지 않은 상태로의 전환을 시도하였다(예를 들어, ARM 상태).
0	UNDEFINSTR	R/Wc	0	정의되지 않은 명령어를 실행하려고 시도하였다.

하드 결함

하드 결함 핸들러는 사용 결함, 버스 결함, 메모리 관리 결함이 실행될 수 없을 경우, 그 결함들에 의해 야기될 수 있다. 또한 그것은 벡터 페치를 하는 동안 버스 결함에 의해서도 야기될 수 있다(익셉션 처리 동안 벡터 테이블을 읽는 경우). NVIC 안에는 결함이 벡터 페치에 의해 야기되었는지 아닌지를 결정하기 위해 사용될 수 있는 하드 결함 상태 레지스터가 있다. 만약 그것이 없는 경우, 하드 결함 핸들러는 하드 결함의 원인을 결정하기 위해 다른 결함 상태 레지스터를 확인해야 할 것이다.

하드 결함 상태 레지스터(HFSR)의 상세한 사항에 대해서는 표 7.11을 참고하기 바란다. 다른 결함 상태 레지스터와 마찬가지로 결함 상태 비트는 그 비트에 1을 씀으로써

표 7.11 하드 결함 상태 레지스터(0xE000ED2C)

비트	이름	종류	리셋값	설명
31	DEBUGEVT	R/Wc	0	하드 결함이 디버그 이벤트에 의해 발생하였다는 것을 가리킨다.
30	FORCED	R/Wc	0	하드 결함이 버스 결함, 메모리 관리 결함, 사용 결함 때문에 발생하였다는 것을 가리킨다.
29:2	–	–	–	–
1	VECTBL	R/Wc	0	하드 결함이 벡터 페치 실패에 의해 발생하였다는 것을 가리킨다.
0	–	–	–	–

0으로 클리어될 수 있다.

결함 처리하기

소프트웨어 개발을 하는 동안, 프로그램 상에 오류의 원인을 결정하고 그것을 보정하기 위해 결함 상태 레지스터(FSR)를 사용할 수 있다. 이 책의 부록 E에는 다양한 결함의 일반적인 원인에 대한 문제 해결 가이드가 포함되어 있다. 실제 동작하는 시스템에서는 상황이 다르다. 결함의 원인을 결정한 후, 소프트웨어는 다음에 무엇을 해야 할지 결정해야 할 것이다. OS를 구동하는 시스템에서는, 추가적인 태스크나 어플리케이션들이 종료될 것이다. 어떤 다른 경우에는 시스템이 리셋되어야 한다. 결함 복원에 대한 요구사항은 타깃 어플리케이션에 따라 다르다. 그것을 적절하게 처리하는 것은 제품을 더 복잡하게 만든다. 하지만, 가장 중요한 것은 시작부터 결함이 발생하지 못하게 만드는 것이다. 다음은 결함 처리 방법에 대한 몇 가지를 제안하고 있다.

- 리셋: 이것은 NVIC의 어플리케이션 인터럽트 및 리셋 제어 레지스터에 있는 VECTRESET 제어 비트를 사용하여 수행될 수 있다. 이것은 프로세서를 리셋시키지만, 모든 칩을 리셋시키지는 않는다. 칩의 리셋 설계에 따라, 어떤 Cortex-M3 칩은 동일한 레지스터 안에 있는 SYSRESETREQ를 사용하여 리셋될 수 있다. 이것은 전체 시스템을 리셋시킨다.
- 복원: 어떤 경우에는 결함 익셉션을 야기하는 문제를 해결하는 것이 가능할 수 있

다. 예를 들어, 코프로세서 명령어의 경우, 그 문제는 코프로세서 에뮬레이션 소프트웨어를 사용하여 해결될 수 있다.

- 태스크 종료: OS를 구동하는 시스템에서는 결함을 야기했던 태스크를 종료시키거나 필요하면 재시작할 수 있을 것이다.

FSR은 수동으로 그것을 0으로 클리어시킬 때까지 그 상태를 유지한다. 결함 핸들러는 그것이 처리해야 하는 결함 상태 비트를 클리어해야 한다. 그렇지 않으면, 또 다른 결함이 발생하는 다음 순간에 결함 핸들러가 다시 발생하게 되어, 첫 번째 결함이 여전히 존재한다고 착각하여 그것을 다시 처리하려는 실수를 할 수 있다. FSR은 Write-to-Clear 메커니즘(0으로 클리어해야 하는 비트에 1을 씀으로써 클리어시킨다)을 사용한다.

칩 제조사는 다른 결함 상황을 가리키기 위해 칩 안에 부수적인 FSR을 포함할 수 있다. AFSR의 구현은 각각의 칩 설계 요구사항에 따라 달라진다.

SVC와 PendSV

SVC(시스템 서비스 호출)와 PendSV(펜딩된 시스템 호출)는 소프트웨어와 운영체제를 타깃으로 하는 익셉션들이다. SVC는 시스템 함수 호출을 발생시키기 위해 존재한다. 예를 들어, 사용자 프로그램이 하드웨어에 직접 접근하도록 하는 대신, 운영체제가 SVC를 통해 하드웨어에 접근할 수 있게 해준다. 따라서 사용자 프로그램이 어떤 하드웨어를 사용하고자 한다면, 그것은 SVC 명령어를 사용하여 SVC 익셉션을 생성한다. 그러면, 운영체제 안에 있는 소프트웨어 익셉션 핸들러가 실행되며, 요청된 사용자 어플리케이션을 서비스한다. 이런 방법으로, 하드웨어로의 접근은 OS의 제어 하에 있게 되는데, 그러면 사용자 어플리케이션이 하드웨어에 직접 접근하지 못하게 함으로써 더 복잡한 시스템을 설계할 수 있게 된다.

SVC는 사용자 어플리케이션이 하드웨어에 대한 상세한 프로그래밍 내용을 알 필요가 없게 하기 때문에, 소프트웨어 포팅을 더 쉽게 만들어준다. 사용자 프로그램은 어플리케이션 프로그래밍 인터페이스(API) 함수 ID와 매개변수를 알기만 하면 된다. 실제 하드웨어 레벨의 프로그래밍은 디바이스 드라이버에 의해 처리된다.

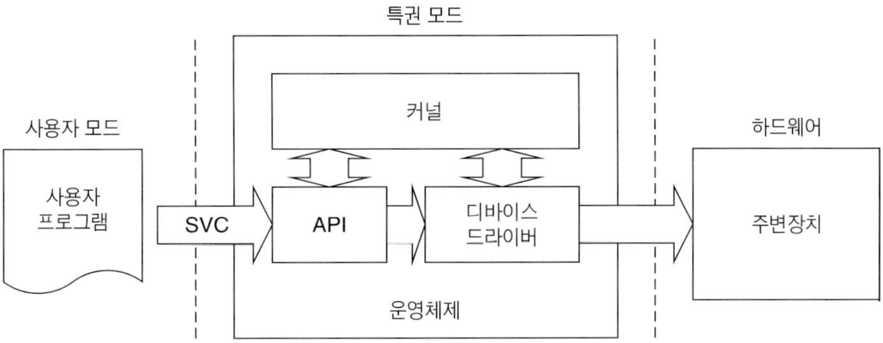

그림 7.15 OS 함수를 위한 게이트웨이로서의 SVC

SVC는 SVC 명령어를 사용하여 생성된다. 이 명령어를 위해서는 상수값이 요구되는데, 그것은 매개변수 전달 방법으로 동작한다. SVC 익셉션 핸들러는 매개변수를 추출하여 어떤 동작을 수행해야 할지를 결정한다. 예를 들어,

```
SVC 0x3 ; SVC 함수 3 호출
```

SVC 핸들러가 실행될 때, 스택에 저장된 프로그램 카운터값을 읽은 다음, 그 주소에서 명령어를 읽고 필요 없는 비트들을 마스킹함으로써, SVC 명령어 안에 상수 데이터값을 결정할 수 있다. 만약 시스템이 사용자 어플리케이션을 위해 PSP를 사용하고 있다면, 먼저 어떤 스택이 사용될지를 결정할 수 있다. 이것은 핸들러에 진입할 때, 링크 레지스터값에서 결정될 수 있다. (이 주제에 대한 보다 상세한 사항은 8장에서 다루고 있다)

SVC와 SWI(ARM7)

만약 전통적인 ARM 프로세서(ARM7과 같은)를 사용해 본 적이 있다면, 소프트웨어 인터럽트 명령어(SWI)를 알고 있을 것이다. SVC는 이와 유사한 기능을 한다. 사실, SVC 명령어를 바이너리 엔코딩하면, ARM7에서의 SWI와 동일하다. 하지만, 익셉션 모델에 변화가 있기 때문에, 프로그래머가 ARM7에서 Cortex-M3로 소프트웨어 코드를 적절히 포팅했는지를 확인할 수 있도록 이 명령어는 다른 이름이 붙여졌다.

Cortex-M3에서의 인터럽트 익셉션 모델 때문에, SVC 핸들러 내에 SVC를 사용할 수 없다. (우선순위가 현재 우선순위와 동일하기 때문) 그렇게 하면, 사용 결함 익셉션을 야

기할 것이다. 동일한 이유 때문에, NMI 핸들러나 하드 결함 핸들러 안에서도 SVC를 사용할 수 없다.

PendSV(펜딩된 시스템 호출)는 OS에서 SVC와 함께 동작한다. SVC(SVC 명령어에 의해)는 펜딩되지 못하지만(SVC라고 불리는 어플리케이션은 요구되는 태스크가 즉시 수행될 것을 기대한다), PendSV는 펜딩될 수 있으며, 어떤 동작이 다른 중요한 태스크가 종료된 후 수행될 수 있도록 하기 위해 OS가 익셉션을 펜딩시키는 데 유용하게 사용될 수 있다. PendSV는 NVIC PendSV 펜딩 레지스터에 1을 씀으로써 발생시킬 수 있다.

전형적인 PendSV의 사용은 문맥 전환(태스크들 간에 전환)에서이다. 예를 들어, 시스템은 두 개의 활성화 태스크를 가지고 있을 수 있으며, 문맥 전환은 다음에 의해 발생할 수 있다.

- SVC 함수 호출
- 시스템 타이머(SYSTICK)

시스템 안에 두 개의 태스크만 있고 문맥 전환이 SYSTICK 익셉션에 의해서만 발생하는 간단한 예제를 살펴보자(그림 7.16 참고).

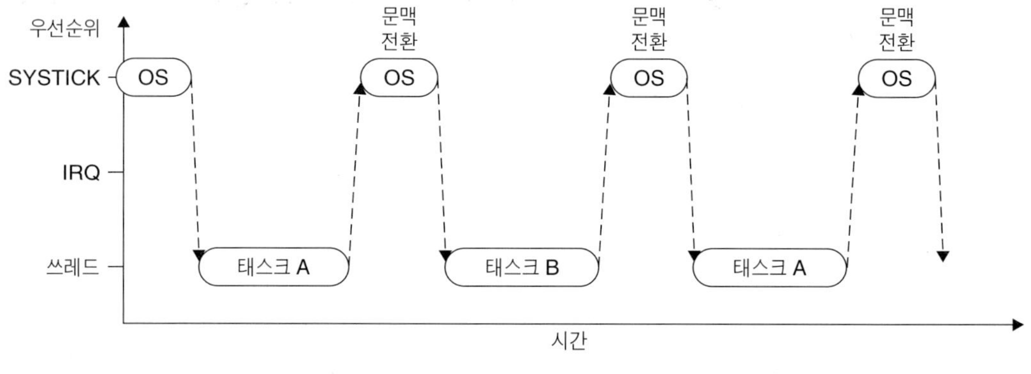

그림 7.16 두 태스크 사이의 전환을 위해 SYSTICK을 사용하는 간단한 시나리오

인터럽트 요청이 SYSTICK 익셉션 전에 발생한다면, SYSTICK 익셉션은 IRQ 익셉션을 선점할 것이다. 이 경우, OS는 문맥 전환을 수행해서는 안 된다. 그렇지 않으면, IRQ 핸들러가 딜레이될 것이다. 그리고, 인터럽트가 활성화되어 있을 때 OS가 쓰레드 모드로 전환하려고 시도하면, Cortex-M3에서는 사용 결함 익셉션이 발생하게 된다.

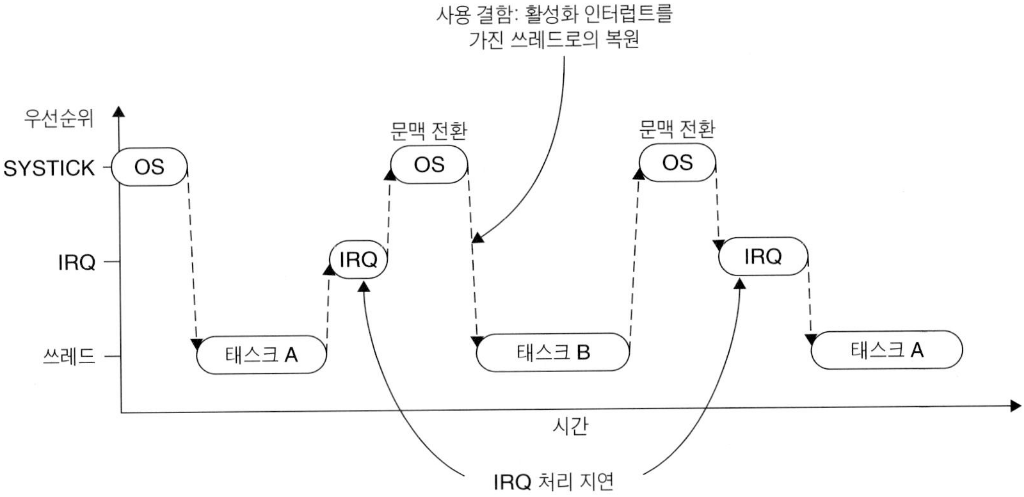

그림 7.17 IRQ에서 문맥 전환이 발생할 때의 문제

IRQ 처리의 지연 문제를 피하기 위해, 어떤 OS에서는 IRQ 핸들러가 실행되지 않는 것을 감지한 후에만 문맥 전환을 수행한다. 하지만, 이것은 문맥 전환에 있어 매우 긴 지연 결과를 야기할 수 있다. 특히 인터럽트 소스의 주기가 SYSTICK 익셉션의 주기와 매우 가까울 경우에는 더욱 그렇다.

PendSV 익셉션은 모든 다른 IRQ 핸들러가 그 처리를 완료할 때까지 문맥 전환 요청을 지연시킴으로써 그 문제를 해결한다. 이렇게 하기 위해 PendSV는 최하위 우선순위 익셉션으로 프로그래밍된다. 만약 IRQ가 현재 활성화되어 있다고 OS가 감지한다면, PendSV 익셉션을 펜딩시킴으로써 문맥 전환을 구별한다.

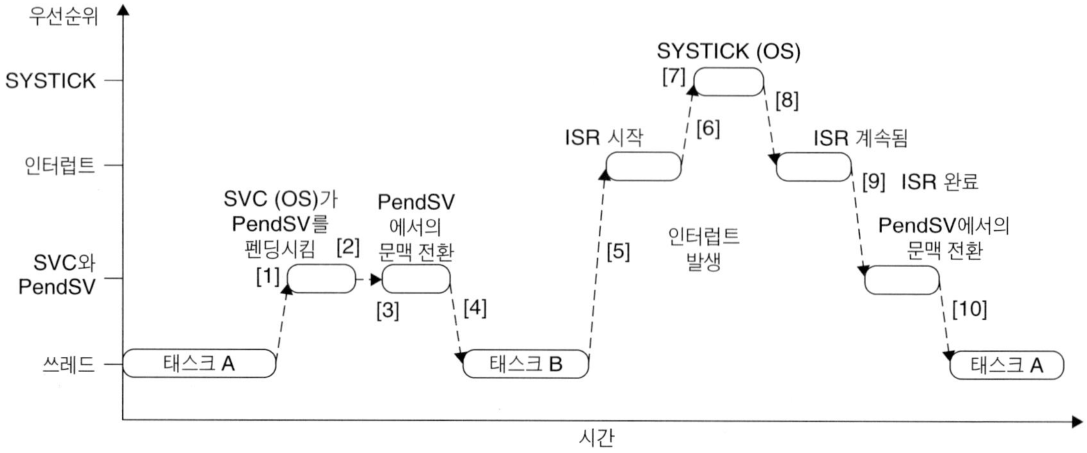

그림 7.17 PendSV를 갖는 문맥 전환의 예

1. 태스크 A는 태스크 전환을 위해 SVC를 호출한다(예를 들어, 어떤 동작이 완료되기를 기다린다).
2. OS는 그 요청을 받아들여서 문맥 전환을 준비하고, PendSV 익셉션을 펜딩시킨다.
3. CPU가 SVC를 벗어날 때, 그것은 바로 PendSV로 진입하여 문맥 전환을 수행한다.
4. PendSV가 끝나고 쓰레드 레벨로 복원되면, 태스크 B를 수행한다.
5. 인터럽트가 발생하고 인터럽트 핸들러로 진입한다.
6. 인터럽트 핸들러 루틴이 동작하는 동안, (OS 틱을 위한) SYSTICK 익셉션이 발생한다.
7. OS가 본래의 동작을 수행한 다음, PendSV 익셉션을 펜딩시키고, 문맥 전환을 위한 준비를 한다.
8. SYSTICK 익셉션에서 벗어날 때, 인터럽트 서비스 루틴으로 복원된다.
9. 인터럽트 서비스 루틴이 완료되면 PendSV가 시작되고 실제 문맥 전환 동작이 수행된다.
10. PendSV가 완료될 때, 프로그램은 쓰레드 레벨로 되돌아간다. 이때, 태스크 A로 되돌아가서 처리를 계속한다.

Chapter 08

NVIC와 인터럽트 제어

이 장의 내용

- NVIC 개요
- 기본적인 인터럽트 설정
- 인터럽트 활성화 및 클리어 활성화
- 인터럽트 펜딩 및 클리어 펜딩
- 인터럽트를 셋업하는 과정의 예
- 소프트웨어 인터럽트
- SYSTICK 타이머

NVIC 개요

이미 알고 있듯이, 중첩 벡터 인터럽트 컨트롤러, NVIC는 Cortex-M3에 집적되어 있다. 그것은 Cortex-M3 CPU 코어 로직에 매우 밀접하게 연결되어 있다. 그 제어 레지스터는 메모리 매핑된 장치와 같이 접근 가능하다. 인터럽트 처리를 위한 제어 레지스터와 제어 로직 외에, NVIC는 MPU, SYSTICK 타이머, 디버깅 제어를 위한 제어 레지스터들도 포함하고 있다. 이 장에서는 인터럽트 처리를 위한 제어 로직에 대해 알아보도록 하겠다. MPU와 디버깅 제어를 위한 제어 로직에 대해서는 다음 장에서 살펴보도록 하겠다.

NVIC는 1에서 240개의 외부 인터럽트 입력(일반적으로 IRQ로 알려져 있다)을 지원한다. 지원되는 인터럽트의 정확한 수는 칩 제조사들이 Cortex-M3 칩을 개발할 때 칩 제조사들에 의해 결정된다. 또한 NVIC는 마스킹이 불가능한 인터럽트(NMI) 입력도 지원한다. NMI의 실제 기능 또한 칩 제조사에 의해 결정된다. 어떤 경우에는 이 NMI는 외부 소스에 의해 제어될 수 없다.

NVIC는 메모리 위치 0xE000E000으로 접근될 수 있다. 인터럽트 제어/상태 레지스터의 대부분은 특권 모드에 의해서만 접근 가능하다. 단, 소프트웨어 트리거 인터럽트 레지스터는 제외되는데, 이것은 사용자 모드에서도 셋업될 수 있다. 인터럽트 제어/상태 레지스터는 워드, 하프워드, 바이트 전송으로 접근될 수 있다.

또한 다른 인터럽트-마스킹 레지스터 몇몇은 인터럽트에 포함되어 있을 수 있다. 이것들은 3장에서 다루었던 "특별한 레지스터"를 말하며, MRS와 MSR 명령어에 의해 접근된다.

기본적인 인터럽트 설정

각각의 외부 인터럽트는 그와 관련된 몇 가지 레지스터들을 가지고 있다.

- 활성화 레지스터와 클리어 활성화 레지스터
- 셋 펜딩 레지스터와 클리어 펜딩 레지스터
- 우선순위 레벨

- 활성화 상태

그 외에 다른 많은 레지스터들도 인터럽트 처리에 영향을 줄 수 있다.

- 익셉션 마스킹 레지스터(PRIMASK, FAULTMASK, BASEPRI)
- 벡터 테이블 오프셋 레지스터
- 소프트웨어 트리거 인터럽트 레지스터
- 우선순위 그룹

인터럽트 활성화 및 클리어 활성화

인터럽트 활성화(Interrupt Enable) 레지스터는 두 개의 주소를 통해 프로그래밍된다. 활성화 비트를 1로 설정하기 위해서는 SETENA 레지스터 주소에 값을 쓰면 된다. 그리고 활성화 비트를 0으로 클리어하기 위해서는 CLRENA 레지스터 주소에 값을 쓰면 된다. 이러한 방식으로 어떤 인터럽트를 활성화하거나 비활성화하면, 다른 인터럽트 활성화 상태에는 영향을 주지 않는다. SETENA/CLRENA 레지스터들은 32비트 폭이며, 각 비트는 하나의 인터럽트 입력을 나타낸다.

Cortex-M3 프로세서 안에는 32개 이상의 외부 인터럽트들이 있을 수 있기 때문에, 하나 이상의 SETENA와 CLRENA 레지스터들이 있다 — 예를 들어 SETENA0, SETENA1 등이 있을 수 있다(표 8.1 참고). 존재하고 있는 인터럽트들을 위한 활성화 비트들만이 구현되어 있다. 만약 32개의 인터럽트 입력만을 가지고 있다면, SETENA0와 CLRENA0만이 존재할 것이다. SETENA와 CLRENA 레지스터들은 워드 또는 하프워드 또는 바이트 단위로 접근이 가능하다. 처음 16개의 익셉션 종류는 시스템 익셉션이기 때문에, 외부 인터럽트 #0은 16번의 익셉션 번호를 갖는다(표 7.2 참고).

인터럽트 펜딩 및 클리어 펜딩

인터럽트가 발생하였으나 바로 실행될 수 없다면(예를 들어, 또 다른 더 높은 우선순위의 인터럽트 핸들러가 실행되고 있다면), 그것은 펜딩될 것이다. 인터럽트 펜딩 상태는 인터럽트 셋 펜딩(Interrupt Set Pending, SETPEND) 레지스터와 인터럽트 클리어 펜딩(Interrupt Clear Pending, CLRPEND) 레지스터를 통해 접근될 수 있다. 활성화 레

표 8.1 인터럽트 셋 활성화 레지스터와 인터럽트 클리어 활성화 레지스터 (0xE000E100-0xE000E11C, 0xE000E180-0xE000E19C)

주소	이름	종류	리셋값	설명
0xE000E100	SETENA0	R/W	0	외부 인터럽트 #0-31을 위한 활성화 인터럽트 #0을 위한 비트[0] (익셉션 #16) 인터럽트 #1을 위한 비트[1] (익셉션 #17) ... 인터럽트 #31을 위한 비트[31] (익셉션 #47) 비트를 1로 설정하려면 1을 쓴다. 0을 쓰는 것은 어떠한 영향도 미치지 않는다. 읽은 값은 현재의 상태를 가리킨다.
0xE000E104	SETENA1	R/W	0	외부 인터럽트 #32-63을 위한 활성화 비트를 1로 설정하려면 1을 쓴다. 0을 쓰는 것은 어떠한 영향도 미치지 않는다. 읽은 값은 현재의 상태를 가리킨다.
0xE000E108	SETENA2	R/W	0	외부 인터럽트 #64-95를 위한 활성화 비트를 1로 설정하려면 1을 쓴다. 0을 쓰는 것은 어떠한 영향도 미치지 않는다. 읽은 값은 현재의 상태를 가리킨다.
...	–	–	–	–
0xE000E180	CLRENA0	R/W	0	외부 인터럽트 #0-31을 위한 클리어 활성화 인터럽트 #0을 위한 비트[0] 인터럽트 #1을 위한 비트[1] ... 인터럽트 #31을 위한 비트[31] 비트를 0으로 설정하려면 1을 쓴다. 0을 쓰는 것은 어떠한 영향도 미치지 않는다. 읽은 값은 현재의 활성화 상태를 가리킨다.
0xE000E184	CLRENA1	R/W	0	외부 인터럽트 #32-63을 위한 클리어 활성화 비트를 0으로 설정하려면 1을 쓴다. 0을 쓰는 것은 어떠한 영향도 미치지 않는다. 읽은 값은 현재의 활성화 상태를 가리킨다.
0xE000E188	CLRENA2	R/W	0	외부 인터럽트 #64-95를 위한 클리어 활성화 비트를 0으로 설정하려면 1을 쓴다. 0을 쓰는 것은 어떠한 영향도 미치지 않는다. 읽은 값은 현재의 활성화 상태를 가리킨다.
...	–	–	–	–

지스터와 유사하게, 펜딩 상태 제어는 32개의 외부 인터럽트 입력이 있다면, 하나 이상의 레지스터들을 포함할 수 있다.

현재 펜딩된 익셉션을 취소하거나 SETPEND 레지스터를 통해 소프트웨어 인터럽트를

표 8.2 인터럽트 셋 펜딩 레지스터와 인터럽트 클리어 펜딩 레지스터 (0xE000E200-0xE000E21C, 0xE000E280-0xE000E29C)

주소	이름	종류	리셋값	설명
0xE000E200	SETPEND0	R/W	0	외부 인터럽트 #0-31을 위한 펜딩 인터럽트 #0을 위한 비트[0] (익셉션 #16) 인터럽트 #1을 위한 비트[1] (익셉션 #17) ... 인터럽트 #31을 위한 비트[31] (익셉션 #47) 비트를 1로 설정하려면 1을 쓴다. 0을 쓰는 것은 어떠한 영향도 미치지 않는다. 읽은 값은 현재의 상태를 가리킨다.
0xE000E204	SETPEND1	R/W	0	외부 인터럽트 #32-63을 위한 펜딩 비트를 1로 설정하려면 1을 쓴다. 0을 쓰는 것은 어떠한 영향도 미치지 않는다. 읽은 값은 현재의 상태를 가리킨다.
0xE000E208	SETPEND2	R/W	0	외부 인터럽트 #64-95를 위한 펜딩 비트를 1로 설정하려면 1을 쓴다. 0을 쓰는 것은 어떠한 영향도 미치지 않는다. 읽은 값은 현재의 상태를 가리킨다.
...	-	-	-	-
0xE000E280	CLRPEND0	R/W	0	외부 인터럽트 #0-31을 위한 클리어 펜딩 인터럽트 #0을 위한 비트[0] (익셉션 #16) 인터럽트 #1을 위한 비트[1] (익셉션 #17) ... 인터럽트 #31을 위한 비트[31] (익셉션 #47) 비트를 0으로 설정하려면 1을 쓴다. 0을 쓰는 것은 어떠한 영향도 미치지 않는다. 읽은 값은 현재의 펜딩 상태를 가리킨다.
0xE000E284	CLRPEND1	R/W	0	외부 인터럽트 #32-63을 위한 클리어 펜딩 비트를 0으로 설정하려면 1을 쓴다. 0을 쓰는 것은 어떠한 영향도 미치지 않는다. 읽은 값은 현재의 펜딩 상태를 가리킨다.
0xE000E288	CLRPEND2	R/W	0	외부 인터럽트 #64-95를 위한 클리어 펜딩 비트를 0으로 설정하려면 1을 쓴다. 0을 쓰는 것은 어떠한 영향도 미치지 않는다. 읽은 값은 현재의 펜딩 상태를 가리킨다.
...	-	-	-	-

발생시키기 위해, 펜딩 상태 레지스터들을 변경할 수도 있다(표 8.2 참고).

우선순위 레벨

각각의 외부 인터럽트들은 관련된 우선순위-레벨 레지스터를 가지고 있는데, 이는 최대 8비트에서 최소 3비트까지의 폭을 갖는다. 이전 장에서 설명하였던 것처럼, 각 레지스터는 선점형 우선순위 레벨과 우선순위 그룹 설정을 기반으로 하는 서브 우선순위 레벨로 보다 세분화될 수 있다. 우선순위-레벨 레지스터는 바이트나 하프워드 또는 워드로 접근될 수 있다. 우선순위-레벨 레지스터들의 수는 그 칩이 얼마나 많은 외부 인터럽트들을 포함하고 있는가에 따라 달라진다(표 8.3 참고). 우선순위-레벨 설정 레지스터들에 대해서는 부록 D의 표 D.18에서 보다 상세히 설명하고 있다.

표 8.3 인터럽트 우선순위-레벨 레지스터(0xE000E400-0xE000E4EF)

주소	이름	종류	리셋값	설명
0xE000E400	PRI_0	R/W	0(8비트)	우선순위-레벨 외부 인터럽트 #0
0xE000E401	PRI_1	R/W	0(8비트)	우선순위-레벨 외부 인터럽트 #1
…	-	-	-	-
0xE000E41F	PRI_31	R/W	0(8비트)	우선순위-레벨 외부 인터럽트 #31
…	-	-	-	-

활성화 상태

각각의 외부 인터럽트는 활성화 상태 비트를 가지고 있다. 프로세서가 인터럽트 핸들러를 시작할 때 이 비트는 1로 설정되며, 인터럽트 리턴이 실행될 때 0으로 클리어된다. 하지만 인터럽트 서비스 루틴이 실행하는 동안, 더 높은 우선순위의 인터럽트가 발생하여 선점할 수 있다. 이러한 과정 동안에는 프로세서가 또 다른 인터럽트 핸들러를 실행하고 있음에도 불구하고, 이전의 인터럽트는 여전히 활성화 상태로 정의되어 있다. 활성화 레지스터는 32비트이지만, 하프워드 또는 바이트 크기의 전송을 사용하여 접근될 수도 있다. 만약 32개 이상의 외부 인터럽트들이 있다면, 하나 이상의 활성화 레지스터가 있게 될 것이다. 외부 인터럽트들을 위한 활성화 상태 레지스터들은 읽기만 가능하다(표 8.4 참고).

표 8.4 인터럽트 활성화 상태 레지스터(0xE000E300-0xE000E31C)

주소	이름	종류	리셋값	설명
0xE000E300	ACTIVE0	R	0	외부 인터럽트 #0-31을 위한 활성화 상태 인터럽트 #0을 위한 비트[0] 인터럽트 #1을 위한 비트[1] … 인터럽트 #31을 위한 비트[31]
0xE000E304	ACTIVE1	R	0	외부 인터럽트 #32-63을 위한 활성화 상태
…	–	–	–	–

PRIMASK와 FAULTMASK 특별한 레지스터

PRIMASK 레지스터는 NMI와 하드 결함을 제외한 모든 익셉션들을 비활성화하기 위해 사용된다. 이것은 결과적으로 현재의 우선순위 레벨을 0으로 바꾼다(가장 높은 프로그래밍 가능한 레벨). 이 레지스터는 MRS와 MSR 명령어를 사용하여 프로그래밍될 수 있다. 예를 들어,

```
MOV  R0, #1
MSR  PRIMASK, R0      ; 모든 인터럽트들을 비활성화하기 위해 PRIMASK에 1을 씀
```

그리고

```
MOV  R0, #0
MSR  PRIMASK, R0      ; 모든 인터럽트들을 활성화하기 위해 PRIMASK에 0을 씀
```

PRIMASK는 크리티컬한 태스크들을 위해 임시로 모든 인터럽트들을 비활성화하고자 사용된다. PRIMASK가 1로 설정되었을 때 결함이 발생하면, 하드 결함 핸들러가 실행될 것이다.

FAULTMASK는 하드 결함 핸들러조차 발생하지 않도록 현재의 우선순위 레벨을 −1로 변경한다는 것만 제외하면 PRIMASK와 거의 유사하다. FAULTMASK가 1로 설정되면, NMI만 실행될 수 있다.

FAULTMASK는 익셉션 핸들러에서 나오게 되면, 자동적으로 0으로 클리어된다. FAULTMASK와 PRIMASK 레지스터는 사용자 상태에서는 1로 설정될 수 없다.

BASEPRI 특별한 레지스터

어떤 경우에는 어떤 레벨보다 더 낮은 우선순위를 갖는 인터럽트들만을 비활성화하고 싶을 수도 있다. 이 경우에, BASEPRI 레지스터를 사용할 수 있다. 이것을 수행하기 위해서는 BASEPRI 레지스터에 필요로 하는 마스킹 우선순위 레벨을 쓰기만 하면 된다. 예를 들어, 0x60과 같거나 더 낮은 우선순위 레벨을 갖는 모든 인터럽트들을 마스킹하기를 원한다면, 다음과 같이 BASEPRI에 그 값을 쓰면 된다.

```
MOV  R0, #0x60
MSR  BASEPRI, R0      ; 우선순위 0x60-0xFF를 갖는 인터럽트들을 비활성화
```

이 마스킹을 취소하려면, 다음과 같이 BASEPRI 레지스터에 0을 쓰기만 하면 된다.

```
MOV  R0, #0x0
MSR  BASEPRI, R0      ; BASEPRI 마스킹 해제
```

BASEPRI 레지스터는 BASEPRI_MAX 레지스터 이름을 사용하여 접근될 수도 있다. 그것은 실제로 동일한 레지스터이지만, 이 이름을 사용하면 조건부 쓰기 연산을 수행할 수 있다. (하드웨어적으로는 BASEPRI와 BASEPRI_MAX는 동일한 레지스터이다. 하지만 어셈블러 코드에서 이 두 레지스터들은 다른 레지스터 이름의 코딩을 사용한다) 레지스터로 BASEPRI_MAX를 사용할 때, 그것은 더 높은 우선순위 레벨로만 변경될 수 있으며, 더 낮은 우선순위 레벨로는 변경될 수 없다. 예를 들어, 다음의 명령어 시퀀스를 살펴보도록 하자.

```
MOV  R0, #0x60
MSR  BASEPRI_MAX, R0      ; 0x60, 0x61, ..., 등의 우선순위를 갖는 인터럽트들을 비활성화
MOV  R0, #0xF0
MSR  BASEPRI_MAX, R0      ; 이렇게 쓴 값은 그것이 0x60보다 더 낮기 때문에 무시될 것임
MOV  R0, #0x40
MSR  BASEPRI_MAX, R0      ; 이렇게 쓴 값은 채택되어 마스킹 레벨을 0x40으로 변경할 것임
```

더 낮은 마스킹 레벨로 변경하거나 그 마스킹을 비활성화기 위해서는, BASEPRI라는 레지스터 이름이 사용되어야만 한다. BASEPRI/BASEPRI_MAX 레지스터는 사용자 상태에서는 설정될 수 없다.

다른 우선순위-레벨 레지스터에서처럼, BASEPRI 레지스터의 형식은 구현된 우선순위 레지스터 너비의 수에 의해 영향을 받는다. 예를 들어, 우선순위-레벨 레지스터를 위해

3비트만이 구현되어 있다면, BASEPRI는 0x00, 0x20, 0x40, ..., 0xC0, 0xE0으로 프로그래밍될 수 있다.

다른 익셉션들을 위한 설정 레지스터

사용 결함 익셉션과 메모리 관리 결함 익셉션, 그리고 버스 결함 익셉션은 시스템 핸들러 제어 및 상태 레지스터(0xE000ED24)에 의해 활성화될 수 있다. 결함의 펜딩 상태와 대부분의 시스템 익셉션들의 활성화 상태는 이 레지스터에서 이용할 수 있다(표 8.5 참고).

표 8.5 시스템 핸들러 제어 및 상태 레지스터(0xE000ED24)

비트	이름	종류	리셋값	설명
18	USGFAULTENA	R/W	0	사용 결함 핸들러 활성화
17	BUSFAULTENA	R/W	0	버스 결함 핸들러 활성화
16	MEMFAULTENA	R/W	0	메모리 관리 결함 활성화
15	SVCALLPENDED	R/W	0	SVC 펜딩; SVCall이 시작되었지만, 더 높은 우선순위를 갖는 익셉션에 의해 대체되었을 때 발생한다.
14	BUSFAULTPENDED	R/W	0	버스 결함 펜딩; 버스 결함 핸들러가 시작되었지만, 더 높은 우선순위를 갖는 익셉션에 의해 대체되었을 때 발생한다.
13	MEMFAULTPENDED	R/W	0	메모리 관리 결함 펜딩; 메모리 관리 결함 핸들러가 시작되었지만, 더 높은 우선순위를 갖는 익셉션에 의해 대체되었을 때 발생한다.
12	USGFAULTPENDED	R/W	0	사용 결함 펜딩; 사용 결함 핸들러가 시작되었지만, 더 높은 우선순위를 갖는 익셉션에 의해 대체되었을 때 발생한다.
11	SYSTICKACT	R/W	0	SYSTICK 익셉션이 활성화되어 있으면 1이라고 읽힌다.
10	PENDSVACT	R/W	0	PendSV 익셉션이 활성화되어 있으면 1이라고 읽힌다.
8	MONITORACT	R/W	0	디버그 모니터 익셉션이 활성화되어 있으면 1이라고 읽힌다.
7	SVCALLACT	R/W	0	SVCall 익셉션이 활성화되어 있으면 1이라고 읽힌다.
3	USGFAULTACT	R/W	0	사용 결함 익셉션이 활성화되어 있으면 1이라고 읽힌다.
1	BUSFAULTACT	R/W	0	버스 결함 익셉션이 활성화되어 있으면 1이라고 읽힌다.
0	MEMFAULTACT	R/W	0	메모리 관리 결함 익셉션이 활성화되어 있으면 1이라고 읽힌다.

주: 12번 비트(USGFAULTPENDED)는 Cortex-M3의 버전 0에서는 사용될 수 없다.

이 레지스터에 값을 쓸 때 주의하도록 하자. 시스템 익셉션의 활성화 상태 비트들이 우연히 변경되지는 않았는지 확인하도록 하자. 그렇지 않다면, 활성화된 시스템 익셉션이 우연히 0으로 클리어된 활성화 상태를 가지고 있는 경우, 시스템 익셉션 핸들러가 익셉션 끝에 도달했을 때 결함 익셉션이 발생할 것이다.

NMI를 위한 펜딩과 SYSTICK 타이머 그리고 PendSV는 인터럽트 제어 및 상태 레지스터를 통해 프로그램될 수 있다. 이 레지스터에는, 상당히 많은 비트 영역들이 디버깅 목적을 위해 존재한다. 대부분의 경우에는 펜딩 레지스터만이 어플리케이션 개발을 위해 유용하다(표 8.6 참고).

표 8.6 인터럽트 제어 및 상태 레지스터(0xE000ED04)

비트	이름	종류	리셋값	설명
31	NMIPENDSET	R/W	0	NMI 펜딩
28	PENDSVSET	R/W	0	시스템 호출을 펜딩하기 위해 1을 쓴다. 읽은 값은 펜딩 상태를 나타낸다.
27	PENDSVCLR	W	0	PendSV 펜딩 상태를 클리어하기 위해 1을 쓴다.
26	PENDSTSET	R/W	0	SYSTICK 익셉션을 펜딩하기 위해 1을 쓴다. 읽은 값은 펜딩 상태를 나타낸다.
25	PENDDSTCLR	W	0	SYSTICK 펜딩 상태를 클리어하기 위해 1을 쓴다.
23	ISRPREEMPT	R	0	펜딩 인터럽트가 다음 단계에서 활성화된다는 것을 나타낸다(디버깅을 위한다).
22	ISRPENDING	R	0	외부 인터럽트 펜딩(결함을 위한 NMI와 같은 시스템 익셉션 제외)
21:12	VECTPENDING	R	0	펜딩 ISR 번호
11	RETTOBASE	R	0	프로세서가 익셉션 핸들러를 실행하고 있을 때 1로 설정한다. 만약 인터럽트 리턴과 다른 익셉션이 펜딩되어 있지 않다면, 쓰레드 레벨을 리턴한다.
9:0	VECTACTIVE	R	0	현재 동작하고 있는 인터럽트 서비스 루틴

인터럽트를 셋업하는 과정의 예

여기에서는 인터럽트를 셋업하기 위한 간단한 과정을 예로 보여주고 있다.

1. 시스템이 부팅되면, 우선순위 그룹 레지스터는 셋업되어야 한다. 디폴트로, 우선순위 그룹 0이 사용된다(우선순위 레벨의 비트[7:1]은 선점형 우선순위 레벨이고, 비트[0]은 서브 우선순위 레벨이다).
2. 벡터 테이블 재배치가 요구된다면, 하드 결함 및 NMI 핸들러를 새로운 벡터 테이블 위치에 복사한다(간단한 어플리케이션에서는 이것이 필요 없다).
3. 벡터 테이블 오프셋 레지스터는 벡터 테이블이 준비 상태에 있도록 셋업해야 한다(선택 가능).
4. 인터럽트를 위해 인터럽트 벡터를 셋업하도록 하자. 벡터 테이블은 재배치되기 때문에, 벡터 테이블 오프셋 레지스터를 읽은 다음, 인터럽트 핸들러를 위해 정확한 메모리 위치를 계산한다. 벡터가 ROM 안에 하드코딩되어 있다면, 이 단계는 생략될 수 있다.
5. 인터럽트를 위한 우선순위 레벨을 셋업한다.
6. 인터럽트를 활성화한다.

어셈블리로 작성된 프로그램은 다음과 같을 것이다.

```
LDR     R0, =0xE000ED0C           ; 어플리케이션 인터럽트 및 리셋 제어 레지스터
LDR     R1, =0x05FA0500           ; 우선순위 그룹 5(2/6)
STR     R1, [R0]                  ; 우선순위 그룹 셋업
...
MOV     R4, #8                    ; ROM 안에 있는 벡터 테이블
LDR     R5, =(NEW_VECT_TABLE+8)
LDMIA   R4!, {R0-R1}              ; NMI와 하드 결함을 위한 벡터 주소를 읽음
STMIA   R5!, {R0-R1}              ; 벡터들을 새로운 벡터 테이블로 복사함
...
LDR     R0, =0xE000ED08           ; 벡터 테이블 오프셋 레지스터
LDR     R1, =NEW_VECT_TABLE
STR     R1, [R0]                  ; 벡터 테이블을 새로운 위치로 설정함
...
LDR     R0, =IRQ7_Handler         ; IRQ#7 핸들러의 시작 주소를 얻음
```

```
LDR    R1, =0xE000ED08          ; 벡터 테이블 오프셋 레지스터
LDR    R1, [R1]
ADD    R1, R1, #(4*(7+16))      ; IRQ#7 핸들러 벡터 주소를 계산함
STR    R0, [R1]                 ; IRQ#7을 위한 벡터를 셋업
...
LDR    R0, =0xE000E400          ; 외부 IRQ 우선순위 베이스
MOV    R1, #0xC0
STRB   R1, [R0, #7]             ; IRQ#7 우선순위를 0xC0으로 설정함
...
LDR    R0, =0xE000E100          ; SETEN 레지스터
MOV    R1, #(1<<7)              ; IRQ#7 활성화 비트(0x1을 7비트만큼 시프트한 값)
STR    R1, [R0]                 ; 인터럽트 활성화
```

추가로 많은 수의 중첩된 인터럽트 레벨을 허락하고 있다면, 충분한 스택 메모리를 가지고 있는지 확인하도록 하자. 인터럽트 핸들러는 항상 MSP를 사용하기 때문에, 메인 스택 메모리는 매우 큰 규모의 중첩된 인터럽트를 위한 충분한 공간을 포함하고 있어야 한다.

만약 어플리케이션이 ROM 안에 저장되어 있고, 익셉션 핸들러를 변경할 필요가 없다면, 코드 영역(0x00000000) 안에 있는 ROM의 시작 위치에 전체 벡터 테이블이 코딩될 수 있다. 이 방식에서는 벡터 테이블 오프셋이 항상 0이 될 것이며, 인터럽트 벡터는 ROM 안에 위치해 있게 될 것이다. 인터럽트를 셋업하는 유일한 단계는 다음과 같다.

1. 필요하다면, 우선순위 그룹을 셋업한다.
2. 인터럽트의 우선순위를 셋업한다.
3. 인터럽트를 활성화한다.

소프트웨어가 많은 하드웨어 장치에서 동작해야 하는 경우, 다음과 같은 것을 결정해야 한다.

- 설계시 지원해야 되는 인터럽트 수
- 우선순위-레벨 레지스터의 비트 수

Cortex-M3는 32개씩 지원되는 인터럽트 입력의 수를 제공하는 인터럽트 컨트롤러 종류(Interrupt Controller Type) 레지스터를 갖는다. 대안으로서, SETEN 또는 우선순위 레지스터와 같은 인터럽트 설정 레지스터들을 읽고 쓰기를 하면, 외부 인터럽트

의 정확한 수를 감지할 수 있다.

표 8.7 인터럽트 컨트롤러 종류 레지스터(0xE000E004)

비트	이름	종류	리셋값	설명
4:0	INTLINESNUM	R	–	32단계로 인터럽트 입력들의 번호를 매긴다. 0=1에서 32 1=33에서 64 ...

인터럽트 우선순위-레벨 레지스터들을 위해 구현된 비트 수를 결정하기 위해서는 우선순위-레벨 레지스터 중 하나에 0xFF를 쓰면 된다. 그런 다음 그것을 다시 읽고, 얼마나 많은 비트들이 설정되었는지를 살펴본다. 최소 수는 3개이다. 그 경우 0xE0이라는 값을 읽게 된다.

소프트웨어 인터럽트

소프트웨어 인터럽트는 여러 가지 방법으로 발생시킬 수 있다. 첫 번째 방법은 SETPEND 레지스터를 사용하는 것이고, 두 번째 방법은 표 8.8에 설명되어 있는 소프트웨어 트리거 인터럽트 레지스터(STIR)를 사용하는 것이다.

표 8.8 소프트웨어 트리거 인터럽트 레지스터(0xE000EF00)

비트	이름	종류	리셋값	설명
8:0	INTID	W	–	인터럽트 번호를 쓰는 것은 인터럽트의 펜딩 비트를 1로 설정한다. 외부 인터럽트 #0을 펜딩하기 위해 0을 쓴다.

시스템 익셉션들(NMI, 결함, PendSV 등)은 이 레지스터를 사용하여 펜딩될 수 없다. 디폴트로는, 사용자 프로그램은 NVIC에 값을 쓸 수 없다. 하지만, 사용자 프로그램이

이 레지스터에 값을 쓸 수 있도록 해야 한다면, NVIC 설정 제어 레지스터(0xE000ED14)의 비트 1(USERSETMPEND)을 1로 설정하여, NVIC의 STIR에 사용자 접근을 가능하게 할 수 있다.

SYSTICK 타이머

SYSTICK 타이머는 NVIC와 함께 집적되어 있으며, SYSTICK 익셉션(익셉션 종류 #15)을 발생시키기 위해 사용될 수 있다. 많은 운영체제에서는, OS가 태스크 관리를 수행할 수 있도록 하드웨어 타이머가 인터럽트들을 발생시키기 위해 사용된다 — 예를 들어, 여러 개의 태스크들이 다른 시간구간에서 실행되고, 하나의 태스크가 전체 시스템에 락을 걸지 않았음을 확인할 수 있게 해준다. 그렇게 하기 위해서, 타이머는 인터럽트를 발생시킬 수 있어야 하며, 가능하다면 사용자 어플리케이션이 타이머 동작을 변경할 수 없도록 사용자 태스크로부터 보호를 받아야 한다.

Cortex-M3 프로세서는 간단한 타이머를 포함하고 있다. 모든 Cortex-M3 칩은 동일한 타이머를 가지고 있기 때문에, 다른 Cortex-M3 제품들 간에 소프트웨어를 포팅하는 것이 쉬워졌다. 타이머는 24비트 다운 카운터를 사용한다. 그것은 내부 클럭(FCLK, Cortex-M3 프로세서에서 자유롭게 동작하는 클럭 신호)이나 외부 클럭(Cortex-M3 프로세서의 STCLK 신호)을 사용한다. 하지만, STCLK의 소스는 칩 설계자에 의해 결정되기 때문에 클럭 주파수는 제품마다 다를 수 있다. 클럭 소스를 선택할 때에는 칩의 데이터시트를 확인해야 한다.

SYSTICK 타이머는 인터럽트를 발생시키기 위해 사용될 수 있다. 그것은 전용 익셉션 유형 및 익셉션 벡터를 가지고 있다. 다른 Cortex-M3 프로세서와 상관 없이 과정이 동일하기 때문에, 그것은 운영체제와 소프트웨어를 더 쉽게 포팅할 수 있게 해준다.

SYSTICK 타이머는 표 8.9에서 표 8.12에 나타나 있는 것처럼, 네 개의 레지스터들에 의해 제어된다.

보정값 레지스터는 어플리케이션이 다양한 Cortex-M3 제품에서 동작할 때 동일한 SYSTICK 인터럽트 구간을 발생시킬 수 있도록 솔루션을 제공해 준다. 그것을 사용하기 위해서는 TENMS 안에 있는 값을 리로드값 레지스터에 쓰기만 하면 된다. 이것은 약 10ms의 간격으로 인터럽트를 발생시킬 것이다. 다른 인터럽트 타이밍 주기를 위해서는 소프트웨어 코드가 보정값으로부터 적절한 새로운 값을 계산해야 한다. 하지

표 8.9 SYSTICK 제어 및 상태 레지스터(0xE000E010)

비트	이름	종류	리셋값	설명
16	COUNTFLAG	R	0	이 레지스터가 읽혀진 마지막 시간 이후에는 카운터가 0에 이르면, 1이 읽힌다. 즉, 현재 카운터값이 읽히거나 0으로 클리어될 때, 자동적으로 0으로 클리어된다.
2	CLKSOURCE	R/W	0	0 = 외부 참조 클럭(STCLK) 1 = 코어 클럭을 사용한다.
1	TICKINT	R/W	0	1 = SYSTICK 타이머가 0에 이르렀을 때, SYSTICK 인터럽트 생성을 활성화한다. 0 = 인터럽트를 활성화하지 않는다.
0	ENABLE	R/W	0	SYSTICK 타이머 활성화

표 8.10 SYSTICK 리로드값 레지스터(0xE000E014)

비트	이름	종류	리셋값	설명
23:0	RELOAD	R/W	0	타이머가 0에 이르렀을 때의 리로드값

표 8.11 SYSTICK 현재값 레지스터(0xE000E018)

비트	이름	종류	리셋값	설명
23:0	CURRENT	R/Wc	0	타이머의 현재값을 읽는다. 클리어 카운터에 0을 쓴다. 현재값을 클리어하는 것은 SYSTICK 제어 및 상태 레지스터 안에 있는 COUNTFLAG도 0으로 클리어한다.

표 8.12 SYSTICK 보정값 레지스터(0xE000E01C)

비트	이름	종류	리셋값	설명
31	NOREF	R	–	1 = 외부 참조 클럭이 없다(STCLK 사용 불가). 0 = 외부 참조 클럭을 사용할 수 있다.
30	SKEW	R	–	1 = 보정값이 정확히 10ms가 아니다. 0 = 보정값이 정확하다.
23:0	TENMS	R/W	0	10ms를 위한 보정값. 칩 설계자는 Cortex-M3 입력신호를 통해 이 값을 제공해야 한다. 만약 이 값이 0으로 읽힌다면, 보정값이 사용 불가하다.

만, 모든 Cortex-M3 제품에서 TENMS 영역이 사용 가능한 것은 아니다. (Cortex-M3로의 보정 입력신호는 로우로 묶여 있을 수 있다) 따라서 이 기능을 사용하기 전에, 제조사의 데이터시트를 확인해 보도록 하자.

운영체제를 위한 시스템 틱 타이머와 달리, SYSTICK 타이머는 많은 방법으로 사용될 수 있다: 알람 타이머나 타이밍 측정을 위해 사용하거나 등등. SYSTICK 타이머는 디버깅하는 동안 프로세서가 중단되면, 카운팅을 멈춘다는 것을 기억해 두자.

Chapter 09

인터럽트 동작

이 장의 내용

- 인터럽트/익셉션 시퀀스
- 익셉션 종료
- 중첩 인터럽트
- 테일-체인 인터럽트
- 늦은 도착
- 익셉션 리턴값에 대한 보다 상세한 사항
- 인터럽트 지연
- 인터럽트와 관련된 결함

인터럽트/익셉션 시퀀스

익셉션이 발생하면 다음과 같은 많은 일들이 일어난다.

- 스태킹(8개의 레지스터들의 내용을 스택에 저장함)
- 벡터 페치(벡터 테이블에서 익셉션 핸들러의 시작 주소를 읽어들임)
- 스택 포인터, 링크 레지스터, 프로그램 카운터 업데이트

스태킹

익셉션이 발생하면, PC, PSR, R0–R3, R12, LR과 같은 레지스터들이 스택에 저장된다. 실행되고 있는 코드가 PSP를 사용하고 있다면 프로세스 스택이 사용될 것이며, 실행되고 있는 코드가 MSP를 사용하고 있다면 메인 스택이 사용될 것이다. 메인 스택은 항상 핸들러에서 사용되기 때문에, 모든 중첩된 인터럽트들은 메인 스택을 사용할 것이다.

스태킹(stacking)의 순서는 그림 9.1에서 보여주고 있는 것과 같다(익셉션이 발생하기 전의 SP값은 *N*이라고 가정하자). AHB 인터페이스의 파이프라인 속성 때문에, 주소와 데이터는 파이프라인 상태에 의해 오프셋이 된다.

명령어 페치가 시작되고(이 작업은 PC의 수정을 요구한다) IPSR이 업데이트될 수 있도록, PC와 PSR의 값이 제일 먼저 스택에 쌓인다. 스태킹 후, SP는 N-32(0 × 20)으로 업데이트되며, 스택 메모리 안에 쌓여 있는 데이터의 정렬은 표 9.1과 같다.

레지스터 R0–R3, R12, LR, PC, 그리고 PSR이 스택에 저장되는 이유는 C 표준(ARM 아키텍처를 위한 C/C++ 표준 프로시주어 콜 표준, AAPCS, Ref5)에 따라 레지스터들을

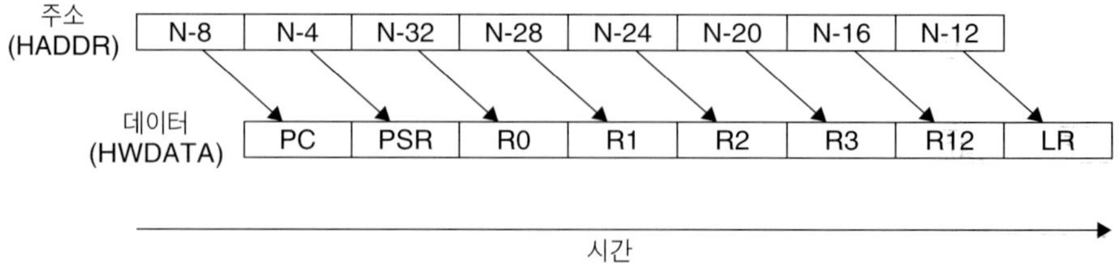

그림 9.1 스태킹 시퀀스

표 9.1 스태킹 후의 스택 메모리 내용과 스태킹 순서

주소	데이터	저장된 순서
예전 SP(N) -->	이전에 저장된 데이터	-
(N-4)	PSR	2
(N-8)	PC	1
(N-12)	LR	8
(N-16)	R12	7
(N-20)	R3	6
(N-24)	R2	5
(N-28)	R1	4
새로운 SP(N-32) -->	R0	3

저장하는 호출자가 있기 때문이다. 이 정렬은 인터럽트 핸들러가 보통의 C 함수가 될 수 있게 해준다. 왜냐하면 익셉션 핸들러에 의해 변경될 수 있는 레지스터들은 스택에 저장되기 때문이다.

범용 레지스터들(R0–R3, R12)은 SP 관련된 어드레싱을 사용하여 쉽게 접근할 수 있도록 하기 위해 스택 프레임의 끝에 위치한다. 결과적으로 스택에 저장된 레지스터들을 사용하면, 소프트웨어 인터럽트로 매개변수들을 전달하기가 쉽다.

벡터 페치

레지스터들을 스택에 저장하기 위해 데이터 버스가 사용되고 있을 때, 명령어 버스는 인터럽트 시퀀스의 다른 중요한 작업들을 수행한다. 그것은 벡터 테이블에서 익셉션 벡터(익셉션 핸들러의 시작 주소)를 페치한다. 스태킹과 벡터 페치(vector fetch)는 분리된 버스 인터페이스에서 수행되기 때문에, 동시에 수행될 수 있다.

레지스터 업데이트

스태킹과 벡터 페치가 완료되면, 익셉션 벡터는 실행을 시작할 것이다. 익셉션 핸들러의 진입 단계에서는 많은 레지스터들이 업데이트된다.

- SP: 스태킹하는 동안 스택 포인터(MSP 또는 PSP)는 새로운 위치로 업데이트될 것이다. 인터럽트 서비스 루틴을 실행하는 동안, 스택이 액세스되는 경우에는 MSP가 사용될 것이다.
- PSR: IPSR(PSR의 최하위 부분)이 새로운 익셉션 번호로 업데이트될 것이다.
- PC: PC는 벡터 페치가 완료되고 벡터 테이블에서 명령어들을 페치하기 시작할 때 벡터 핸들러로 변경될 것이다.
- LR: LR은 EXC_RETURN[1]이라고 불리는 특정한 값으로 업데이트될 것이다. 이 특정값은 인터럽트 리턴 동작을 야기한다. LR의 마지막 4비트는 특별한 의미를 갖는데, 이에 대해서는 이 장의 뒷부분에서 설명하겠다.

다른 많은 NVIC 레지스터들 또한 업데이트될 것이다. 예를 들어, 익셉션의 펜딩 상태는 0으로 클리어될 것이며, 익셉션의 활성 비트는 1로 설정될 것이다.

익셉션 종료

익셉션 핸들러의 끝 부분에서는 인터럽트된 프로그램이 정상적으로 다시 실행될 수 있도록 하기 위해 시스템 상태를 복원하기 위한 익셉션의 종료[어떤 프로세서에서는 **인터럽트 리턴**(interrupt return)이라고도 알려져 있다]작업이 요구된다. 인터럽트 리턴 시퀀스를 발생시키기 위해서는 세 가지 방법이 사용될 수 있는데, 그것들은 모두 핸들러 시작에서 LR에 저장했던 특정한 값을 사용한다(표 9.2 참고).

어떤 마이크로프로세서 아키텍처는 인터럽트 리턴을 위해 특별한 명령어를 사용한다(예를 들어, 8051에서 *reti*). 모든 인터럽트 핸들러가 C 서브루틴으로 구현될 수 있도록 하기 위해 Cortex-M3에서는 보통의 리턴 명령어가 사용된다.

인터럽트 리턴 명령어가 실행되면, 다음과 같은 과정이 수행된다.

1. 언스태킹(unstacking): 스택에 저장된 레지스터들이 복원될 것이다. POP의 순서는 스태킹할 때와 동일하다. 스택 포인터 또한 원래대로 변경될 것이다.

---

[1] EXC_RETURN은 비트[31:4]의 값이며, 모두 1(예를 들어, 0xFFFFFFFX)이다. 마지막 4비트는 리턴 정보를 정의하고 있다. EXC_RETURN값에 대한 보다 상세한 정보는 이 장의 뒷부분에서 다루고 있다.

표 9.2 익셉션 리턴을 발생시키기 위해 사용될 수 있는 명령어

리턴 명령어	설명
BX ⟨reg⟩	EXC_RETURN값이 여전히 LR에 저장되어 있다면, 인터럽트 리턴을 수행하기 위해 BX LR 명령어를 사용할 수 있다.
POP{PC} 또는 POP{…, PC}	익셉션 핸들러에 진입하게 되면, LR의 값은 종종 스택에 저장된다. EXC_RETURN값을 프로그램 카운터에 집어넣기 위해, 하나의 POP 명령어 또는 여러 개의 POP 명령어를 사용할 수 있다.
LDR 또는 LDM	PC를 목적지 레지스터로 하는 LDR 명령어를 사용하여 인터럽트 리턴을 수행할 수도 있다.

2. NVIC 레지스터 업데이트: 익셉션의 활성 비트는 0으로 클리어될 것이다. 외부 인터럽트의 경우, 인터럽트 입력이 다시 들어오면, 이 인터럽트 핸들러로 다시 진입하기 위해 펜딩 비트가 다시 1로 설정될 것이다.

중첩 인터럽트

Cortex-M3 프로세서 코어와 NVIC에는 중첩 인터럽트가 지원된다. 중첩 인터럽트를 활성화하기 위해 어셈블러 래퍼 코드를 사용할 필요는 없다. 사실, 인터럽트 소스들을 위해 적절한 우선순위 레벨을 설정할 필요도 없다. 첫 번째로, Cortex-M3 프로세서 안에 있는 NVIC는 설정해 놓은 우선순위에 따라 분류된다. 그러므로 프로세서가 익셉션을 처리할 때, 동일하거나 더 낮은 우선순위를 가진 다른 모든 익셉션들은 블록화될 것이다. 두 번째로, 자동화된 하드웨어 스태킹 및 언스태킹은 중첩된 인터럽트 핸들러가 레지스터 안에 있는 데이터를 잃지 않고도 실행될 수 있게 해준다.

하지만, 주의해야 할 점이 하나 있다. 많은 중첩 인터럽트가 가능하도록 메인 스택이 충분한지를 확인해 봐야 한다. 각 익셉션 레벨은 8워드의 스택 공간을 사용할 것이며, 익셉션 핸들러 코드는 추가적인 스택 공간을 필요로 할 것이기 때문에, 그것은 예상한 것보다 더 많은 스택 메모리를 사용할 수도 있다.

Cortex-M3에서는 재진입 익셉션은 허용되지 않는다. 각 익셉션은 할당된 우선순위 레벨을 가지고 있고, 익셉션이 처리되고 있는 도중에는 동일하거나 더 낮은 우선순위를 가진 익셉션은 블록화되기 때문에, 핸들러가 끝날 때까지 동일한 익셉션은 수행될

수 없다. 이러한 이유로 SVC 명령어는 SVC 핸들러 안에서 수행될 수 없다. 그렇게 하면, 결함 익셉션이 발생할 것이기 때문이다.

테일-체인 인터럽트

Cortex-M3는 인터럽트 지연을 개선하기 위해 많은 방법들을 사용하고 있다. 첫 번째로 살펴볼 방법이 바로 **테일-체인**(tail-chaining)이다.

익셉션이 발생하였을 때 프로세서가 그와 동일하거나 더 높은 우선순위의 다른 익셉션을 처리하고 있다면, 익셉션은 펜딩될 것이다. 현재 익셉션 핸들러를 실행하는 것을 끝마쳤을 때, POP 대신 레지스터들이 스택으로 되돌아가서 그것을 다시 스택 안에 저장한다. 언스태킹과 스태킹 과정은 생략된다. 이러한 방법은 두 익셉션 핸들러 간에 시간 차이를 상당히 줄여준다.

늦은 도착

인터럽트 성능을 개선하기 위한 또 다른 특징은 **늦은 도착**(late arrival) 익셉션 핸들링이다. 익셉션이 발생하고 프로세서가 스태킹 과정을 시작할 때, 이 지연시간 동안 더 높은 우선순위를 가진 새로운 익셉션이 도착하면, 늦게 도착한 익셉션이 먼저 처리될 것이다.

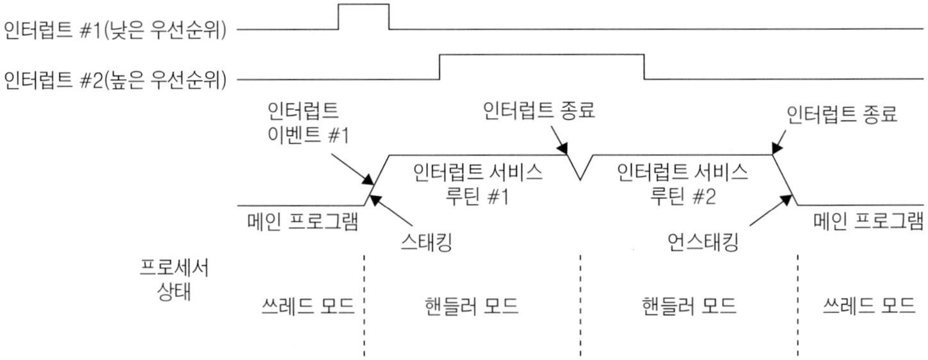

그림 9.2 익셉션의 테일-체인

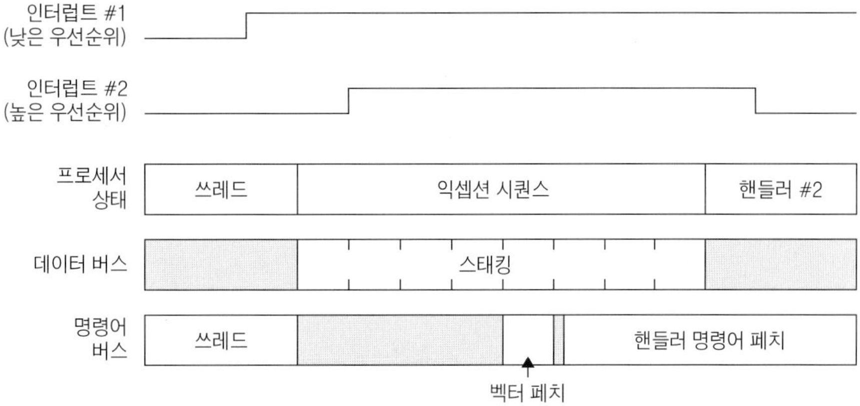

그림 9.3 늦은 도착 익셉션 동작

예를 들어, 익셉션 #1(낮은 우선순위)이 익셉션 #2(높은 우선순위)가 발생하기 몇 사이클 전에 발생한다면, 스태킹이 완료되자마자 핸들러 #2가 실행되도록 하기 위해 프로세서는 그림 9.3에서 보여지는 것처럼 동작한다.

익셉션 리턴값에 대한 보다 상세한 사항

익셉션 핸들러에 진입할 때, LR은 상위 28비트가 모두 1로 설정되어 있는 EXC_RETURN이라고 불리는 특정한 값으로 업데이트된다. 익셉션 핸들러 실행의 끝에서 PC에 로드될 때, 이 값은 프로세서가 익셉션 리턴 시퀀스를 시행하게 한다.

익셉션 리턴을 발생시키기 위해 사용될 수 있는 명령어는 다음과 같다.

- POP/LDM
- 목적지로 PC를 가진 LDR
- 어떤 레지스터가 있는 BX

EXC_RETURN값은 비트[31:4]가 모두 1로 설정되어 있고, 비트[3:0]은 익셉션 리턴 동작에 의해 요구되는 정보를 제공한다(표 9.3 참고). 익셉션 핸들러에 진입할 때, LR 값은 자동으로 업데이트된다. 그래서 이 값들을 수동으로 발생시킬 필요가 없다.

비트 0은 익셉션 리턴 후 사용되는 프로세스 상태를 가리킨다. Cortex-M3는 Thumb

표 9.3 EXC_RETURN값 안에 있는 비트 필드의 설명

비트	31:4	3	2	1	0
설명	0xFFFFFFF	리턴 모드 (쓰레드/핸들러)	리턴 스택	Reserved; 0으로 설정	프로세스 상태 (Thumb/ARM)

표 9.4 Cortex-M3에 허용되는 EXC_RETURN값

값	조건
0xFFFFFFF1	핸들러 모드로 리턴한다.
0xFFFFFFF9	쓰레드 모드로 리턴하고, 리턴시 메인 스택을 사용한다.
0xFFFFFFFD	쓰레드 모드로 리턴하고, 리턴시 프로세스 스택을 사용한다.

상태만을 지원하기 때문에, 비트 0은 1이어야만 한다.

(Cortex-M3를 위한) 유효한 값은 표 9.4에서 설명되어 있다.

쓰레드가 MSP(메인 스택)를 사용하고 있다면, 그림 9.4에 나타나 있는 것처럼 LR값은 익셉션에 진입할 때에는 0xFFFFFFF9으로, 중첩된 익셉션에 진입할 때에는 0xFFFFFFF1로 설정된다. 쓰레드가 PSP(프로세스 스택)를 사용하고 있다면, 그림 9.5에 나타나 있는 것처럼 첫 번째 익셉션에 진입할 때 LR값은 0xFFFFFFFD가 되며, 중첩된 익셉션에 진입할 때 LR값은 0xFFFFFFF1이 된다.

EXC_RETURN 번호 형식 때문에, 인터럽트 리턴은 0xFFFFFFF0—0xFFFFFFFF 메모리 범주 내의 주소로는 수행될 수 없다. 하지만 주소가 실행 불가능한 영역 안에 있다면, 그것은 문제가 되지 않는다.

인터럽트 지연

인터럽트 지연(interrupt latency)은 인터럽트 요청의 시작에서 인터럽트 핸들러 실행의 시작까지의 지연을 의미한다. Cortex-M3 프로세서에서 메모리 시스템이 0의 지연시간을 갖고, 버스 시스템이 벡터 페치와 스태킹이 동일한 시간에서 실행될 수 있도록

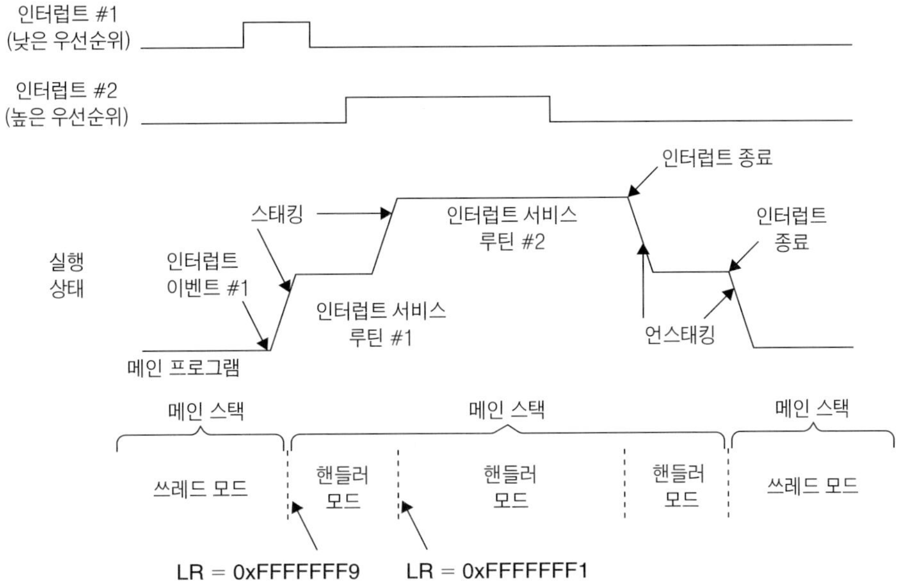

그림 9.4 익셉션에서 LR을 EXC_RETURN으로 설정(쓰레드 모드에서 메인 스택이 사용되는 경우)

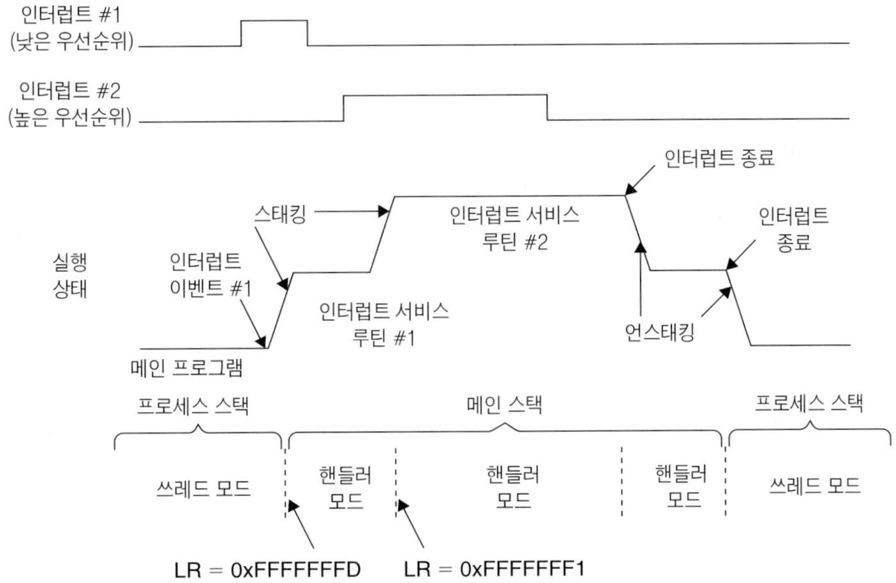

그림 9.5 익셉션에서 LR을 EXC_RETURN으로 설정(쓰레드 모드에서 프로세스 스택이 사용되는 경우)

설계되어 있다고 가정할 때, 인터럽트 지연은 12사이클만큼 작다. 이것은 레지스터들을 스택에 저장하고, 벡터 페치, 인터럽트 핸들러를 위한 명령어 페치를 포함한다. 하지만, 이것은 메모리 접근 지연 상태와 몇 가지 다른 요인들에 의해 영향을 받는다.

테일-체인 인터럽트에서는 스태킹 동작을 수행할 필요가 없기 때문에, 한 익셉션 핸들러에서 다른 익셉션 핸들러까지 전환하는 지연시간이 6사이클만큼 작아질 수 있다.

프로세서가 나눗셈과 같은 다중 사이클의 명령어를 실행하고 있다면, 명령어는 그것을 중단하고 인터럽트 핸들러가 완료된 후 다시 시작한다. 이것은 또한 로드 더블 명령어(LDRD)와 스토어 더블 명령어(STRD)에도 적용된다.

익셉션 지연을 줄이기 위해서 Cortex-M3 프로세서는 다중 로드/스토어 명령어(LDM/STM)의 중간에 익셉션들이 발생할 수 있도록 허용한다. LDM/STM 명령어가 실행되고 있다면, 현재의 메모리 접근이 완료되고, 다음의 레지스터 번호가 스태킹된 xPSR(ICI 비트)에 저장될 것이다. 익셉션 핸들러가 완료된 후 다중 로드/스토어는 전송이 중단된 시점에서 다시 시작할 것이다. 최악의 상황도 있을 수 있다. 만약 인터럽트가 발생할 때의 다중 로드/스토어 명령어가 IF-THEN(IT) 명령어 블록의 일부라면, 로드/스토어 명령어는 취소되고 인터럽트가 완료될 때 다시 시작될 것이다. 이것은 ICI 비트와 IT 실행 상태 비트가 EPSR 안에 있는 동일한 공간을 공유하고 있기 때문이다.

게다가 버스 쓰기와 같이 버스 인터페이스 상에 처리되지 않은 전송이 있는 경우, 프로세서는 전송이 완료될 때까지 기다릴 것이다. 이것은 버스 결함 핸들러가 정확한 프로세스를 선점하고 있도록 하기 위해 필요하다.

물론 만약 프로세서가 동일하거나 그보다 높은 우선순위를 가진 또 다른 익셉션 핸들러를 이미 실행하고 있거나 인터럽트 마스크 레지스터가 인터럽트 요청을 마스킹하고 있다면, 인터럽트는 블록화될 수 있다. 이 경우에 인터럽트는 펜딩이 되고, 블로킹이 해제될 때까지 처리되지 않을 것이다.

인터럽트와 관련된 결함

익셉션 핸들러에 의해 다양한 결함이 야기될 수 있다. 이제 이 결함들에 대해 살펴보도록 하자.

스태킹

스태킹을 하는 동안 버스 결함이 발생한다면, 스태킹 시퀀스가 종료되고 버스 결함 익셉션이 발생하여 펜딩될 것이다. 버스 결함이 비활성화되어 있다면, 하드(hard) 결함 핸들러가 실행될 것이다. 그렇지 않은 경우, 버스 결함 핸들러가 원래의 익셉션보다 우선순위가 더 높다면, 버스 결함 핸들러가 실행될 것이다. 그렇지 않은 경우에는 원래의 익셉션이 완료될 때까지 그것이 펜딩되어 있을 것이다. **스태킹 오류**(stacking error)라고 불리는 이러한 시나리오의 상태는 버스 결함 상태 레지스터(0xE000ED29) 안에 있는 STKERR(비트 4)에 의해 알 수 있다.

스태킹 오류가 MPU 침해에 의해 야기된다면, 메모리 관리 결함 핸들러가 실행될 것이며, 문제가 발생하였다는 것을 가리키기 위해 메모리 관리 결함 상태 레지스터(0xE000ED28) 안에 있는 MSTKERR(비트 4)이 1로 설정될 것이다. 메모리 관리 결함이 비활성화되어 있다면, 하드 결함 핸들러가 실행될 것이다.

언스태킹

언스태킹(인터럽트 리턴)을 하는 동안 버스 결함이 발생한다면, 언스태킹 시퀀스가 종료되고 버스 결함 익셉션이 발생하여 펜딩될 것이다. 버스 결함이 비활성화되어 있다면, 하드(hard) 결함 핸들러가 실행될 것이다. 그렇지 않은 경우, 버스 결함 핸들러가 실행하고 있는 태스크(코어가 중첩된 인터럽트의 경우에서 또 다른 익셉션을 이미 실행하고 있는 경우)의 현재 우선순위보다 더 높은 우선순위를 가지고 있다면, 버스 결함 핸들러가 실행될 것이다. **언스태킹 오류**(unstacking error)라고 불리는 이러한 시나리오의 상태는 버스 결함 상태 레지스터(0xE000ED29) 안에 있는 UNSTKERR(비트 3)에 의해 알 수 있다.

유사하게, 언스태킹 오류가 MPU 침해에 의해 야기된다면, 메모리 관리 결함 핸들러가 실행될 것이며, 문제가 발생하였다는 것을 가리키기 위해 메모리 관리 결함 상태 레지스터(0xE000ED28) 안에 있는 MUNSTKERR(비트 3)이 1로 설정될 것이다. 메모리 관리 결함이 비활성화되어 있다면, 하드 결함 핸들러가 실행될 것이다.

벡터 페치

벡터 페치를 하는 동안 버스 결함 또는 메모리 관리 결함이 발생한다면, 하드 결함 핸들러가 실행될 것이다. 이 상태는 하드 결함 상태 레지스터(0xE000ED2C) 안에 있는 VECTTBL(비트 1)에 의해 알 수 있다.

유효하지 않은 리턴

EXC_RETURN 번호가 유효하지 않거나 그것이 프로세서의 상태와 일치하지 않는다면(쓰레드 모드로 리턴하기 위해 0xFFFFFFF1을 사용하고 있는 경우), 사용 결함이 발생한다. 사용 결함 핸들러가 활성화되어 있지 않다면, 대신 하드 결함 핸들러가 실행될 것이다. 결함의 실제 원인에 따라 사용 결함 상태 레지스터(0xE000ED2A) 안에 있는 INVPC 비트(비트 2) 또는 INVSTATE(비트 1) 비트는 1로 설정될 것이다.

Chapter 10

Cortex-M3 프로그래밍

이 장의 내용

- 개요
- 어셈블리와 C 간의 인터페이스
- 전형적인 개발 흐름
- 첫 번째 단계
- 출력물 생성하기
- 데이터 메모리 사용하기
- 세마포어를 위한 배타적 접근 사용하기
- 세마포어를 위한 비트 대역 사용하기
- 비트 영역 추출 및 테이블 분기 사용하기

개요

Cortex-M3는 어셈블리나 C를 사용하여 프로그래밍할 수 있다. 다른 언어를 위한 컴파일러도 있지만, 대부분의 사람들은 그들의 프로젝트에서 어셈블러, C, 또는 이 둘의 조합을 사용할 것이다. 프로그래밍을 하는 방법에 대한 많은 정보들은 사용하고 있는 툴 체인과 실리콘 칩에 의존적이기 때문에, 이 책은 프로그램을 컴파일이나 회로 보드에 그 프로그램을 다운로드하는 방법에 대해서는 상세히 다루지 않을 것이다. 이 정보에 대해서 좀 더 자세히 알고 싶다면, 19장과 20장을 참고하도록 하자.

어셈블리 사용하기

작은 프로젝트에서는 어셈블리어를 사용하여 모든 어플리케이션을 개발하는 것이 가능하다. 어셈블러를 사용하는 경우에는 원하는 대로 최선의 최적화를 하는 것이 가능하다. 하지만 이것을 이용하면, 개발시간이 길어지고 실수를 하기 쉽다. 게다가 복잡한 데이터 구조나 함수 라이브러리를 관리하는 것은 어셈블리에서 매우 어려운 작업이 될 수 있다. 하지만 프로젝트에서 C 언어가 사용될 때조차도, 많은 경우 프로그램의 일부는 어셈블리어로 구현된다.

- 특별한 레지스터 접근이나 배타적 접근과 같이, C로 구현될 수 없는 함수들
- 시간에 크리티컬한 루틴들
- 가장 작은 메모리 크기를 얻기 위해서, 프로그램의 일부가 어셈블리로 쓰여지도록 강요되는 타이트한 메모리 요구사항

C 사용하기

C는 어셈블리 언어에 비해 이식에 대한 장점과 복잡한 연산을 구현하기가 더 쉽다는 장점을 가지고 있다. 이것은 기본적인 컴퓨터 언어이기 때문에, C는 프로세서가 어떻게 초기화되어야 하는가를 규정하고 있지는 않다. 이것은 툴 체인마다 다른 접근 방법을 갖는다. 시작을 하는 가장 좋은 방법은 예제 코드를 살펴보는 것이다. RealView Development Suite(RVDS) 또는 KEIL RealView Microcontroller Development Kit와 같은 ARM C 컴파일러 제품의 사용자들을 위해서, 제품 설치시 많은 Cortex-

M3 프로그램 코드들이 함께 포함되어 있다. GNU 툴 체인의 사용자들을 위해서, 이 책의 19장에서는 ARM을 위한 CodeSourcery GNU 툴 체인 기반의 간단한 C 예제를 제공하고 있다.

C 언어의 사용은 종종 어플리케이션 개발을 빠르게 해줄 수 있지만, 대다수의 경우 하위 레벨 시스템 제어에서 여전히 어셈블리어를 필요로 할 것이다. 대부분의 ARM C 컴파일러는 **인라인 어셈블러**(inline assembler)라고 불리는 어셈블리 코드를 포함할 수 있도록 해준다. 이 코드는 종종 많은 프로젝트를 위해 필요하다.

ARM 컴파일러에서, C 프로그램 내에 어셈블리 코드를 추가할 수 있다. 전통적으로 인라인 어셈블러가 사용되지만, RealView C 컴파일러에서의 인라인 어셈블러는 Thumb-2 명령어들을 지원하지 않는다. RealView C 컴파일러 버전 3.0에서는 임베디드 어셈블러라고 불리는 새로운 특징이 포함되어 있다. 이것은 Thumb-2 명령어를 지원한다. 예를 들어, 다음과 같은 방식으로 C 프로그램 안에 어셈블리 함수를 삽입할 수 있다.

```
__asm void SetFaultMask(unsigned int new_value)
{
  // 어셈블리 코드를 여기에 삽입
  MSR FAULTMASK, new_value  // FAULTMASK에 새로운 값을 씀
  BX LR                     // 호출한 프로그램으로 되돌아감
}
```

RealView C 컴파일러의 임베디드 어셈블러에 대해서는 *RVCT 3.0 Compiler and Library Guide* (Ref6)에서 보다 상세히 설명하고 있다.

Cortex-M3에서 임베디드 어셈블러는 특별한 레지스터(MRS, MSR 명령어: 예를 들어, 스택 메모리 셋업)에 액세스하는 것과 같은 작업을 위해서나 C를 사용해서는 생성할 수 없는 명령어(예를 들어, 슬립[WFI와 WFE], 배타적 접근, 메모리 배리어 연산)를 사용하고자 할 때 유용하다.

이전의 ARM 프로세서에서는 ARM 상태와 Thumb 상태가 있었기 때문에, 상태에 따라 코드를 다르게 컴파일해야만 했다. 하지만, Cortex-M3에서는 그럴 필요가 없어졌다. 모든 코드가 Thumb 상태이기 때문에, 프로젝트 관리가 훨씬 간단해지게 되었다.

C로 어플리케이션을 개발하는 경우, (NVIC 설정 제어 레지스터 안의 STKALIGN 비트를 설정하여) 더블워드 스택 정렬 함수를 사용할 것을 권장한다. 이것은 스타트업 코드에

서 설정될 수 있다. 예를 들어,

```
#define NVIC_CCR ((volatile unsigned long *)(0xE000ED14))
*NVIC_CCR=*NVIC_CCR|0x200; /* STKALIGN 설정 */
```

이 특징을 사용하는 것은 시스템이 ARM 아키텍처를 위한 프로시주어 콜 표준(AAPCS)에 적합하게 작성되고 있다는 것을 확인시켜 준다. 이것에 대해 보다 상세히 알고 싶다면, 12장을 참고하도록 하자.

어셈블리와 C 간의 인터페이스

다양한 상황에서, 어셈블리 코드와 C 프로그램은 상호작용을 한다. 예를 들어,

- 임베디드 어셈블리가 C 프로그램 코드에서 사용될 때
- C 프로그램 코드가 분리된 함수 안에서 어셈블러로 구현된 함수나 서브루틴을 호출할 때
- 어셈블리 프로그램이 C 함수 또는 서브루틴을 호출할 때

이러한 경우에서는 호출하는 프로그램과 호출된 함수 간에 매개변수들과 리턴 결과가 어떻게 전달되는가를 이해하는 것이 중요하다. 이 상호작용에 대한 메커니즘들은 ARM 아키텍처를 위한 프로시주어 콜 표준(AAPCS, Ref5)에 규정되어 있다.

간단한 경우, 호출하는 프로그램이 매개변수들을 서브루틴 또는 함수로 전달할 때, 그것은 레지스터 R0에서 R3를 사용할 것이다. 여기서 R0는 첫 번째 변수, R1은 두 번째 변수 등이 된다. 간단하게, R0는 함수의 마지막에서 한 값을 리턴하기 위해 사용된다. R0–R3 그리고 R12는 함수 또는 서브루틴에 의해 변경될 수 있다. 반면 R4–R11의 내용은 함수로 진입하기 전에 이전 상태로 복원되어야 하는데, 보통 스택 PUSH와 스택 POP이 사용된다.

이해하기 쉽도록 하기 위해, 이 책의 예제들은 AAPCS 규정을 엄격하게 따르고 있지는 않다. C 함수가 어셈블리 코드에 의해 호출된다면, R0–R3와 R12로의 가능한 레지스터 변경이 고려될 수도 있다. 이 레지스터들의 내용이 그 이후의 단계에서 요구된다면, 이 레지스터들은 스택에 저장되고 C 함수가 끝난 후 복원되어야 할 수도 있다. 예제 코드들은 주로 몇 개의 레지스터들에게만 영향을 미치거나 끝에서 레지스터의 내

용들을 복원하는 어셈블리 함수들 또는 서브루틴들만을 호출하기 때문에, 레지스터 R0–R3와 R12를 저장할 필요는 없다.

전형적인 개발 흐름

Cortex-M3 어플리케이션을 개발하기 위해서는 다양한 소프트웨어 프로그램들이 사용된다. 이러한 툴들에 대한 코드 생성 흐름에 관한 개념은 유사하다. 대부분의 기본적인 사용을 기준으로 할 때 어셈블러, C 컴파일러, 링커, 바이너리 파일 생성 유틸리티를 필요로 할 것이다. ARM 솔루션으로 RealView Development Suite(RVDS) 또는 RealView Compiler Tools(RVCT)는 그림 10.1과 같은 파일 생성 흐름을 나타낸다. 스캐터-로딩 스크립트는 옵션 사항으로, 메모리 맵이 매우 복잡한 경우에 종종 요구된다.

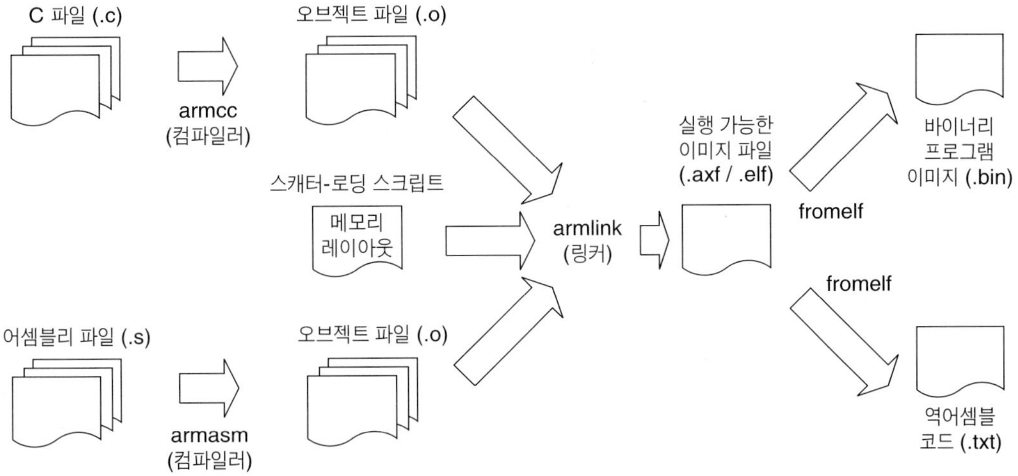

그림 10.1 ARM 개발 툴을 사용할 때의 예제 흐름

기본적인 툴 외에, RVDS는 통합개발환경(IDE)과 디버거 등의 많은 유틸리티들을 포함하고 있다. 보다 상세한 내용을 살펴보고자 한다면, ARM 웹사이트(www.arm.com)를 방문하도록 하자.

첫 번째 단계

이 장에서는 어셈블리어로 작성된 몇 가지 예제들을 살펴보도록 하겠다. 물론 대부분의 경우에는 C로 프로그래밍을 할 것이다. 하지만, 몇 가지 어셈블러 예제를 살펴보면 Cortex-M3 프로세서를 어떻게 사용하는지 더 잘 이해할 수 있게 될 것이다. 여기의 예제들은 ARM 어셈블러 툴(armasm)을 기반으로 하고 있다. 다른 어셈블러 툴을 사용하는 경우에는 파일 형식과 명령어 표기법이 수정되어야 한다. 추가로 어떤 개발 툴들은 실제 스타트업 코드를 포함하고 있기 때문에, 어셈블리 스타트업 코드를 작성하는 것에 대해서는 걱정할 필요가 없다.

첫 번째 간단한 프로그램은 다음과 같다.

```
STACK_TOP    EQU   0x20002000        ; SP 시작값을 위한 상수

             AREA  |Header Code|, CODE
             DCD   STACK_TOP         ; 스택의 Top
             DCD   Start             ; 리셋 벡터
             ENTRY                   ; 여기에서 프로그램 실행이 시작됨을 가리킴
Start        ; 메인 프로그램의 시작
             ; 레지스터들 초기화
             MOV   r0, #10           ; Start 루프 카운터의 값
             MOV   r1, #0            ; start 결과
             ; 10+9+8+…+1 계산
loop
             ADD   r1, r0            ; r1=r1+r0
             SUBS  r0, #1            ; R0 감소함, 플래그 업데이트('S' 접미사)
             BNE   loop              ; 결과가 0이 아니라면, loop로 분기함
             ; 결과는 현재 R1에 저장되어 있음
deadloop
             B     deadloop          ; 무한 루프
             END                     ; 파일의 끝
```

이 간단한 프로그램은 초기의 SP값과 초기의 PC값, 그리고 셋업 레지스터들을 포함하고 있다. 그런 다음 루프 안에서 요구되는 계산을 수행한다.

ARM 툴을 사용하고 있다고 가정하면, 이 프로그램은 다음과 같은 구문을 사용하여 어셈블될 수 있다.

```
$> armasm --cpu cortex-m3 -o test1.o test1.s
```

-o 옵션은 출력 파일명을 규정한다. test1.o는 오브젝트 파일이다. 그런 다음 실행 가능한 이미지(ELF)를 생성하기 위해 링커를 사용해야 한다. 이것은 다음과 같은 구문을 사용하여 수행될 수 있다.

```
$> armlink --rw_base 0x20000000 --ro_base 0x0 --map -o test1.elf test1.o
```

여기서 *--ro-base 0x0*은 읽기 전용 영역이 주소 0x0에서 시작한다는 것을 의미한다. *--rw-base*는 읽기/쓰기 영역(데이터 메모리)가 주소 0x20000000에서 시작한다는 것을 의미한다(이 예제 test1.s에서는 정의된 RAM 데이터 영역을 갖고 있지 않다). *--map* 옵션은 이미지 맵을 생성하는데, 이것은 컴파일된 이미지의 메모리 레이아웃을 이해하는데 유용하다.

마지막으로, 바이너리 이미지를 생성해야 한다.

```
$> fromelf --bin --output test1.bin test1.elf
```

이미지가 원하는 모습대로인지 확인하기 위해 역어셈블된 코드 리스트 파일을 생성할 수 있다.

```
$> fromelf -c --output test1.list test1.elf
```

만약 모든 것이 잘 진행되었다면, 테스트를 위해 ELF 이미지 또는 바이너리 이미지를 하드웨어 또는 명령어 세트 시뮬레이터로 로딩하도록 하자.

출력물 생성하기

마이크로컨트롤러를 바깥세상과 연결하는 것은 항상 즐거운 일이다. 이와 같이 하는 가장 간단한 방법은 LED를 켜고/끄는 것이다. 하지만 이 작업은 상당히 제한적이다. 왜냐하면, 이것은 매우 제한적인 정보만을 표현하기 때문이다. 가장 일반적인 출력방식 중 하나는 콘솔로 문자 메시지를 보내는 것이다. 임베디드 제품 개발시, 이 작업은 종종 PC에 연결되어 있는 UART 인터페이스에 의해 수행된다. 예를 들어, 콘솔로 동작하는 하이퍼터미널 프로그램이 있는 윈도우즈[1] 시스템을 동작시키고 있는 컴퓨터는

[1] 윈도우즈와 하이퍼터미널은 마이크로소프트의 상표이다.

출력물을 생성하기 위한 간단한 방법이 될 수 있다.

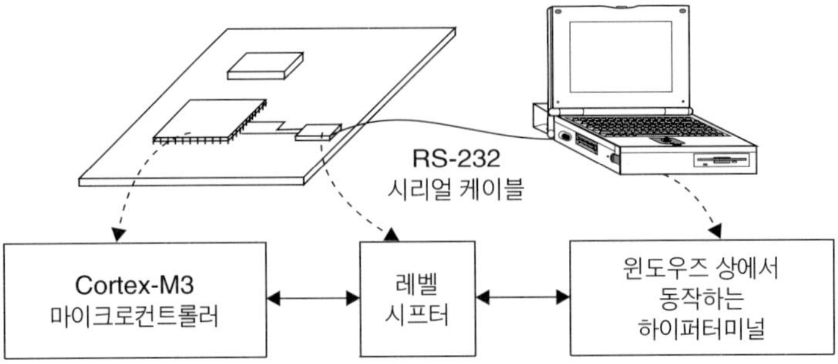

그림 10.2 문자 메시지를 출력하기 위한 저가 테스트 환경

Cortex-M3 프로세서는 UART 인터페이스를 포함하고 있지 않지만, 대부분의 Cortex-M3 마이크로컨트롤러는 칩 제조사에 의해 제공되는 UART를 가지고 있다. UART의 규격은 다양한 소자에 따라 다를 수 있다. 그러므로, 이 책에서는 이 주제에 대해 다루지 않을 것이다. 다음 예제는 UART가 사용 가능하며, 송신 버퍼가 새로운 데이터를 보낼 준비가 되어 있는지 아닌지를 가리키기 위해 상태 플래그를 가지고 있다고 가정한다. RS-232는 마이크로컨트롤러의 I/O 핀과는 다른 전압 레벨을 가지고 있기 때문에 연결을 위해 레벨 시프터가 필요하다.

UART는 문자 메시지를 출력하기 위한 유일한 솔루션은 아니다. Cortex-M3 프로세서에는 디버깅 메시지 출력을 돕기 위한 많은 특징들이 구현되어 있다.

- 세미호스팅: 디버거와 코드 라이브러리 지원에 따라, **세미호스팅**(semihosting, 디버그 프루브 장치를 통해 *printf* 메시지 출력)은 NVIC 안에 있는 디버그 레지스터를 통해 수행될 수 있다. (이 주제에 대한 보다 상세한 사항은 15장에서 다루고 있다) 이 경우에는 C 프로그램에서 *printf*를 사용하면, 디버거 소프트웨어의 콘솔/표준 출력(STDOUT) 상에 출력문이 디스플레이될 것이다.
- 인스트루먼트 트레이스: Cortex-M3 마이크로컨트롤러가 트레이스 포트를 제공하고, 외부의 트레이스 포트 분석기(TPA)가 사용 가능하다면, 메시지 출력을 위해 UART를 사용하는 대신, 인스트루먼트 트레이스 모듈(ITM)을 사용할 수 있다. 트레이스 포트는 UART보다 훨씬 더 빠르게 동작하며, 더 많은 데이터 채널을 제공할 수 있다.
- 시리얼 와이어 뷰어를 통한 인스트루먼트 트레이스: 대안으로서, Cortex-M3 프로세

서(버전 1 또는 그 이후 버전)는 트레이스 포트 인터페이스 장치(TPIU)에 시리얼 와이어 뷰어(SWV) 동작 모드를 제공하고 있다. 이 인터페이스는 TPA 대신 저가 하드웨어를 사용하여 ITM으로부터 출력물이 캡처될 수 있도록 해준다. 하지만, SWV 모드에서 제공되는 대역폭이 제한되어 있어서 많은 양의 데이터를 위해서는 적합하지 않다.

"Hello World" 예제

"Hello World" 프로그램을 작성하기에 앞서, 한 문자가 UART를 통해 어떻게 전송되는지를 이해할 필요가 있다. 문자를 전송하기 위해 사용되는 코드는 서브루틴으로 구현될 수 있는데, 이는 다른 메시지 출력 코드에 의해 호출될 수 있다. 만약 출력장치가 변경된다면, 이 서브루틴만 변경되면 되고, 모든 문자 메시지는 다른 장치에 의해 출력될 수 있다. 이러한 수정을 가리켜서 보통 **리타깃팅**(retargeting)이라고 부른다.

한 문자를 출력하기 위한 간단한 서브루틴은 다음과 같다.

```
UART0_BASE      EQU     0x4000C000
UART0_FLAG      EQU     UART0_BASE+0x018
UART0_DATA      EQU     UART0_BASE+0x000

Putc            ; UART를 통해 한 문자를 보내기 위한 서브루틴
                ; R0=보낼 문자 입력
                PUSH    {R1, R2, LR}      ; 레지스터들을 저장
                LDR     R1, =UART0_FALG
PutcWaitLoop
                LDR  R2, [R1]            ; 상태 플래그 획득
                TST  R2, #0x20           ; 전송 버퍼 풀 플래그 비트 확인
                BNE  PutcWaitLoop        ; 만약 버퍼가 가득 차있다면, 루프 반복
                LDR  R1, =UART0_DATA     ; 그렇지 않으면,
                STRB R0, [R1]            ; 데이터를 전송 버퍼로 내보냄
                POP  {R1, R2, PC}        ; 리턴
```

여기서 레지스터 주소와 비트에 대한 정의는 단지 예제일 뿐이다. 따라서 사용하고자 하는 장치에 따라 이 값을 변경할 필요가 있을 수 있다. 또한 어떤 UART는 그 문자가 출력 버퍼로 출력되기 전에 더 복잡한 상태 확인 과정을 요구할 수도 있다. 따라서 UART를 초기화하기 위해 다른 서브루틴 호출(다음 예제에서의 *Uart0Initialize*)이 요

구된다. 하지만, 이것은 UART 규격에 따라 달라지며, 여기서는 다루지 않을 것이다 (Luminary Micro LM3S811 소자에서의 UART 초기화의 예는 20장에서 다루고 있다).

이제 메시지를 디스플레이하는 다양한 함수들을 만들기 위해 이 서브루틴을 사용할 수 있다.

```
Puts            ; UART로 스트링을 보내기 위한 서브루틴
                ; R0 = 스트링의 시작 주소 입력
                ; 스트링은 null로 종료되어야 함
                PUSH {R0, R1, LR}        ; 레지스터들 저장
                MOV   R1, R0             ; R0가 사용될 것이기 때문에, R1에 주소 복사
PutsLoop                                 ; Putc를 위한 입력
                LDRB  R0, [R1], #1       ; 문자 하나를 읽고 주소를 증가시킴
                CBZ   R0, PutsLoopExit   ; 문자가 null이면, end로 이동
                BL    Putc               ; UART로 문자 출력
                B     PutsLoop           ; 다음 문자
PutsLoopExit
                POP   {R0, R1, PC}       ; 리턴
```

이 서브루틴에서는 "Hello World" 프로그램을 위한 준비를 할 것이다.

```
STACK_TOP       EQU   0x20002000          ; SP 시작값을 위한 상수
UART0_BASE      EQU   0x4000C000
UART0_FLAG      EQU   UART0_BASE+0x018
UART0_DATA      EQU   UART0_BASE+0x000
                AREA  |Header Code|, CODE
                DCD   STACK_TOP           ; 스택 포인터 초기값
                DCD   Start               ; 리셋 벡터
                ENTRY
Start           ; 메인 프로그램의 시작
                MOV   r0, #0              ; 레지스터들을 초기화
                MOV   r1, #0
                MOV   r2, #0
                MOV   r3, #0
                MOV   r4, #0
                BL    Uart0Initialize     ; UART0 초기화
                LDR   r0, =HELLO_TXT      ; r0를 스트링의 시작 주소로 설정
                BL    Puts
deadend
                B     deadend             ; 무한 루프
```

```
                ;----------------------------------------
                ; 서브루틴
                ;----------------------------------------
Puts            ; 스트링을 UART로 보내기 위한 서브루틴
                ; R0 = 스트링의 시작 주소 입력
                ; 스트링은 null 문자로 종료되어야 함
                PUSH  {R0, R1, LR}           ; 레지스터들 저장
                MOV   R1, R0                 ; R0가 사용될 것이기 때문에,
                                             ; 주소를 R1에 복사
PutsLoop                                     ; Putc를 위한 입력으로서
                LDRB  R0, [R1], #1           ; 한 문자를 읽고 주소를 증가시킴
                CBZ   R0, PutsLoopExit       ; 만약 문자가 null이면, end로 이동
                BL    Putc                   ; UART로 문자 출력
                B     PutsLoop               ; 다음 문자
PutsLoopExit
                POP      {R0, R1, PC}        ; 리턴
                ;----------------------------------------
Puts            ; UART를 통해 문자를 보내기 위한 서브루틴
                ; R0=보낼 문자 입력
                PUSH  {R1, R2, LR}           ; 레지스터 저장
                LDR   R1, =UART0_FLAG
PutcWaitLoop
                LDR   R2, [R1]               ; 상태 플래그를 얻음
                TST   R2, #0x20              ; 전송 버퍼 풀 플래그 비트 확인
                BNE   PutcWaitLoop           ; 만약 버퍼가 가득 차있다면, 루프 반복
                LDR   R1, =UART0_DATA        ; 그렇지 않으면,
                STR   R0, [R1]               ; 데이터를 전송 버퍼로 내보냄
                POP   {R1, R2, PC}           ; 리턴
                ;----------------------------------------
Uart0Initialize
                ; 장치에 특화되어 있어서 여기서는 설명하지 않겠다.
                BX    LR                     ; 리턴
                ;----------------------------------------
HELLO_TXT
                DCB   "Hello World\n", 0     ; null로 종료되는 Hello World 문자열
                END                          ; 파일의 끝
```

이 코드에 추가되어야 하는 유일한 것으로는 *Uart0Initialize* 서브루틴을 위한 상세한 작업뿐이다.

레지스터값을 출력하는 서브루틴을 갖는 것 또한 유용할 것이다. 이 작업을 더욱 쉽게 하기 위해, 이미 작업했었던 *Putc*와 *Puts* 서브루틴들을 기반으로 작업하도록 하자.

```
PutHex      ; 레지스터값을 16진수 형식으로 출력함
            ; R0=디스플레이될 값 입력
            PUSH   {R0-R3, LR}
            MOV    R3, R0          ; R0가 입력변수를 전달하기 위해 사용되기 때문에,
                                   ; 레지스터값을 R3에 저장함
            MOV    R0, #'0'        ; '0x'를 디스플레이 시작
            BL     Putc
            MOV    R0, #'x'
            BL     Putc
            MOV    R1, #8          ; 루프 카운터를 1로 설정
            MOV    R2, #28         ; 로테이트 오프셋
PutHexLoop
            ROR    R3, R2          ; 데이터값을 4비트만큼 왼쪽으로 로테이트
                                   ; (오른쪽으로 28)
            AND    R0, R3, #0xF    ; 최하위 4비트 추출
            CMP    R0, #0xA        ; ASCII로 변환
            ITE    GE
            ADDGE  R0, #55         ; 만약 10과 같거나 크면, A-F로 변환
            ADDLT  R0, #48         ; 그렇지 않으면 0-9로 변환
            BL     Putc            ; 1개의 16진수 문자
            SUBS   R1, #1          ; 루프 카운터 감소시킴
            BNE    PutHexLoop      ; 8개의 16진수 문자가 디스플레이되면,
            POP    {R0-R3, PC}     ; 리턴, 그렇지 않으면, 다음 4비트 처리
```

이 서브루틴은 레지스터값을 출력하기 위해 유용하다. 하지만, 때때로 레지스터값들을 10진수로 출력하고 싶은 경우도 있다. 이것은 다소 복잡한 연산처럼 들린다. 하지만, Cortex-M3에서는 이 작업이 매우 쉽다. 왜냐하면, 하드웨어 곱셈 및 나눗셈 명령어가 있기 때문이다. 다른 주요 문제 중 하나는 계산하는 동안, 역순서로 출력문자를 얻는다는 것이다. 따라서 문자 버퍼 안에 있는 출력 결과를 먼저 넣고, 모든 문자가 디스플레이될 준비가 될 때까지 기다린 다음, 모든 결과를 디스플레이하기 위해 *Puts* 함수를 사용한다. 이 예제에서는 스택 메모리의 일부가 문자 버퍼로 사용된다.

```
PutDec      ; 레지스터값을 10진수로 디스플레이하기 위한 서브루틴
            ; R0=디스플레이될 값 입력
            ; 이것이 32비트이기 때문에, null 종료문자를 포함하여 문자의 최대 수는
            ; 10진수 형식으로 11임
```

```
        PUSH  {R0-R5, LR}        ; 레지스터값 저장
        MOV   R3, SP             ; R3에 현재 스택 포인터 복사
        SUB   SP, SP, #12        ; 문자 버퍼로 예약된 12바이트
        MOV   R1, #0             ; null 문자
        STRB  R1, [R3, #-1]!     ; 문자 버퍼의 끝에 null 문자를 넣음, 프리-인덱스
        MOV   R5, #10            ; 나눗셈값 설정
PutDecLoop
        UDIV  R4, R0, R5         ; R4=R0/10
        MUL   R1, R4, R5         ; R1=R4*10
        SUB   R2, R0, R1         ; R2=R0-(R4*10)+나머지
        ADD   R2, #48            ; ASCII로 변환(R2는 0-9만 될 수 있음)
        STRB  R2, [R3, #-1]!     ; 문자 버퍼 안에 ASCII 문자를 넣음, 프리-인덱스
        MOVS  R0, R4             ; R0=나눗셈 결과로 설정
                                 ; R4=0이면, Z 플래그를 1로 설정
        BNE   PutDecLoop         ; 만약 R0(R4)가 0이면, 더 이상 숫자가 없음
        MOV   R0, R3             ; 문자 버퍼의 시작 위치에 R0를 넣음
        BL    Puts               ; Puts를 사용하여 결과를 디스플레이함
        ADD   SP, SP, #12        ; 스택 위치 복원
        POP   {R0-R5, PC}        ; 리턴
```

Cortex-M3 명령어 세트에서 다양한 특징을 가지고 있기 때문에, 값을 10진수 형식으로 변환하는 과정은 매우 짧은 서브루틴으로 구현될 수 있다.

데이터 메모리 사용하기

첫 번째 예제로 돌아가 보자: 링크 단계에 있을 때, 읽기/쓰기 메모리 영역을 규정하였다. 이 영역에 데이터를 어떻게 넣을까? 그 방법으로는 어셈블리 파일 안에 데이터 영역을 정의하는 것이 있다. 시작과 동일한 예제를 사용하여 데이터 메모리 0x20000000 (SRAM 영역)에 데이터를 저장할 수 있다. 데이터 선택의 위치는 링커를 동작시킬 때, 명령어 라인에 의해 제어된다.

```
STACK_TOP     EQU   0x20002000    ; SP 시작값을 위한 상수
              AREA  |Header Code|, CODE
              DCD   STACK_TOP     ; SP 초기값
              DCD   Start         ; 리셋 벡터
              ENTRY
Start         ; 메인 프로그램의 시작
```

```
            ; 레지스터들을 초기화
            MOV   r0, #10      ; Start 루프 카운터값
            MOV   r1, #0       ; start 결과
            ; 10+9+8+7+…+1 계산
loop
            ADD   r1, r0       ; r1=r1+r0
            SUBS  r0, #1       ; R0를 감소시킴, 플래그 업데이트('S' 접미사)
            BNE   loop         ; 만약 결과가 0이 아니면, loop로 분기함
            ; 결과는 현재 R1 안에 저장되어 있음
            LDR   r0, =MyData1 ; MyData1의 주소를 R0에 넣음
            STR   r1, [r0]     ; MyData1 안에 결과를 저장함
deadloop
            B     deadloop     ; 무한 루프
            AREA  |Header Data|, DATA
            ALIGN 4
MyData1     DCD   0            ; 계산 결과의 목적지
MyData2     DCD   0
            END                ; 파일의 끝
```

링크 단계 동안, 링커는 DATA 영역을 읽기/쓰기 메모리 안에 넣을 것이다. 따라서 이 경우, *MyData1*을 위한 주소는 0x20000000이 될 것이다.

세마포어를 위한 배타적 접근 사용하기

배타적 접근 명령어는 세마포어 동작을 위해 — 예를 들어, 자원이 하나의 태스크에 의해 사용되고 있다는 것을 보장하기 위해 — 사용된다. 예를 들어, 장치 A가 사용되고 있다는 것을 가리키기 위해 메모리 안의 데이터 변수 *DeviceALocked*가 사용되고 있다고 가정하자. 어떤 태스크가 장치 A를 사용하고자 한다면, 그것은 변수 *DeviceALocked*를 읽어서 그 상태를 확인해야 한다. 만약 그것이 0이라면, 그것은 그 장치에 락을 걸기 위해 *DeviceALocked*에 1을 쓴다. 장치를 다 사용하고 난 후에는 다른 장치가 그것을 사용할 수 있도록 *DeviceALocked*를 0으로 클리어한다.

두 개의 태스크가 동시에 장치 A에 접근하고자 한다면 어떤 일이 발생하게 될까? 이 경우에는 가능한 두 개의 태스크들이 변수 *DeviceALocked*를 읽을 것이고, 그 둘은 모두 0을 얻을 것이다. 그러면 그것들은 둘 다 그 장치에 락을 걸기 위해서 변수 *DeviceALocked*에 1을 쓰고자 할 것이며, 두 장치는 모두 장치 A에 배타적으로 접근

하였다고 믿을 것이다. 중요한 점은 배타적 접근이 어디서 사용되었는가이다. STREX 명령어는 리턴 상태를 갖는데, 이것은 배타적 저장이 성공적인지 아닌지를 가리킨다. 두 태스크들이 동시에 한 장치에 락을 걸고자 한다면, 리턴 상태는 1(배타적 실패)이 될 것이고, 그러면 락을 재시도해야 한다는 것을 알 수 있다.

5장은 배타적 접근의 사용에 대한 배경을 제공한다. 이 설명에 대한 플로우차트는 그림 10.3에서 나타내고 있다.

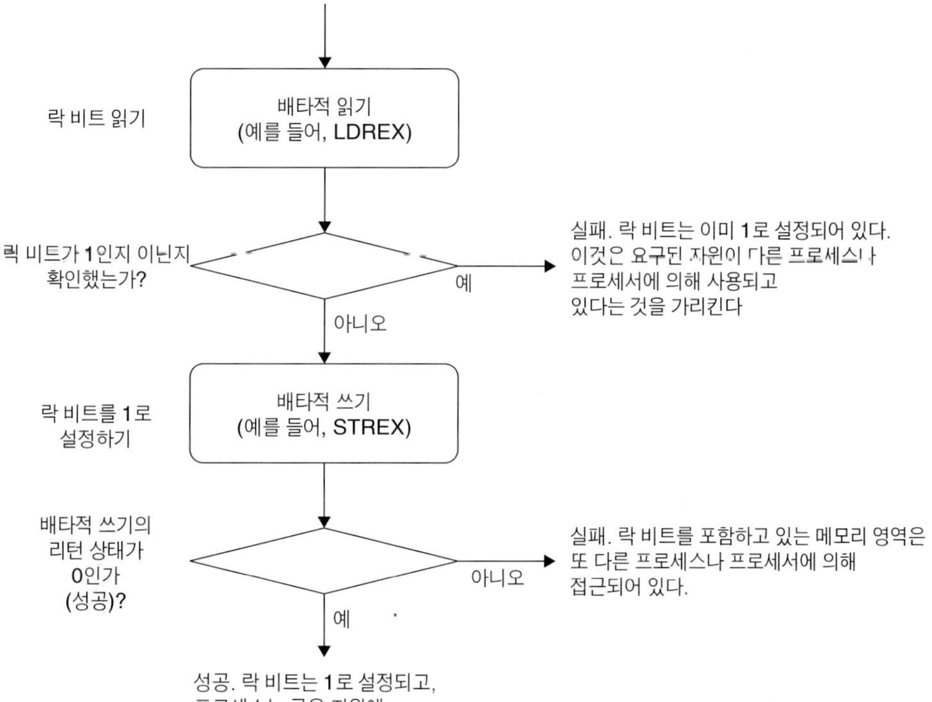
락 비트 읽기
배타적 읽기
(예를 들어, LDREX)
락 비트가 1인지 아닌지
확인했는가?
예
실패. 락 비트는 이미 1로 설정되어 있다.
이것은 요구된 자원이 다른 프로세스나
프로세서에 의해 사용되고
있다는 것을 가리킨다
아니오
락 비트를 1로
설정하기
배타적 쓰기
(예를 들어, STREX)
배타적 쓰기의
리턴 상태가
0인가
(성공)?
아니오
실패. 락 비트를 포함하고 있는 메모리 영역은
또 다른 프로세스나 프로세서에 의해
접근되어 있다.
예
성공. 락 비트는 1로 설정되고,
프로세스는 공유 자원에
접근할 수 있다.

그림 10.3 세마포어를 위한 배타적 접근 사용하기

이 동작은 다음의 어셈블리 코드에 의해 수행될 수 있다. 만약 배타적 모니터가 실패 상태를 리턴한다면, 배타적 접근이 실패할 때 락 비트가 1로 설정되는 것을 방지하기 위해 STREX의 데이터 쓰기 동작은 수행되지 않을 것이라는 점을 기억해 두자.

```
LockDeviceA
          ; 장치 A에 락을 거는 간단한 함수
          ; R0: 0=성공, 1=실패
          ; 성공하면, 값 1이 변수 DeviceLocked에 쓰여짐
          PUSH   {R1, R2, LR}
TryToLockDeviceA
          LDR    R1, =DeviceALocked     ; 락 상태를 얻음
          LDREX  R2, [R1]
          CMP    R2, #0                 ; 락이 걸려 있는지 아닌지 확인함
          BNE    LockDeviceAFailed
DeviceAIsNotLocked
          MOV    R0, #1                 ; DeviceALocked에 1을 씀
          STREX  R2, R0, [R1]           ; 배타적 접근
          CMP    R2, #0
          BNE    LockDeviceAFailed      ; STREX 실패
LockDeviceASucceed
          MOV    R0, #0                 ; 리턴 성공 상태
          POP    {R1, R2, PC}           ; 리턴
LockDeviceAFailed
          MOV    R0, #1                 ; 리턴 실패 상태
          POP    {R1, R2, PC}           ; 리턴
```

이 함수의 리턴 상태가 1이라면(배타적 실패), 어플리케이션 태스크는 한 비트를 기다리다가 나중에 다시 시도해야 한다. 단일 프로세서 시스템에서 배타적 접근 실패의 일반적 원인은 배타적 로드와 배타적 저장 사이의 인터럽트 발생에 있다. 만약 이 코드가 특권 모드에서 실행된다면, 이 상태는 자원을 성공적으로 락할 수 있는 기회를 증가시키기 위해 짧은 시간 동안 PRIMASK와 같은 인터럽트 마스크 레지스터를 1로 설정함으로써 예방될 수 있다.

다중 프로세서 시스템에서는, 인터럽트 외에 또 다른 프로세서가 동일한 메모리 영역에 접근한다면 배타적 저장도 실패할 수 있다. 다른 프로세서로부터의 메모리 접근을 감지하기 위해 버스 인프라스트럭처는 다른 버스 마스터에서 메모리로 두 개의 배타적 접근 간에 접근이 있는지를 감지하는 배타적 접근 모니터 하드웨어를 요구한다. 하지만, 대부분의 저가 Cortex-M3 마이크로컨트롤러에서는 하나의 프로세서만 존재하기 때문에, 이 모니터 하드웨어는 필요 없다.

이러한 메커니즘에서는 단 하나의 태스크가 어떤 자원에 접근할 수 있다는 것이 확실하다. 만약 어플리케이션이 여러 번 뒤에도 자원으로의 락을 얻을 수 없다면, 타임아

웃 오류로 중단되어야 한다. 예를 들어 자원에 락을 건 태스크가 손상되어, 락이 1로 설정된 채 유지될 수도 있다. 이러한 경우, OS는 태스크가 자원을 사용하고 있는지를 확인해야 한다. 만약 태스크가 락을 0으로 클리어하지 않고 완료되었거나 종료되었다면, OS는 자원의 락을 해제해야 한다.

프로세스가 LDREX를 사용하여 배타적 접근을 시작하였는데, 배타적 접근이 더 이상 필요하지 않다는 것을 알게 된다면, 배타적 접근 모니터 안에 지역적 기록을 0으로 클리어하기 위한 CLREX 명령어를 사용할 수 있다.

```
CLREX.W
```

Cortex-M3 프로세서에서 모든 배타적 메모리 전송은 순차적으로 수행되어야 한다. 하지만, 배타적 접근 제어 코드가 다른 ARM Cortex 프로세서에서 재사용되어야 한다면, 메모리 접근의 정확한 순서를 보장하기 위해 배타적 전송들 사이에 데이터 메모리 배리어(DMB) 명령어가 삽입되어야 한다.

세마포어를 위한 비트 대역 사용하기

메모리 시스템이 락 전송을 지원하거나 하나의 버스 마스터가 메모리 버스 상에 존재한다면, 세마포어 연산을 수행하기 위해 비트-대역 특징을 사용하는 것이 가능하다.

비트 대역을 가지고, C 코드에서 세마포어를 수행하는 것이 가능하다. 하지만, 그 동작은 배타적 접근을 사용하는 것과는 다르다. 자원 할당 제어로서 비트 대역을 사용하기 위해, 비트-대역 메모리 영역을 갖는 (워드 데이터와 같은) 메모리 위치가 사용되고, 이 변수의 각 비트는 어떤 태스크에 의해 자원이 사용되고 있다는 것을 가리킨다.

비트-대역 앨리어스 쓰기는 READ-MODIFY-WRITE 전송을 잠그기 때문에, (전송중에 버스 마스터는 또 다른 것으로 전환될 수 없다) 모든 태스크들이 그 자신을 대표하는 락 비트를 변경만 할 수 있다고 가정하면, 다른 태스크들의 락 비트는 손실되지 않을 것이다. 심지어 두 태스크들이 동시에 동일한 메모리 위치에 값을 쓰고자 할 경우에도 마찬가지이다. 배타적 접근을 사용하는 것과는 달리, 태스크들 중 하나가 충돌을 감지하고 락을 해제할 때까지의 짧은 시간 동안 두 태스크에 의해 자원이 동시에 락되는 것이 가능하다.

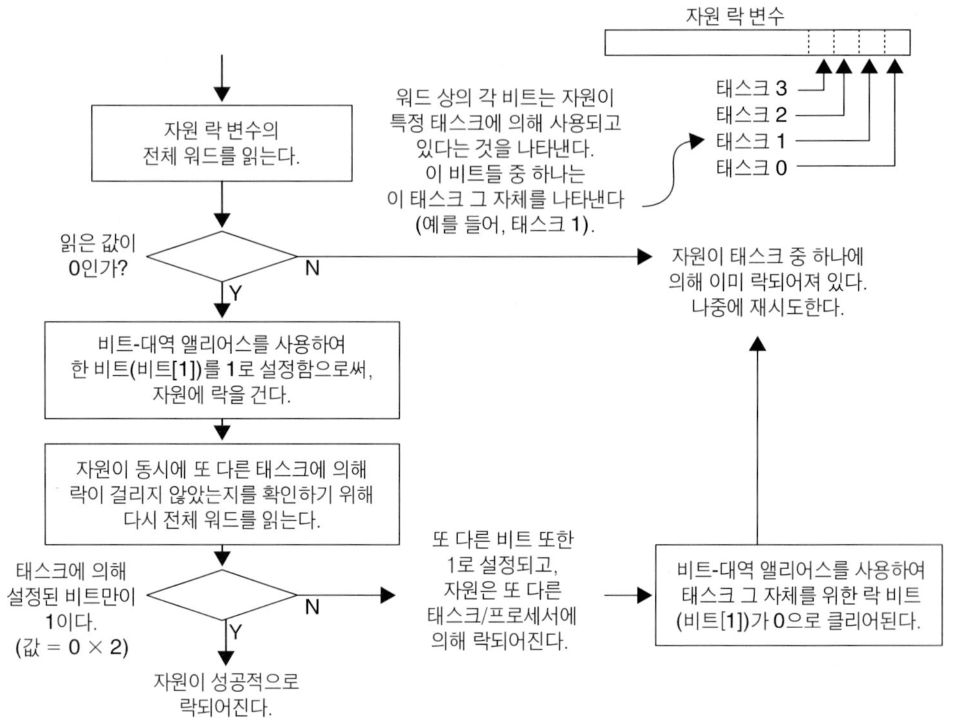

그림 10.4 세마포어 제어로 비트 대역 사용하기

세마포어를 위한 비트 대역을 사용하는 것은 비트-대역 앨리어스를 사용하여 할당된 락 비트만을 변경할 수 있는 경우에만 시스템 안의 모든 태스크들이 동작할 수 있다. 만약 어떤 태스크가 일반적인 쓰기를 하는 동안 락 변수를 변경한다면, 세마포어는 실패할 수 있다. 왜냐하면, 또 다른 태스크는 락 변수에 값을 쓰기 전에만 락 비트를 1로 설정하기 때문에 다른 태스크에 의해 설정된 이전의 비트는 손실될 것이다.

비트 영역 추출 및 테이블 분기 사용하기

4장에서는 비부호 비트 영역 추출(UBFX) 명령어와 테이블 분기(TBB/TBH) 명령어에 대해 살펴보았다. 이 두 명령어들을 함께 사용하면, 매우 강력한 분기 구조를 형성할 수 있다. 이 방법은 데이터 순서가 헤더에 따라 다른 의미를 가질 수 있도록 하는

데이터 통신 어플리케이션에서 매우 유용하다. 예를 들어, 입력 A를 기반으로 하는 다음과 같은 결정 구조가 어셈블러로 코딩되어 있다고 가정해 보자(그림 10.5 참고).

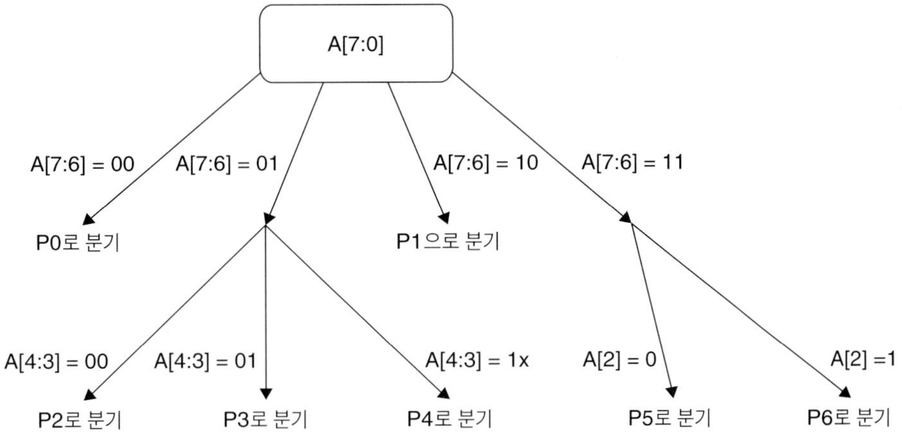

그림 10.5 비트 영역 디코더: 비트 영역 추출(UBFX)와 테이블 분기(TBB) 명령어의 사용 예

```
DecodeA
    LDR   R0, =A                      ; 메모리에서 A의 값을 얻음
    LDR   R0, [R0]
    UBFX  R1, R0, #6, #2              ; 비트[7:6]을 추출하여 R1에 저장
    TBB   [PC, R1]
BrTable1
    DCB   ((P0       -BrTable1)/2)    ; A[7:6]=00인 경우 P0로 분기
    DCB   ((DecodeA1-BrTable1)/2)     ; A[7:6]=01인 경우 DecodeA1으로 분기
    DCB   ((P1       -BrTable1)/2)    ; A[7:6]=10인 경우 P1으로 분기
    DCB   ((DecodeA2-BrTable1)/2)     ; A[7:6]=11인 경우 DecodeA1으로 분기
DecodeA1
    UBFX  R1, R0, #3, #2              ; 비트[4:3]을 추출하여 R1에 저장
    TBB   [PC, R1]
BrTable2
    DCB   ((P2       -BrTable2)/2)    ; A[4:3]=00인 경우 P2로 분기
    DCB   ((P3       -BrTable2)/2)    ; A[4:3]=01인 경우 P3로 분기
    DCB   ((P4       -BrTable2)/2)    ; A[4:3]=10인 경우 P4로 분기
    DCB   ((P4       -BrTable2)/2)    ; A[4:3]=11인 경우 P4로 분기
DecodeA2
    TST   R0, #4 ; 오직 1비트만 테스트함, UBFX를 사용할 필요 없음
```

```
        BEQ   P5
        B     P6
    P0  ...   ; 프로세스 0
    P1  ...   ; 프로세스 1
    P2  ...   ; 프로세스 2
    P3  ...   ; 프로세스 3
    P4  ...   ; 프로세스 4
    P5  ...   ; 프로세스 5
    P6  ...   ; 프로세스 6
```

이 코드는 짧은 어셈블러 코드 시퀀스에서 결정하는 구문을 완성하고 있다. 만약 분기 타깃이 크다면, TBB 대신에 명령어 TBH가 사용될 것이다.

Chapter 11

익셉션 프로그래밍

이 장의 내용

- 인터럽트 사용하기
- 익셉션/인터럽트 핸들러
- 소프트웨어 인터럽트
- 익셉션 핸들러를 가진 예제
- SVC 사용하기
- SVC 예제: 출력함수 사용
- C 에서 SVC 사용하기

인터럽트 사용하기

인터럽트는 거의 모든 임베디드 어플리케이션에서 사용되고 있다. Cortex-M3 프로세서에는 인터럽트 컨트롤러 NVIC가 우선순위 확인 및 레지스터의 스태킹/언스태킹을 포함한 많은 프로세싱 태스크를 처리한다. 하지만, 인터럽트가 사용될 때 많은 태스크들이 준비되어 있어야 한다.

- 스택 셋업
- 벡터 테이블 셋업
- 인터럽트 우선순위 셋업
- 인터럽트 활성화

스택 셋업

간단한 어플리케이션 개발을 위해서 전체 프로그램에 대해 MSP를 사용할 수 있다. 그 방법에서는 상당히 큰 메모리를 예약해 두어야 하며, 스택의 상위에 MSP를 설정해야 한다. 요구되는 스택 크기를 결정할 때, 소프트웨어에 의해 사용될 수 있는 스택 레벨을 확인하기 전, 중첩된 인터럽트가 얼마나 많이 발생할 수 있는지를 먼저 확인해야 한다.

중첩된 인터럽트의 각 레벨을 위해서는 최소한 8워드의 스택을 필요로 한다. 인터럽트 핸들러 안에서의 프로세싱 또한 여분의 스택 공간을 필요로 한다.

Cortex-M3에서의 스택 동작은 Full Descending이기 때문에, SRAM의 빈 공간이 나누어지지 않도록 하기 위해 정적 메모리의 끝에 스택 초기값을 넣어두는 것이 일반적이다.

사용자 코드와 커널 코드를 위한 분리된 스택을 사용하는 어플리케이션을 위해 메인 스택은 중첩된 인터럽트 핸들러와 커널 코드에 의해 사용되는 스택 메모리를 위해 충분한 메모리를 가지고 있어야 한다. 프로세스 스택은 사용자 어플리케이션 코드에 한 레벨의 스태킹 공간(8워드)을 더한 값만큼 충분한 메모리를 가지고 있어야 한다. 이것은 사용자 쓰레드에서 인터럽트 핸들러의 첫 번째 레벨까지의 스태킹이 프로세스 스택을 사용하기 때문이다.

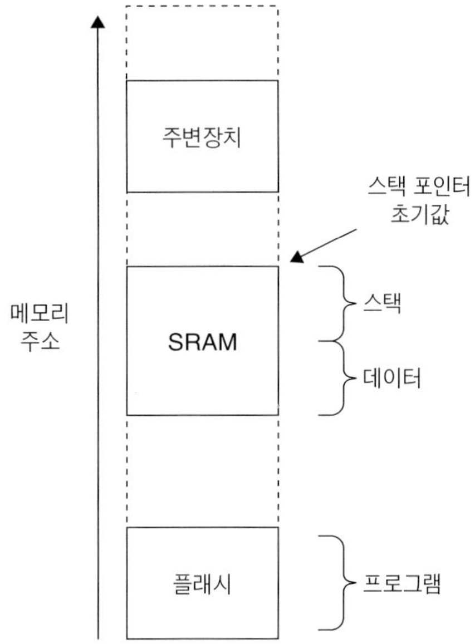

그림 11.1 간단한 메모리 사용 예

벡터 테이블 셋업

고정된 인터럽트 핸들러를 가진 간단한 어플리케이션에서는 벡터 테이블이 ROM 안에 코딩될 수 있다. 이 경우, 런타임에서 벡터 테이블을 셋업할 필요가 없다. 하지만, 많은 어플리케이션에서는 다른 상황을 위해 인터럽트 핸들러를 변경해야 할 수도 있다. 그리고 쓰기 가능한 메모리에 벡터 테이블을 재배치할 것이다.

벡터 테이블을 재배치하기 전에 기존의 벡터 테이블 내용을 새로운 벡터 테이블 위치에 복사해야 할 수도 있다. 이것은 결함 핸들러, NMI, 시스템 호출 등을 위한 벡터 테이블을 포함한다. 그렇지 않으면, 벡터 테이블 재배치 후에 이러한 익셉션들이 발생하는 경우, 유효하지 않은 벡터 주소가 프로세서에 의해 페치될 것이다.

필요한 벡터 테이블 아이템이 셋업되고, 벡터 테이블이 재배치된 후, 새로운 벡터들을 벡터 테이블에 추가할 수 있다. 예를 들어,

```
        ; 익셉션 종류를 기반으로 하는 익셉션의 벡터를 셋업하기 위한 서브루틴
        ; (IRQ를 위해서는 16을 더함: IRQ #0=익셉션 종류 16)
SetVector
```

```
; R0=익셉션 종류 입력
; R1=벡터 주소값 입력
PUSH {R2, LR}
LDR  R2, =0xE000ED08          ; 벡터 테이블 오프셋 레지스터
LDR  R2, [R2]
STR  R1, [R2, R0, LSL #2]     ; 벡터를 VectTblOffset+ExcpType*4에 씀
POP  {R2, PC}                 ; 리턴
```

인터럽트 우선순위 설정

디폴트로 리셋 후, 프로그래밍 가능한 우선순위를 가진 모든 익셉션은 우선순위 레벨 0이 된다. 하드 결함 익셉션과 NMI를 위해서는 우선순위 레벨이 각각 −1과 −2가 된다. 우선순위-레벨 레지스터를 프로그래밍하기 위해서, 레지스터들이 바이트 주소 단위로 되어 있다는 장점이 있는데, 이는 코딩을 더 쉽게 만들어준다. 예를 들어,

```
; IRQ #4 우선순위를 0xC0로 설정
LDR   R0, =0xE000E400     ; 외부 인터럽트 우선순위 레지스터 시작 주소
LDR   R1, =0xC0           ; 우선순위 레벨
STRB  R1, [R0, #4]        ; IRQ#4 우선순위 설정(바이트 단위로 쓰기)
```

Cortex-M3에서 인터럽트 우선순위 설정 레지스터의 너비는 칩 제조사에 의해 규정된다. 최소 너비는 3비트, 최대 너비는 8비트이다. 우선순위 설정 레지스터들 중 하나에 0xFF를 쓰고, 그것을 다시 읽음으로써 구현된 너비를 결정할 수 있다. 예를 들어,

```
; 구현된 우선순위 너비를 결정
LDR   R0, =0xE000E400     ; 외부 인터럽트 #0을 위한 우선순위 설정 레지스터
LDR   R1, =0xFF
STRB  R1, [R0]            ; 0xFF 쓰기(주: 바이트 크기로 쓰기)
LDRB  R1, [R0]            ; 읽기(예를 들어, 3비트에 대해 0xE0)
RBIT  R2, R1              ; R2 비트 반전(예를 들어, 3비트에 대해 0x07000000)
CLZ   R1, R2              ; 카운트 리딩 제로(예를 들어, 3비트에 대해 0x5)
MOV   R2, #8
SUB   R2, R2, R1          ; 우선순위의 구현된 너비를 얻음
                          ; (예를 들어, 3비트를 위해 8-5=3)
MOV   1, #0x0
STRB  R1, [R0]            ; 리셋값(0x0)에 복원함
```

만약 어플리케이션이 포팅되어야 한다면, 우선순위 레벨 0x00, 0x20, 0x40, 0x60, 0x80, 0xA0, 0xC0, 0xE0 만을 사용하는 것이 가장 좋다. 왜냐하면, 모든 Cortex-M3 소자들은 이 우선순위 레벨을 갖기 때문이다.

시스템 익셉션과 결함 핸들러 익셉션을 위한 우선순위를 셋업하는 것을 잊지 말도록 하자. 중요한 어떤 인터럽트들은 다른 시스템 익셉션 또는 결함 핸들러보다 더 높은 우선순위를 갖도록 해야 한다면, 중요한 인터럽트들이 이 핸들러들을 선점할 수 있도록, 이 시스템 익셉션 및 결함 핸들러의 우선순위 레벨을 줄여야 한다.

인터럽트 활성화

벡터 테이블과 인터럽트 우선순위가 셋업된 후에는 인터럽트를 활성화해 주어야 한다. 하지만 실제 인터럽트를 활성화하기 전에 다음과 같은 두 단계가 필요하다.

1. 벡터 테이블이 쓰기 버퍼 기능을 가진 메모리 영역에 위치한다면, 벡터 테이블 메모리가 업데이트되어 있다는 것을 확인하기 위해 데이터 동기화 배리어(DSB) 명령어가 필요하다. 대부분의 경우, 메모리 쓰기는 몇 클럭 사이클 내에 완료되어야 한다. 하지만, 다른 Cortex-M3 제품들 간에 소프트웨어가 포팅되어야 한다면, 이 단계에서는 활성화되고 바로 인터럽트가 발생하는 경우 코어가 업데이트된 벡터를 가지고 있는지를 확인할 것이다.

2. 인터럽트가 사전에 이미 발생하였거나 펜딩되어 있을 수 있다. 그래서 펜딩 상태를 클리어하는 것이 필요하다. 예를 들어 전원이 인가되는 동안에 신호 떨림이 발생하면, 우연히 어떤 인터럽트 발생 로직이 트리거될 수 있다. 또한 UART와 같은 어떤 주변장치에서는 연결되기 전에 UART 수신기로부터의 잡음이 데이터로 인식될 수도 있고, 그로 인해 인터럽트가 펜딩될 수 있다. 그러므로, 인터럽트를 활성화하기 전에 인터럽트의 펜딩 상태를 확인하여 클리어하는 것이 필요하다.

NVIC 내부에는 인터럽트를 활성화하고 비활성화하기 위해 사용되는 두 개의 분리된 레지스터 주소가 있다. 이것을 분리하는 것은 각 인터럽트가 다른 인터럽트 활성화 상태에 영향을 주거나 잃어버리지 않고 활성화하거나 비활성화할 수 있도록 보장해 준다. 그렇지 않으면, 소프트웨어 기반의 READ-MODIFY-WRITE 일지라도 인터럽트 핸들러에 의해 수행되는 활성화 레지스터 상태에서의 변경시 놓치게 되는 상황이 발생한다. 활성화를 1로 설정하기 위해서 소프트웨어는 NVIC 안에 있는 SETEN 레지스터의 정확한 비트 위치를 계산하여, 거기에 1이라고 써야 한다. 유사하게 인터럽트를 클리어하기 위해서 소프트웨어는 CLREN 레지스터 안에 있는 그에 상응하는 비트에 1이라고 써야 한다.

```
        ; IRQ 번호를 기반으로 하는 IRQ를 활성화하기 위한 서브루틴
EnableIRQ
        ; R0=IRQ 번호 입력
        PUSH   {R0-R2, LR}
        AND.W  R1, R0, #0x1F        ; IRQ를 위한 활성화 비트 패턴을 생성함
        MOV    R2, #1
        LSL    R2, R2, R1           ; 비트 패턴=(0x1 << (N&0x1F))
        AND.W  R1, R0, #0xE0        ; IRQ 번호가 31 이상이라면, 주소 오프셋을 생성함
        LSR    R1, R1, #3           ; 주소 오프셋=(N/32)*4 (각 워드는 32개의 IRQ
                                    ; 활성화를 가짐)
        LDR    R0, =0xE000E100      ; 외부 인터럽트 #31-#0을 위한 SETEN 레지스터
        STR    R2, [R0, R1]         ; 비트 패턴을 SETEN 레지스터에 씀
        POP    {R0-R2, PC}          ; 레지스터 복원 및 리턴
```

유사하게 IRQ를 비활성화하기 위한 서브루틴은 다음과 같다.

```
        ; IRQ 번호를 기반으로 하는 IRQ를 비활성화하기 위한 루틴
DisableIRQ
        ; R0=IRQ 번호 입력
        PUSH   {R0-R2, LR}
        AND.W  R1, R0, #0x1F        ; IRQ를 위한 비활성화 비트 패턴을 생성함
        MOV    R2, #1
        LSL    R2, R2, R1           ; 비트 패턴=(0x1 << (N&0x1F))
        AND.W  R1, R0, #0xE0        ; IRQ 번호가 31 이상이라면, 주소 오프셋을 생성함
        LSR    R1, R1, #3           ; 주소 오프셋=(N/32)*4 (각 워드는 32개의 IRQ
                                    ; 활성화를 가짐)
        LDR    R0, =0xE000E180      ; 외부 인터럽트 #31-#0을 위한 CLREN 레지스터
        STR    R2, [R0, R1]         ; 비트 패턴을 CLREN 레지스터에 씀
        POP    {R0-R2, PC}          ; 레지스터 복원 및 리턴
```

IRQ 펜딩 상태 레지스터를 설정하고 클리어하기 위해 유사한 서브루틴들이 개발될 수 있다.

NVIC 인터럽트 레지스터 접근하기

NVIC 안에 있는 대부분의 레지스터들은 워드, 하프워드, 바이트 전송을 사용하여 접근될 수 있다. 적절한 전송 크기를 선택하는 것은 프로그램 개발을 더 쉽게 만들어준다. 예를 들어, 우선순위-레벨 레지스터들은 바이트 전송을 이용하여 프로그래밍하기 좋다. 이런 방법에서는 다른 익셉션들의 우선순위가 우연히 변경되지 않을까 하고 걱정할 필요는 없다.

익셉션/인터럽트 핸들러

Cortex-M3에서 인터럽트 핸들러는 완전히 C로 프로그래밍될 수 있다. 반면, ARM7에서는 모든 레지스터가 저장되었는지를 확인하기 위해 주로 어셈블리 핸들러가 사용되었었고, 중첩된 인터럽트 지원을 하는 시스템의 경우, 프로세서는 정보를 잃지 않기 위해 다른 모드로의 전환이 필요했었다. 이 단계들은 Cortex-M3에서는 요구되지 않기 때문에, 프로그래밍이 훨씬 쉽다.

어셈블리로, 간단한 익셉션 핸들러를 표현하면 다음과 같을 것이다.

```
irq1_handler
          ; 프로세스 IRQ 요청
          ...
          ; 주변장치 안에서 IRQ 요청 해지
          ...
          ; 인터럽트 리턴
          BX      LR
```

대부분의 경우, 인터럽트 핸들러는 인터럽트를 처리하기 위해 R0–R3 그리고 R12 이상을 필요로 한다. 따라서 몇 개의 다른 레지스터들도 저장할 필요가 있을 수 있다. 다음의 예제는 스태킹 과정 동안 저장되지 않은 모든 레지스터들을 저장한다. 하지만, 익셉션 핸들러에 의해 사용되지 않는 레지스터가 있다면 그것들은 저장할 레지스터 리스트에서 제외된다.

```
irq1_handler
          PUSH  {R4-R11, LR}          ; 스태킹 동안 저장되지 않는 모든 레지스터 저장
```

```
; 프로세스 IRQ 요청
...
; 주변장치 안에서 IRQ 요청 해지(선택 가능)
...
POP  {R4-R11, PC}           ; 레지스터 복원 및 인터럽트 리턴
```

POP가 인터럽트 리턴을 시작할 수 있는 명령어 중의 하나이기 때문에, 같은 명령어 안에서 레지스터 복원과 인터럽트 리턴을 합할 수 있다.

주변장치의 설계에 따라, 익셉션 핸들러가 익셉션 요청을 해지하기 위해 주변장치에 프로그래밍하는 것이 필요할 수 있다. 만약 주변장치에서 NVIC로의 익셉션 요청이 펄스 신호라면, 익셉션 핸들러가 익셉션 요청을 클리어할 필요는 없다. 그렇지 않은 경우는 익셉션에서 벗어나자마자 다시 펜딩되지 않도록 하기 위해 익셉션 핸들러가 익셉션 요청을 클리어해 주어야 한다. 전통적인 ARM 프로세서에서는 인터럽트가 서비스될 때까지, 주변장치가 인터럽트 요청을 유지해야만 했다. 왜냐하면, 이전의 ARM 코어를 위해 설계된 인터럽트 컨트롤러는 펜딩 메모리를 가지고 있지 않기 때문이다.

Cortex-M3에서는 주변장치가 인터럽트 요청을 펄스 형태로 생성한다면, NVIC가 그 요청을 펜딩 요청 상태로 저장할 수 있다. 프로세서가 익셉션 핸들러에 진입하면, 펜딩 상태는 자동적으로 클리어된다. 이런 방법에서는 익셉션 핸들러가 인터럽트 요청을 클리어하기 위해 주변장치에 프로그래밍을 할 필요가 없다.

소프트웨어 인터럽트

인터럽트를 트리거할 수 있는 방법으로는 다양한 것들이 있다.

- 외부 인터럽트 입력
- NVIC 안에 있는 인터럽트 펜딩 레지스터 설정하기(8장 참고)
- NVIC 안에 있는 소프트웨어 트리거 인터럽트 레지스터(STIR)를 통해서(8장 참고)

대부분의 경우, 일부 인터럽트들은 사용되지 않고 소프트웨어 인터럽트로 사용될 수 있다. 소프트웨어 인터럽트는 SVC와 유사하게 동작할 수 있으며, 시스템 서비스에 접근 가능하다. 하지만, 디폴트로 사용자 프로그램들은 NVIC에 접근될 수 없다. 단, NVIC 설정 제어 레지스터 안에 있는 USERSETMPEND 비트가 1로 설정되어 있는 경우에만 NVIC의 STIR에 접근 가능하다(부록 D의 표 D.17 참고).

SVC와는 달리, 소프트웨어 인터럽트는 정확하지 않다. 다시 말하면, 인터럽트 선점이 반드시 즉시 발생하는 것은 아니다. 심지어 인터럽트 마스크 레지스터나 다른 인터럽트 서비스 루틴에 의해 블록되어 있지 않는 경우도 마찬가지이다. 결과적으로 NVIC STIR에 값을 쓴 바로 다음에 오는 명령어가 소프트웨어 인터럽트의 결과에 의존적인 경우, 명령어가 실행된 다음에 소프트웨어 인터럽트가 발생할 수도 있기 때문에, 그 동작이 실패할 수 있다.

이 문제를 해결하기 위해서는 DSB 명령어를 사용하도록 하자. 예를 들어,

```
MOV  R0, #SOFTWARE_INTERRUPT_NUMBER
LDR  R1, =0xE000EF00        ; NVIC 소프트웨어 인터럽트 트리거 레지스터 주소
STR  R0, [R1]               ; 트리거 소프트웨어 인터럽트
DSB                         ; 데이터 동기화 배리어
...
```

하지만 여전히 또 다른 가능한 문제가 있다. 만약 인터럽트 마스크 레지스터가 1로 설정되거나, 소프트웨어 인터럽트를 발생시키는 프로그램 코드가 익셉션 핸들러 그 자체라면, 소프트웨어 인터럽트가 실행될 수 없는 가능성이 있다. 그러므로 소프트웨어 인터럽트를 발생시키는 프로그램 코드는 소프트웨어 인터럽트가 실행되고 있는지 아닌지를 확인해야만 한다. 이것은 소프트웨어 인터럽트 핸들러에 의해 설정되는 소프트웨어 플래그를 이용하여 할 수 있다.

마지막으로, USERSETMPEND를 1로 설정하는 것은 또 다른 문제를 야기한다. 이것이 1로 설정된 후에는 프로그램이 시스템 익셉션을 제외한 소프트웨어 인터럽트를 트리거할 수 있다. 결과적으로, 만약 USERSETMPEND가 사용되고 시스템이 예기치 못한 사용자 프로그램을 포함하고 있다면, 사용자 프로그램에 의해 익셉션이 트리거될 수 있기 때문에, 익셉션 핸들러는 익셉션이 허락되었는지 아닌지를 확인해야 할 것이다. 이상적으로 시스템이 예기치 못한 사용자 프로그램을 포함하고 있다면, SVC를 통해서만 시스템 서비스를 제공하는 것이 가장 좋은 방법이다.

익셉션 핸들러를 가진 예제

7장에서는 초기 벡터 테이블이 리셋 벡터와 NMI 벡터, 그리고 하드 결함 벡터를 포함하고 있다고 언급했었다. 왜냐하면, NMI와 하드 결함 핸들러는 익셉션 활성화 없이

도 발생할 수 있기 때문이다. 프로그램이 시작된 후에는 벡터 테이블을 SRAM의 다른 위치에 재배치할 수 있다. 어플리케이션에 따라, 벡터 테이블의 재배치는 필요 없을 수도 있다. 다음의 예제에서는 SRAM의 시작 위치에 새로 재배치된 벡터 테이블을 놓고, 그 뒤에 데이터 변수들이 온다.

```
STACK_TOP       EQU    0x20002000        ; SP 시작값을 위한 상수
NVIC_SETEN      EQU    0xE000E100        ; 활성화 레지스터 베이스 주소 설정
NVIC_VECTTBL    EQU    0xE000ED08        ; 벡터 테이블 오프셋 레지스터
NVIC_AIRCR      EQU    0xE000ED0C        ; 어플리케이션 인터럽트 및 리셋 제어 레지스터
NVIC_IRQPRI     EQU    0xE000E400        ; 인터럽트 우선순위-레벨 레지스터
                AREA   | Header Code | , CODE
                DCD    STACK_TOP         ; SP 초기값
                DCD    Start             ; 리셋 벡터
                DCD    Nmi_Handler       ; NMI 핸들러
                DCD    Hf_Handler        ; 하드 결함 핸들러
                ENTRY
Start           ; 메인 프로그램의 시작
                ; 레지스터들을 초기화
                MOV    r0, #0            ; 레지스터들을 초기화
                MOV    r1, #0
                ...

                ; 이전 벡터 테이블을 새로운 벡터 테이블에 복사
                LDR    r0, =0
                LDR    r1, =VectorTableBase
                LDMIA  r0!, {r2-r5}      ; 4워드 복사
                STMIA  r1!, {r2-r5}

                DSB    ; 데이터 동기화 배리어

                ; 벡터 테이블 오프셋 레지스터 설정
                LDR    r0, =NVIC_VECTTBL
                LDR    r1, =VectorTableBase
                STR    r1, [r0]

                ...
                ; 우선순위 그룹 레지스터 셋업
                LDR    r0, =NVIC_AIRCR
                LDR    r1, =0x05FA0500   ; 우선순위 그룹 5
```

```
                STR     r1, [r0]

                ; IRQ 0 벡터 셋업
                MOV     r0, #0                  ; IRQ#0
                LDR     r1, =Irq0_Handler
                BL      SetupIrqHandler

                ; 우선순위 셋업
                LDR     r0, =NVIC_IRQPRI
                LDR     r1, =0xC0               ; IRQ#0 우선순위
                STRB    r1, [r0, #0]            ; 오프셋=0에서 IRQ 0 우선순위 셋업
                                                ; 주: 바이트 저장(IRQ#1은 오프셋=1을
                                                ; 가질 것임)
                DSB     ; 데이터 동기화 배리어
                        ; 인터럽트를 활성화하기 전에 모든 것이 준비되어 있는지
                        ; 확인하도록 하자.
                MOV     r0, #0                  ; IRQ#0 선택
                BL      EnableIRQ

                ...
                ;---------------------------------------
                ; 함수들
SetupIrqHandler
                ; R0=IRQ 번호 입력
                ; R1=IRQ 핸들러 입력
                PUSH    {R0, R2, LR}
                LDR     R2, =NVIC_VECTTBL       ; 벡터 테이블 오프셋을 얻음
                LDR     R2, [R2]
                ADD     R0, #16                 ; 익셉션 번호=IRQ 번호+16
                LSL     R0, R0, #2              ; 4배(각 벡터는 4바이트)
                ADD     R2, R0                  ; 벡터 주소를 찾음
                STR     R1, [R2]                ; 벡터 핸들러를 저장함
                POP     {R0, R2, PC}            ; 리턴
EnableIRQ
                ; R0=IRQ 번호 입력
                PUSH    {R0-R3, LR}
                AND     R1, R0, #0x1F           ; 비트 패턴을 찾기 위해 하위 5비트를 얻음
                MOV     R2, #1
                LSL     R2, R2, R1              ; R2에 비트 패턴 저장
                BIC     R0, #0x1F
```

```
          LSR    R0, #3              ; 워드 오프셋(IRQ 번호는 32보다 클 수 있음)
          LDR    R1, =NVIC_SETEN
          STR    R2, [R1, R0]        ; 활성화 비트를 1로 설정
          POP    {R0-R3, PC}         ; 리턴
          ; -----------------------------
          ; 익셉션 핸들러들
Hf_Handler
          …                          ; 코드를 여기에 삽입
          BX     LR                  ; 리턴
Nmi_Handler
          …                          ; 코드를 여기에 삽입
          BX     LR                  ; 리턴
Irq0_Handler
          …                          ; 코드를 여기에 삽입
          BX     LR                  ; 리턴
          ; ---------------------------------------------
          AREA   |Header Data|, DATA
          ALIGN  4
          ; 재배치된 벡터 테이블
VectorTableBase     SPACE 256        ; 바이트 수
VectorTableEnd                       ; (256/4 = 64개까지의 익셉션)
MyData1   DCD    0                   ; 변수들
MyData2   DCD    0

          END                        ; 파일의 끝
```

이것은 다소 긴 예제이다. 그 끝, 데이터 영역에서 먼저 시작해 보자.

데이터 메모리 영역(대부분 프로그램의 끝)에서, 벡터 테이블(SPACE 256)로 256바이트의 공간을 정의하고 있다. 이것은 64개까지의 익셉션 벡터가 여기에 저장될 수 있도록 한다. 만약 벡터 테이블을 위한 공간이 더 작거나 크기를 원한다면 그 크기를 변경할 수 있다. 다른 소프트웨어 변수들은 벡터 테이블 공간 뒤에 온다. 따라서 변수 *MyData1*은 현재 주소 0x20000100에 위치한다.

그 코드의 시작에서는 프로그램의 나머지를 위한 많은 주소 상수값을 정의하고 있다. 따라서 숫자를 사용하는 대신, 프로그램을 이해하기 쉽도록 이 상수 이름을 사용할 수 있다.

초기 벡터 테이블은 리셋 벡터, NMI 벡터, 그리고 하드 결함 벡터를 포함하고 있다.

다음에 오는 예제 코드는 익셉션 벡터가 어떻게 설정되는가를 보여주고 있으며, 실제 NMI와 하드 결함, IRQ 핸들러는 포함하고 있지 않다. 실제 어플리케이션에 따라, 이 핸들러들을 개발해야 한다. 이 예제는 익셉션 리턴으로 BX LR을 사용하고 있지만, 그것은 다른 유효한 익셉션 리턴 명령어에 의해 대체될 수 있다.

레지스터들의 초기화 후, 벡터 핸들러는 SRAM 안에 있는 새로운 벡터 테이블로 복사된다. 이것은 하나의 다중 로드 명령어와 하나의 다중 스토어 명령어에 의해 수행된다. 만약 더 많은 벡터들이 복사되어야 한다면, 단순히 다중 로드/스토어 명령어들을 추가하거나 각 로드 명령어와 스토어 명령어 쌍을 복사하기 위해 워드 수를 증가시켜 주면 된다.

벡터 테이블이 준비되면, 벡터 테이블을 SRAM 안의 새로운 것으로 재배치할 수 있다. 하지만, 벡터 핸들러의 전송이 완료되었는지를 확인하기 위해 DSB 명령어가 사용되고 있다.

그런 다음에는 인터럽트 실정의 나머지를 셋업해야 한다. 첫 번째로 할 일은 우선순위 그룹을 셋업하는 것이다. 이것은 한 번만 수행하면 된다. 이 예제에서는 인터럽트 설정을 쉽게 하기 위해 `SetupIrqHandler`와 `EnableIRQ`라고 불리는 두 개의 서브루틴들이 개발되었다. 동일한 코드를 사용하고, 단순히 NVIC_SETEN을 NVIC_CLREN으로 변경하면서, *DisableIRQ*라고 불리는 유사한 함수를 추가할 수 있다. 핸들러와 우선순위 레벨이 셋업되면, IRQ는 활성화될 것이다.

SVC 사용하기

SVC는 사용자 어플리케이션이 OS에서 API에 접근할 수 있게 해주는 일반적인 방법이다. 이는 사용자 어플리케이션들의 경우 어떤 매개변수들이 OS로 전달되는지만 알면 되기 때문이다. 그것들은 API 함수의 메모리 주소를 알 필요는 없다.

SVC 명령어들은 매개변수 하나를 포함하고 있는데, 이것은 명령어 내의 8비트 상수 데이터이다. 그 값은 SVC 명령어를 사용하기 위해 필요하다. 예를 들어,

```
SVC 3 ; 시스템 서비스 번호 3을 호출함
```

SVC 핸들러 안에서는, 명령어로부터 매개변수를 끌어낼 필요가 있다. 이렇게 하기 위해서, 그림 11.2에서 설명하고 있는 과정이 사용된다.

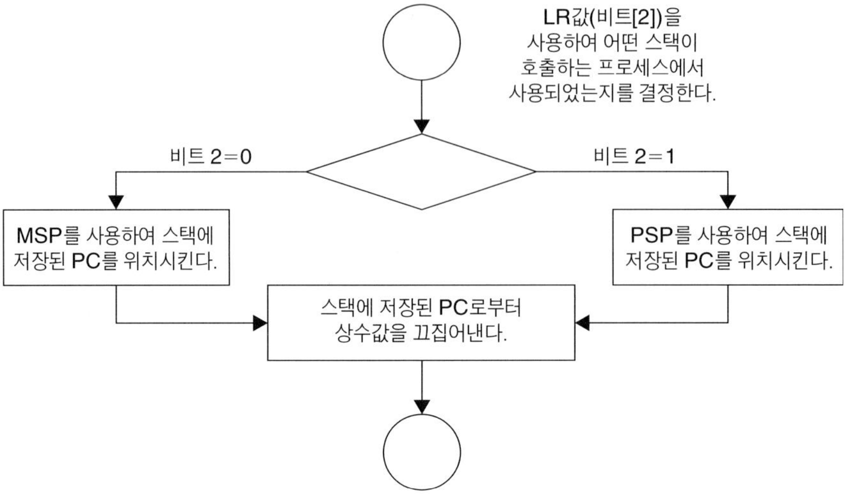

그림 11.2 SVC 매개변수를 끌어내는 방법

이것을 수행하기 위한 간단한 어셈블리 코드를 살펴보자.

```
svc_handler
        TST     LR #0x4           ; LR 비트 2 안에 있는 EXC_RETURN 번호를 테스트
        ITE     EQ                ; 만약 0(같으면)이면,
        MRSEQ   R0, MSP           ; 메인 스택이 사용되고, MSP를 R0에 넣음
        MRSNE   R0, PSP           ; 그렇지 않으면, 프로세스 스택이 사용되고
                                  ; PSP를 R0에 넣음
        LDR     R1, [R0, #24]     ; 스택에 저장되어 있는 PC값을 얻음
        LDRB    R0, [R1, #-2]     ; 명령어에서 상수 데이터를 얻음
        ; 현재 상수 데이터는 R0 안에 저장되어 있음
        ...
        BX      LR                ; 호출한 함수로 리턴
```

SVC의 호출 매개변수가 결정되면, 그에 상응하는 SVC 함수가 실행된다. 정확한 SVC 서비스 코드로 분기하는 효율적인 방법은 TBB와 TBH와 같은 테이블 분기 명령어를 사용하는 것이다. 하지만 테이블 분기 명령어가 사용되는 경우, SVC 호출 매개변수가 정확한 값을 포함하고 있다는 것이 확실하지 않다면, 유효하지 않은 SVC 호출이 시스템을 망가뜨리지 못하도록 매개변수에 대한 값을 확인해야 한다.

SVC 호출은 익셉션 메커니즘을 통해 또 다른 SVC 서비스를 요청할 수 없기 때문에,

SVC 핸들러는 또 다른 SVC 함수를 직접 호출해야 한다(예를 들어, BL).

SVC 예제: 출력함수 사용

이전에 출력함수에 대한 다양한 서브루틴을 개발하였다. 때로는 서브루틴을 호출하기 위해 BL을 사용하는 것이 그다지 좋지 않을 수도 있다 — 예를 들어, 함수들이 오브젝트 파일과 달라서, 서브루틴의 주소를 찾을 수 없거나, 분기 주소 범위가 너무 클 때가 바로 그때이다. 이런 경우에는 출력함수를 위한 엔트리 포인트처럼 동작하도록 SVC를 사용하고자 할 수도 있다. 예를 들어,

```
LDR  R0, =HELLO_TXT
SVC  0                        ; R0가 가리키는 스트링을 디스플레이
MOV  R0, #'A'
SVC  1                        ; R0 안에 문자를 디스플레이
LDR  R0, =0xC123456
SVC  2                        ; R0 안에 16진수 값을 디스플레이
MOV  R0, #1234
SVC  3                        ; R0 안에 10진수 값을 디스플레이
```

SVC를 사용하기 위해 SVC 핸들러를 셋업해야 한다. 이것은 IRQ를 위해 작업했던 함수를 수정하면 된다. 유일한 차이점으로는 이 함수가 익셉션 유형으로 입력(SVC는 익셉션 유형 11)을 취한다는 것이다. 또한 이번에는 Thumb-2 명령어 특징을 사용하여 코드를 더 최적화해 보도록 하자.

```
SetupExcpHandler
        ; R0=익셉션 번호 입력
        ; R1=익셉션 핸들러 입력
        PUSH    {R0, R2, LR}
        LDR     R2, =NVIC_VECTTBL  ; 벡터 테이블 오프셋을 얻음
        LDR     R2, [R2]
        STR.W   R1, [R2, R0, LSL #2] ; 벡터 핸들러를 [R2+R0<<2]에 저장함
        POP     {R0, R2, PC} ; 리턴
```

svc_handler를 위해 이전 예제에서처럼 SVC 호출번호를 끄집어내야 하며, 스택으로부터 읽어서 SVC에 전달되는 매개변수에 접근할 수 있다. 또한 다양한 함수들로 분기해야 하는 선택 분기가 추가된다.

```
svc_handler
        TST     LR #0x4             ; LR 비트 2 안에 있는 EXC_RETURN 번호를 테스트
        ITTEE   EQ                  ; 만약 0(같으면)이면,
        MRSEQ   R1, MSP             ; 메인 스택이 사용되고, MSP를 R0에 넣음
        MRSNE   R0, PSP             ; 그렇지 않으면, 프로세스 스택이 사용되고
                                    ; PSP를 R0에 넣음
        LDR     R0, [R1, #0]        ; 스택에 저장되어 있는 R0값을 얻음
        LDR     R1, [R1, #24]       ; 스택에 저장되어 있는 PC값을 얻음
        LDRB    R1, [R1, #-2]       ; 명령어에서 상수 데이터를 얻음
        ; 현재 상수 데이터는 R1 안에 저장되어 있고, 입력 매개변수는 R0 안에 저장되어 있음
        PUSH    {LR}                ; LR을 스택에 저장
        CBNZ    R1, svc_handler_1
        BL      Puts                ; Puts로 분기
        B       svc_handler_end
svc_handler_1
        CMP     R1, #1
        BNE     svc_handler_2
        BL      Putc                ; Putc로 분기
        B       svc_handler_end
svc_handler_2
        CMP     R1, #2
        BNE     svc_handler_3
        BL      PutHex              ; PutHex로 분기
        B       svc_handler_end
svc_handler_3
        CMP     R1, #3
        BNE     svc_handler_4
        BL      PutDec              ; PutDec로 분기
        B       svc_handler_end
svc_handler_4
        B       error               ; 알려지지 않은 입력값
        ...
svc_handler_end
        POP     {PC}                ; 리턴
```

svc_handler 코드는 출력함수들이 허락된 분기 범위 내에 있는지를 확인할 수 있도록 출력함수들과 함께 놓여야 한다.

레지스터 뱅크의 현재 내용들 대신, 스택에 저장된 레지스터 내용들이 매개변수 전달을 위해 사용된다는 것을 기억해 두자. 이는 SVC가 실행될 때 더 높은 우선순위의 인

터럽트들이 발생하면, SVC가 다른 인터럽트 핸들러(테일 체인) 뒤에서 시작하고, R0–R3와 R12의 내용은 인터럽트 핸들러에 의해 변경될 수 있기 때문이다. 이것은 인터럽트의 테일 체인이 있는 경우, 언스태킹이 수행되지 않는다는 특징 때문에 발생한다. 예를 들어,

1. 매개변수는 매개변수로 R0 안에 놓인다.
2. SVC는 더 높은 우선순위의 인터럽트가 발생하는 동시에 실행된다.
3. 스태킹이 수행되고, R0–R3, R12, LR, PC, 그리고 xPSR이 스택에 저장된다.
4. 인터럽트 핸들러가 실행된다. R0–R3, R12는 핸들러에 의해 변경될 수 있다. 이것은 레지스터들이 하드웨어 언스태킹에 의해 복원될 것이기 때문에 상관 없다.
5. SVC 핸들러는 인터럽트 핸들러 뒤에 이어서 오게 된다. SVC에 진입하게 되면, R0–R3 그리고 R12 안에 있는 내용은 SVC가 호출될 때의 값과는 다를 수 있다. 하지만, 정확한 매개변수가 스택에 저장되고, SVC 핸들러에 의해 접근될 수 있다.

어드레싱 모드에 대해 알아보기

SetupIrqHandler와 SetupExcpHandler 루틴의 코드 예제에서, Cortex-M3에서의 어드레싱 모드 특징을 이용한다면, 이 코드는 상당히 짧아질 수 있다. SetupIrqHandler에서, IRQ 벡터의 목적지 주소가 계산되고, 그런 다음 저장 과정이 수행된다.

```
SetupIrqHandler
    PUSH   {R0, R2, LR}
    LDR    R2, =NVIC_VECTTBL       ; 벡터 테이블 오프셋을 얻음        ; 1 단계
    LDR    R2, [R2]                                                  ; 2 단계
    ADD    R0, #16                 ; 익셉션 번호 = IRQ 번호 + 16      ; 3 단계
    LSL    R0, R0, #2              ; 4배(각 벡터는 4바이트)           ; 4 단계
    ADD    R2, R0                  ; 벡터 주소를 찾음                 ; 5 단계
    STR    R1, [R2]                ; 벡터 핸들러를 저장               ; 6 단계
    POP    {R0, R2, PC}            ; 리턴
```

SetupExcpHandler에서 4-6단계 동작이 한 단계로 줄어든다.

```
SetupExcpHandler
    PUSH   {R0, R2, LR}
    LDR    R2, =NVIC_VECTTBL       ; 벡터 테이블 오프셋을 얻음
```

```
    LDR    R2, [R2]
    STR.W  R1, [R2, R0, LSL #2] ; [R2+R0<<2]하고 벡터 핸들러를 저장
    POP    {R0, R2, PC} ; 리턴
```

일반적으로 데이터 주소가 다음의 항목 중 하나와 같다면, 필요한 명령어의 수를 줄일 수 있다.

- Rn + 2N*Rm
- Rn +/- immediate_offset

SetupIrqHandler 루틴에서 가장 짧게 구현한 것은 다음과 같다.

```
SetupIrqHandler
    PUSH   {R0, R2, LR}
    LDR    R2, =NVIC_VECTTBL      ; 벡터 테이블 오프셋을 얻음      ; 1 단계
    LDR    R2, [R2]                                                ; 2 단계
    ADD    R2, #(16*4)            ; IRQ 벡터 시작을 얻음           ; 3 단계
    STR.W  R1, [R2, R0, LSL #2]   ; 벡터 핸들러를 저장             ; 4 단계
    POP    {R0, R2, PC}           ; 리턴
```

C에서 SVC 사용하기

대부분의 경우, SVC 함수로 매개변수를 전달하기 위해서는 어셈블러 핸들러 코드가 필요하다. 앞서 설명한 것처럼 매개변수들은 레지스터가 아니라 스택에 의해 전달되어야 하기 때문이다. SVC 핸들러가 C로 개발되어 있는 경우, 레지스터 위치를 찾아내어 그것을 SVC 핸들러로 전달하기 위해 간단한 어셈블리 래퍼 코드가 사용될 수 있다. 그러면, SVC 핸들러는 스택 포인터 정보에서 SVC 번호와 매개변수들을 추출할 수 있다. RealView Development Suite(RVDS) 또는 KEIL RealView Microcontroller Development Kit(RVMDK)가 사용되고 있다고 가정할 때, 어셈블러 래퍼는 다음과 같이 임베디드 어셈블러로 구현될 수 있다.

```
// 스택 프레임 시작 위치를 추출하기 위한 어셈블러 래퍼
// 스택 프레임의 시작 위치를 R0에 저장한 다음, 실제 SVC 핸들러로 분기
__asm void svc_handler_wrapper(void)
{
```

```
    IMPORT svc_handler
    TST    LR, #4
    ITE    EQ
    MRSEQ  R0, MSP
    MRSNE  R0, PSP
    B      svc_handler
} // svc_handler의 리턴이 SVC 호출 프로그램을 바로 실행하기 때문에, 리턴 코드(BX LR)를
  // 추가할 필요 없음
```

그러면 입력(스택 프레임 시작 위치)으로 R0를 사용하여 SVC 핸들러의 나머지를 C로 구현할 수 있다. 여기서 입력값은 SVC 번호와 전달될 매개변수들(R0–R3)을 추출하기 위해 사용된다.

```
// C로 작성된 SVC 핸들러. 여기서 스택 프레임 위치를 입력 매개변수로 사용하고 있으며,
// 인수열을 가리키는 메모리 포인터로 그것을 사용하고 있음
// svc_args[0]=R0, svc_args[1] =R1
// svc_args[2]-R2, svc_args[3] =R3
// svc_args[4]=R12, svc_args[5] =LR
// svc_args[6]=리턴 주소(저장되어 있는 PC)
// svc_args[7]=xPSR
void svc_handler(unsigned int * svc_args)
{
    unsigned int svc_number;
    unsigned int svc_r0;
    unsigned int svc_r1;
    unsigned int svc_r2;
    unsigned int svc_r3;

    svc_number = ((char *)svc_args[6])[-2]; // 메모리[(저장되어 있는 PC)-2]
    svc_r0  = ((unsigned long) svc_args[0]);
    svc_r1  = ((unsigned long) svc_args[1]);
    svc_r2  = ((unsigned long) svc_args[2]);
    svc_r3  = ((unsigned long) svc_args[3]);
printf("SVC number = %x\n", svc_number);
printf("SVC parameter 0 = %x\n", svc_r0);
printf("SVC parameter 1 = %x\n", svc_r1);
printf("SVC parameter 2 = %x\n", svc_r2);
printf("SVC parameter 3 = %x\n", svc_r3);

return;
```

```
}
```

SVC는 보통의 C 함수에서와 같은 방법을 사용하여 호출하는 프로그램으로 그 결과를 리턴할 수 없다는 것을 기억해 두자. 보통의 C 함수들은 *unsigned int func( )*와 같은 데이터형으로 그 함수를 정의하여 값들을 리턴하고, 리턴값을 전달하기 위해 *return*을 사용하는데, 실제 그 값은 레지스터 R0에 저장된다. SVC 핸들러는 함수에서 벗어날 때 그 값들을 레지스터 R0에서 R3 안에 넣어두기 때문에, 레지스터값들은 저장 과정 없이 중복하여 쓰여진다. 그러므로, SVC가 호출하는 프로그램으로 결과값을 리턴해야 하는 경우, 그 값이 저장 과정 없이 레지스터로 로드될 수 있도록 스택 프레임을 직접 수정해야 한다.

ARM RealView Development Suite(RVDS) 또는 KEIL RealView Microcontroller Development Kit(RVMDK)로 작성된 C 프로그램 안에서 SVC를 호출하기 위해서는 *__svc compiler* 키워드를 사용해야 한다. 예를 들어, 네 개의 변수들이 SVC 함수 번호 3번으로 전달되어야 한다면, *call_svc_3*이라는 이름의 SVC를 다음과 같이 선언할 수 있다.

```
void __svc(0x03) call_svc_3 (unsigned long svc_r0, unsigned long svc_r1, unsigned
long svc_r2, unsigned long svc_r3);
```

그러면, 이것은 다음과 같이 시스템 호출을 하기 위해 C 프로그램 코드를 사용할 수 있다.

```
int main(void)
{
   unsigned long p0, p1, p2, p3;       // SVC 핸들러로 전달될 매개변수들
   ...
   call_svc_3(p0, p1, p2, p3);         // SVC 핸들러 3을 호출
                                       // 매개변수 p0, p1, p2, p3는 svc로 전달됨
   ...
   return;
}
```

RealView Development Suite 또는 RealView C Compiler에서 *__svc* 키워드를 사용하는 방법에 대한 보다 상세한 정보는 *RVCT3.0 Compiler and Library Guide* (Ref6)에서 찾아볼 수 있다.

GCC에서는 __*svc* 키워드가 없기 때문에, GNU 툴 체인의 사용자들은 인라인 어셈블러를 사용하여 SVC에 접근할 수 있다. 예를 들어 하나의 입력변수를 갖는 SVC 호출 번호 3이 필요하고, 레지스터 R0(AAPCS, Ref5에 의하면, 첫 번째 전달변수는 레지스터 R0를 사용한다)를 통해 하나의 변수를 리턴해야 한다면, SVC를 호출하기 위해 다음과 같은 인라인 어셈블러 코드가 사용될 수 있다.

```
int MyDataIn = 0x123;

__asm__volatile  ( "mov R0, %0\n"
                   "svc 3      \n" :"":"r"(MyDataIn));
```

이 인라인 어셈블러 코드는 다음과 같은 부분으로 나누어질 수 있다. *r(MyDataIn)*으로 규정된 입력 데이터가 있으며, 출력 영역은 없다(앞의 코드에서 " "으로 표기되어 있는 부분).

```
__asm ( assembler_code : output_list : input_list)
```

GNU 툴 체인에서 인라인 어셈블러를 사용하는 예제들은 이 책의 19장에서 많이 다루었다. 인라인 어셈블러로 매개변수를 전달하거나 인라인 어셈블러에서 매개변수를 전달받는 것에 대한 보다 상세한 사항에 대해서는 GNU 툴 체인 문서를 참고하기 바란다.

Chapter 12

진보한 프로그래밍 특징과 시스템 동작

이 장의 내용

- 두 개의 분리된 스택을 가지고 있는 시스템 동작시키기
- 더블워드 스택 정렬
- Nonbase 쓰레드 활성화
- 성능 고려
- 락업 상황

두 개의 분리된 스택을 가지고 있는 시스템 동작시키기

v7-M 아키텍처의 가장 중요한 특징 가운데 하나는 사용자 어플리케이션 스택이 특권/커널 스택과 분리되어 있다는 점이다. 만약 MPU가 구현되어 있다면, 이것은 메모리 충돌에 의해 커널이 망가지는 일이 없도록 사용자 어플리케이션이 커널 스택 메모리에 접근하지 못하도록 하기 위해 사용된다.

전형적으로, Cortex-M3를 기반으로 하는 시스템은 다음과 같은 특징을 가지고 있다.

- MSP를 사용하는 익셉션 핸들러
- 태스크 스케줄링 및 시스템 관리를 위해 특권 접근 레벨로 동작하면서 규칙적인 구간에서 SYSTICK 익셉션에 의해 침해되는 커널 코드
- 사용자 접근 레벨을 갖는 쓰레드로 동작하는 사용자 어플리케이션(비특권); 이 어플리케이션들은 PSP를 사용한다.
- 커널 및 익셉션 핸들러를 위한 스택 메모리는 MSP에 의해 표시되며, 스택 메모리는 MPU가 사용 가능한 경우에만 특권 접근이 가능하도록 제한된다.
- 사용자 어플리케이션을 위한 스택 메모리는 PSP에 의해 표시된다.

스택 메모리는 SRAM 메모리를 가지고 있다고 가정하자. SRAM이 사용자 접근을 위한 영역과 특권 접근을 위한 영역으로 나누어지도록 MPU를 설정할 수 있다. 각 영역은 스택 메모리 공간과 어플리케이션 데이터 공간으로 사용된다. Cortex-M3에서의 스택 동작이 Full Descending이기 때문에, 스택 포인터의 시작값은 영역의 맨 위를 가리킨다.

전원이 켜지면, MSP만이 초기화된다(전원이 켜지는 과정에서 주소 0x0이 페치된다). 완전한 두 개의 스택 시스템을 셋업하기 위해서는 추가적인 단계들이 필요하다. 어셈블리 코드로 작성된 어플리케이션에서는, 이것은 다음과 같이 간단하다.

```
; 특권 레벨에서 시작 (이 코드는 사용자가 접근 가능한 메모리에 위치)
BL   MpuSetup            ; MPU 영역을 설정하고 메모리 보호를 활성화
LDR  R0, =PSP_TOP        ; 프로세스 SP가 프로세스 스택의 맨 위를 가리키도록 셋업
MSR  PSP, R0
BL   SystickSetup        ; 규칙적인 간격으로 OS 커널을 침해하도록 SYSTICK과
                         ; SYSTICK 익셉션을 셋업
MOV  R0, #0x3            ; 사용자 프로그램이 PSP를 사용하도록 CONTROL 레지스터를
```

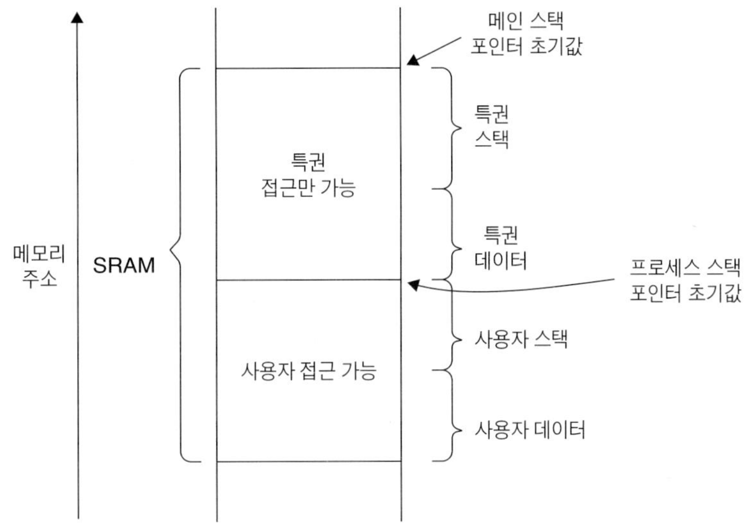

그림 12.1 특권 데이터와 사용자 어플리케이션 데이터를 가지는 메모리 사용 예

```
                                ; 셋업
MSR   CONTROL, R0               ; 현재 접근 레벨을 사용자 접근 레벨이 되도록 전환함
B     UserApplicationStart      ; 이제 사용자 접근 레벨 안에 있게 되었으며, 사용자
                                ; 코드를 시작함
```

C 함수의 중간에서 스택 포인터를 전환하는 경우 지역변수를 잃어버릴 수 있기 때문에, 이러한 배치는 C 프로그램이 아닌 어셈블리 프로그램을 위해서 좋다(C 함수 또는 서브루틴에서는 지역변수를 스택 메모리에 넣어 사용하기 때문이다). Cortex-M3 TRM (Ref1)은 커널을 침해하기 위해 SVC와 같은 ISR을 사용하고, EXC_RETURN값을 수정함으로써 스택 포인터를 변경하기를 권장한다.

대부분의 경우, EXC_RETURN 수정 및 스택 전환은 운영체제 안에 포함되어 있다. 사용자 어플리케이션이 시작된 후에는, 시스템 관리를 위해 운영체제를 침해하고, 필요하다면 문맥 전환을 배정하기 위해 SYSTICK 익셉션이 규칙적으로 사용될 수 있다.

인터럽트 핸들러 중간에서 문맥 전환이 발생하는 것을 방지하기 위해 문맥 전환은 PendSV에서 수행된다는 점을 기억해 두자.

많은 어플리케이션들이 운영체제를 필요로 하지 않지만, 안정성을 향상시키기 위한 한 방법으로, 어플리케이션 코드의 다른 영역을 위해 분리된 스택을 사용하는 것은 여전

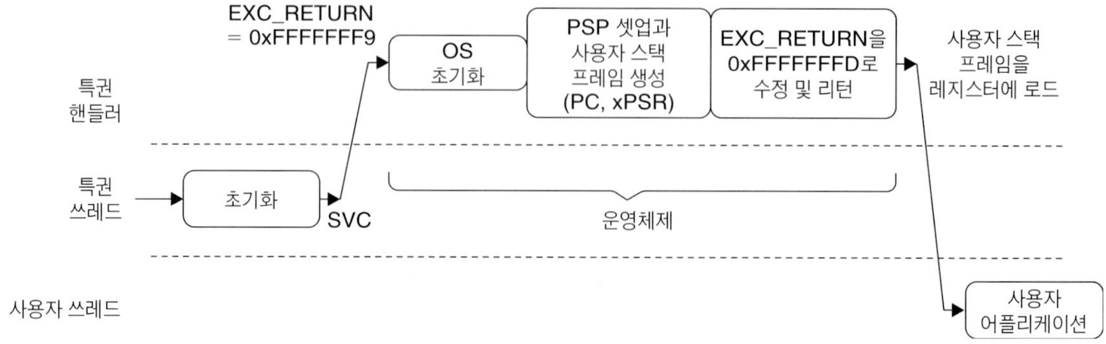

그림 12.2 간단한 OS에서 여러 스택들의 초기화

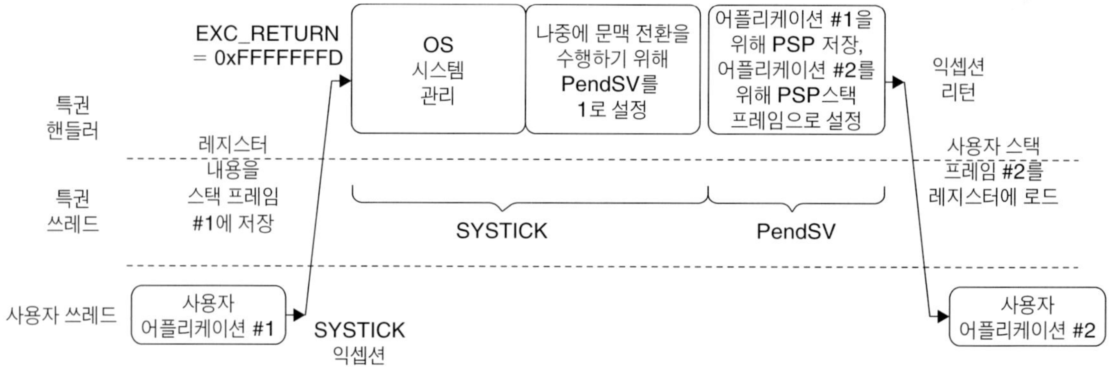

그림 12.3 간단한 OS에서의 문맥 전환

히 도움이 된다. 이것을 처리하는 한 가지 방법은 프로세스 스택 영역을 가리키는 MSP를 가지고 Cortex-M3를 시작하는 것이다. 이러한 초기화 방법은 MSP를 사용하는 것이 아니라, 프로세스 스택 영역을 가지고 이루어진다. 사용자 어플리케이션을 시작하기 전에 다음의 코드가 실행된다.

```
; 특권 모드에서 시작, MSP는 사용자 스택을 가리킴
MpuSetup();            // MPU 영역을 셋업하고 메모리 보호를 활성화
SystickSetup();        // 시스템 관리 코드를 위한 SYSTICK과 SYSTICK 익셉션을 셋업
SwitchStackPointer();  // SP를 전환하기 위한 어셈블리 서브루틴을 호출
   /* ;-------------------- SwitchStackPointer --------------------
   PUSH  {R0, R1, LR}
```

```
    MRS  R0, MSP              ; 현재 스택 포인터를 저장
    LDR  R1, =MSP_TOP         ; MSP를 새로운 위치로 변경
    MSR  MSP, R1
    MSR  PSP, R0              ; PSP 안에 현재 스택 포인터를 저장
    MOV  R0, #0x3
    MSR  CONTROL, R0          ; 사용자 모드로 전환하고 현재 스택으로서 PSP를 사용
    POP  {R0, R1, PC}         ; 리턴
    ; ---------------------- C 프로그램으로 돌아감 --------------------------*/
; 현재 사용자 모드 안에 있으며, PSP와 지역변수들을 사용하고 있음
; 여전히 여기 있음
UserApplicationStart();       // 사용자 모드에서 어플리케이션 코드 시작
```

더블워드 스택 정렬

AAPCS[1]를 만족시키는 어플리케이션에서는, 익셉션 진입시 레지스터들을 스택에 저장할 때 이것이 기본 데이터 크기(1, 2, 4, 8바이트)로 할당되어 있음을 확인해야 한다. Cortex-M3 프로세서에서는 이것이 설정 가능한 옵션이다. 이러한 특징을 가능하게 하기 위해서는 NVIC 설정 제어(Configuration Control) 레지스터의 STKALIGN 비트가 1로 설정되어야 한다(부록 D의 표 D.17 참고). 예를 들어, 이것은 어셈블리어로 작성될 수 있다.

```
LDR    R0, =0xE000ED14        ; R0는 NVIC CCR의 주소로 설정되어야 함
LDR    R1, [R0]
ORR.W  R1, R1, #0x200         ; STKALIGN 비트를 1로 설정함
STR    R1, [R0]               ; NVIC CCR에 씀
```

그렇지 않으면, 이것은 C 언어로 다음과 같이 작성될 수 있다.

```
#define NVIC_CCR ((volatile unsigned long *)(0xE000ED14))
*NVIC_CCR = *NVIC_CCR|0x200; /* NVIC의 STKALIGN을 1로 설정함 */
```

익셉션 진입을 위해 스택에 저장을 하고 있는 동안 STKALIGN 비트가 1로 설정되면, 스택 정렬시 스택 포인터 조정이 필요하다는 것을 가리키기 위해 저장된 xPSR의 9번

[1] ARM 아키텍처를 위한 프로시주어 콜 표준(AAPCS, Ref5). SP 정렬 및 AAPCS에 관한 참고문서가 ARM 웹사이트 상에 공개되어 있다. www.arm.com/pdfs/ABI-Advisory-1.pdf를 참고하도록 하자.

비트가 사용된다. 스택에서 데이터를 빼고 있을 때에는 SP 조정이 저장된 xPSR의 9번 비트를 확인하고 그에 따라 SP를 조절한다.

스택 데이터 충돌을 방지하기 위해 익셉션 핸들러 안에서는 STKALIGN 비트가 변경되어서는 안 된다. 이는 익셉션 전후의 스택 포인터 위치 미스매치를 야기할 수 있다.

이러한 특징은 Cortex-M3 버전 1 이후에서 가능하다. 버전 0을 기반으로 한 그 이전 Cortex-M3 제품들은 이러한 특징을 지원하지 않는다. AAPCS 확인이 요구된다면, 이러한 특징이 사용되어야 한다. 어플리케이션(또는 그 일부)이 C로 개발될 때, 프로그램이 더블워드 크기의 데이터를 포함하고 있을 때에는 이러한 특징이 권장된다.

Nonbase 쓰레드 활성화

Cortex-M3에서는 동작하고 있는 인터럽트 핸들러를 특권 레벨에서 사용자 접근 레벨로 전환할 수 있다. 이것은 인터럽트 핸들러 코드가 사용자 어플리케이션의 일부일 때 요구되며, 이 경우에는 특권 접근이 허락되어서는 안 된다. 이러한 특징은 NVIC 설정 제어 레지스터 안의 Nonbase 쓰레드 활성화 비트(NONBASETHRDENA)에 의해 활성화된다.

이 특징은 주의해서 사용하도록 하자

스택을 수동으로 조절하고 스택에 저장된 데이터를 수동으로 수정해야 하는 필요성 때문에, 보통의 어플리케이션 프로그래밍에서는 이러한 특징을 피해야 한다. 만약 이 특징을 사용해야 한다면, 매우 주의 깊게 작업해야 하며, 시스템 설계자는 인터럽트 서비스 루틴이 정확하게 종료되었는지를 확인해야 한다. 그렇지 않으면, 마스크된 레벨과 우선순위가 같거나 작은 인터럽트들이 발생할 수도 있다.

이 특징을 사용하기 위해서는 익셉션 핸들러 방향 변경이 포함된다. 벡터 테이블의 벡터는 특권 모드에서 동작하고 있는 핸들러를 가리키고 있지만, 이것은 사용자 모드에서 접근 가능한 메모리에 위치해 있다.

```
redirect_handler
        PUSH  {LR}
        SVC   0             ; 특권 모드에서 사용자 모드로 변경할 SVC 함수
```

```
        BL    User_IRQ_Handler
        SVC   1               ; 사용자 모드에서 특권 모드로 재변경할 SVC 함수
        POP   {PC}            ; 리턴
```

SVC 핸들러는 다음의 세 부분으로 나누어진다.

- SVC를 호출할 때 매개변수 결정
- SVC 서비스 #0은 Nonbase 쓰레드 활성화를 활성화하고, 사용자 스택과 EXC_RETURN값을 조절한 다음, 프로세스 스택을 사용하여 사용자 모드의 방향 변경 핸들러로 되돌아간다.
- SVC 서비스 #1은 Nonbase 쓰레드 활성화를 비활성화시키고, 사용자 스택 포인터 위치를 복원한 다음, 메인 스택을 사용하여 특권 모드의 변경 핸들러로 되돌아간다.

```
svc_handler
        TST     LR, #0x4            ; EXC_RETURN 비트 2를 테스트함
        ITE     EQ                  ; 만약 0이면,
        MRSEQ   R0, MSP             ; 정확한 스택 포인터를 R0에서 얻음
        MRSNE   R0, PSP
        LDR     R1, [R0, #24]       ; 스택에 저장된 PC값을 얻음
        LDRB    R0, [R1, #-2]       ; 스택에 저장된 PC-2에서 매개변수를 얻음
        CBZ     r0, svc_service_0
        CMP     r0, #1
        BEQ     svc_service_1
        B.W     Unknown_SVC_Request
svc_service_0  ; 특권 모드에서 사용자 모드로 핸들러를 전환하기 위한 서비스
        MRS     R0, PSP             ; PSP를 조절함
        SUB     R0, R0, #0x20       ; PSP=PSP+0x20
        MSR     PSP, R0
        MOV     R1, #0x20           ; 메인 스택에서 프로세스 스택으로 스택 프레임을
                                    ; 복사함
svc_service_0_copy_loop
        SUBS    R1, R1, #4
        LDR     R2, [SP, R1]
        STR     R2, [R0, R1]
        CMP     R1, #0
        BNE     svc_service_0_copy_loop
        STRB    R1, [R0, #0x1C]     ; 사용자 스택의 IPSR을 0으로 클리어함
        LDR     R0, =0xE000ED14     ; CCR의 Nonbase 쓰레드 활성화를 1로 설정함
        LDR     r1, [r0]
```

```
        ORR     r1, #1
        STR     r1, [r0]
        ORR     LR, #0xC               ; PSP를 사용하여 LR을 쓰레드 리턴으로 변경함
        BX      LR
svc_service_1  ; 특권 모드에서 사용자 모드로 핸들러를 전환하기 위한 서비스
        MRS     R0, PSP                ; 방향 변경 핸들러 안의 두 번째 SVC 뒤에 오는
        LDR     R1, [R0, #0x18]        ; 명령어로 되돌아가기 위해 특권 스택에 저장된 PC를
        STR     R1, [SP #0x18]         ; 업데이트
        MRS     R0, PSP                ; 첫 번째 SVC 앞으로 되돌아가도록 PSP를 조절함
        ADD     R0, R0, #0x20
        MSR     PSP, R0
        LDR     R0, =0xE000ED14        ; CCR의 Nonbase 쓰레드 활성화를 0으로 클리어
        LDR     r1, [r0]
        BIC     r1, #1
        STR     r1, [r0]
        BIC     LR, #0xC               ; 메인 스택을 사용하여 핸들러 모드로 되돌아감
        BX      LR
```

IPSR을 변경할 수 있는 유일한 방법은 익셉션 리턴을 통하기 때문에, SVC 서비스가 사용된다. 소프트웨어-트리거된 인터럽트들과 같은 다른 익셉션도 사용될 수 있지만, 그 인터럽트들은 정확하지 않고 마스크될 수도 있기 때문에 권장되지 않는다. 이는 요구되는 스택 복사와 전환 동작이 즉시 수행되지 않을 가능성이 있다는 것을 의미한다. 코드의 과정은 그림 12.4에 설명되어 있는데, 이것은 스택 포인터 변경과 현재의 익셉션 우선순위를 보여주고 있다.

이 다이어그램에서 SVC 서비스 내부의 PSP 조절은 점선으로 만들어진 원으로 표시하였다.

성능 고려

Cortex-M3로부터 가장 좋은 성능을 얻어내기 위해서는 몇 가지 고려해야 할 사항들이 있다. 첫 번째로, 메모리 대기 상태를 피해야 한다. 마이크로프로세서나 SoC의 설계 단계에서, 설계자들은 명령어와 데이터 접근이 동시에 수행되고, 가능하면 32비트 메모리를 사용할 수 있도록 메모리 시스템 설계를 최적화해야 한다. 개발자들을 위해 프로그램 코드는 코드 영역으로부터 실행되고, 데이터 접근의 대부분은 시스템 버스를 통해 수행될 수 있도록 메모리 맵을 재배치할 수 있어야 한다. 이러한 방법으로 데이

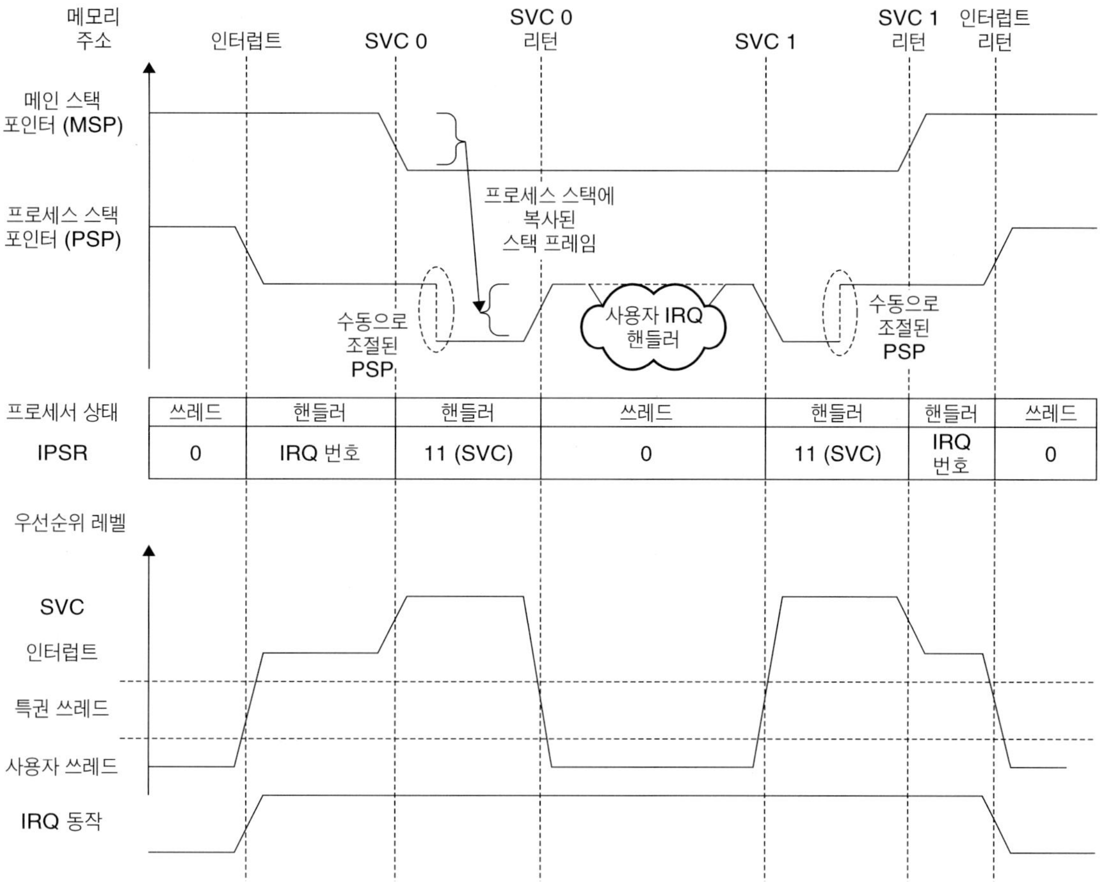

그림 12.4 Nonbase 쓰레드 활성화의 동작

터 접근은 명령어가 페치될 때 동시에 수행될 수 있다.

두 번째로, 인터럽트 벡터 테이블은 가능하면 코드 영역에 놓여야 한다. 그러면, 벡터 페치 및 스택 저장이 동시에 수행될 수 있다. 만약 벡터 테이블이 SRAM에 위치해 있다면, 벡터 페치와 스택 저장이 동일한 시스템 버스를 공유하고 있기 때문에, (스택이 D-코드 버스를 사용하는 코드 영역에 위치해 있지 않다면) 추가 클럭 사이클이 인터럽트 지연을 야기할 수 있다.

가능하다면, 정렬되어 있지 않은 전송은 피하도록 하자. 정렬되어 있지 않은 전송을 하면, 완료될 때까지 둘 또는 그 이상의 AHB 전송이 소요되기 때문에, 프로그램 성능을 느리게 만들 것이다. 따라서 주의 깊게 데이터 구조를 설계하는 것이 좋다. ARM 툴을 이용한 어셈블리어에서는 데이터 위치가 정렬되어 있는지를 확인할 수 있는 ALIGN 지시어를 사용할 수 있다.

대부분은 개발을 위해 C 언어를 사용하겠지만, 어셈블리를 사용하는 사람들을 위해 프로그램 일부의 속도를 개선할 수 있는 몇 가지 팁을 소개하겠다.

1. 오프셋을 가진 메모리 접근 명령어를 사용한다. 작은 영역 안에서 여러 메모리 위치에 접근해야 할 때에는 다음과 같이 쓰는 대신,

```
LDR   R0, =0xE000E400        ; 인터럽트 우선순위를 #3, #2, #1, #0 우선순위
LDR   R1, =0xE0C02000        ; 레벨로 설정
STR   R1, [R0]
LDR   R0, =0xE000E404        ; 인터럽트 우선순위를 #7, #6, #5, #4 우선순위
LDR   R1, =0xE0E0E0E0        ; 레벨로 설정
STR   R1, [R0]
```

프로그램 코드를 다음과 같이 줄일 수 있다.

```
LDR   R0, =0xE000E400        ; 인터럽트 우선순위를 #3, #2, #1, #0 우선순위
LDR   R1, =0xE0C02000        ; 레벨로 설정
STR   R1, [R0]
LDR   R1, =0xE0E0E0E0        ; 인터럽트 우선순위를 #7, #6, #5, #4 우선순위
STR   R1, [R0, #4]           ; 레벨로 설정
```

두 번째 저장은 첫 번째 주소의 오프셋을 사용한다. 따라서 명령어들의 수가 줄어들게 된다.

2. 다중 메모리 접근을 로드/스토어 다중 명령어(LDM/STM)와 결합시킨다. 다음의 예제는 STM 명령어를 사용하여 코드가 줄여질 수 있다는 것을 보여주고 있다.

```
LDR   R0, =0xE000E400        ; 인터럽트 우선순위 베이스를 설정
LDR   R1, =0xE0C02000        ; 우선순위 레벨 #3, #2, #1, #0
LDR   R2, =0xE0E0E0E0        ; 우선순위 레벨 #7, #6, #5, #4
STMIA R0, {R1, R2}
```

3. IT 명령어는 작은 조건 분기를 대체하기 위해 사용된다. Cortex-M3는 파이프라인 프로세서이기 때문에, 분기 동작이 수행되면 분기로 인한 패널티가 발생한다. 조건 분기 동작이 몇 개의 명령어들을 건너뛰기 위해 사용된다면, 이것은 IT 명령어 블

록에 의해 대체될 수 있는데, 그러면 몇 클럭 사이클을 절약할 수 있다.

4. 두 개의 Thumb 명령어나 하나의 Thumb-2 명령어에 의해 연산이 수행될 수 있다면, Thumb-2 명령어 방법을 사용해야 한다. 왜냐하면 이것은 메모리 크기를 동일하게 사용하면서도 더 짧은 수행시간을 제공하기 때문이다.

락업 상황

오류 상황이 발생하면, 그에 상응하는 결함 핸들러가 트리거될 것이다. 만약 사용 결함/버스 결함/메모리 관리 결함 핸들러 내에서 또 다른 결함이 발생하면, 하드 결함 핸들러가 트리거될 것이다. 하지만, 하드 결함 내에서 또 다른 결함 핸들러가 발생하면 어떻게 될까? 이 경우에는 락업 상황이 발생하게 된다.

락업 상황에서는 어떤 일이 발생할까?

락업 동안에는 프로그램 카운터가 0xFFFFFFFX가 되고, 그 주소에서 페치를 계속한다. 또한 이 상황을 가리키기 위해, Cortex-M3에서 LOCKUP이라고 불리는 출력신호가 발생된다. 칩 설계자들은 시스템 리셋 발생기에서 리셋을 발생시키기 위해 이 신호를 사용할 수 있다.

락업은 다음과 같은 상황에서 발생한다.

- 결함이 하드 결함 핸들러 내에서 발생할 때(중복 결함)
- 결함이 NMI 핸들러 내에서 발생할 때
- 버스 결함이 리셋 과정 동안에 발생할 때(초기 SP 또는 PC 페치)

중복 결함 상황에서도 코어는 NMI에 반응하고 NMI 핸들러를 실행시킬 수 있다. 하지만 핸들러가 완료된 후에는, 프로그램 카운터가 0xFFFFFFFX로 복원되어 락업 상태로 되돌아갈 것이다. 이 경우 시스템은 락업되고, 현재 우선순위 레벨은 −1이 된다. 만약 NMI가 발생한다면, NMI가 현재 우선순위 레벨(−1)보다 더 높은 우선순위(−2)를 갖기 때문에, 프로세서는 선점을 하여 NMI 핸들러를 실행시킬 것이다.

NMI가 완료되고 락업 상태로 되돌아가면, 현재 익셉션 우선순위는 −1이 된다.

일반적으로 락업에서 나올 수 있는 가장 좋은 방법은 리셋을 수행하는 것이다. 대안으로는 시스템에 디버거를 연결하여 코어를 중단하고 PC를 다른 값으로 변경하여 그 위치에서 프로그램 실행을 시작하는 것이 가능하다. 대부분의 경우에는 이 방법이 그다지 좋은 생각이 아닐 수 있다. 왜냐하면 인터럽트 시스템을 포함하고 있는 경우, 시스템이 원래 동작으로 되돌아가기 전에 많은 레지스터들을 재초기화해야 하기 때문이다.

락업이 발생할 때, 단순히 코어를 리셋하지 않는 이유가 궁금할 수도 있다. 실제 시스템에서는 그렇게 하고자 할 수도 있다. 하지만, 소프트웨어 개발기간 동안에는 그 문제의 원인을 찾는 것이 우선되어야 한다. 만약 코어를 즉시 리셋시킨다면, 레지스터들이 리셋되고 하드웨어 상태가 변경되기 때문에, 잘못된 것을 분석할 수 없게 될 것이다. 대부분의 Cortex-M3 마이크로컨트롤러에서는 락업 상태에 진입하게 되는 경우, 와치독 타이머가 코어를 리셋하기 위해 사용될 수 있다.

하드 결함 핸들러나 NMI 핸들러에 진입할 때, 스택에 저장하는 동안 발생하는 버스 결함은 락업을 야기시키지 않고 버스 결함 핸들러가 펜딩된다는 사실을 기억해 두자.

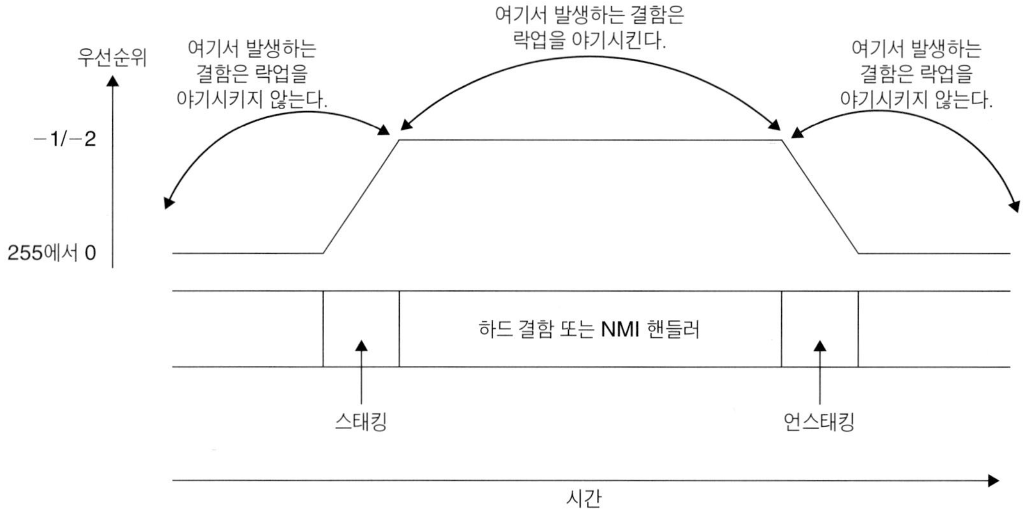

그림 12.5 하드 결함 또는 NMI 핸들러에서 발생하는 결함은 락업을 야기한다

락업 피하기

NMI 또는 하드 결함 핸들러를 개발할 때에는 락업 문제를 방지하기 위해 보다 주의를 기울이는 것이 중요하다. 예를 들어, 메모리가 정확히 동작하는지 그리고 스택 포인터가 여전히 유효한지 알지 못한다면, 하드 결함 핸들러 안에서 불필요한 스택 접근을 피하는 것이 좋다. 복잡한 시스템을 개발하는 경우, 버스 결함 또는 메모리 결함의 가능한 원인 중 하나는 스택 포인터 충돌이다. 만약 다음과 같이 구성된 하드 결함 핸들러를 시작하고자 한다면,

```
hard_fault_handler
        PUSH  {R4-R7, LR}          ; 만약 스택이 사용하기에 안전한지 확신할 수 없다면 좋지
                                   ; 않은 방법
        ...
```

만약 결함이 스택 오류에 의해 발생한다면, 하드 결함 핸들러 안에서 바로 락업에 진입할 수 있다. 일반적으로 하드 결함, 버스 결함, 메모리 관리 결함 핸들러를 프로그래밍할 때, 더 많은 스택 동작을 수행하기 전 스택 포인터가 유효한 범주 안에 있는지 아닌지를 확인해 보아야 한다. NMI 핸들러를 코딩하기 위해서는 R0–R3, R12만을 사용함으로써, 스택 동작에 의해 야기되는 위험을 줄이려고 노력해야 한다. 이 레지스터들은 미리 스택에 저장되어 있기 때문이다.

하드 결함과 NMI 핸들러를 개발하기 위한 접근 방법은 핸들러 내에서는 근본적인 작업들만을 수행하고, 에러 리포팅과 같은 남은 작업들은 PendSV나 소프트웨어 인터럽트와 같은 분리된 익셉션을 사용하여 펜딩시키면 된다. 이것은 하드 결함 핸들러나 NMI가 작고 확실하다는 것을 보장하는 데 도움이 된다.

또한 NMI와 하드 결함 핸들러 코드가 SVC 명령어를 사용하지 않도록 확인해야 한다. SVC는 항상 하드 결함과 NMI보다 낮은 우선순위를 갖기 때문에, 이 핸들러 안에서 SVC를 사용하면 락업 상태를 야기시킬 수 있다. 이것은 간단해 보일 수도 있지만, 어플리케이션이 복잡하고 NMI와 하드 결함 핸들러의 다른 파일들 안에서 함수를 호출하는 경우에는 우연히 SVC 명령어를 포함하는 함수를 호출하게 될 수도 있다. 그러므로, 소프트웨어를 개발할 때에는 SVC 구현을 주의하여 계획해야 한다.

Chapter 13

메모리 보호 장치

이 장의 내용

- 개요
- MPU 레지스터
- MPU 셋업하기
- 전형적인 셋업 방법

개요

Cortex-M3 설계는 선택 가능한 메모리 보호 장치(MPU)를 포함하고 있다. 마이크로 컨트롤러 또는 SoC 제품 안에 MPU를 포함하는 것은 메모리 보호 기능을 제공한다는 것을 의미하는데, 이것은 개발된 제품이 더욱 신뢰성을 갖도록 해준다. MPU는 사용 전에 프로그램하거나 활성화시킬 필요가 있다. MPU가 활성화되지 않는다면, 메모리 시스템 동작은 MPU가 없는 것과 동일하다.

MPU는 다음과 같은 기능을 제공함으로써 임베디드 시스템의 신뢰성을 향상시켜 준다.

- 사용자 어플리케이션이 운영체제에 의해 사용되는 데이터와 충돌이 일어나지 않도록 해준다.
- 태스크들이 다른 태스크들의 데이터에 접근하지 못하게 함으로써, 처리하고 있는 태스크들 간에 데이터들을 구분해 준다.
- 중요한 데이터를 보호할 수 있도록 하기 위해 메모리 영역을 Read-Only로 정의할 수 있다.
- 예기치 못한 메모리 접근을 감지한다(예를 들어, 스택 충돌).

추가로, MPU는 메모리 영역마다 캐시 기능과 쓰기 버퍼 기능 같은 메모리 접근 속성을 정의하기 위해 사용될 수 있다.

MPU는 메모리 맵을 많은 영역(region)으로 정의함으로써 보호 기능을 설정할 수 있다. 8개까지의 영역이 정의될 수 있지만, 특권을 갖는 접근을 위해 디폴트 배경 메모리 맵을 정의하는 것이 가능하다. MPU 영역 안에 정의되지 않은 메모리 위치에 접근하거나 영역 설정에 의해 허락되지 않은 메모리 위치에 접근하면 메모리 관리 결함 익셉션이 발생할 수 있다.

MPU 영역은 중복되어 설정될 수 있다. 만약 메모리 위치가 두 영역으로 분리된다면, 메모리 접근 속성과 허용 조건은 가장 높은 번호로 할당된 영역을 기반으로 동작한다. 예를 들어, 전송 주소가 영역 1과 영역 4를 위해 정의된 메모리 영역 안에 있다면 영역 4 설정값이 사용될 것이다

MPU 레지스터

MPU는 많은 레지스터들을 포함하고 있다. 첫 번째로는 MPU 유형(Type) 레지스터를 들 수 있다(표 13.1 참고).

MPU 유형 레지스터는 MPU가 존재하는지 아닌지를 결정하기 위해서 사용된다. 만약 DREGION 영역이 0으로 읽히면, MPU는 구현되어 있지 않은 것이다(표 13.2 참고).

표 13.1 MPU 유형 레지스터(0xE000ED90)

비트	이름	종류	리셋값	설명
23:16	IREGION	R	0	MPU에 의해 지원되는 명령어 영역의 번호; ARMv7-M 아키텍처는 통합된 MPU를 사용하고 있기 때문에, 이것은 항상 0이다.
15:8	DREGION	R	0 또는 8	MPU에 의해 지원되는 명령어 영역의 번호; Cortex-M3에서 이것은 0(MPU가 존재하지 않을 때) 또는 8(MPU가 존재할 때)이다.
0	SEPARATE	R	0	MPU가 통합되어 있기 때문에 이것은 항상 0이다.

표 13.2 MPU 제어 레지스터(0xE000ED94)

비트	이름	종류	리셋값	설명
2	PRIVDEFENA	R/W	0	특권을 가진 디폴트 메모리 맵이 활성화되어 있다. 만약 이것이 1로 설정되어 있고, MPU가 활성화되어 있다면, 디폴트 메모리 맵은 특권 접근 영역에 대해 배경 영역으로 사용될 것이다. 이 비트가 0이라면, 배경 영역은 비활성화되며, 어떤 활성화 영역에 의해 다루어지지 않는 영역에 접근을 시도하면 결함 익셉션을 야기하게 될 것이다.
1	HFNMIENA	R/W	0	이것이 0으로 설정되어 있다면 하드 결함 핸들러와 NMI 핸들러에 대해 MPU가 활성화된다. 그렇지 않은 경우에는 하드 결함 핸들러와 NMI 핸들러에 대해 MPU가 활성화되지 않는다.
0	ENABLE	R/W	0	이것이 1로 설정되어 있다면, MPU는 활성화된다.

PRIVDEFENA를 사용하고, 다른 어떤 영역이 셋업되어 있지 않다면, 특권을 가진 프로그램 영역은 모든 메모리 위치에 접근할 수 있으며, 사용자 프로그램 영역만이 블록될 것이다. 하지만 다른 MPU 영역이 프로그램되어 있고 활성화되어 있다면, 그것들은 배경 영역에 중복되어 설정될 것이다. 예를 들어, 유사한 영역을 가지고 있는 두 개의 시스템에 대해 이 한 영역만이 PRIVDEFENA가 1로 설정되어 있다면(그림 13.1에서의 오른쪽 면), PRIVDEFENA가 1로 설정되어 있는 영역만이 배경 영역으로의 특권 접근이 허용될 것이다.

MPU 제어 레지스터 안에 있는 활성화 비트를 설정하는 것은 보통 MPU 셋업의 마지막 단계이다. 그렇지 않으면, MPU는 영역 설정이 완료되기 전에 우연히 결함 익셉션을 야기할 수도 있다. 어떤 경우에는, MPU 영역을 셋업하는 동안 우연히 MPU 결함이 발생하지 않도록 하기 위해 MPU 설정 루틴을 시작할 때 MPU Enable을 0으로 클리어해 두는 것이 좋다.

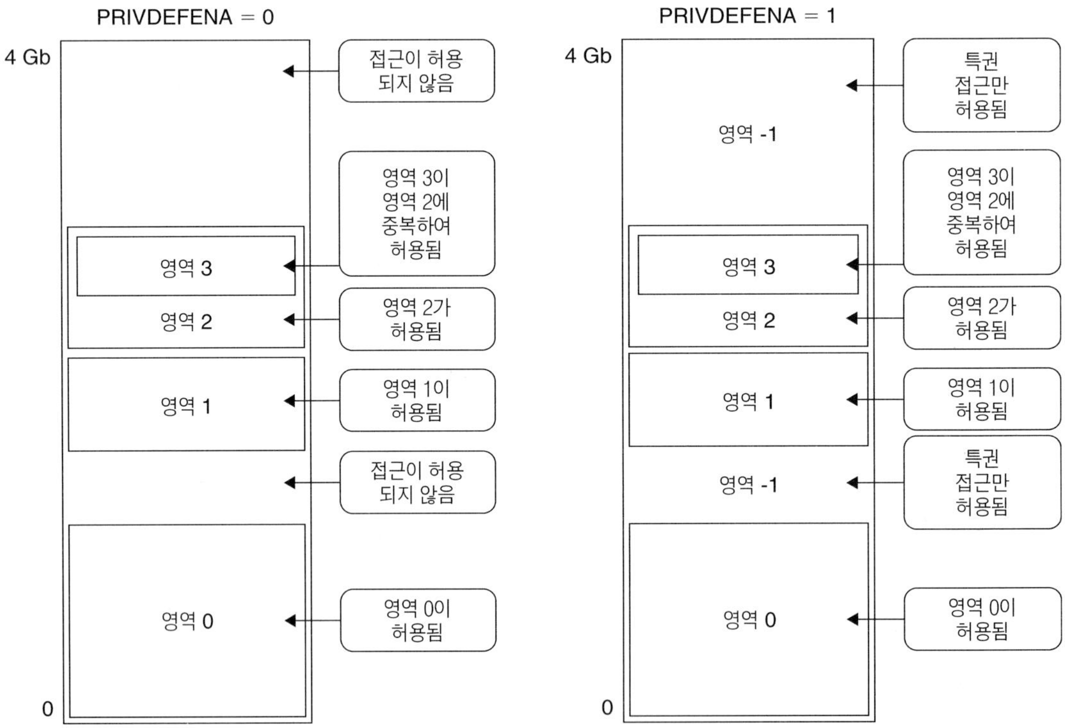

그림 13.1 PRIVDEFENA의 효과

표 13.3 MPU 영역 번호 레지스터(0xE000ED98)

비트	이름	종류	리셋값	설명
7:0	REGION	R/W	–	프로그램될 영역을 선택한다. Cortex-M3에서는 8개의 영역이 지원되기 때문에, 이 레지스터의 비트[2:0]만이 구현되어 있다.

각 영역을 셋업하기 전에, 프로그램될 영역을 선택하기 위해 이 레지스터에 값을 쓰도록 하자(표 13.3 참고).

MPU 영역 베이스 주소(Region Base Address) 레지스터(표 13.4 참고) 안에 있는 VALID와 REGION 영역을 사용하면, MPU 영역 번호(Region Number) 레지스터를 프로그래밍하는 단계를 생략할 수 있다. 이것은 MPU 셋업이 룩업 테이블에 정의되어 있는 경우에 특히 프로그램 코드의 복잡도를 줄여줄 수 있다.

또한 메모리 주소 및 각 영역의 속성을 정의해야 한다. 이것은 MPU 영역 베이스 속성 및 크기(Region Base Attribute and Size) 레지스터(표 13.5 참고)에 의해 제어할 수 있다.

표 13.4 MPU 영역 베이스 주소 레지스터(0xE000ED9C)

비트	이름	종류	리셋값	설명
31:N	ADDR	R/W	–	영역의 베이스 주소; N은 영역 크기에 따라 다르다. 예를 들어, 64k 크기의 영역은 [31:16]의 베이스 주소 필드를 갖는다.
4	VALID	R/W	–	이것이 1로 설정되어 있다면, 비트[3:0] 안에 정의되어 있는 REGION은 이 프로그래밍 단계에서 사용될 것이다. 그렇지 않으면, MPU 영역 번호 레지스터에 의해 선택된 영역이 사용된다.
3:0	REGION	R/W	–	이 필드는 VALID가 1인 경우, MPU 영역 번호 레지스터에 중복되어 설정된다. 그렇지 않으면 무시된다. Cortex-M3 MPU에는 8개의 영역이 지원되기 때문에, REGION 필드의 값이 7보다 크면 영역 번호 중복은 무시된다.

표 13.5 MPU 영역 베이스 속성 및 크기 레지스터(0xE000EDA0)

비트	이름	종류	리셋값	설명
31:29	Reserved	–	–	–
28	XN	R/W	–	명령어 접근 비활성(1이면 이 영역에서 명령어 페치를 비활성화함; 그것을 시도하면 메모리 관리 결함을 야기함)
27	Reserved	–	–	–
26:24	AP	R/W	–	데이터 접근 권한(Data Access Permission) 필드
23:22	Reserved	–	–	–
21:19	TEX	R/W	–	유형 확장(Type Extension) 필드
18	S	R/W	–	공유 가능성
17	C	R/W	–	캐시 사용 가능성
16	B	R/W	–	버퍼 사용 가능성
15:8	SRD	R/W	–	서브 영역 비활성화
7:6	Reserved	–	–	
5:1	REGION SIZE	R/W	–	MPU 보호 영역 크기
0	SZENABLE	R/W	–	영역 활성화

MPU 영역 베이스 속성 및 크기 레지스터의 REGION SIZE 필드(5비트)는 영역의 크기를 결정한다(표 13.6 참고).

서브 영역 비활성화 필드(MPU 영역 베이스 속성 및 크기 레지스터의 비트[15:8])는 한 영역을 8개의 동일한 크기의 서브 영역으로 나누어서 그것들 각각을 활성화 또는 비활성화시키기 위해 사용된다. 서브 영역이 비활성화되어 있고 그것이 다른 영역에 중복되어 있다면, 다른 영역을 위한 접근 규정이 적용된다. 그러나 서브 영역이 비활성화되어 있고 그것이 다른 영역에 중복되어 있지 않다면, 이 메모리 범주로의 접근은 메모리 관리 결함을 야기할 것이다. 만약 영역 크기가 128바이트 또는 그 이하인 경우에는 서브 영역이 사용될 수 없다.

데이터 접근 권한(AP) 필드(비트[26:24])는 그 영역의 접근 권한을 정의한다(표 13.7 참고).

XN(Execute Never) 필드(비트[28])는 이 영역에서 명령어 페치가 허용되는지 아닌지를 결정한다. 이 필드가 1로 설정되어 있다면, 이 영역에서 페치된 명령어는 그것이

표 13.6 다른 메모리 영역 크기에 따른 REGION 필드

REGION 크기	크기	REGION 크기	크기
b00000	Reserved	b10000	128KB
b00001	Reserved	b10001	256KB
b00010	Reserved	b10010	512KB
b00011	Reserved	b10011	1MB
b00100	32B	b10100	2MB
b00101	64B	b10101	4MB
b00110	128B	b10110	8MB
b00111	256B	b10111	16MB
b01000	512B	b11000	32MB
b01001	1KB	b11001	64MB
b01010	2KB	b11010	128MB
b01011	4KB	b11011	256MB
b01100	8KB	b11100	512MB
b01101	16KB	b11101	1GB
b01110	32KB	b11110	2GB
b01111	64KB	b11111	4GB

표 13.7 다양한 접근 허용 권한 설정을 위한 AP 영역

AP값	특권 접근	사용자 접근	설명
000	No access	No access	접근 불가
001	Read/Write	No access	특권 모드에서만 접근 가능
010	Read/Write	Read Only	사용자 프로그램에서 쓰기를 하면 결함 익셉션을 야기
011	Read/Write	Read/Write	완전히 접근 가능
100	Unpredictable	Unpredictable	예기치 못한 결과를 야기함
101	Read Only	No access	특권 모드에서만 읽기 가능
110	Read Only	Read Only	읽기 가능
111	Read Only	Read Only	읽기 가능

실행 단계에 이르렀을 때 메모리 관리 결함을 야기할 것이다.

TEX, S, B, C 필드(비트[21:16])는 더 복잡하다. Cortex-M3 프로세서가 캐시를 가지고 있지 않음에도 불구하고, 그것은 ARMv7-M 아키텍처를 따르고 있다. ARMv7-M 아키텍처는 외부 캐시와 보다 진보된 메모리 시스템을 지원할 수 있다. 그러므로 영역 접근 속성은 다른 종류의 메모리 관리 모델을 지원하기 위해 프로그래밍될 수 있다.

v6와 v7 아키텍처에서 메모리 시스템은 내부 캐시 및 외부 캐시 두 개의 캐시 레벨을 가질 수 있다. 그것들은 다른 캐시 정책을 가질 수 있다. Cortex-M3 프로세서는 그 자체가 캐시 컨트롤러를 가지고 있지 않기 때문에, 캐시 정책은 내부 버스 매트릭스 안에 있는 쓰기 버퍼와 가능한 메모리 컨트롤러에만 영향을 미칠 수 있다(표 13.8 참고).

TEX[2]가 1이면, 외부 캐시 및 내부 캐시를 위한 캐시 정책이 표 13.9와 같다.

캐시 동작과 캐시 정책에 대한 보다 상세한 정보를 얻고 싶다면, *ARM Architecture Application Level Reference Manual* (Ref2)를 참고하기 바란다.

표 13.8 [S]는 공유 가능성이 S 비트 영역에 의해 결정된다는 것을 가리킴(다중 프로세서에 의해 공유됨)

TEX	C	B	설명	영역의 공유 가능성
b000	0	0	순서에 매우 민감함(프로그램된 순서로 전송이 수행되고 완료됨)	공유 가능
b000	0	1	공유 장치(쓰기는 버퍼를 사용할 수 있음)	공유 가능
b000	1	0	외부 및 내부 선기입 방식; 쓰기 할당 불가	[S]
b000	1	1	외부 및 내부 후기입 방식; 쓰기 할당 불가	[S]
b001	0	0	외부 및 내부 캐시 이용이 불가함	[S]
b001	0	1	예약됨	예약됨
b001	1	0	정의된 구현방식	–
b001	1	1	외부 및 내부 후기입 방식; 쓰기 및 읽기 할당 가능	[S]
b010	0	0	공유되지 않은 장치	공유 불가
b010	0	1	예약됨	예약됨
b010	1	X	예약됨	예약됨
b1BB	A	A	캐시 메모리; BB=외부 정책, AA=내부 정책	[S]

표 13.9 TEX의 최상위 비트가 1일 때, 내부 및 외부 캐시 정책

메모리 속성(AA와 BB)	캐시 정책
00	캐시 사용 불가
01	후기입 방식, 쓰기 및 읽기 할당 가능
10	선기입 방식, 쓰기 할당 불가
11	후기입 방식, 쓰기 할당 불가

MPU 셋업하기

MPU 레지스터는 복잡해 보이지만, 어플리케이션을 위해 필요로 하는 메모리 영역에 대해 확실히 이해하고 있다면 그다지 어렵지는 않다. 일반적으로, 다음과 같은 메모리 영역을 가지고 있어야 한다.

- 특권 프로그램을 위한 프로그램 코드 영역(예를 들어, OS 커널 및 익셉션 핸들러)
- 사용자 프로그램을 위한 프로그램 코드 영역
- Code 영역 내에서 특권 프로그램을 위한 데이터 메모리(데이터+스택)
- Code 영역 내에서 사용자 프로그램을 위한 데이터 메모리(데이터+스택)
- 다른 메모리 영역 안에 특권 프로그램과 사용자 프로그램을 위한 데이터 메모리(예를 들어, SRAM)
- 시스템 장치 영역(보통 특권 모드에서만 접근이 가능하다. 예를 들어, NVIC와 MPU 레지스터)
- 다른 주변장치들

Cortex-M3 제품들을 위해 대부분의 메모리 영역은 TEX＝b000, C＝1, B＝1로 설정될 수 있다. NVIC와 같은 시스템 장치들은 순서에 상당히 민감하며, 주변장치 영역은 공유 장치(TEX＝b000, C＝0, B＝1)로 프로그래밍된다. 하지만, 그 영역에서 발생하는 어떤 버스 결함이 분명히 버스 결함인지를 확인하고자 한다면, 쓰기 버퍼를 비활성화시키기 위해 순서에 민감하도록(TEX＝b000, C＝0, B＝0) 설정해야 한다. 하지만 이렇게 하게 되면, 시스템의 성능은 줄어든다.

MPU 셋업 루틴을 위한 간단한 흐름은 그림 13.2에서 설명한 다이어그램과 같다.

벡터 테이블이 RAM으로 재배치되었다면, MPU를 활성화하기 전에 벡터 테이블에서의 메모리 관리 결함을 위한 결함 핸들러를 설정하고, 시스템 핸들러 제어 및 상태(System Handler Control and State) 레지스터 안에 있는 메모리 관리 결함을 활성화하는 것을 기억해 두자. MPU 간섭이 발생할 때 메모리 관리 결함 핸들러가 실행되도록 하기 위해서는 이 작업이 필요하다.

4개의 영역만이 필요한 간단한 경우를 예로 들었을 때, 간단한 MPU 셋업 코드는 다음과 같다(영역 확인 및 활성화 단계 생략).

```
LDR  R0, =0xE000ED98     ; 영역 번호 레지스터
MOV  R1, #0              ; 영역 0을 선택
STR  R1, [R0]
LDR  R1, =0x00000000     ; 베이스 주소=0x00000000
STR  R1, [R0, #4]        ; MPU 영역 베이스 주소 레지스터
LDR  R1, =0x0307002F     ; R/W, TEX=0, S=1, C=1, B=1, 16MB, Enable=1
STR  R1, [R0, #8]        ; MPU 영역 속성 및 크기 레지스터
MOV  R1, #1              ; 영역 1을 선택
STR  R1, [R0]
LDR  R1, =0x08000000     ; 베이스 주소=0x08000000
STR  R1, [R0, #4]        ; MPU 영역 베이스 주소 레지스터
LDR  R1, =0x0307002B     ; R/W, TEX=0, S=1, C=1, B=1, 4MB, Enable=1
STR  R1, [R0, #8]        ; MPU 영역 속성 및 크기 레지스터
MOV  R1, #2              ; 영역 2를 선택
STR  R1, [R0]
LDR  R1, =0x40000000     ; 베이스 주소=0x40000000
STR  R1, [R0, #4]        ; MPU 영역 베이스 주소 레지스터
LDR  R1, =0x03050039     ; R/W, TEX=0, S=1, C=0, B=1, 512MB, Enable=1
STR  R1, [R0, #8]        ; MPU 영역 속성 및 크기 레지스터
MOV  R1, #3              ; 영역 3을 선택
STR  R1, [R0]
LDR  R1, =0xE0000000     ; 베이스 주소=0xE0000000
STR  R1, [R0, #4]        ; MPU 영역 베이스 주소 레지스터
LDR  R1, =0x03040027     ; R/W, TEX=0, S=1, C=0, B=0, 1MB, Enable=1
STR  R1, [R0, #8]        ; MPU 영역 속성 및 크기 레지스터
MOV  R1, #1              ; MPU 활성화
STR  R1, [R0, #-4]       ; MPU 제어 레지스터(0xE000ED98-4=0xE000ED94)
```

이것은 4개의 영역을 제공한다.

- 특권 코드 영역: 0x00000000–0x00FFFFFF(16MB), 완전 접근 가능, 캐시 가능

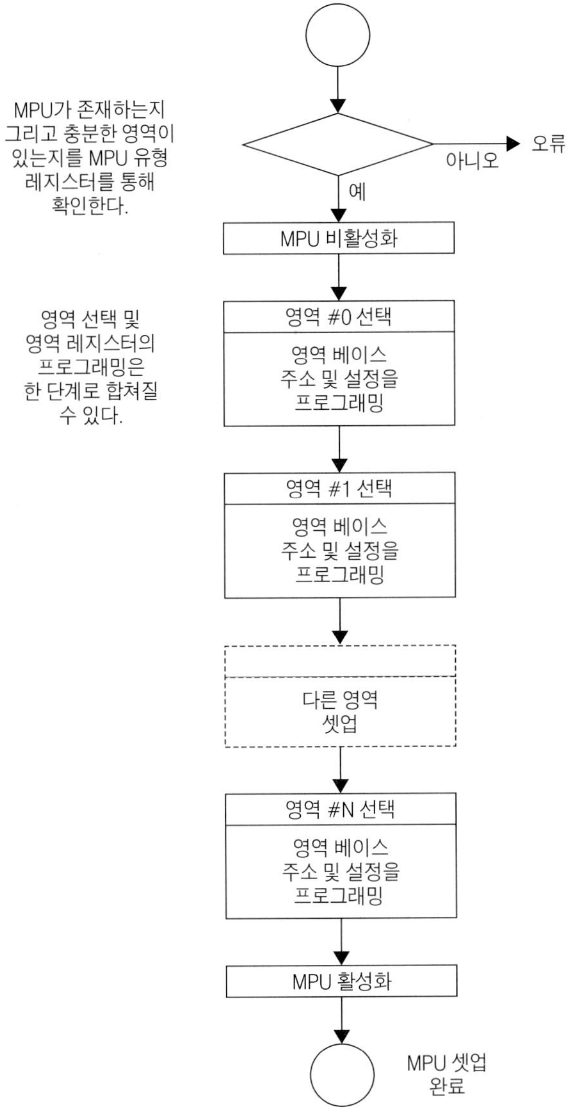

그림 13.2 MPU 셋업 단계의 예제

- 특권 데이터 영역: 0x08000000–0x0803FFFF(4MB), 완전 접근 가능, 캐시 가능
- 주변장치 영역: 0x40000000–0x5FFFFFFF(0.5GB), 완전 접근 가능, 공유 장치
- 시스템 제어 영역: 0xE0000000–0xE00FFFFF(1MB), 특권 접근 가능, 순서에 민감

함, XN

영역 선택을 합쳐서, 베이스 주소 레지스터에 값을 쓰면 다음과 같이 코드를 줄일 수 있다.

```
LDR  R0, =0xE000ED9C     ; 영역 베이스 주소 레지스터
LDR  R1, =0x00000010     ; 베이스 주소=0x00000000, 영역 0, valid =1
STR  R1, [R0, #0]        ; MPU 영역 베이스 주소 레지스터
LDR  R1, =0x0307002F     ; R/W, TEX=0, S=1, C=1, B=1, 16MB, Enable=1
STR  R1, [R0, #4]        ; MPU 영역 속성 및 크기 레지스터
LDR  R1, =0x08000011     ; 베이스 주소=0x08000000, 영역 1, valid=1
STR  R1, [R0, #0]        ; MPU 영역 베이스 주소 레지스터
LDR  R1, =0x0307002B     ; R/W, TEX=0, S=1, C=1, B=1, 4MB, Enable=1
STR  R1, [R0, #4]        ; MPU 영역 속성 및 크기 레지스터
LDR  R1, =0x40000012     ; 베이스 주소=0x40000000, 영역 2, valid=1
STR  R1, [R0, #0]        ; MPU 영역 베이스 주소 레지스터
LDR  R1, =0x03050039     ; R/W, TEX=0, S=1, C=0, B=1, 512MB, Enable=1
STR  R1, [R0, #4]        ; MPU 영역 속성 및 크기 레지스터
LDR  R1, =0xE0000013     ; 베이스 주소=0xE0000000, 영역 3, valid=1
STR  R1, [R0, #0]        ; MPU 영역 베이스 주소 레지스터
LDR  R1, =0x03040027     ; R/W, TEX=0, S=1, C=0, B=0, 1MB, Enable=1
STR  R1, [R0, #4]        ; MPU 영역 속성 및 크기 레지스터
MOV  R1, #1              ; MPU 활성화
STR  R1, [R0, #-8]       ; MPU 제어 레지스터(0xE000ED9C-8=0xE000ED94)
```

코드를 약간 줄여보았다. 하지만, 보다 빠른 셋업 코드를 생성하기 위해 더 개선할 수도 있다. 이것은 MPU 앨리어스 레지스터 주소(부록 D의 표 D.33 참고)를 사용하여 할 수 있다. 이 앨리어스 레지스터 주소는 MPU 영역 속성 및 크기 레지스터 다음에 오며, MPU 베이스 주소 레지스터와 MPU 영역 속성 및 크기 레지스터와 동일하다. 그것들은 8워드의 연속적인 주소를 만들어내기 때문에 다중 로드/스토어(LDM과 STM) 명령어를 사용할 수 있게 해준다.

```
LDR    R0, =0xE000ED9C          ; 영역 베이스 주소 레지스터
LDR    R1, =MPUconfig           ; 미리 정의되어 있는 MPU 셋업 변수 테이블
LDMIA  R1!, {R2, R3, R4, R5}    ; 테이블에서 4워드를 읽음
STMIA  R0!, {R2, R3, R4, R5}    ; MPU로 4워드를 씀
LDMIA  R1!, {R2, R3, R4, R5}    ; 테이블에서 다음 4워드를 읽음
STMIA  R0!, {R2, R3, R4, R5}    ; MPU로 다음 4워드를 씀
B      MPUconfigEnd
```

```
    ALIGN  4      ; 이것은 다중 로드 명령어를 사용하고자 다음의 테이블이
MPUconfig         ; 워드로 정렬되도록 하기 위해 필요함
    DCD    0x00000010            ; 베이스 주소=0x00000000, 영역 0, valid=1
    DCD    0x0307002F            ; R/W, TEX=0, S=1, C=1, B=1, 16MB, Enable=1
    DCD    0x08000011            ; 베이스 주소=0x08000000, 영역 1, valid=1
    DCD    0x0307002B            ; R/W, TEX=0, S=1, C=1, B=1, 4MB, Enable=1
    DCD    0x40000012            ; 베이스 주소=0x40000000, 영역 2, valid=1
    DCD    0x03050039            ; R/W, TEX=0, S=1, C=0, B=1, 512MB, Enable=1
    DCD    0xE0000013            ; 베이스 주소=0xE0000000, 영역 3, valid=1
    DCD    0x03040027            ; R/W, TEX=0, S=1, C=0, B=0, 1MB, Enable=1
MPUconfigEnd
    LDR    R0, =0xE000ED94       ; MPU 제어 레지스터
    MOV    R1, #1                ; MPU 활성화
    STR    R1, [R0]
```

물론 이 솔루션은 모든 필요한 정보를 알고 있을 경우에만 사용할 수 있다. 그렇지 않은 경우에는 보다 일반적인 접근 방법이 사용되어야 한다. 이것을 처리하는 방법 중 하나는 많은 입력 매개변수들을 기반으로 하는 영역을 설정하고, 다른 영역을 셋업하기 위해 그것을 여러 번 호출할 수 있는 서브루틴(*MpuRegionSetup*)을 사용하는 것이다.

```
MpuSetup    ; 영역들을 설정하기 위해 서브루틴들을 호출하여 MPU를 셋업하기 위한
            ; 서브루틴
    PUSH   {R0-R6, LR}
    LDR    R0, =0xE000ED94  ; MPU 제어 레지스터
    MOV    R1, #0
    STR    R1, [R0]         ; MPU 비활성화
    ; --- 영역 #0 ---
    LDR    R0, =0x00000000  ; 영역 0: 베이스 주소=0x00000000
    MOV    R1, #0x0         ; 영역 0: 영역 번호=0
    MOV    R2, #0x17        ; 영역 0: 크기= x17(16MB)
    MOV    R3, #0x3         ; 영역 0: AP=0x3(완전 접근)
    MOV    R4, #0x7         ; 영역 0: MemAttrib=0x7
    MOV    R5, #0x0         ; 영역 0: Sub R Disable=0
    MOV    R6, #0x1         ; 영역 0: {XN, Enable}=0, 1
    BL     MpuRegionSetup
    ; --- 영역 #1 ---
    LDR    R0, =0x08000000  ; 영역 1: 베이스 주소=0x08000000
    MOV    R1, #0x1         ; 영역 1: 영역 번호=1
```

```
        MOV     R2, #0x15          ; 영역 1: 크기=0x15(4MB)
        MOV     R3, #0x3           ; 영역 1: AP=0x3(완전 접근)
        MOV     R4, #0x7           ; 영역 1: MemAttrib=0x7
        MOV     R5, #0x0           ; 영역 1: Sub R Disable=0
        MOV     R6, #0x1           ; 영역 1: {XN, Enable}=0, 1
        BL      MpuRegionSetup
        …               ; 영역 #2와 #3을 위한 셋업
        ; --- 영역 #4 - #7 비활성화 ---
        MOV     R0, #4
        BL      MpuRegionDisable
        MOV     R0, #5
        BL      MpuRegionDisable
        MOV     R0, #6
        BL      MpuRegionDisable
        MOV     R0, #7
        BL      MpuRegionDisable
        LDR     R0, =0xE000ED94    ; MPU 제어 레지스터
        MOV     R1, #1
        STR     R1, [R0]           ; MPU 활성화
        POP     {R0-R6, PC}        ; 리턴

MpuRegionSetup
        ; MPU 영역 셋업 서브루틴
        ; 입력 R0: 베이스 주소
        ;       R1: 영역 번호
        ;       R2: 크기
        ;       R3: AP(접근 권한)
        ;       R4: MemAttrib({TEX[2:0], S, C, B})
        ;       R5: 서브 영역 비활성화
        ;       R6: {XN, Enable}
        PUSH    {R0-R1, LR}
        BIC     R0, R0, #0x1F      ; 주소 안에 사용되지 않는 비트들을 0으로 클리어
        BFI     R0, R1, #0, #4     ; 영역 번호를 R0[3:0]에 삽입
        ORR     R0, R0, #0x10      ; 유효 비트 설정
        LDR     R1, =0xE000ED9C    ; MPU 영역 베이스 주소 레지스터
        STR     R0, [R1]           ; 베이스 주소 레지스터 설정

        AND     R0, R6, #0x01      ; 활성화 비트 추출
        UBFX    R1, R6, #1, #1     ; XN 비트 추출
        BFI     R0, R1, #28, #1    ; XN을 R0[28]에 삽입
```

```
    BFI    R0, R2, #1, #5   ; 영역 크기 필드(R2[4:0])를 R0[5:1]에 삽입
    BFI    R0, R3, #24, #3  ; AP 필드(R3[2:0])를 R0[26:24]에 삽입
    BFI    R0, R4, #16, #6  ; memattrib 필드(R4[5:0])를 R0[21:16]에 삽입
    BFI    R0, R5, #8, #8   ; subregion 비활성화(SRD) 필드를 R0[15:8]에 삽입
    LDR    R1, =0xE000EDA0  ; MPU 영역 베이스 크기 및 속성 레지스터
    STR    R0, [R1]         ; 베이스 속성 및 크기 레지스터 설정
    POP    {R0-R1, PC}      ; 리턴

MpuRegionDisable
    ; 사용되지 않는 영역을 비활성화시키는 서브루틴
    ; R0: 영역 번호 입력
    PUSH   {R1, LR}
    AND    R0, R0, #0xF     ; 영역 번호에서 사용되지 않는 비트를 0으로 클리어
    ORR    R0, R0, #0x10    ; 유효 비트 설정
    LDR    R1, =0xE000ED9C  ; MPU 영역 베이스 주소 레지스터
    STR    R0,[R1]
    MOV    R0, #0
    LDR    R1,=0xE000EDA0   ; MPU 영역 베이스 크기 및 속성 레지스터
    STR    R0, [R1]         ; 베이스 속성 및 크기 레지스터를 0으로 설정
                  ; (비활성화)
    POP    {R1, PC}         ; 리턴
```

이 예제에서는 사용되지 않는 영역을 비활성화하기 위해 사용되는 서브루틴을 포함하고 있다. 만약 영역이 이전에 프로그래밍되었는지 아닌지를 모른다면, 이 작업이 필요하다. 만약 사용되지 않는 영역이 이전에 활성화되도록 프로그래밍되어 있다면, 그것이 새로운 설정에 영향을 미치지 않도록 하기 위해 그것을 비활성화해야 한다.

추가로, 이 예제는 Cortex-M3 안에 있는 비트 필드 삽입(BFI) 명령어의 예를 보여주고 있다. 이것은 비트 필드를 합치는 연산을 매우 단순화시켜 준다.

전형적인 셋업 방법

전형적인 어플리케이션에서, MPU는 사용자 프로그램이 특별한 프로세스 데이터와 프로그램 영역에 접근하지 못하도록 하기 위해 사용된다. MPU를 위한 셋업 루틴을 개발할 때에는 많은 영역들을 고려해야 한다.

1. 코드 영역

- 특권 코드, 시작 벡터 테이블을 포함
- 사용자 코드

2. SRAM 영역
   - 특권 데이터, 메인 스택 포함
   - 사용자 데이터, 프로세스 스택 포함
   - 특권 비트-대역 동일 영역
   - 사용자 비트-대역 동일 영역
3. 주변장치
   - 특권 주변장치
   - 사용자 주변장치
   - 특권 주변장치 비트-대역 동일 영역
   - 사용자 주변장치 비트-대역 동일 영역
4. 시스템 제어 공간(NVIC와 디버그 컴포넌트)
   - 특권 접근 가능

이 리스트에서는 Cortex-M3 MPU에서 지원되는 8개의 영역 이상인 11개의 영역을 규정하였다. 하지만, 배경 영역(PRIVDEFENA를 1로 설정)으로 특권 영역들을 정의할 수 있기 때문에, 오직 5개의 영역만이 설정되었으며, 3개의 고유 MPU 영역은 남겨두었다. 사용되지 않은 영역들은 읽기만 가능한 데이터를 보호하거나 필요하다면 메모리의 어떤 영역을 완전히 블록화하기 위해 외부 메모리 안에 추가적인 영역들을 설정하는 데에 사용된다.

서브 영역 비활성화의 사용 예제

어떤 경우에는 사용자 프로그램에 의해 접근 가능한 어떤 주변장치들을 가지고 있을 수도 있다. 몇몇은 사용자 접근 가능한 주변장치 메모리 공간을 구분하여 특권 접근으로만 보호되어야 한다. 이런 종류의 시나리오에서는 다음의 사항들 중 하나를 수행해야 한다.

- 다중 사용자 영역을 정의

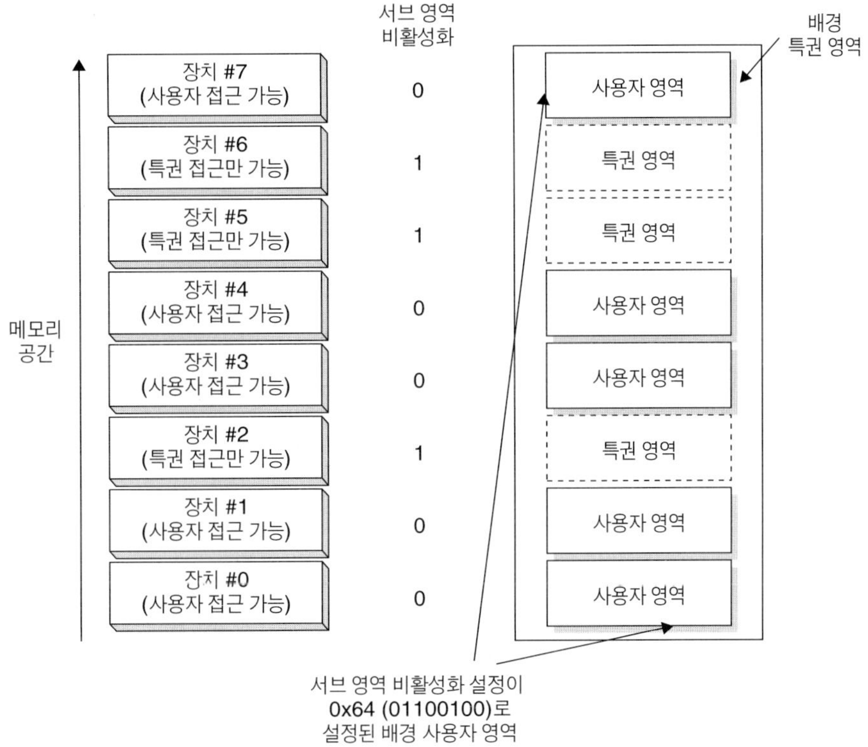

그림 13.3 분리된 주변장치들로 접근 권한을 제어하기 위해 서브 영역 비활성화 사용하기

- 사용자 주변장치 영역 내에 특권 영역을 정의
- 사용자 영역 내에 서브 영역 비활성화 사용

처음 두 가지 방법들은 매우 쉽게 사용 가능한 영역들을 사용할 수 있다. 세 번째 방법에서는 서브 영역 비활성화 특징을 사용하여 추가적인 영역들을 사용하지 않고도 주변장치 블록들을 구분하기 위해 접근 허용을 쉽게 설정할 수 있다. 예를 들면, 그림 13.3과 같다.

동일한 방법이 메모리 영역에도 적용될 수 있다. 하지만 주변장치들이 구분된 특권 설정을 갖는 것이 더 좋다.

표 13.10 안의 메모리 영역이 사용되고 있다고 가정하자. 필요한 영역들이 정의되면, MPU 셋업 코드를 생성할 수 있다. 코드를 이해하기 쉽고 수정하기 용이하게 만들기 위해, 앞에서 완전한 MPU 셋업 예제를 개발하기 위해 생성했던 함수를 사용하였다.

```
MpuSetup   ; 영역들을 셋업하는 서브루틴들을 호출하여 MPU를 셋업하는 서브루틴
    PUSH  {R0-R6, LR}
    LDR   R0, =0xE000ED94    ; MPU 제어 레지스터
    MOV   R1, #0
    STR   R1, [R0]           ; MPU 비활성화
    ; --- 영역 #0 ---         사용자 프로그램
    LDR   R0, =0x00004000    ; 영역 0: 베이스 주소=0x00004000
    MOV   R1, #0x0           ; 영역 0: 영역 번호=0
    MOV   R2, #0x0D ; 영역 0: 크기=0x0D(16KB)
    MOV   R3, #0x3           ; 영역 0: AP=0x3(완전 접근)
    MOV   R4, #0x2           ; 영역 0: MemAttrib=0x2(TEX=0, S=0, C=1, B=0)
    MOV   R5, #0x0           ; 영역 0: Sub R disable=0
    MOV   R6, #0x1           ; 영역 0: {XN, Enable}=0, 1
    BL    MpuRegionSetup
    ; --- 영역 #1 ---         사용자 데이터
    LDR   R0, =0x20000000    ; 영역 1: 베이스 주소=0x20000000
    MOV   R1, #0x1           ; 영역 1: 영역 번호=1
    MOV   R2, #0x0B ; 영역 1: 크기=0x0B(4KB)
    MOV   R3, #0x3           ; 영역 1: AP=0x3(완전 접근)
    MOV   R4, #0xB           ; 영역 1: MemAttrib=0xB(TEX=1, S=0, C=1, B=1)
    MOV   R5, #0x0           ; 영역 1: Sub R disable=0
    MOV   R6, #0x1           ; 영역 1: {XN, Enable}=0, 1
    BL    MpuRegionSetup
    ; --- 영역 #2 ---         사용자 비트 대역
    LDR   R0, =0x22000000    ; 영역 2: 베이스 주소=0x22000000
    MOV   R1, #0x2           ; 영역 2: 영역 번호=2
    MOV   R2, #0x10 ; 영역 2: 크기=0x10(128KB)
    MOV   R3, #0x3           ; 영역 2: AP=0x3(완전 접근)
    MOV   R4, #0xB           ; 영역 2: MemAttrib=0xB(TEX=1, S=0, C=1, B=1)
    MOV   R5, #0x0           ; 영역 2: Sub R disable=0
    MOV   R6, #0x1           ; 영역 2: {XN, Enable}=0, 1
    BL    MpuRegionSetup
    ; --- 영역 #3 ---         사용자 주변장치
    LDR   R0, =0x40000000    ; 영역 3: 베이스 주소=0x40000000
    MOV   R1, #0x3           ; 영역 3: 영역 번호=3
    MOV   R2, #0x13 ; 영역 3: 크기=0x13(1MB)
    MOV   R3, #0x3           ; 영역 3: AP=0x3(완전 접근)
    MOV   R4, #0x1           ; 영역 3: MemAttrib=0x1(TEX=0, S=0, C=0, B=1)
    MOV   R5, #0x9B ; 영역 3: Sub R disable=0x9B(이전 예제에서)
    MOV   R6, #0x3           ; 영역 3: {XN, Enable}=1, 1
```

```
BL      MpuRegionSetup
; --- 영역 #4 ---          사용자 주변장치 비트 대역
LDR     R0, =0x42000000    ; 영역 4: 베이스 주소=0x42000000
MOV     R1, #0x4           ; 영역 4: 영역 번호=4
MOV     R2, #0x18 ; 영역 4: 크기=0x18(32MB)
MOV     R3, #0x3           ; 영역 4: AP=0x3(완전 접근)
MOV     R4, #0x1           ; 영역 4: MemAttrib=0x1(TEX=0, S=0, C=0, B=1)
MOV     R5, #0x9B ; 영역 4: Sub R disable=0x64(이전 예제에서)
MOV     R6, #0x3           ; 영역 4: {XN, Enable}=1, 1
BL      MpuRegionSetup
; --- 영역 #5 ---          외부 RAM
LDR     R0, =0x60000000    ; 영역 5: 베이스 주소=0x60000000
MOV     R1, #0x5           ; 영역 5: 영역 번호=5
MOV     R2, #0x17 ; 영역 5: 크기=0x17(16MB)
MOV     R3, #0x3           ; 영역 5: AP=0x3(완전 접근)
MOV     R4, #0xB           ; 영역 5: MemAttrib=0xB(TEX=0, S=0, C=1, B=1)
MOV     R5, #0x0           ; 영역 5: Sub R disable=0
MOV     R6, #0x1           ; 영역 5: {XN, Enable}=0, 1
BL      MpuRegionSetup
; --- 영역 #6 ---          사용되지 않음, 반드시 비활성화시킴
MOV     R0, #6
BL      MpuRegionDisable
; --- 영역 #7 ---          사용되지 않음, 반드시 비활성화시킴
MOV     R0, #7
BL      MpuRegionDisable
LDR     R0, =0xE000ED94    ; MPU 제어 레지스터
MOV     R1, #5
STR     R1, [R0]           ; 특권 모드의 디폴트값으로 MPU 활성화
                           ; 메모리 맵 활성화
POP     {R0-R6, PC}
```

표 13.10 MPU 셋업 예제 코드를 위한 메모리 영역 지정

주소	설명	크기	종류	메모리 속성 (C, B, A, S, XN)	MPU 영역
0x00000000 – 0x00003FFF	특권 프로그램	16k	읽기 전용	C, –, A, –, –	배경 영역
0x00004000 – 0x00007FFF	사용자 프로그램	16k	읽기 전용	C, –, A, –, –	영역 #0
0x20000000 – 0x20000FFF	사용자 데이터	4k	완전 접근 가능	C, B, A, –, –	영역 #1
0x20001000 – 0x20001FFF	특권 데이터	4k	특권 접근	C, B, A, –, –	배경 영역
0x22000000 – 0x2201FFFF	사용자 데이터 비트-대역 앨리어스	128k	완전 접근 가능	C, B, A, –, –	영역 #2
0x22020000 – 0x2203FFFF	특권 데이터 비트-대역 앨리어스	128k	완전 접근 가능	C, B, A, –, –	배경 영역
0x40000000 – 0x400FFFFF	사용자 주변장치	1M	완전 접근 가능	–, B, –, –, XN	영역 #3
0x40040000 – 0x4005FFFF	사용자 주변장치 영역을 가진 특권 주변장치	128k	특권 접근	–, B, –, –, XN	영역 #3 안에 비활성화된 서브 영역
0x42000000 – 0x43FFFFFF	사용자 주변장치 비트-대역 앨리어스	32M	완전 접근 가능	–, B, –, –, XN	영역 #4
0x42800000 – 0x42BFFFFF	사용자 주변장치 영역을 가진 특권 주변장치	4M	특권 접근	–, B, –, –, XN	영역 #4 안에 비활성화된 서브 영역
0x60000000 – 0x60FFFFFF	외부 RAM	16M	완전 접근 가능	C, B, A, –, –	영역 #5
0xE0000000 – 0xF00FFFFF	NVIC, 디버그, 전용 주변장치 버스	1M	특권 접근	–, –, –, –, XN	배경 영역

Chapter 14

다른 Cortex-M3 특징

이 장의 내용

- SYSTICK 타이머
- 전력 관리
- 멀티프로세서 통신
- 셀프-리셋 제어

SYSTICK 타이머

NVIC 안에 있는 SYSTICK 레지스터에 대해서는 8장에서 간단히 다루었다. 모두들 알고 있듯이, SYSTICK 타이머는 24비트의 다운 카운터이다. 카운터는 그 값이 0에 이르면, RELOAD 레지스터에 설정되어 있는 값(reload value)을 로딩한다. SYSTICK 제어 및 상태 레지스터 안에 있는 Enable 비트가 클리어될 때까지 멈추지 않는다.

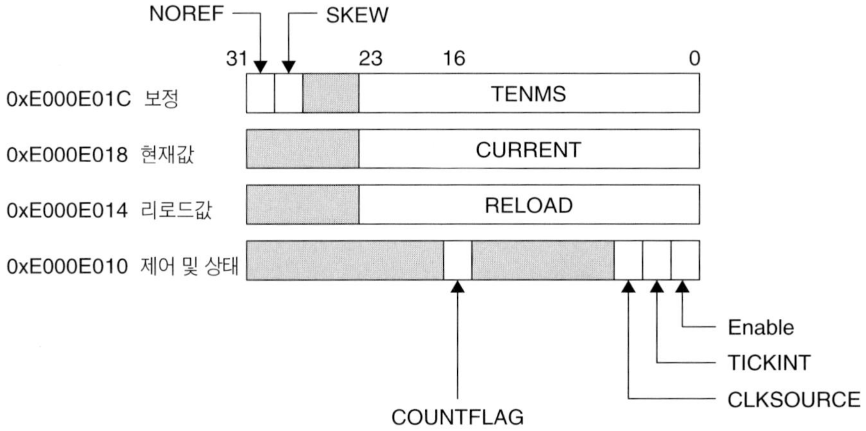

그림 14.1 NVIC의 SYSTICK 레지스터들

Cortex-M3 프로세서는 SYSTICK을 위해 두 개의 다른 클럭 소스를 사용할 수 있다. 첫 번째 것은 코어에 상관 없이 동작하는 클럭이다(이것은 시스템 클럭인 HCLK 기반의 클럭이 아니기 때문에, 시스템 클럭이 멈추더라도 이것은 멈추지 않는다). 두 번째 것은 외부 레퍼런스 클럭이다. 이 클럭 신호는 코어에 상관 없이 동작하는 클럭에서 샘플링되기 때문에, 코어에 상관 없이 동작하는 클럭보다 최소한 두 배 이상 더 느리다. 칩 설계자가 이러한 외부의 레퍼런스 클럭을 생략할 수도 있기 때문에, 이것은 사용이 불가능할 수도 있다. 외부 클럭 소스를 사용할 수 있을지 없을지를 결정하기 위해서는 SYSTICK 보정 레지스터의 비트[31]을 확인해야 한다. 칩 설계자는 설계시, 이 핀을 적절한 값에 연결해야 한다.

SYSTICK 타이머가 1에서 0으로 변경될 때, SYSTICK 제어 및 상태 레지스터 안에 있는 COUNTFLAG 비트는 1로 설정된다. COUNTFLAG는 다음의 사항 중 하나에 의해 0으로 클리어될 수 있다.

- 프로세서에 의해 SYSTICK 제어 및 상태 레지스터의 값을 읽는다.
- SYSTICK 현재값 레지스터에 어떤 값을 씀으로써 SYSTICK 카운터값을 0으로 클리어한다.

SYSTICK 카운터는 일정한 주기마다 SYSTICK 익셉션을 발생시키기 위해 사용될 수 있다. 이것은 종종 OS, 태스크 및 자원 관리를 위해 필요하다. SYSTICK 익셉션 발생을 활성화시키기 위해 TICKINT 비트가 1로 설정되어야 한다. 또한 벡터 테이블이 SRAM에 재배치된다면, 벡터 테이블 안에 SYSTICK 익셉션 핸들러를 셋업하는 것이 필요하다.

```
; SYSTICK 익셉션 핸들러 셋업
MOV  R0. #0xF                   ; 익셉션 종류 15
LDR  R1, =systick_handler       ; 익셉션 핸들러의 주소
LDR  R2, =0xE000ED08            ; 벡터 테이블 오프셋 레지스터
LDR  R2, [R2]
STR  R1, [R2, R0, LSL #2]       ; VectTblOffset + ExcpType*4
```

SYSTICK을 셋업하기 위한 간단한 코드는 다음과 같다.

```
; SYSTICK 타이머 동작을 활성화하고 SYSTICK 인터럽트를 활성화함
LDR  R0, =0xE000E010            ; SYSTICK 제어 및 상태 레지스터
MOV  R1, #0
STR  R1, [R0]                   ; 인터럽트가 우연히 트리거되지 못하게 하기 위해서
                                ; 인터럽트 카운터를 멈춤
LDR  R1, =0x3FF                 ; 1024개의 사이클마다 트리거됨(카운터가 1023에
                                ; 서 0으로 1024개만큼 감소하기 때문에, 0x3FF값이
                                ; 사용됨)
STR  R1, [R0, #4]               ; 레지스터 주소를 리로드하기 위한 리로드값을 씀
STR  R1, [R0, #8]               ; 현재값을 0으로 클리어하고, COUNTFLAG를 클리
                                ; 어하기 위해서 현재값 레지스터에 어떤 값을 씀
MOV  R1, #0x7                   ; 클럭 소스 = 코어 클럭, 인터럽트 활성화, SYSTICK
                                ; 카운터 활성화
STR  R1, [R0]                   ; 카운터 시작
```

SYSTICK 카운터는 타이밍 보정 정보에 접근할 수 있게 하는 간단한 방법을 제공한

다. Cortex-M3 프로세서의 탑 레벨은 칩 설계자가 10ms 시간 간격을 발생시키기 위해서 사용될 수 있는 리로드값을 입력할 수 있도록 24비트 입력을 갖는다. 이 값은 SYSTICK 보정 레지스터에 의해 접근될 수 있다. 하지만, 이 옵션은 항상 이용할 수 있는 것은 아니다. 그러므로 만약 이 특징을 사용할 수 있는지를 확인하기 위해 소자의 데이터시트를 확인해 보아야 한다.

SYSTICK 카운터는 또한 많은 클럭 사이클 후에 어떤 태스크를 시작하는 알람 타이머로 사용될 수 있다. 예를 들어, 300 클럭 사이클 후에 어떤 태스크가 실행되기 시작해야 한다면, SYSTICK 익셉션 핸들러에서 그 태스크를 셋업하고, 300 클럭 사이클에 이르렀을 때, 그 태스크가 실행되도록 하기 위해 SYSTICK 타이머를 프로그래밍할 수 있다.

```
  LDR  r0, =15                ; SYSTICK 핸들러 셋업
  LDR  r1, =SysTickAlarm      ; SYSTICK 익셉션 핸들러 이름
  BL   SetupExcpHandler

  LDR  R0, =0xE000E010        ; SYSTICK 베이스
  MOV  R1, #0                 ; 프로그래밍 동안에 SYSTICK 비활성화
  STR  R1, [R0]
  STR  R1, [R0, #0x8]         ; 현재값 클리어
  LDR  R1, =(300-12)          ; 리로드값 설정: 익셉션 지연 때문에 12를 뺌
  STR  R1, [R0, #0x4]

  LDR  R4, =SysTickFired      ; RAM 안에 있는 데이터 변수
  MOV  R5, #0                 ; 소프트웨어 플래그를 0으로 설정
  STR  R5, [R4]
  MOV  R1, #0x7               ; 내부 클럭 사용, SYSTICK 익셉션 활성화
  STR  R1, [R0]               ; 카운팅 시작

  LDR  R4, =SysTickFired
WaitLoop
  LDR  R5, [R4]               ; 소프트웨어 플래그가 SYSTICK 핸들러에 의해 1로
                              ; 설정될 때까지 대기
  CMP  R5, #0
  BEQ  WaitLoop
                              ; SysTickFired 설정, 메인 프로그램은 다른 태스크들을
                              ; 계속함
```

마지막 페이지의 예제 코드는 SYSTICK 벡터를 설정하기 위해 SetupExcpHandler라

불리는 서브루틴을 사용한다. 이것은 벡터 테이블이 쓰기 가능할 때만 사용된다(예를 들어, SRAM으로 재배치된다).

```
SetupExcpHandler                    ; 익셉션 벡터를 셋업하기 위한 서브루틴
    ; R0: 익셉션 번호
    ; R1: 익셉션 벡터 입력
    PUSH  {R2, LR}
    LDR   R2, =0xE000ED08           ; 벡터 테이블 오프셋
    LDR   R2, [R2]
    STR   R1, [R2, R0, LSL #2]      ; 주소 = 벡터 테이블 오프셋 + 4
                                    ; x 익셉션 번호
    POP   {R2, PC}
```

카운터는 메인 프로그램에서 수동으로 0으로 클리어되기 때문에, 초기값 0으로 시작한다. 그런 다음 즉시 288(300–12)로 리로드된다. 카운터에서 12를 빼는 이유는 이것이 최소한의 익셉션 지연을 위한 클럭 사이클의 수이기 때문이다. 하지만, SYSTICK 카운터가 0에 이르렀을 때 동일한 우선순위나 그보다 높은 우선순위를 가진 또 다른 익셉션이 동작하고 있다면, 익셉션의 시작은 지연될 수도 있다.

원샷 알람 타이머 사용을 위한 이 예제에서도 리로드값에서 12사이클을 빼야 한다는 것을 기억해 두자. 주기적인 카운팅 사용을 위해 리로드값은 주기당 클럭 사이클 수에서 1을 뺀 값이어야 한다.

SYSTICK 카운터는 자동으로 멈추지 않기 때문에, SYSTICK 핸들러 내에서 그것을 정지시켜 주어야 한다. 또한 다른 익셉션의 처리로 인한 지연이 있다면 SYSTICK 익셉션은 다시 중단될 수도 있다. 따라서 SYSTICK 익셉션이 일회성 프로세스가 아니라면 많은 단계들이 수행되어야 한다.

```
SysTickAlarm                         ; SYSTICK 익셉션 핸들러
    PUSH  {LR}
    LDR   R0, =0xE000E010           ; SYSTICK 베이스
    MOV   R1, #0
    STR   R1, [R0]                  ; 그 이상의 SYSTICK 익셉션 비활성화
    LDR   R0, =0xE000ED04
    LDR   R1, =0x02000000           ; 다시 펜딩되는 경우, SYSTICK 펜딩 비트 클리어
    STR   R1, [R0]
    ...                             ; 요구되는 프로세싱 태스크 실행
    LDR   R2, =SysTickFired         ; 메인 프로그램이 태스크들이 수행되고 있다는 것을
```

```
                                ; 알 수 있도록 소프트웨어 플래그 셋업
    LDR   R1, [R2]
    ADD   R1, #1
    STR   R1, [R2]
    POP   {PC}                  ; 익셉션 리턴
```

SYSTICK 익셉션 핸들러의 마지막 단계에서, 요구되는 태스크가 실행되고 있다는 것을 메인 프로그램이 알 수 있도록 *SysTickFired*라고 불리는 소프트웨어 변수를 설정한다.

전력 관리

Cortex-M3는 전력 관리의 특징으로 슬립 모드를 제공하고 있다. 슬립 모드에서는 시스템 클럭을 멈출 수 있다. 하지만 코어에 상관 없이 동작하는 클럭은 프로세서가 인터럽트에 의해 깨어날 수 있도록 여전히 동작을 해야 한다. 이 두 개의 모드는 다음과 같다.

- 슬립: Cortex-M3 프로세서에서 내보내는 SLEEPING 신호에 의해 발생한다.
- 딥 슬립: Cortex-M3 프로세서에서 내보내는 SLEEPDEEP 신호에 의해 발생한다.

어떤 슬립 모드가 사용되는가를 결정하기 위해서 NVIC 시스템 제어 레지스터는 SLEEPDEEP(표 14.1 참고)이라고 불리는 비트 영역을 가지고 있다. SLEEPING과 SLEEPDEEP의 동작은 특정한 MCU 구현 방법에 따라 다르다. 어떤 MCU에서는 이

표 14.1 시스템 제어 레지스터(0xE000ED10)

비트	이름	종류	리셋값	설명
4	SEVONPEND	R/W	0	펜딩에 이벤트를 보냄. 인터럽트가 현재 레벨보다 우선순위가 더 높은지 아닌지에 상관 없이 새로운 인터럽트가 펜딩되면, WFE로부터 깨어남
3	Reserved	–	–	–
2	SLEEPDEEP	R/W	0	슬립 모드로 진입할 때, SLEEPDEEP 출력신호를 활성화
1	SLEEPONEXIT	R/W	0	SleeponExit 기능 활성화
0	Reserved	–	–	–

두 경우가 동일하게 동작한다.

슬립 모드는 WFI 또는 WFE 명령어에 의해 벗어난다. WFI는 *Wait-For-Interrupt*를 의미하며, WFE는 *Wait-For-Events*를 의미한다. 이벤트는 인터럽트, 이전에 트리거된 인터럽트, RXEV 신호를 통한 외부의 이벤트 신호 펄스가 될 수 있다. 프로세서 내부에는 이벤트를 위한 래치가 있다. 그래서 과거의 이벤트는 WFE로부터 프로세서를 깨울 수 있다.

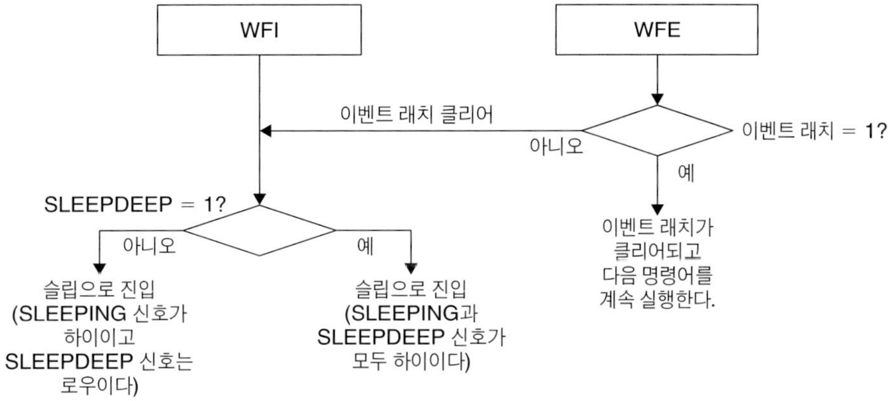

그림 14.2 슬립 동작

프로세서가 슬립 모드에 진입할 때 정확하게 어떤 일이 발생하게 될지는 칩 설계에 따라 다르다. 일반적인 경우는 전력 소모를 줄이기 위해 클럭 신호의 일부를 멈추게 한다는 것이다. 하지만, 어떤 칩은 전력 소모를 더 줄이기 위해 칩의 일부를 셧다운시키도록 설계될 수도 있고, 칩을 완전히 셧다운시켜서 모든 클럭 신호를 다 멈추게 할 수도 있다. 칩이 완전히 셧다운되는 경우, 슬립에서 시스템을 깨우는 유일한 방법은 시스템 리셋을 통해서이다.

WFI 슬립에서 프로세서를 깨우기 위해, 인터럽트가 (만약 그것이 실행되고 있는 인터럽트라면) 현재의 우선순위 레벨보다 더 높은 우선순위를 갖게 하고, BASEPRI 레지스터나 마스크 레지스터(PRIMASK와 FAULTMASK)에 의해 설정된 레벨보다 더 높은 우선순위를 갖게 한다. 만약 우선순위 레벨 때문에 인터럽트가 받아들여지지 않는다면, WFI에 의해 야기된 슬립에서 깨어날 수 없게 될 것이다.

표 14.2 WFI와 WFE에서 깨어나는 동작

WFI 동작	Wake-up	IRQ 실행
BASEPRI를 가진 IRQ		
IRQ 우선순위 > BASEPRI	Y	Y
IRQ 우선순위 =< BASEPRI	N	N
BASEPRI와 PRIMASK를 가진 IRQ		
IRQ 우선순위 > BASEPRI	Y	N
IRQ 우선순위 =< BASEPRI	N	N
WFE 동작	**Wake-up**	**IRQ 실행**
BASEPRI를 가진 IRQ, SEVONPEND=0		
IRQ 우선순위 > BASEPRI	Y	Y
IRQ 우선순위 =< BASEPRI	N	N
BASEPRI를 가진 IRQ, SEVONPEND=1		
IRQ 우선순위 > BASEPRI	Y	Y
IRQ 우선순위 =< BASEPRI	Y	N
BASEPRI와 PRIMASK를 가진 IRQ, SEVONPEND=0		
IRQ 우선순위 > BASEPRI	N	N
IRQ 우선순위 =< BASEPRI	N	N
BASEPRI와 PRIMASK를 가진 IRQ, SEVONPEND=1		
IRQ 우선순위 > BASEPRI	Y	N
IRQ 우선순위 =< BASEPRI	Y	N

WFE의 경우는 다소 다르다. 슬립중에 트리거된 인터럽트가 마스크 레지스터나 BASEPRI 레지스터보다 더 낮거나 같은 우선순위를 갖고 있으며, SEVONPEND가 1로 설정되어 있다면, 프로세서를 슬립에서 깨울 것이다. Cortex-M3 프로세서를 슬립에서 깨우는 방법은 표 14.2에 요약 정리해 두었다.

슬립 모드의 또 다른 특징은 인터럽트 루틴에서 벗어난 다음 자동으로 슬립으로 돌아갈 수 있도록 프로그래밍될 수 있다는 것이다. 이 방법을 통해 인터럽트 서비스가 필요가 없다면, 코어는 항상 슬립 상태를 유지하게 할 수 있다. 이 기능을 사용하기 위해서는 시스템 제어 레지스터 안에 SLEEPONEXIT 비트를 설정해야 한다.

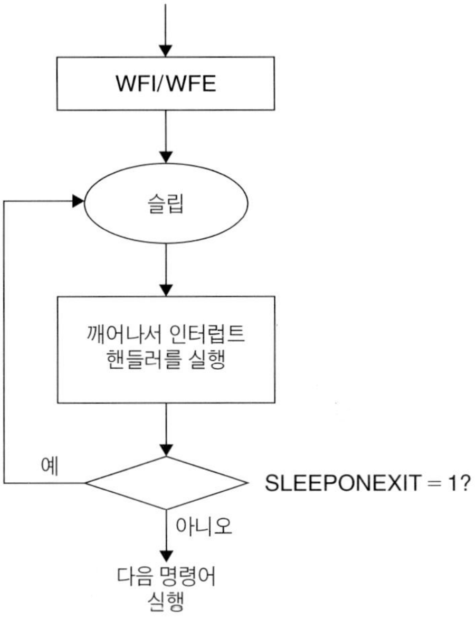

그림 14.3 SleeponExit 기능의 사용 예

멀티프로세서 통신

Cortex-M3는 태스크들의 동기화를 위한 간단한 멀티프로세서 통신 인터페이스를 가지고 있다. 프로세서는 이벤트를 보내기 위한 TXEV(Transmit Event)라고 불리는 하나의 출력신호와 이벤트들을 받기 위한 RXEV(Receive Event)라고 불리는 입력신호를 갖는다. 두 프로세서들을 가지고 있는 시스템을 위해 이벤트 통신 신호 연결은 그림 14.4와 같이 구현될 수 있다.

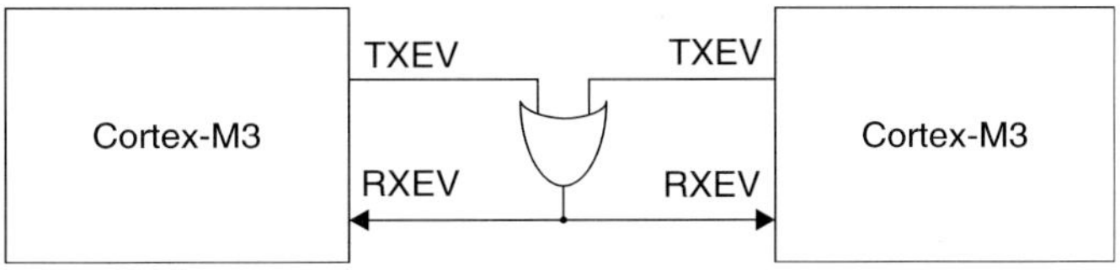

그림 14.4 두 개의 프로세서 시스템 내의 이벤트 통신 연결

전력 관리에 관한 이전의 절에서 설명한 것처럼, 프로세서는 WFE 명령어가 실행될 때, 슬립 모드에 진입하고, 외부에서 이벤트를 수신할 때 명령어 실행을 계속한다. 만약 SEV(Send Event)라고 불리는 명령어를 사용하고 있다면 하나의 프로세서는 슬립 모드 안에 있는 다른 프로세서를 깨울 수도 있고, 두 프로세서가 동시에 하나의 태스크를 실행하게 할 수도 있다.

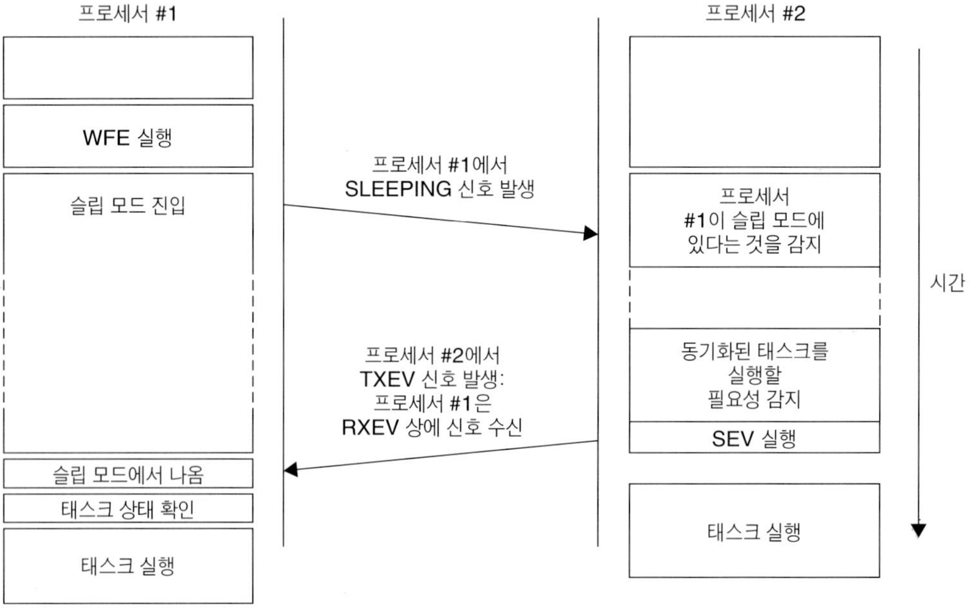

그림 14.5 태스크들을 동기화하기 위한 이벤트 신호 사용

이러한 특징을 사용하면, 두 프로세서들이 동시에 한 태스크를 실행할 수 있게 할 수 있다(실제 칩 구현 방법에 따라, 두 클럭 사이클만큼의 차이를 갖는다). 중단된 프로세서들의 수는 어떤 수가 될 수도 있지만, 그것은 한 프로세서가 마스터로 동작하여, 다른 프로세서에게 이벤트 펄스를 생성해 줄 것을 요구한다.

WFE 명령어가 실행될 때, 그것은 먼저 로컬 이벤트 래치를 확인한다. 만약 래치가 1로 설정되어 있지 않다면, 코어는 슬립 모드에 진입하게 된다. 만약 래치가 1로 설정되어 있다면, 그것은 0으로 클리어되고, 슬립 모드에 진입하지 않고 계속 명령어를 실행할 것이다. 로컬 이벤트 래치는 이전에 발생한 익셉션과 SEV 명령어에 의해 1로 설

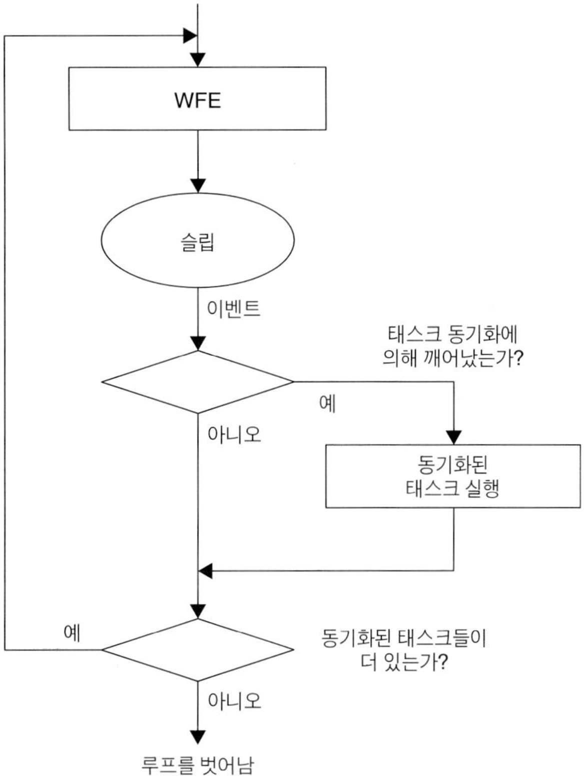

그림 14.6 WFE 기능의 사용 예

정될 수 있다. 만약 SEV를 실행한 다음 WFE를 실행하면, 프로세서는 WFE에 의해 클리어된 이벤트 래치를 가진 채, 슬립 모드에 진입하지 않고 다음 명령어를 계속 실행할 것이다.

프로세서가 인터럽트나 디버깅 이벤트와 같은 다른 이벤트에 의해서도 깨어날 수 있다는 것을 기억해 두도록 하자. 요구된 동기화된 태스크를 시작하기 전에, 태스크 동기화에 의해 깨어난 것인지 아닌지를 자주 확인해 볼 필요가 있다.

대부분의 Cortex-M3 기반의 제품에서는 하나의 프로세서만 있으며, RXEV 입력은 0으로 묶이게 될 것이다.

셀프-리셋 제어

Cortex-M3는 두 개의 셀프-리셋(self-reset) 제어 기능을 제공한다. 그 중 하나는 NVIC 어플리케이션 인터럽트 및 리셋 제어(Application Interrupt and Reset Control) 레지스터 안에 있는 VECTRESET 제어 비트(비트[0])이다.

```
    LDR  R0, =0xE000ED0C          ; NVIC AIRCR 주소
    LDR  R1, =0x05FA0001          ; VECTRESET 비트를 1로 설정
                                  ; (05FA는 쓰기 접근 키)
    STR  R1, [R0]
deadloop
    B    deadloop                 ; deadloop는 다른 어떤 명령어들이 리셋을 발생시키지
                                  ; 않도록 한다는 것을 보장하기 위해 사용
```

이 비트에 값을 쓰면, 디버그 로직을 제외하고 Cortex-M3 프로세서가 리셋된다. 이것은 Cortex-M3 프로세서 외부의 회로는 어떤 것도 리셋시키지 않는다. 예를 들어, SoC가 UART를 포함하고 있는 경우 이 비트에 값을 쓰면, UART나 Cortex-M3 외부의 주변장치들은 리셋되지 않는다.

두 번째 리셋 기능은 동일한 NVIC 레지스터 안에 있는 SYSRESETREQ 비트이다. 이것은 Cortex-M3 프로세서가 시스템의 리셋 발생기에 리셋 요청 신호를 발생시키도록 한다. 시스템 리셋 발생기는 Cortex-M3 설계의 일부가 아니기 때문에, 이러한 리셋 특징은 칩 설계에 따라 다르다. 이러한 특징은 어떤 칩에서는 존재하지 않기 때문에, 칩의 규정을 주의 깊게 확인하는 것이 필요하다.

다음은 SYSRESETREQ를 사용한 예제 코드이다.

```
    LDR  R0, =0xE000ED0C          ; NVIC AIRCR 주소
    LDR  R1, =0x05FA0004          ; SYSRESETREQ 비트를 1로 설정
                                  ; (05FA는 쓰기 접근 키)
    STR  R1, [R0]
deadloop
    B    deadloop                 ; dealdoop는 리셋 뒤에 나오는 다른 어떤 명령어들도
```

; 실행되지 못하도록 하기 위해 사용

대부분의 경우, SYSRESETREQ 비트가 1로 설정되면, 리셋 발생기에 의해 Cortex-M3 프로세서의 시스템 리셋 신호(SYSRESETn)가 발생하게 된다. 칩 설계에 따라 그것은 주변장치와 같은 칩의 다른 부분을 리셋시킬 수도 있고 그렇지 않을 수도 있다. 보통 이것은 Cortex-M3의 디버그 로직은 리셋시키지 않는다.

SYSRESETREQ의 발생부터 리셋 발생기에서 실제 리셋이 발생하는 데까지의 지연이 이슈가 될 수 있다는 점을 기억해 두자. 리셋 발생기 안에서의 지연 때문에, 프로세서는 리셋 신호 요청이 1로 설정된 후에 인터럽트를 수신한다. 이 코드를 실행하기 전에 코어가 인터럽트를 받지 않도록 하고자 한다면 MSR 명령어를 사용하여 FAULTMASK를 설정할 수 있다.

Chapter 15

디버그 아키텍처

이 장의 내용

- 디버깅 특징 개요
- CoreSight 개요
- 디버그 모드
- 디버깅 이벤트
- Cortex-M3에서의 브레이크포인트
- 디버그 상태에서 레지스터 내용에 접근하기
- 다른 코어 디버깅 특징

디버깅 특징 개요

Cortex-M3 프로세서는 이해하기 쉬운 디버깅 환경을 제공하고 있다. 동작의 본질을 기반으로, 디버깅 특징들은 두 가지 그룹으로 분류될 수 있다.

1. 침략적 디버깅

- 프로그램 중단 및 스테핑
- 하드웨어 브레이크포인트
- 브레이크포인터 명령어
- 데이터 주소, 주소 범위, 데이터값에 접근할 수 있는 데이터 와치포인트
- 레지스터값 접근(읽기 또는 쓰기)
- 디버그 모니터 익셉션
- ROM 기반의 디버깅(플래시 패치)

2. 비침략적 디버깅

- 메모리 접근(메모리 내용은 코어가 동작하고 있을 때조차 접근 가능하다)
- 명령어 트레이스(선택 가능한 임베디드 트레이스 모듈을 통한)
- 데이터 트레이스
- 소프트웨어 트레이스(중개 트레이스 모듈을 통한)
- 프로파일링(데이터 와치포인트 및 트레이스 모듈을 통한)

많은 디버깅 컴포넌트들은 Cortex-M3 프로세서에 포함되어 있다. 디버깅 시스템은 CoreSight 디버그 아키텍처를 기반으로 하는데, 이 아키텍처에서는 표준화된 솔루션이 디버깅 제어를 하고, 트레이스 정보를 모으고, 디버깅 시스템 설정을 감지할 수 있게 해준다.

CoreSight 개요

CoreSight 디버그 아키텍처는 디버깅 인터페이스 프로토콜, 디버깅 버스 프로토콜, 디버깅 컴포넌트의 제어, 보안 특징, 트레이스 데이터 인터페이스 등을 포함한 넓은 분

야를 다룬다. *CoreSight Technology System Design Guide* (Ref3)는 이 아키텍처의 개념을 이해하는 데 도움을 주는 유용한 문서이다. *Cortex-M3 Technical Reference Manual* (Ref1)의 여러 절에서도 Cortex-M3 설계에서의 디버깅 컴포넌트들에 대해 설명하고 있다. 이 컴포넌트들은 보통 어플리케이션 코드가 아닌, 디버거 소프트웨어에서만 사용된다. 하지만, 디버깅 시스템이 어떻게 동작하는지를 더 잘 이해할 수 있도록, 이 아이템들에 대해 간단히 알아두는 것도 유용하다.

프로세서 디버깅 인터페이스

전통적인 ARM7이나 ARM9과는 달리, Cortex-M3의 디버깅 시스템은 CoreSight 디버그 아키텍처를 기반으로 하고 있다. 전통적으로 ARM 프로세서는 JTAG 인터페이스를 제공하는데, 이것은 레지스터들을 액세스하거나 메모리 인터페이스를 제어할 수 있도록 해준다. Cortex-M3에서는 프로세서 상의 디버그 로직 제어가 디버그 액세스 포트(DAP)라고 불리는 버스 인터페이스를 통해 수행된다. 이것은 AMBA에서의 APB와 유사하다. DAP는 JTAG 또는 시리얼-와이어(Serial-Wire)를 DAP 버스 인터페이스 프로토콜로 변환시켜 주는 다른 컴포넌트에 의해 제어된다.

내부 디버그 버스는 APB와 유사하기 때문에, 다중 디버깅 컴포넌트들을 연결하기가 쉽다. 따라서 매우 규모가 큰 디버깅 시스템을 구축할 수 있다. 또한 디버그 인터페이스와 디버그 제어 하드웨어를 분리함으로써, 칩에서 사용되는 실제 인터페이스 유형은 투명해질 수 있다. 그러므로 어떤 디버그 인터페이스를 사용하는가와 상관 없이 동일한 디버깅 작업이 수행될 수 있다.

Cortex-M3에서의 실제 디버깅 함수들은 NVIC와 FPB, DWT, ITM과 같은 많은 다른 디버깅 컴포넌트들에 의해 제어된다. NVIC는 중단(halt) 및 스테핑(stepping)과 같은 코어 디버깅 동작을 제어하기 위한 많은 레지스터들을 포함한다. 반면에, 다른 블록들은 와치포인트, 브레이크포인트, 디버그 메시지 출력과 같은 특징들을 지원한다.

디버그 호스트 인터페이스

CoreSight 기술은 디버그 호스트와 SoC 간의 연결을 위한 많은 인터페이스 유형을 지원한다. 전통적으로 이것은 항상 JTAG이 담당했었다. 현재에는 프로세서 디버깅 인터페이스가 범용 버스 인터페이스로 변경되고 있기 때문에, 디버그 호스트와 프로세서의 디버그 인터페이스 사이에 다른 인터페이스 모듈을 삽입함으로써, 프로세서 상에서 디버그 인터페이스를 새로 설계하지 않고도 디버그 호스트 인터페이스를 갖는 다른 칩들을 구현할 수 있게 되었다.

현재 Cortex-M3 시스템은 두 가지 종류의 디버그 호스트 인터페이스를 지원한다. 하나는 잘 알려진 JTAG 인터페이스이고, 다른 하나는 시리얼-와이어(SW)라고 불리는 새로운 인터페이스 프로토콜이다. SW 인터페이스는 신호 라인을 두 가닥으로 줄였다. 디버그 포트, DP라고 불리는 디버그 호스트 인터페이스 모듈도 ARM에서 사용 가능하다. 디버거 하드웨어는 DP의 한쪽에 연결되고, 다른 쪽은 프로세서 상의 DAP 인터페이스에 연결된다.

왜 시리얼-와이어(SW)일까?

Cortex-M3는 저가형 마이크로컨트롤러 시장을 타깃으로 하고 있는데, 대부분의 장치들은 매우 적은 수의 핀들을 가지고 있다. 예를 들어, 일부 저가 버전들은 28핀 패키지이다. JTAG이 매우 유명한 프로토콜이라는 사실에도 불구하고, 디버그를 위해 4핀을 사용하는 것은 28핀 소자에게 너무 많은 양이다. 그러므로 SW는 디버그의 핀 수를 2핀으로 줄일 수 있기 때문에, 보다 매력적인 솔루션이라 할 수 있다.

DP 모듈, AP 모듈과 DAP

외부 디버깅 하드웨어에서 Cortex-M3 프로세서의 디버그 인터페이스로의 연결은 여러 단계로 나누어진다(그림 15.1 참고).

우선, DP 인터페이스 모듈(보통 SWJ-DP 또는 SW-DP라고 불린다)은 외부 신호를 범용 32비트 디버그 버스(다이어그램에서 DAP 버스)로 변환한다. SWJ-DP는 JTAG과 SW를 모두 지원하며, SW-DP는 SW만 지원한다. ARM CoreSight 제품군에는, JTAG-DP도 있는데, 이것은 JTAG 프로토콜만을 지원한다. 칩 제조사는 그들의 필요에 맞는 이러한 DP 모듈 중 하나를 사용한다. DAP 버스의 주소는 32비트인데, 그 어드레스 버스의 상위 8비트는 어떤 장치가 액세스되었는지를 선택하기 위해 사용된다. 256개까지의 장치들이 DAP 버스에 연결될 수 있다. Cortex-M3 프로세서 내부에는 장치

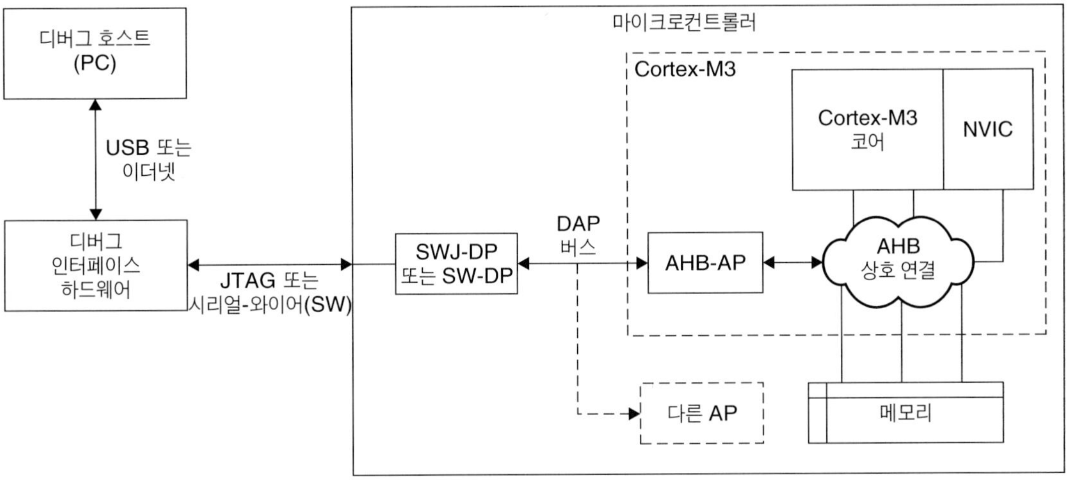

그림 15.1 디버그 호스트에서 Cortex-M3로의 연결

주소들 중 하나만이 사용되기 때문에, 필요하다면 255개 이상의 액세스 포트(AP) 소자를 DAP 버스에 연결할 수 있다.

Cortex-M3 프로세서 안에 있는 DAP 인터페이스를 통해 전달된 후, AHB-AP라고 불리는 AP 소자가 연결된다. 이것은 명령을 AHB 전송으로 변환하기 위한 버스 브리지처럼 동작하며, Cortex-M3 내부의 내부 버스 네트워크 쪽에 삽입되어 있다. 또한 이것은 NVIC 안에 있는 디버그 제어 레지스터를 포함한 Cortex-M3의 메모리 맵에 액세스할 수 있게 해준다.

CoreSight 제품군에서는, APB-AP와 JTAG-AP를 포함한 몇 가지 종류의 AP 소자들을 사용할 수 있다. APB-AP는 APB 전송들을 생성하기 위해 사용될 수 있으며, JTAG-AP는 ARM7 상의 디버그 인터페이스와 같은 전통적인 JTAG 기반의 인터페이스를 제어하기 위해 사용된다.

트레이스 인터페이스

CoreSight 아키텍처의 또 다른 부분은 트레이스하는 것과 관련되어 있다. Cortex-M3에서는 세 가지 종류의 트레이스 소스가 존재할 수 있다.

- 명령어 트레이스: 임베디드 트레이스 매크로셀(ETM)에 의해 생성된다.

- 데이터 트레이스: DWT에 의해 생성된다.
- 디버그 메시지: ITM에 의해 생성된다(디버거 GUI의 *printf*와 같은 메시지 출력을 제공).

트레이스를 하는 동안, 트레이스 결과는 진보된 트레이스 버스(ATB)라고 불리는 트레이스 데이터 버스 인터페이스를 통해 데이터 패킷의 형태로 트레이스 소스에서 출력된다. CoreSight 아키텍처를 기반으로 해서, 만약 SoC가 여러 개의 트레이스 소스(예를 들어, 멀티프로세서)를 포함하고 있다면, ATB 데이터 스트림은 ATB 통합 하드웨어(CoreSight 아키텍처에서 이 하드웨어는 *ATB* **깔대기**라고 불린다)를 사용하여 합쳐질 수 있다. 그 후, 칩의 마지막 데이터 열은 트레이스 포트 인터페이스 장치(TPIU)에 연결되고, 외부 트레이스 하드웨어로 내보내진다. 데이터가 디버그 호스트에 도달하면, 데이터 열은 여러 개의 데이터 열로 변환될 수 있다.

Cortex-M3가 여러 개의 트레이스 소스를 가지고 있음에도 불구하고, 그 디버깅 컴포넌트들은 ATB 깔대기 모듈을 추가할 필요가 없도록 트레이스 통합 처리를 할 수 있게 설계되어 있다. 트레이스 출력 인터페이스는 Cortex-M3를 위해 설계된 특별한 버전의 TPIU에 직접 연결될 수 있다. 그러면 트레이스 데이터는 외부 하드웨어에 의해 캡처되고, 분석을 위해 디버그 호스트(예를 들어, PC)에 의해 수집된다.

CoreSight 특징

CoreSight 기반의 설계는 많은 장점들을 가지고 있다.

- 프로세서가 동작하고 있는 도중이라도, 메모리의 내용 및 주변장치의 레지스터들을 살펴볼 수 있다.
- 다중 프로세서 디버그 인터페이스는 하나의 디버거 하드웨어만 가지고도 제어될 수 있다. 예를 들어 JTAG이 사용되고 있다면, 칩 안에 여러 개의 프로세서들이 있더라도 하나의 TAP 컨트롤러만이 요구된다.
- 내부 디버깅 인터페이스는 간단한 버스 설계를 기반으로 하고 있는데, 이는 디버깅 인터페이스 규모를 크게 할 수 있고, 칩 또는 SoC의 다른 부분들을 위한 추가 테스트 로직을 쉽게 개발할 수 있도록 해준다.
- 여러 개의 트레이스 데이터 열이 하나의 트레이스 캡처 장치 안에 수집된 다음, 디버그 호스트 안에서 다중 열로 분리될 수 있게 해준다.

Cortex-M3 프로세서 안에서 사용되는 디버깅 시스템은 표준 CoreSight 시스템과 다소 다르다.

- 트레이스 컴포넌트들은 Cortex-M3 안에 특별하게 설계되어 있다. Cortex-M3에서는 ATB 인터페이스의 일부가 8비트 폭이다. 반면에 CoreSight에서는 그 폭이 32비트이다.
- Cortex-M3 안의 디버그 구현은 TrustZone[1]을 지원하지 않는다.
- 디버그 컴포넌트들은 시스템 메모리 맵의 일부이다. 반면에 표준 CoreSight 시스템에서는 디버그 컴포넌트들을 제어하기 위해 분리된 버스(분리된 메모리 맵을 가진)가 사용된다. 예를 들어, CoreSight 시스템에서의 개념적인 시스템 연결은 그림 15.2와 같은 모습일 수 있다.

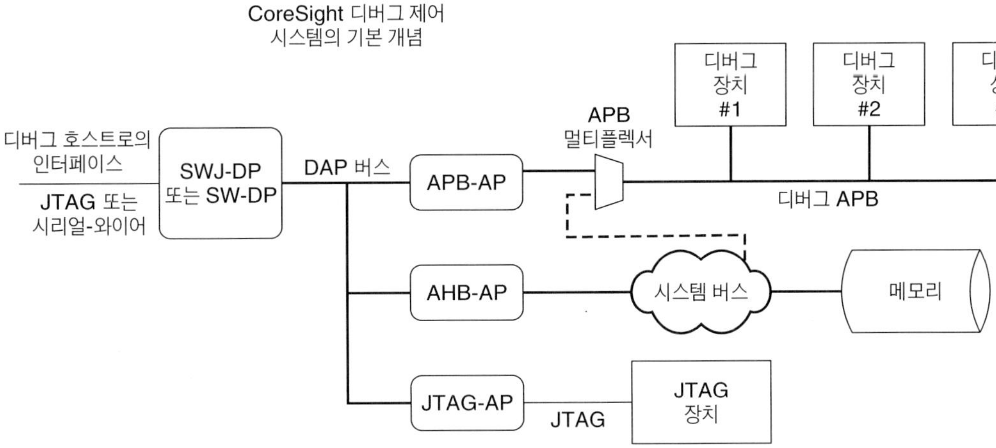

그림 15.2 CoreSight 시스템의 설계 개념

Cortex-M3에서, 디버깅 장치들은 동일한 시스템 메모리 맵을 공유한다(그림 15.3 참고).

CoreSight 디버그 아키텍처에 대한 추가적인 정보는 *CoreSight Technology System Design Guide* (Ref3)에서 확인해 보기 바란다.

[1] TrustZone은 임베디드 제품에 보안 특징을 제공하는 ARM 기술이다.

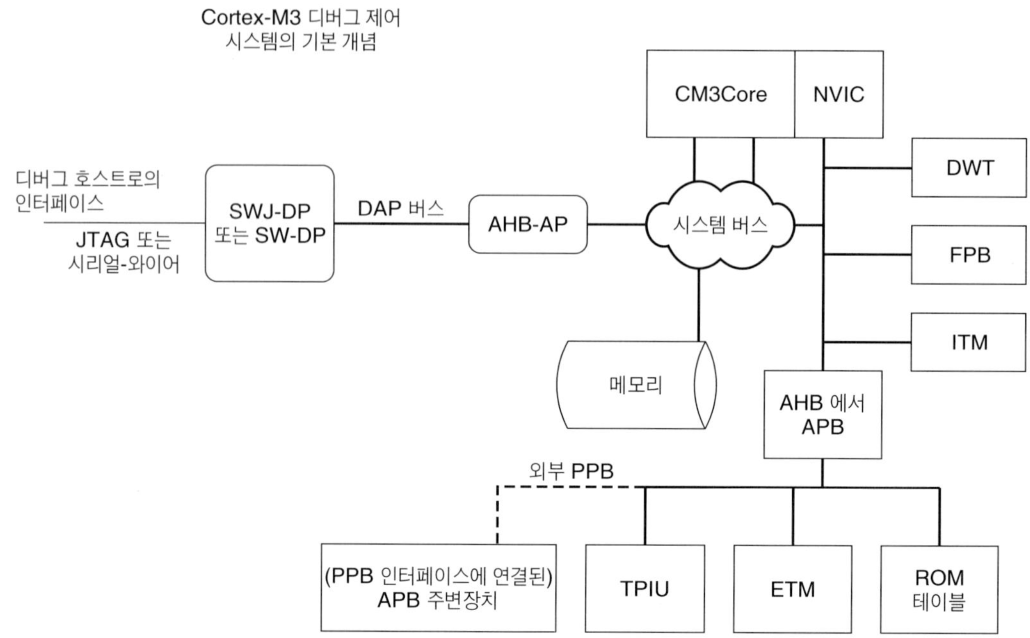

그림 15.3 Cortex-M3에서의 디버그 시스템

디버그 모드

Cortex-M3에는 두 가지 종류의 디버그 동작 모드가 있다. 첫 번째 것은 **중단**(halt)인데, 여기서 프로세서는 프로그램 실행을 완전히 멈춘다. 두 번째 것은 **디버그 모니터 익셉션**(debug monitor exception)인데, 여기서 프로세서는 보다 높은 우선순위 익셉션이 발생할 수 있도록 해주면서, 디버깅 작업을 수행하기 위해 익셉션 핸들러를 실행시킨다. 디버그 모니터는 익셉션 유형 12이고, 그 우선순위는 프로그래밍 가능하다. 그것은 펜딩 비트를 1로 설정하거나 디버그 이벤트 수단에 의해 중단될 수 있다. 요약하자면,

1. 중단 모드

- 명령어 익셉션이 중단된다.
- SYSTICK 카운터가 중단된다.

- 한 스텝 동작들을 지원한다.
- 한 스테핑 동안 인터럽트들은 펜딩되거나 중단될 수도 있고, 외부 인터럽트들이 무시될 수 있도록 마스킹될 수도 있다.

2. 디버그 모니터 모드

- 프로세서는 익셉션 유형 12(디버그 모니터)를 실행시킨다.
- SYSTICK 카운터는 계속 동작한다.
- 디버그 모니터의 우선순위와 새로운 인터럽트의 우선순위에 따라 새로운 도착 익셉션들은 선점될 수도 있고 그렇지 않을 수도 있다.
- 보다 높은 우선순위 인터럽트가 실행될 때 디버그 이벤트가 발생한다면, 디버그 이벤트는 놓치게 될 것이다.
- 한 스텝 동작을 지원한다.
- 스택 작업 및 핸들러 실행 동안, 메모리 내용(예를 들어, 스택 메모리)은 디버그 모니터 핸들러에 의해 변경될 수 있다.

디버그 모니터를 갖는 이유는 어떤 전자 시스템에서는 동작을 디버깅하기 위해 프로세서를 멈추는 것이 불가능하기 때문이다. 예를 들어, 자동차 엔진 제어나 하드 디스크 컨트롤러 어플리케이션에서는 디버깅을 하는 동안에도 프로세서가 계속 인터럽트 요청을 서비스해야 한다. 동작의 안전성을 보장하고 테스트될 장치에게 손상을 가하지 않도록 해야 하기 때문이다. 디버그 모니터에서 디버거는 보다 높은 우선순위 인터럽트와 익셉션이 실행되고 있는 동안에도 쓰레드 레벨 어플리케이션과 더 낮은 우선순위의 인터럽트 핸들러를 멈추거나 디버그할 수 있다.

중단 모드로 진입하기 위해서는 NVIC 디버그 중단 제어 및 상태(Debug Halting Control and Status) 레지스터(DHCSR) 안에 있는 C_DEBUGEN 비트가 1로 설정되어야 한다. 이 비트는 DAP를 통해서만 프로그래밍될 수 있기 때문에, 디버거 없이는 Cortex-M3 프로세서를 중단시킬 수 없다. C_DEBUGEN이 1로 설정된 후에 코어는 DHCSR 안에 있는 C_HALT를 1로 설정하면, 중단될 수 있다. 이 비트는 디버거 또는 프로세서 그 자체에서 동작중인 소프트웨어에 의해 설정될 수 있다.

DHCSR의 비트 영역 정의는 읽기 동작이냐 쓰기 동작이냐에 따라 다르다. 쓰기 동작에서는 디버그 키값이 비트 31에서 비트 16까지 사용되어야 한다. 읽기 동작에서는 디버그 키값이 없고, 상위 하프워드의 리턴값이 상태 비트들을 포함한다(표 15.1 참고).

표 15.1 디버그 중단 제어 및 상태 레지스터(0xE000EDF0)

비트	이름	종류	리셋값	설명
31:26	KEY	W	–	디버그 키: 이 레지스터에 값을 쓰기 위해서는 이 영역에 0xA05F가 쓰여져야 한다. 그렇지 않으면 쓰기 동작이 무시된다.
25	S_RESET_ST	R	–	코어는 리셋되거나 리셋 상태이어야 한다. 이 비트는 읽는 도중 0으로 클리어된다.
24	S_RETIRE_ST	R	–	마지막 읽기 동작을 위한 명령어가 완료되면, 이 비트는 읽는 도중 0으로 클리어된다.
19	S_LOCKUP	R	–	이 비트가 1이 될 때, 코어는 락업 상태가 된다.
18	S_SLEEP	R	–	이 비트가 1이 될 때, 코어는 슬립 모드가 된다.
17	S_HALT	R	–	이 비트가 1이 될 때, 코어는 중단된다.
16	S_REGRDY	R	–	레지스터 읽기/쓰기 동작이 완료된다.
15:6	Reserved	–	–	예약됨
5	C_SNAPSTALL	R/W	0*	정지된 메모리 접근을 멈추기 위해 사용된다.
4	Reserved	–	–	예약됨
3	C_MASKINTS	R/W	0*	스테핑을 하는 동안 인터럽트를 마스킹한다. 프로세서가 중단되어 있을 때만 수정될 수 있다.
2	C_STEP	R/W	0*	프로세서를 하나씩 스테핑한다. C_DEBUGEN이 1로 설정되어 있을 때만 유효하다.
1	C_HALT	R/W	0*	프로세서 코어를 중단한다. C_DEBUGEN이 1로 설정되어 있을 때만 유효하다.
0	C_DEBUGEN	R/W	0*	중단 모드 디버그를 활성화한다.

* DHCSR의 제어 비트는 파워-온-리셋에 의해 리셋된다. 시스템 리셋(예를 들어, NVIC의 어플리케이션 인터럽트 및 리셋 제어 레지스터에 의해)은 디버그 제어를 리셋할 수 없다.

보통의 상황에서는, DHCSR은 디버거에 의해서만 사용된다. 어플리케이션 코드는 DHCSR 내용을 변경해서는 안 된다. 왜냐하면, 이는 디버거 툴에 문제를 일으킬 수 있기 때문이다.

- DHCSR 안에 있는 제어 비트는 파워-온-리셋에 의해 리셋된다. 시스템 리셋(예를 들어, NVIC의 어플리케이션 인터럽트 및 리셋 제어 레지스터에 의해)은 디버그 제어를 리셋할 수 없다. 디버그 모니터를 사용하는 디버거에서는, 다른 NVIC 레지스터인

표 15.2 디버그 익셉션 및 모니터 제어 레지스터(0xE000EDFC)

비트	이름	종류	리셋값	설명
24	TRCENA	R/W	0*	트레이스 시스템 활성화; DWT, ETM, ITM, TPIU를 사용하기 위해 이 비트가 1로 설정되어야 한다.
23:20	Reserved	–	–	예약됨
19	MON_REQ	R/W	0	디버그 모니터가 하드웨어 디버그 이벤트보다는 수동적 펜딩 요청에 의해 야기되었다는 것을 가리킨다.
18	MON_STEP	R/W	0	프로세서 단일 스테핑. MON_EN이 1로 설정될 때만 유효하다.
17	MON_PEND	R/W	0	모니터 익셉션 요청을 펜딩한다. 우선순위가 허용한다면, 코어는 모니터 익셉션에 진입할 것이다.
16	MON_EN	R/W	0	디버그 모니터 익셉션을 활성화한다.
15:11	Reserved	–	–	예약됨
10	VC_HARDERR	R/W	0*	하드 결함에 대한 디버그 트랩
9	VC_INTERR	R/W	0*	인터럽트/익셉션 서비스 오류에 대한 디버그 트랩
8	VC_BUSERR	R/W	0*	버스 결함에 대한 디버그 트랩
7	VC_STATERR	R/W	0*	사용 결함 상태 오류에 대한 디버그 트랩
6	VC_CHKERR	R/W	0*	사용 결함 활성 확인 오류(예를 들어, 비정렬, 0으로 나눗셈)에 대한 디버그 트랩
5	VC_NOCPERR	R/W	0*	코프로세서 오류가 아닌 사용자 결함에 대한 디버그 트랩
4	VC_MMERR	R/W	0*	메모리 관리 결함에 대한 디버그 트랩
3:1	Reserved	–	–	예약됨
0	VC_CORERESET	R/W	0*	코어 리셋에 대한 디버그 트랩

* DHCSR의 제어 비트는 파워-온-리셋에 의해 리셋된다. 시스템 리셋(예를 들어, NVIC의 어플리케이션 인터럽트 및 리셋 제어 레지스터에 의해)은 디버그 제어를 리셋할 수 없다.

NVIC의 디버그 익셉션 및 모니터 제어 레지스터가 디버그 동작을 제어하기 위해 사용된다(표 15.2 참고). 디버그 모니터 제어 비트 외에, 디버그 익셉션 및 모니터 제어 레지스터는 트레이스 시스템 활성화 비트(TRCENA)와 많은 벡터 캐치(VC) 제어 비트를 포함하고 있다. VC 특징은 중단 모드 디버깅에서만 사용된다. 결함(또는 코어 리셋)이 발생되고, 그에 상응하는 VC 제어 비트가 1로 설정될 때, 중단 요청이 발생될 것이며, 코어는 현재 명령어가 끝나자마자 중단될 것이다.

• DEMCR의 TRCENA 제어 비트와 VC 제어 비트는 파워-온-리셋에 의해 리셋된다. 시스템 리셋은 이 비트들을 리셋하지 않는다. 하지만, 모니터 모드 디버그를 위한 제어 비트는 시스템 리셋이나 파워-온-리셋에 의해 리셋된다.

디버깅 이벤트

Cortex-M3는 여러 가지 가능한 이유로, 디버그 모드(중단 및 디버그 모니터 익셉션 모두)에 진입할 수 있다. 중단 모드 디버깅을 위해서, 그림 15.4에서와 같은 유사한 상황이 발생하면, 프로세서는 중단 모드에 진입할 것이다.

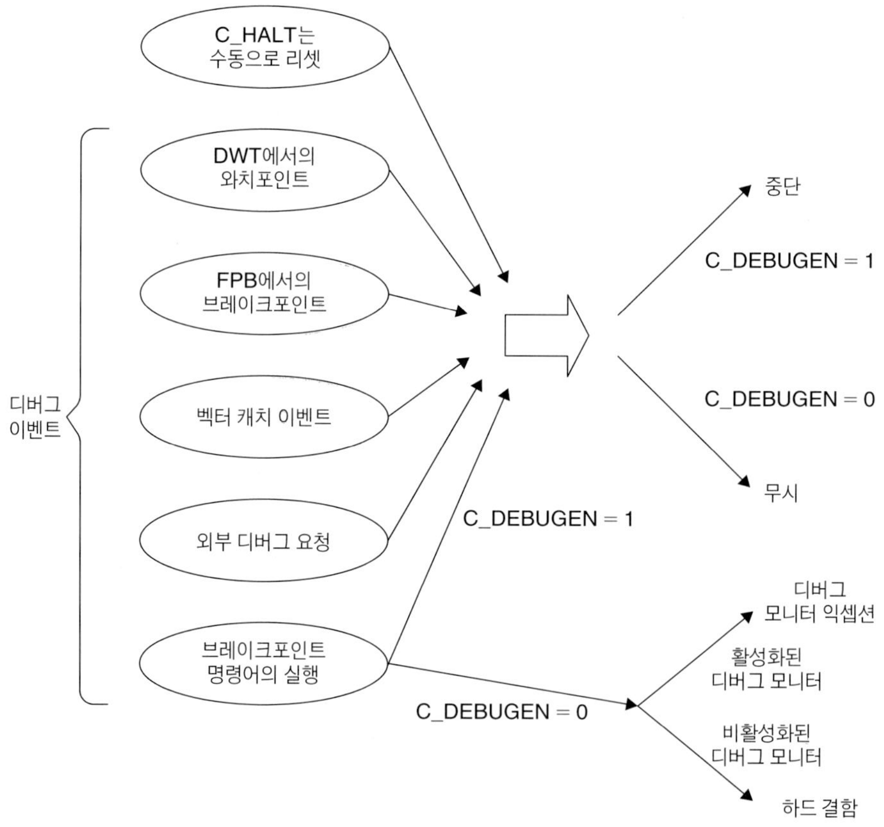

그림 15.4 중단 모드 디버깅을 위한 디버깅 이벤트

외부 디버그 요청은 Cortex-M3 프로세서의 EDBGREQ라고 불리는 신호에서 온다. 이 신호의 실제 연결은 SoC 설계에 따라서 다르다. 어떤 경우 이 신호는 로우(low)에 묶여서 실제로 절대로 발생하지 못한다. 하지만, 이것은 추가적인 디버그 컴포넌트들(칩 제조사는 추가적인 디버그 컴포넌트들은 SoC에 추가할 수 있다)을 통해 디버그 이벤트를 받아들일 수 있도록 연결되거나, 멀티프로세서 시스템인 경우 또 다른 프로세서로부터 디버그 이벤트에 링크될 수 있다.

디버깅이 완료되면, C_HALT 비트가 0으로 클리어됨으로써 본래 프로그램이 다시 실행된다. 유사하게 디버그 모니터 익셉션을 가지고 디버깅하는 경우, 많은 디버그 이벤트가 디버그 모니터를 발생시킨다(그림 15.5 참고).

디버그 모니터에 대해, 그 동작은 중단 모드 디버깅과는 약간 다르다. 이것은 디버그 모니터 익셉션이 익셉션의 한 종류이며, 또 다른 익셉션이 실행되고 있다면, 현재 우선순위에 영향을 받을 수 있기 때문이다.

디버깅이 완료되면, 익셉션 리턴을 수행함으로써 본래 프로그램이 다시 실행된다.

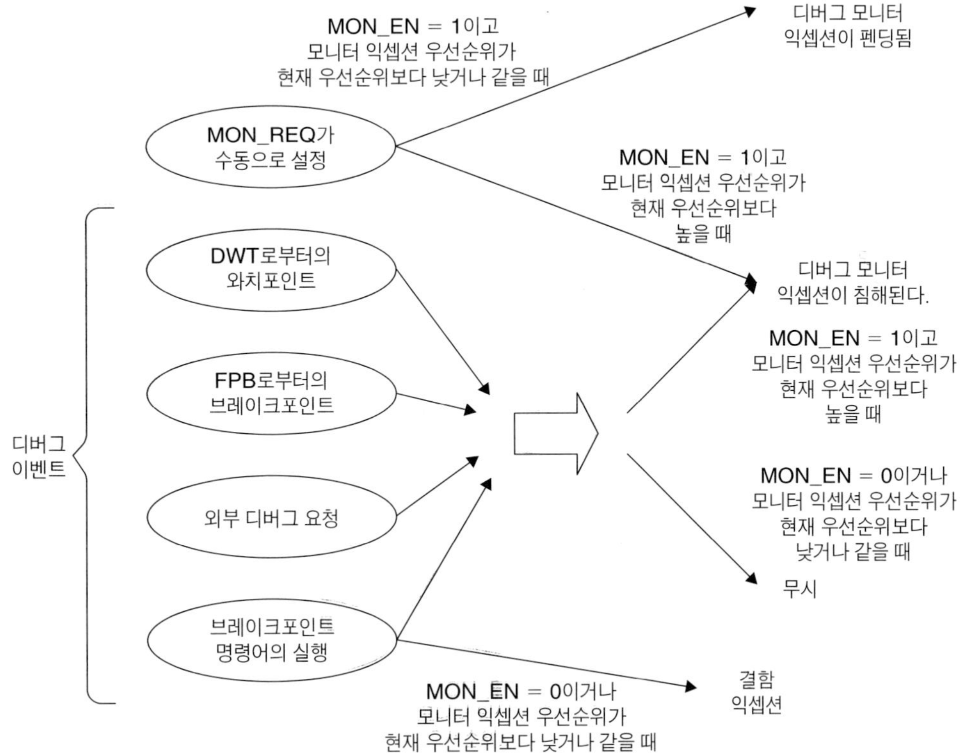

그림 15.5 디버그 모니터 익셉션을 위한 디버깅 이벤트

Cortex-M3 에서의 브레이크포인트

대부분의 마이크로컨트롤러에서 가장 보편적으로 사용되는 디버그 특징 중 하나는 브레이크포인트이다. Cortex-M3 에서는 두 가지 종류의 브레이크포인트 메커니즘이 지원된다.

- 브레이크포인트 명령어
- FPB 에서 주소 비교기를 사용하는 브레이크포인트

브레이크포인트 명령어(*BKPT immed8*)는 0xBExx를 엔코딩하는 16 비트 Thumb 명령어이다. 하위 8 비트는 명령어 다음에 오는 상수 데이터에 의존적이다. 이 명령어가 실행될 때, 그것은 디버그 이벤트를 발생시키며, C_DBGEN이 1로 설정되어 있을 때 프로세서 코어를 중단하기 위해 사용될 수 있고, 디버그 모니터가 활성화되어 있는 경우 디버그 모니터 익셉션을 트리거하기 위해 사용될 수 있다. 디버그 모니터는 우선순위를 프로그래밍할 수 있는 익셉션의 한 종류이기 때문에, 쓰레드 또는 그 자체보다 더 낮은 우선순위를 갖는 익셉션 핸들러에서만 사용될 수 있다. 결과적으로 디버그 모니터가 디버깅을 위해 사용된다면, BKPT 명령어는 하드 결함 또는 NMI와 같은 익셉션 핸들러에서 사용되어서는 안 되며, 디버그 모니터가 펜딩되고 익셉션 핸들러가 완료된 후 실행된다.

디버그 모니터 익셉션이 리턴될 때, BKPT 명령어 다음의 주소가 아닌 BKPT 명령어의 주소가 리턴된다. 이것은 브레이크포인트 명령어들의 일반적인 사용 안에서, BKPT는 보통의 명령어로 대체되기 위해 사용되며, 브레이크포인트가 발생하고 디버그 동작이 수행될 때, 명령어 메모리는 본래의 명령어를 복원하고 명령어 메모리의 나머지는 영향을 받지 않기 때문이다.

BKPT 명령어는 C_DEBUGEN＝0이고 MON_EN＝0인 상태에서 실행되면, 프로세서가 하드 결함 익셉션에 진입하게 될 것이다. 여기서 하드 결함 상태 레지스터(HFSR)의 DEBUGEVT는 1로 설정되고, 디버그 결함 상태 레지스터(DFSR)의 BKPT 또한 1로 설정된다.

FPB 장치는 프로그램 메모리가 변경될 수 없을 때조차 브레이크포인트 이벤트를 생성하기 위해 프로그래밍될 수 있다. 하지만 그것은 6개의 명령어 주소와 2개의 리터럴 주소로 제한된다. FPB에 대한 더 많은 정보는 다음 장에서 다룰 것이다.

디버그 상태에서 레지스터 내용에 접근하기

디버그 기능을 제공하기 위해 NVIC 안에는 두 개 이상의 레지스터가 포함되어 있다. 그것은 바로 디버그 코어 레지스터 선택 레지스터(DCRSR)와 디버그 코어 레지스터 데이터 레지스터(DCRDR)이다(표 15.3과 15.4 참고). 이 두 레지스터들은 디버거가 프

표 15.3 디버그 코어 레지스터 선택 레지스터(0xE000EDF4)

비트	이름	종류	리셋값	설명
16	REGWnR	W	–	데이터 전송 방향 쓰기 = 1, 읽기 = 0
15:5	Reserved	–	–	–
4:0	REGSEL	W	–	접근될 레지스터 00000 = R0 00001 = R1 ... 01111 = R15 10000 = xPSR/플래그 10001 = MSP(메인 스택 포인터) 10010 = PSP(프로세스 스택 포인터) 10100 = 특별한 레지스터 [31:24] 제어 [23:16] FAULTMASK [15:8] BASEPRI [7:0] PRIMASK 다른 값들은 예약되어 있음

표 15.4 디버그 코어 레지스터 데이터 레지스터(0xE000EDF8)

비트	이름	종류	리셋값	설명
31:0	Data	R/W	–	데이터를 선택된 레지스터에 쓰거나 레지스터가 읽은 값을 유지하는 데이터 레지스터

로세서의 레지스터들로 접근할 수 있게 해준다. 레지스터로의 접근은 프로세서가 중단되었을 경우에만 사용될 수 있다.

레지스터 내용을 읽기 위해서 이 레지스터들을 사용하려면, 다음과 같은 과정을 따라야 한다.

1. 프로세서가 중단되었는지를 확인한다.
2. 읽기 동작을 수행하고 있다는 것을 가리키기 위해 DCRSR의 비트 16에 0을 쓴다.
3. DHCSR(0xE000EDF0) 안에 있는 S_REGRDY가 1이 될 때까지 폴링을 유지한다.
4. 레지스터 내용을 얻기 위해 DCRSR을 읽는다.

레지스터에 쓰기를 하기 위해서 유사한 동작이 요구된다.

1. 프로세서가 중단되었는지를 확인한다.
2. 데이터값을 DCRDR에 쓴다.
3. 쓰기 동작인 경우, DCRSR의 비트 16에 1을 쓴다.
4. DHCSR(0xE000EDF0)의 S_REGRDY 비트가 1이 될 때까지 폴링을 유지한다.

중단 모드 디버그 중에 DCRSR과 DCRDR 레지스터는 레지스터값들을 전송만 할 수 있다. 디버그 모니터 핸들러를 사용하여 디버깅하면서, 스택 메모리에서 어떤 레지스터들의 내용에 접근할 수 있다. 다른 레지스터들은 모니터 익셉션 핸들러 내에서 직접 접근할 수 있다.

적절한 함수 라이브러리와 디버깅 지원이 가능하다면, DCRDR은 세미호스팅을 위해 사용될 수 있다. 예를 들어, 어플리케이션이 *printf* 구문을 실행할 때, 많은 *putc*(put character) 함수 호출에 의해 문자 출력이 생성될 수 있다. *putc* 함수 호출은 출력문자와 DCRDR의 상태를 저장하고 디버그 모드를 트리거하는 함수로 구현될 수 있다. 디버거는 코어 중단을 감지하고 디스플레이를 위해 출력문자를 수집할 수 있다. 하지만, 이 동작은 코어가 중단될 것을 요구한다. 반면에 ITM을 사용하는 경우, 세미호스팅 솔루션은 이러한 제한을 갖지 않는다.

다른 코어 디버깅 특징

NVIC는 디버깅을 위한 많은 다른 특징들을 포함하고 있다. 이 특징들은 다음과 같은 것들을 포함하고 있다.

- 외부 디버그 요청 신호: NVIC는 Cortex-M3 프로세서가 멀티프로세서 시스템에서 다른 프로세서의 디버그 상태와 같은 외부 이벤트를 통해 디버그 모드에 진입할 수 있도록 외부의 디버그 요청 신호를 제공한다. 이러한 특징은 멀티프로세서 시스템을 디버깅하기 위해 매우 유용하다. 간단한 마이크로컨트롤러에서 이러한 신호는 로우로 묶일 수 있다.
- 디버그 결함 상태 레지스터: Cortex-M3에서 사용 가능한 다양한 디버그 이벤트 때문에, 디버거가 어떤 디버그 이벤트를 발생시킬지 결정하기 위해 DFSR이 사용 가능하다.
- 리셋 제어: 디버깅을 하는 동안, 프로세서 코어는 NVIC 어플리케이션 인터럽트 및 리셋 제어 레지스터(0xE000ED0C)의 VECTRESET 제어 비트를 사용하여 재시작할 수 있다. 이러한 리셋 제어를 사용하여, 프로세서는 시스템 안에 있는 디버그 컴포넌트들의 영향을 받지 않고 리셋될 수 있다.
- 인터럽트 마스킹: 이 특징은 스테핑을 하는 동안에 매우 유용하다. 예를 들어, 스테핑을 하는 동안 어플리케이션은 디버깅해야 하지만, 코드가 인터럽트 서비스 루틴에 진입하지 않도록 하고 싶은 경우, 인터럽트 요청을 마스킹할 수 있다. 이것은 디버그 중단 제어 및 상태 레지스터(0xE000EDF0)의 C_MASKINTS를 1로 설정함으로써 수행된다.
- 중단된 버스 전송 종료: 만약 버스 전송이 오랜 시간 동안 멈추어 있다면, NVIC 제어 레지스터에 의해 중단된 전송을 종료하는 것이 가능하다. 이것은 디버그 중단 제어 및 상태 레지스터(0xE000EDF0)의 C_SNAPSTALL 비트를 1로 설정함으로써 수행된다. 이 특징은 중단된 동안에 오로지 디버거에 의해서만 사용될 수 있다.

Chapter 16

디버깅 컴포넌트

이 장의 내용

- 소개
- 트레이스 컴포넌트: 데이터 와치포인트와 트레이스
- 트레이스 컴포넌트: 인스트루먼트 트레이스 매크로셀
- 트레이스 컴포넌트: 임베디드 트레이스 매크로셀
- 트레이스 컴포넌트: 트레이스 포트 인터페이스 장치
- 플래시 패치 및 브레이크포인트 장치
- AHB 접근 포트
- ROM 테이블

소개

Cortex-M3 프로세서는 브레이크포인트, 와치포인트, 플래시 패치, 트레이스와 같은 디버깅 특징을 제공하기 위해 사용되는 많은 디버깅 컴포넌트들을 가지고 있다. 만약 여러분이 어플리케이션 개발자라면, 이러한 디버깅 컴포넌트들에 대한 상세한 것들을 알 필요가 없을 수도 있다. 왜냐하면, 그것들은 보통 디버거 툴에 의해서만 사용되기 때문이다. 기회가 있을 것이다. 이 장은 각각의 디버깅 컴포넌트의 기본에 대해 소개할 것이다. 만약 실제 프로그래머 모델과 같은 것들에 대해 보다 상세한 사항이 알고 싶다면, *Cortex-M3 Technical Reference Manual* (Ref1)을 참고하기 바란다.

FPB와 같은 모든 디버그 트레이스 컴포넌트들은 Cortex-M3 전용 주변장치 버스(PPB)를 통해 프로그래밍될 수 있다. 대부분의 경우, 이 컴포넌트들은 오직 디버깅 호스트에 의해서만 프로그래밍될 것이다. (ITM 안에 있는 자극 포트 레지스터를 제외하고는) 어플리케이션이 디버그 컴포넌트들에게 접근하고자 하는 것은 권장되지 않는다. 왜냐하면, 이것은 디버거의 동작과 인터페이스될 수 있기 때문이다.

Cortex-M3에서의 트레이스 시스템

Cortex-M3 트레이스 시스템은 CoreSight 아키텍처를 기반으로 한다. 트레이스 결과는 패킷의 형태로 생성되는데, 이것은 다양한 길이(바이트 수의 단위로)가 될 수 있다. 트레이스 컴포넌트들은 진보된 트레이스 버스(ATB)를 사용하여 트레이스 포트 인터페이스 장치(TPIU)로 패킷들을 전송한다. TPIU는 패킷들을 트레이스 인터페이스 프로토콜로 규격화한다. 그런 다음 데이터는 트레이스 포트 분석기(TPA)와 같은 외부 트레이스 캡처 장치에 의해 캡처된다.

표준 Cortex-M3 프로세서에는 ETM, ITM, DWT의 세 가지 트레이스 소스가 있다. Cortex-M3에서 ETM은 옵션이기 때문에, 어떤 Cortex-M3 제품에는 명령어 트레이스 기능을 가지고 있지 않다는 점을 기억해 두자. 동작중에, 각 트레이스 소스는 7비트 ID값(ATID)으로 할당되는데, 이것은 패킷들이 디버그 호스트에 도달하였을 때, 여러 트레이스 스트림으로 분리될 수 있도록 ATB에 통합되는 과정에서 트레이스 패킷을 따라 전송된다.

많은 다른 표준 CoreSight 컴포넌트와는 달리, Cortex-M3 프로세서에서의 디버그 컴

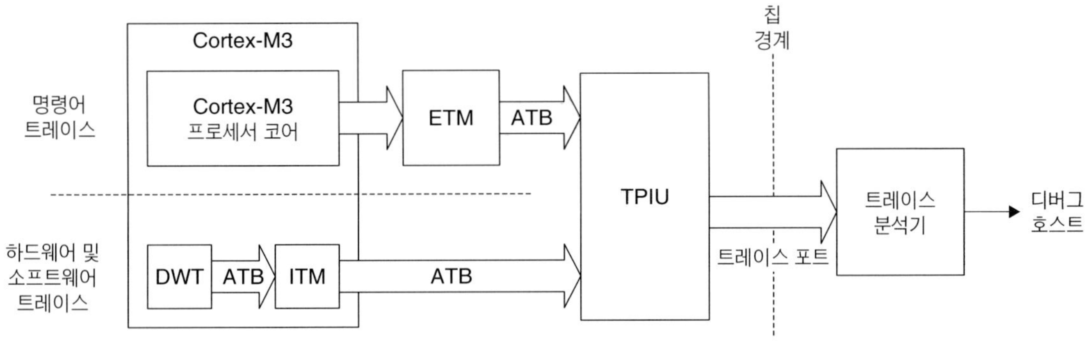

그림 16.1 Cortex-M3 트레이스 시스템

포넌트들은 ATB 스트림을 통합하는 기능을 포함하고 있다. 반면에 표준 CoreSight 시스템에서는 *ATB Funnel*이라고 불리는 ATB 패킷 통합기가 분리된 블록으로 있다.

트레이스 시스템을 사용하기 전에, 디버그 익셉션 및 모니터 제어 레지스터(DEMCR) 안에 있는 트레이스 활성화(TRCENA) 비트는 1로 설정되어야 한다(표 15.2 또는 D.37 참고). 그렇지 않으면 트레이스 시스템이 비활성화될 것이다. 트레이스를 필요로 하지 않는 일반 동작에서, TRCENA 비트를 0으로 클리어하는 것은 트레이스 로직의 일부를 비활성화시켜 전력 소모를 줄일 수 있다.

트레이스 컴포넌트: 데이터 와치포인트 및 트레이스

DWT는 많은 디버깅 특징들을 가지고 있다.

1. 그것은 네 개의 비교기를 갖는데, 각각은 다음과 같이 설정될 수 있다.

- 하드웨어 와치포인트(중단 및 디버그 모니터와 같은 디버그 모드는 침해하기 위해 프로세서에 와치 이벤트를 생성한다)
- ETM 트리거(ETM이 명령어 트레이스 스트림 안에 트리거 패킷을 내보낼 수 있게 한다)
- PC 샘플러 이벤트 트리거
- 데이터 주소 샘플러 트리거
- 첫 번째 비교기는 데이터 주소를 비교하는 것 대신 클럭 사이클 카운터(CYCCNT)에 비교하기 위해 사용될 수 있다.

2. 카운팅을 위한 카운터는 다음과 같다.
- 클럭 사이클(CYCCNT)
- 저장된 명령어
- 로드 스토어 장치(LSU) 동작
- 슬립 사이클
- 명령어당 사이클(CPI)
- 인터럽트 오버헤드

3. 규칙적인 구간에 PC 샘플링

4. 인터럽트 이벤트 트레이스

하드웨어 와치포인트 또는 ETM 트리거로 사용될 때, 비교기는 데이터 주소 또는 프로그램 카운터를 비교하기 위해 프로그래밍될 수 있다. 다른 기능으로 프로그래밍될 때, 그것은 데이터 주소를 비교한다.

비교기 각각은 다음의 세 가지 레지스터를 갖는다.

- COMP(비교) 레지스터
- MASK 레지스터
- FUNCTION 제어 레지스터

COMP 레지스터는 데이터 주소(또는 프로그램 카운터값 또는 CYCCNT)가 비교하는 32비트 레지스터이다. MASK 레지스터는 데이터 주소 안에 있는 어떤 비트가 비교하는 동안 무시될 것인가를 결정한다(표 16.1 참고).

표 16.1 DWT 마스크 레지스터의 엔코딩

마스크	무시되는 비트
0	모든 비트가 비교됨
1	비트[0]이 무시됨
2	비트[1:0]이 무시됨
3	비트[2:0]이 무시됨
…	…
15	비트[14:0]이 무시됨

비교기의 FUNCTION 레지스터는 그 기능을 결정한다. 예기치 못한 동작을 피하기 위해 MASK 레지스터와 COMP 레지스터는 이 레지스터가 1로 설정되기 전에 프로그래밍되어야 한다. 만약 비교기의 기능이 변경되어야 한다면, FUNCTION을 0(비활성화)으로 설정함으로써 비교기를 비활성화해야 한다. 그런 다음 MASK와 COMP 레지스터들을 프로그래밍하고, 마지막 단계에서 FUNCTION 레지스터를 활성화해야 한다.

DWT 카운터의 나머지는 보통 어플리케이션 코드를 프로파일링하기 위해 사용된다. 그것들은 카운터가 오버플로우되었을 때, (트레이스 패킷의 형태로) 이벤트를 내보내도록 프로그래밍될 수 있다. 전형적인 어플리케이션으로는 벤치마킹의 목적으로 특정한 태스크를 위해 요구되는 클럭 사이클의 수를 카운팅하기 위해 CYCCNT 레지스터를 사용하는 것이다.

DWT가 사용되기 전에 DEMCR 안에 있는 TRCENA 비트를 1로 설정해야 한다. DWT가 트레이스를 생성하기 위해 사용된다면, ITM 제어 레지스터 안에 있는 DWTEN 비트 또한 활성화되어야 한다.

트레이스 컴포넌트: 인스트루먼트 트레이스 매크로셀

ITM은 다음의 기능들을 가지고 있다.

- 소프트웨어는 ITM 자극 포트에 콘솔 메시지를 직접 쓰고, 그것들을 트레이스 데이터로 출력할 수 있다.
- DWT는 트레이스 패킷을 생성하고 ITM을 통해 그것들을 출력할 수 있다.
- ITM은 디버거가 이벤트의 타이밍을 알 수 있도록 트레이스 스트림에 삽입되는 타임스탬프 패킷을 생성할 수 있다.

ITM은 데이터를 출력하기 위한 트레이스 포트를 사용하기 때문에, 마이크로컨트롤러나 SoC가 TPIU 지원을 하지 않는다면, 트레이스된 정보는 출력될 수 없다. 그러므로, 만약 마이크로컨트롤러나 SoC가 ITM을 사용하기 전에 요구된 모든 특징들을 가지고 있는지를 확인할 필요가 있다. 최악의 경우 이러한 특징들을 사용할 수 없다면, 콘솔 메시지를 출력하기 위해서 NVIC 디버그 레지스터나 UART를 사용할 수 있다.

ITM을 사용하기 위해서는 DEMCR 안에 있는 TRCENA 비트가 1로 설정되어야 한다. 그렇지 않으면, ITM은 비활성화되고 ITM 레지스터에는 접근될 수 없다.

또한 ITM 안에는 락 레지스터가 있다. ITM에 프로그래밍을 하기 전에 이 레지스터에 접근키 0xC5ACCE55(CoreSight ACCESS)를 써야 한다. 그렇지 않으면, ITM에 대한 모든 쓰기 동작이 무시된다.

마지막으로, ITM 그 자체는 각 특징의 활성화를 제어하기 위한 또 다른 제어 레지스터이다. 제어 레지스터는 또한 ATID 영역도 포함하고 있는데, 이것은 ATB 안에 있는 ITM을 위한 ID값이다. 이 ID값은 트레이스 패킷을 받는 디버그 호스트가 ITM의 트레이스 패킷과 다른 트레이스 패킷을 분리할 수 있도록 다른 트레이스 소스를 위한 ID와는 다른 독특한 값이어야 한다.

ITM에서의 소프트웨어 트레이스

ITM의 주 사용처 중 하나는 디버그 메시지 출력(*printf*와 같은)을 지원하는 것이다. ITM은 32개의 자극 포트를 포함하고 있는데, 이것은 다른 소프트웨어 프로세스가 다른 포트들로 출력할 수 있게 해주며, 메시지는 나중에 디버그 호스트에서 분리될 수 있다. 각 포트는 트레이스 활성화 레지스터에 의해 활성화되거나 비활성화될 수 있으며, 사용자 프로세스가 거기에 값을 쓸 수 있을지를 프로그래밍(8개의 포트 그룹으로) 할 수 있다.

UART 기반의 문자 출력과는 달리, 출력을 위해 ITM을 사용하는 것은 어플리케이션에게 그다지 큰 지연을 야기하지는 않는다. FIFO 버퍼가 ITM 내부에서 사용되기 때문에, 출력 메시지를 쓰는 것은 버퍼링될 수 있다. 하지만 거기에 값을 쓰기 전에, FIFO가 채워져 있는지 아닌지를 확인할 필요가 있다.

출력 메시지는 트레이스 포트 인터페이스 또는 TPIU 상의 시리얼-와이어 인터페이스(SWV)에서 수집될 수 있다. TRCENA 제어 비트가 0이면, ITM은 비활성화되고, 디버그 메시지가 출력되지 않을 것이기 때문에, 마지막 코드에서 디버그 메시지를 생성하는 코드를 제거할 필요는 없다. 메시지의 일부만 출력하도록 어떤 포트를 활성화할지를 제한하기 위해, '실제' 시스템에서의 출력 메시지를 전환하고, ITM 안에 있는 트레이스 활성화 레지스터를 사용할 수 있다.

ITM과 DWT에서의 하드웨어 트레이스

ITM은 하드웨어 트레이스 패킷의 출력에서 사용된다. 패킷들은 DWT에서 생성되며,

ITM은 트레이스 패킷 통합장치로 동작한다. DWT 트레이스를 사용하기 위해서는 ITM 제어 레지스터 안에 DWTEN 비트를 활성화해야 한다. DWT 트레이스 설정의 나머지도 DWT에서 프로그래밍되어야 한다.

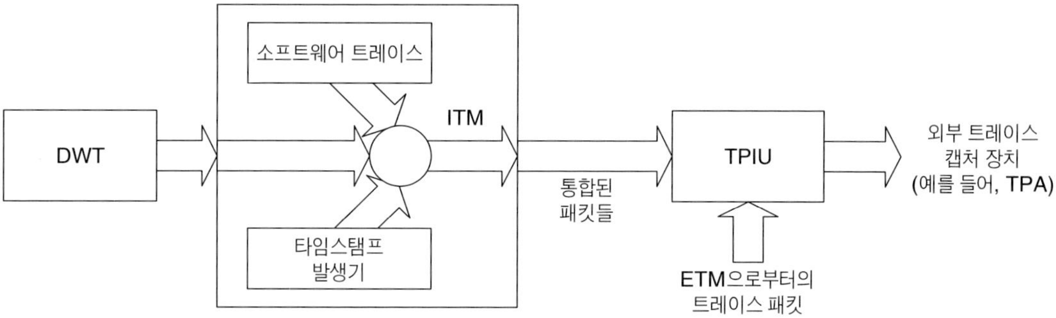

그림 16.2 ITM과 TPIU상의 트레이스 패킷 통합하기

ITM 타임스탬프

ITM은 새로운 트레이스 패킷이 ITM 내부의 FIFO에 들어갈 때, 델타 타임스탬프 패킷을 트레이스에 삽입함으로써 트레이스 캡처 툴이 타이밍 정보를 확인할 수 있도록 해주는 타임스탬프 특징을 가지고 있다.

타임스탬프 패킷은 이전 이벤트와의 시간 차이(델타)를 제공한다. 델타 타임스탬프 패킷을 사용한다면, 트레이스 캡처 툴은 각 패킷이 언제 생성될지 그 타이밍을 규정하고, 그런 다음 다양한 디버그 이벤트의 타이밍을 재설정할 수 있다.

트레이스 컴포넌트: 임베디드 트레이스 매크로셀

ETM 블록은 명령어 트레이스를 제공하기 위해 사용된다. 그것은 옵션 사항이며, 어떤 Cortex-M3 제품에서는 사용하지 못할 수도 있다. 그것이 활성화되어 있고 트레이스 동작이 시작하면, 그것은 트레이스 패킷을 생성한다. 캡처될 트레이스 스트림을 위한 충분한 시간을 허락하기 위해 ETM 안에 FIFO 버퍼를 제공한다.

ETM에 의해 생성되는 데이터의 양을 줄이기 위해, 프로세서가 도달하고 실행되는 정확한 주소를 출력하는 것이 항상 가능한 것은 아니다. 보통은 프로그램 흐름에 대한 정보를 출력하고, 필요하다면 전체 주소만을 출력한다(예를 들어, 분기가 발생하는 경우). 디버깅 호스트는 바이너리 이미지의 복사본을 가지고 있기 때문에, 프로세서가 수행되는 명령어 과정을 재조정할 수 있다.

ETM은 DWT와 같은 다른 디버깅 컴포넌트들과 항상 상호작용을 한다. DWT 안에 있는 비교기들은 ETM 안에서 트리거 이벤트를 발생시키거나 트레이스 시작/정지를 제어하기 위해 사용될 수 있다.

전통적인 ARM 프로세서 안에 있는 ETM과는 달리, Cortex-M3 ETM은 그 자신의 주소 비교기를 가지고 있지 않다. 왜냐하면 DWT는 ETM을 위한 비교를 수행할 수 있기 때문이다. 게다가 데이터 트레이스 기능이 DWT에 의해 수행되기 때문에, Cortex-M3에서의 ETM 설계는 다른 ARM 코어를 위한 전통적인 ETM과는 상당히 다르다.

1. 디버그 익셉션 및 모니터 제어 레지스터(DEMCR) 안에 있는 TRCENA 비트는 1로 설정되어야 한다(표 15.2 또는 D.37 참고).
2. ETM은 제어 레지스터가 프로그래밍될 수 있도록 언락되어 있어야 한다. 이것은 ETM LOCK_ACCESS 레지스터로 0xC5ACCE55 값을 씀으로써 수행된다.
3. ATB ID 레지스터(ATID)는 TPIU를 통해 트레이스 패킷 출력이 다른 트레이스 소스로부터 발생한 패킷들과 분리될 수 있도록 독특한 값으로 프로그래밍되어야 한다.
4. ETM의 NIDEN 입력신호는 하이로 설정되어야 한다. 이 신호의 구현은 소장에 특화되어 있다. 보다 상세한 사항을 알고 싶다면 칩 제조사의 데이터시트를 참고하도록 하자.
5. 트레이스 생성을 위한 ETM 제어 레지스터를 프로그래밍한다.

트레이스 컴포넌트: 트레이스 포트 인터페이스 장치

TPIU는 ITM, DWT, ETM에서 외부 캡처 장치(예를 들어, 트레이스 포트 분석기)로 트레이스 패킷을 출력하기 위해 사용된다. Cortex-M3 TPIU는 두 가지 출력 모드를 지원한다.

- 클럭 모드, 4비트 병렬 데이터 출력 포트를 사용

- 시리얼-와이어 뷰어(SWV) 모드, 단일 비트 SWV 출력 사용[1]

클럭 모드에서는 데이터 출력 포트에서 사용되는 실제 비트 수가 다른 크기로 프로그래밍될 수 있다. 이것은 어플리케이션 안에 있는 트레이스 출력을 위해 사용 가능한 신호 핀 수뿐만 아니라 칩 패키지에 의존적이다. 칩에 의해 지원되는 최대 트레이스 포트 크기는 TPIU 안에 있는 레지스터들 중 하나에 의해 결정될 수 있다. 또한 트레이스 데이터 출력의 속도도 프로그래밍될 수 있다.

SWV 모드에서 SWV 프로토콜이 사용된다. 이것은 출력신호의 수를 줄여주지만, 트레이스 출력을 위한 최대 대역폭도 줄여줄 수 있다.

TPIU를 사용하기 위해서는 DEMCR 안에 있는 TRCENA 비트가 1로 설정되어야 하며, 프로토콜 (모드) 선택 레지스터와 트레이스 포트 크기 제어 레지스터가 트레이스 캡처 소프트웨어에 의해 프로그래밍되어야 한다.

플래시 패치 및 브레이크포인트 장치

FPB는 두 가지 기능을 갖는다.

- 하드웨어 브레이크포인트(중단 또는 디버그 모니터와 같은 디버그 모드에 침입하기 위해 프로세서에 브레이크포인트 이벤트를 발생한다)
- 패치 명령어 또는 코드 메모리 공간에서 SRAM으로의 문자 데이터

FPB는 8개의 비교기를 포함하고 있다.

- 6개의 명령어 비교기
- 2개의 문자 비교기

문자 로드란 무엇인가?

어셈블리어로 프로그래밍을 할 때, 레지스터 안에 상수 데이터값을 설정해야 하는 경우가 있다. 상수 데이터값이 매우 클 때, 이 동작을 하나의 명령어 공간에 채워 넣기는 어렵다. 예를 들어,

[1] Cortex-M3 버전 0을 기반으로 한 Cortex-M3 제품의 초기 버전에서는 지원되지 않는다.

```
LDR  R0, =0xE000E400           ; 외부 인터럽트 우선순위 레지스터 시작 주소
```

어떤 명령어도 32비트의 상수값 공간을 가질 수 없기 때문에, 보통은 프로그램 코드 뒤의 다른 메모리 공간에 이 상수 데이터를 넣었다가, 그 상수값을 레지스터로 읽어들이기 위해 PC 상대 로드 명령어를 사용한다. 즉, 컴파일된 바이너리 코드 안에서 얻을 수 있는 값은 다음과 같은 모습이 될 것이다.

```
LDR  R0, [PC, #<immed_8>*4]    ; immed_8=(문자값의 주소-PC)/4
...
; 문자 풀
...
DCD  0xE000E400
...
```

또는 Thumb-2 명령어를 사용하는 경우,

```
LDR.W  R0, [PC, #+/- <offset_12>]       ; offset_12 = 문자값의 주소-PC
...
; 문자 풀
...
DCD    0xE000E400
...
```

코드에서 하나 이상의 문자값을 사용하는 것을 선호하기 때문에, 어셈블러 또는 컴파일러는 보통 문자 데이터 블록을 생성하는데, 이것을 가리켜서 문자 풀이라고 부른다.

Cortex-M3에서 문자 로드란 데이터 버스(메모리 위치에 의존적인 D-코드 버스 또는 시스템 버스) 상에서 수행되는 데이터 읽기 동작을 말한다.

FPB는 FPB를 활성화하기 위한 활성화 비트를 포함하고 있는 플래시 패치 제어 레지스터를 갖는다. 또한, 각 비교기는 비교기 제어 레지스터 안에 분리된 활성화 비트를 가지고 있다. 이 활성화 비트 모두는 비교기가 동작할 수 있도록 1로 설정되어야 한다.

비교기는 코드(Code) 공간에서 SRAM 메모리 영역으로 주소를 재배치하도록 프로그래밍될 수 있다. 이 기능을 사용할 때, 재배치된 내용의 베이스 주소를 제공하기 위해 REMAP 레지스터가 프로그래밍되어야 한다. REMAP 레지스터의 상위 3비트(비트 [31:29])는 3'b001에 하드웨어적으로 연결되는데, 이것은 0x20000000에서

0x3FFFFF80 내의 리맵 베이스 주소 위치로 제한되며, 이 주소 영역은 항상 SRAM 메모리 영역 내에 있어야 한다.

명령어 주소 또는 문자 주소가 비교기에 의해 정의된 주소를 만족시킬 때, 읽기 접근은 REMAP 레지스터가 가리키는 테이블로 리맵된다.

리맵 기능을 사용하면, 원래 명령어 또는 문자값이 다른 값으로 대체되는 어떤 상황이 발생할 수 있다. 심지어 프로그램 코드가 ROM 또는 플래시 메모리 안에 있을 때에도 이런 상황이 발생한다. 한 예로, 테스트 프로그램 또는 서브루틴으로의 분기가 이루어지도록 하기 위해, 코드 영역 안에 있는 프로그램 ROM을 패치함으로써 SRAM 영역 안에 있는 프로그램이나 서브루틴을 실행하게 한다. 이것은 ROM 기반의 장치를 디버깅하는 것을 가능하게 한다.

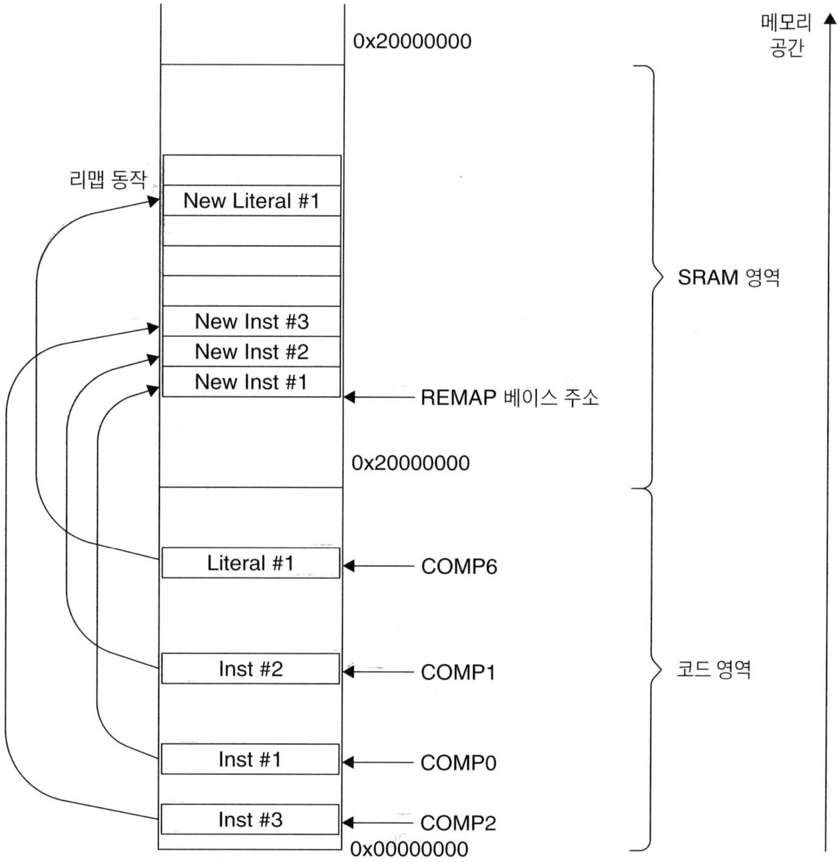

그림 16.3 플래시 패치: 명령어 및 문자 읽기의 리맵

대안으로는 브레이크포인트를 생성하고 중단 모드 디버그 익셉션 또는 디버그 모니터 익셉션을 침해하기 위해 6개의 명령어 주소 비교기들이 사용될 수 있다.

AHB 접근 포트

AHB-AP는 디버그 인터페이스 모듈(SWJ-DP 또는 SW-DP)과 Cortex-M3 메모리 시스템 사이에서 다리 역할을 한다. 디버그 호스트와 Cortex-M3 시스템 사이에서의 가장 기본적인 데이터 전송을 위해 AHB-AP 안에 있는 세 가지 레지스터들이 사용된다.

- 제어 및 상태 워드(CSW)
- 전송 주소 레지스터(TAR)
- 데이터 읽기/쓰기(DRW)

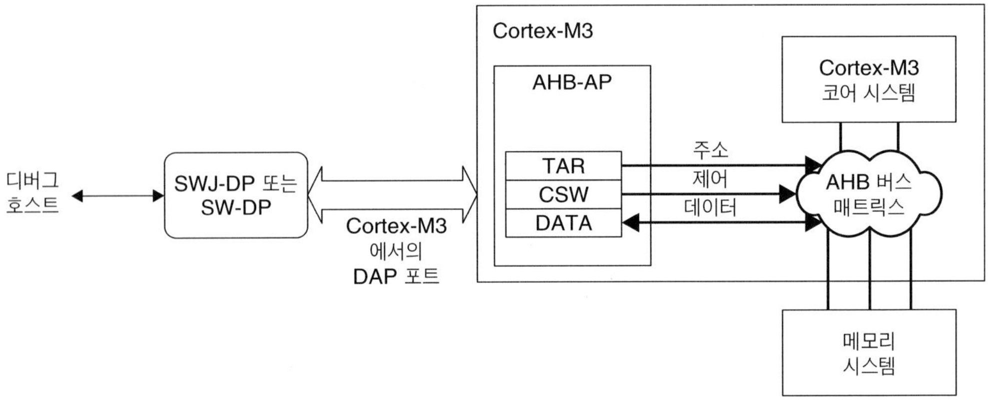

그림 16.4 Cortex-M3에서의 AHB-AP의 연결

CSW 레지스터는 전송 방향(읽기/쓰기), 전송 크기, 전송 유형 등을 제어할 수 있다. TAR 레지스터는 전송 주소를 규정하기 위해 사용되고, DRW 레지스터는 데이터 전송 동작(이 레지스터가 액세스될 때, 전송이 시작된다)을 수행하기 위해 사용된다.

데이터 레지스터 DRW는 버스 상에 나타난 것을 정확히 표현한다. 하프워드 및 바이트 전송을 위해서, 요구되는 데이터는 디버거 소프트웨어에 의해 수동으로 정확한 바이트만큼 시프트될 것이다. 예를 들어, 만약 주소 0x1002로 하프워드 크기의 데이터 전송을 수행하고자 한다면, DRW 레지스터의 비트[31:16] 상에 데이터를 가지고 있어야 한다. AHB-AP는 비정렬 전송을 생성할 수 있지만, 주소 오프셋을 기반으로 한 결과 데이터를 로테이트할 수는 없다. 따라서 디버거 소프트웨어는 수동으로 데이터를 로테이트하거나, 필요하다면 비정렬 데이터 접근을 몇 개의 접근으로 쪼갤 것이다.

AHB-AP 안에 있는 다른 레지스터들은 추가적인 특징을 제공한다. 예를 들어, AHB-AP는 가까운 범주의 메모리로의 접근 또는 연속적인 전송의 속도를 향상시키기 위해 네 개의 뱅크된 레지스터와 자동 주소 증가 기능을 제공한다.

CSW 레지스터에서는 MasterType이라고 불리는 한 비트가 있다. 이것은 AHB-AP로부터의 전송을 받는 하드웨어가 그것이 디버거로부터 왔다는 것을 알 수 있도록 보통 1로 설정된다. 하지만, 디버거는 이 비트를 0으로 클리어함으로써 코어인 척을 할 수도 있다. 이 경우, AHB 시스템에 붙어 있는 장치에 의해 받은 전송은 마치 그것이 프로세서에 의해 접근된 것처럼 동작한다. 이것은 디버거에 의해 접근될 때 다르게 동작할 수 있는 FIFO를 가진 주변장치를 테스트하기 위해 유용하다.

ROM 테이블

ROM 테이블은 Cortex-M3 칩 내에 디버그 컴포넌트들을 자동으로 감지하기 위해 사용된다. Cortex-M3 프로세서는 ARMv7-M 아키텍처를 기반으로 하는 첫 번째 제품이다. 그것은 정의된 메모리 맵을 가지고 있고, 많은 디버그 컴포넌트들을 포함하고 있다. 하지만 더 최근의 Cortex-M3 소자이거나 칩 설계자가 디폴트 디버그 컴포넌트를 수정했다면, 디버그 장치를 위한 메모리 맵이 다를 수 있다. 디버그 툴이 디버그 시스템 안에서 컴포넌트들을 감지할 수 있도록 하기 위해, ROM 테이블이 포함된다. ROM 테이블이란, NVIC와 디버그 블록 주소에 대한 정보를 제공한다.

ROM 테이블은 주소 0xE00FF000에 위치한다. ROM 테이블 안에 있는 내용을 사용하려면, 시스템과 디버그 컴포넌트들에 대한 메모리 위치를 계산해야 한다. 그러면, 디버그 툴은 발견한 컴포넌트들에 대한 ID 레지스터를 확인하여 시스템에서 사용 가능한 것이 무엇인지를 결정한다.

Cortex-M3에서, ROM 테이블(0xE00FF000)의 첫 번째 엔트리는 NVIC 메모리 위치에 대한 오프셋을 포함해야 한다. (ROM 테이블의 첫 번째 엔트리에 대한 디폴트값은 0xFFF0F003이다. 비트[1:0]은 장치가 존재하고 다음의 ROM 테이블 안에 또 다른 엔트리가 있다는 것을 의미한다. NVIC 오프셋은 0xE00FF000 + 0xFFF0F000 = 0xE000E000으로

계산될 수 있다)

Cortex-M3를 위한 디폴트 ROM 테이블은 표 16.2에 나타나 있다. 하지만, 칩 제조사는 다른 CoreSight 디버그 컴포넌트들을 가진 선택 가능한 디버그 컴포넌트들을 추가하거나 제거하거나 교체할 수 있기 때문에, Cortex-M3 소자에서 발견할 수 있는 값은 다를 수 있다.

표 16.2 Cortex-M3 디폴트 RAM 테이블값

주소	값	이름	설명
0xE00FF000	0xFFF0F003	NVIC	NVIC 베이스 주소가 0xE000E000을 가리킴
0xE00FF004	0xFFF02003	DWT	DWT 베이스 주소가 0xE0001000을 가리킴
0xE00FF008	0xFFF03003	FPB	FPB 베이스 주소가 0xE0002000을 가리킴
0xE00FF00C	0xFFF01003	ITM	ITM 베이스 주소가 0xE000000을 가리킴
0xE00FF010	0xFFF41003 /0xFFF41002	TPIU	TPIU 베이스 주소가 0xE0040000을 가리킴
0xE00FF014	0xFFF42003 /0xFFF42002	ETM	ETM 베이스 주소가 0xE0041000을 가리킴
0xE00FF018	0	End	테이블의 끝 표시
0xE00FFFCC	0x1	MEMTYPE	이 메모리 맵 상에서 시스템 메모리가 액세스될 수 있다는 것을 가리킴
0xE00FFFD0	0	PID4	주변장치 ID 공간: 예약됨
0xE00FFFD4	0	PID5	주변장치 ID 공간: 예약됨
0xE00FFFD8	0	PID6	주변장치 ID 공간: 예약됨
0xE00FFFDC	0	PID7	주변장치 ID 공간: 예약됨
0xE00FFFE0	0	PID0	주변장치 ID 공간: 예약됨
0xE00FFFE4	0	PID1	주변장치 ID 공간: 예약됨
0xE00FFFE8	0	PID2	주변장치 ID 공간: 예약됨
0xE00FFFEC	0	PID3	주변장치 ID 공간: 예약됨
0xE00FFFF0	0	CID0	컴포넌트 ID 공간: 예약됨
0xE00FFFF4	0	CID1	컴포넌트 ID 공간: 예약됨
0xE00FFFF8	0	CID2	컴포넌트 ID 공간: 예약됨
0xE00FFFFC	0	CID3	컴포넌트 ID 공간: 예약됨

그 값의 최하위 두 비트(LSB)는 그 장치가 존재하는지 아닌지를 가리킨다. 보통의 경우, NVIC, DWT, FPB는 항상 거기에 있어야 한다 그래서 마지막 두 비트는 항상 1이다. 하지만, TPIU와 ETM은 칩 제조사가 채택할 수도 있고, CoreSight 제품군 중에서 다른 디버깅 컴포넌트로 대체할 수도 있다.

그 값의 상위 부분은 ROM 테이블 베이스 주소에 대한 오프셋 주소를 가리킨다. 예를 들어:

```
NVIC 주소 = 0xE00FF000 + 0xFFF0F000 = 0xE000E000 (32비트로 끝남)
```

디버그 툴 개발을 위해서는 ROM 테이블에서 디버그 컴포넌트들의 주소를 결정하는 것이 필요하다. 어떤 Cortex-M3 소자는 디버그 컴포넌트 연결을 위한 다른 셋업 방법을 가지고 있어서 다른 베이스 주소를 갖는 결과를 낳는다. 정확한 장치 주소를 계산함으로써, 디버거는 제공되는 디버그 컴포넌트의 베이스 주소를 결정할 수 있고, 그 컴포넌트들의 컴포넌트 ID에서 디버거는 사용 가능한 디버그 컴포넌트들의 종류를 결정할 수 있다.

Chapter 17

Cortex-M3 개발 시작하기

이 장의 내용

- Cortex-M3 제품 선택
- Cortex-M3 버전 0과 버전 1의 차이점
- 개발 툴

Cortex-M3 제품 선택

메모리, 주변장치 옵션들, 동작 속도를 제쳐놓더라도, Cortex-M3 제품들 간에 차별성을 만드는 데에는 여러 가지 요인들이 많이 있다. ARM에 의해 공급되는 Cortex-M3는 다음과 같은 많은 설정 가능한 특징들을 포함하고 있다.

- 외부 인터럽트의 수
- 인터럽트 우선순위 수(우선순위-레벨 레지스터의 너비)
- MPU 포함 여부
- ETM 포함 여부
- 디버그 인터페이스의 수(시리얼 방식, JTAG, 또는 둘 다)

대부분의 프로젝트에서 마이크로컨트롤러의 특징들과 명세서(specification)는 여러분이 Cortex-M3 제품을 선택하는 데 확실히 영향을 미칠 것이다. 예를 들면,

- 주변장치: 많은 어플리케이션들에게 있어서, 주변장치의 지원은 주요한 척도가 된다. 주변장치들이 많으면 좋겠지만, 이것은 마이크로컨트롤러의 전력 소모와 가격에도 영향을 미친다.
- 메모리: Cortex-M3 마이크로컨트롤러는 수 KB에서 수 MB에 이르는 플래시 메모리를 포함할 수 있다. 게다가 내부 메모리의 크기 또한 중요하다. 보통 이러한 요인들은 가격에 직접적인 영향을 미칠 것이다.
- 클럭 속도: ARM사의 Cortex-M3 설계는 0.18um 공정에서도 100MHz 이상에 쉽게 도달할 수 있다. 하지만, 제조사들은 메모리 접근 속도의 제한으로 인해 그보다는 낮은 동작 속도로 지정하고는 한다.
- 풋프린트: Cortex-M3는 칩 제조사의 결정에 따라 많은 다양한 패키지로 이용될 수 있다. 많은 Cortex-M3 소자들은 저가의 제조환경에 이상적인 적은 핀 수의 패키지로 사용된다.

Cortex-M3 버전 0과 버전 1의 차이점

Cortex-M3 제품의 초기 버전은 Cortex-M3 프로세서의 버전 0을 반으로 하고 있다.

Cortex-M3 버전 1 기반의 제품들은 2006년 3분기부터 가능하게 되었다. 2007년에는, Cortex-M3 기반의 모든 새 제품들이 버전 1을 기반으로 만들어졌다. 두 번째 버전에서는 많은 변화와 기능 향상이 있었기 때문에, 사용하고 있는 칩이 버전 0인지 버전 1인지를 아는 것은 매우 중요하다.

프로그래머 모델과 개발 특징들에서 볼 수 있는 변화들은 다음과 같은 내용을 포함하고 있다.

- 버전 1에서, 익셉션이 발생할 때 레지스터들을 스택에 넣는 것은 그것이 더블워드로 정렬된 메모리 주소에서 시작하도록 설정될 수 있다. 이것은 NVIC 설정 제어 레지스터 안에 있는 STKALIGN 비트를 설정함으로써 결정한다.
- 이러한 이유로, NVIC 설정 제어 레지스터는 STKALIGN 비트를 가지고 있다.
- 버전 2는 새로운 AUXFAULT(Auxiliary Fault, 예비 결함) 상태 레지스터(옵션)를 포함한다.
- 추가적인 특징으로는 DWT에 추가된 데이터값 매치가 있다.
- ID 레지스터값은 버전 영역을 업데이트하기 위해 변경되었다.

최종 사용자에게 보여지지 않는 변화로는 다음과 같은 것들이 있다.

- 코드 메모리 공간을 위한 메모리 속성 중 캐시 가능한지, 할당 가능한지, 쓰기 버퍼가 사용 불가한지, 공유 불가한지가 하드웨어적으로 결정되어 있다. 이것은 I-코드 AHB와 D-코드 AHB 인터페이스뿐 아니라 시스템 버스 인터페이스에도 영향을 미친다.
- I-코드 AHB와 D-코드 AHB 간에 버스 다중 동작 모드를 지원한다. 이 동작 모드하에서, I-코드와 D-코드 버스는 간단한 버스 멀티플렉서를 사용하여 통합될 수 있다(이전 솔루션에서는 ADK 버스 매트릭스 컴포넌트를 사용하였다). 이것은 전체 게이트 수를 줄여줄 수 있다.
- 복잡한 데이터 트레이스 동작을 위해 AHB 트레이스 매크로셀(HTM, ARM사의 CoreSight 디버그 컴포넌트)로 연결을 하고자 새로운 출력 포트를 추가하였다.
- 디버그 컴포넌트들 또는 디버그 제어 레지스터들이 시스템 리셋 동안에 접근 가능하다. 파워-온 리셋 동안에만 이 레지스터들은 접근 불가하다.
- TPIU는 SWV 동작 모드 지원을 한다. 이것은 저가 하드웨어로 트레이스 정보를 캡처하는 것을 가능하게 한다.

- 버전 1에서, NVIC 인터럽트 제어 및 상태 레지스터 안에 있는 VECTPENDING 영역은 NVIC 디버그 중단 제어 및 상태 레지스터 안에 있는 C_MASKINTS 비트에 의해서 영향을 받을 수 있다. 만약 C_MASKINTS가 1로 설정되면, VECTPENDING 값은 마스크가 펜딩 인터럽트를 마스킹하고 있을 때 0이 된다.
- JTAG-DP 디버그 인터페이스 모듈은 SWJ-DP 모듈로 변경되었다(다음 절 "버전 1의 변화: JTAG-DP에서 SWJ-DP로의 이동" 참고). 칩 제조사들은 JTAG-DP를 계속 사용할 수 있다. 이것은 여전히 CoreSight 제품군 가운데 하나이다.

Cortex-M3의 버전 0은 익셉션 시퀀스에서 더블워드 스택 정렬 기능을 갖고 있지 않기 때문에, ARM RVDS와 KEIL RVMDK 같은 몇몇 컴파일러 툴은 스택에 넣는 것을 소프트웨어적으로 조정할 수 있게 해주는 특별한 옵션을 가지고 있다. 이것은 개발된 어플리케이션이 EABI에 호환될 수 있게 해준다. 만약 어플리케이션이 EABI-호환 개발 툴에서 동작해야만 한다면, 이것은 상당히 중요한 문제가 된다.

Cortex-M3 프로세서의 어떤 버전이 마이크로프로세서 또는 SoC 안에서 사용되는지를 결정하기 위해서는 NVIC 안에 있는 CPU ID 베이스 레지스터를 사용할 수 있다. 표 17.1에서 볼 수 있듯이, 이 레지스터의 마지막 4비트는 버전값을 포함하고 있다.

Cortex-M3 프로세서 내에 있는 각 디버그 컴포넌트들은 각기 자신의 ID 레지스터들을 가지고 있으며, 버전 영역은 버전 0과 버전 1에 따라 달라질 수 있다.

버전 1의 변화: JTAG-DP에서 SWJ-DP로의 이동

몇몇 초기 Cortex-M3 제품에서 제공되었던 JTAG-DP는 SWJ-DP로 대체되고 있다. 시리얼-와이어 JTAG 디버그 포트(SWJ-DP)는 SW-DP와 자동 프로토콜 감지 기능이

표 17.1 CPU ID 베이스 레지스터(0xE000ED00)

	Implementer [31:24]	Variant [23:20]	Constant [19:16]	PartNo [15:4]	Revision [3:0]
버전 0 (r0p0)	0x41	0x0	0xF	0xC23	0x0
버전 1 (r1p0)	0x41	0x0	0xF	0xC23	0x1
버전 1 (r1p1)	0x41	0x1	0xF	0xC23	0x1

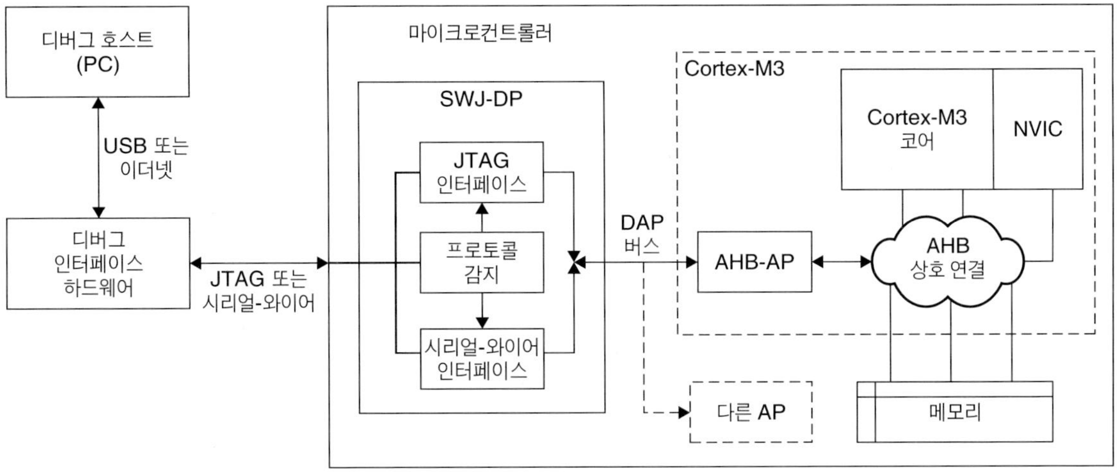

그림 17.1 SWJ-DP: JTAG-DP와 SW-DP 기능 통합

있는 JTAG-DP의 기능을 통합하고 있다. 이 컴포넌트들을 사용하면, Cortex-M3 소자는 SW와 JTAG 인터페이스를 가지고 있는 디버깅을 지원할 수 있다.

개발 툴

Cortex-M3를 사용하기 시작하려면 많은 툴이 필요하다. 일반적으로 다음과 같은 것들이 있다.

- 컴파일러와 어셈블러: C 또는 어셈블러 어플리케이션 코드를 컴파일하기 위한 소프트웨어. 거의 모든 C 컴파일러 세트는 어셈블러를 포함하고 있다.
- 명령어 세트 시뮬레이터: 소프트웨어 개발 초기 단계에서 디버깅을 하기 위해 명령어 실행을 시뮬레이션하는 소프트웨어이다.
- 인-서킷 에뮬레이터(ICE) 또는 디버그 프로브: 디버그 호스트(보통 PC)를 타깃 회로에 연결하기 위한 하드웨어 장치. 이 인터페이스는 JTAG 또는 SW가 될 수 있다.
- 개발 보드: 마이크로컨트롤러를 포함하는 회로 보드이다.
- 트레이스 캡처: 명령어 트레이스 또는 DWT와 ITM 모듈에서의 결과물을 사람이 읽을 수 있는 포맷으로 출력해 주는 옵션 하드웨어 및 소프트웨어 패키지이다.

- 임베디드 운영체제: 마이크로컨트롤러에서 동작하는 운영체제. 이것은 옵션 사항이다. 많은 어플리케이션들은 OS를 필요로 하지 않는다.

C 컴파일러

많은 C 컴파일러 세트와 개발 툴들이 Cortex-M3를 위해 사용 가능하다(표 17.2 참고).

CodeSourcery의 GNU C 컴파일러는 무상 솔루션을 제공한다. 2007년에는 주요 GNU C 컴파일러(GCC)가 Cortex-M3를 지원하지 않았다. 하지만 가까운 미래에 주요 GCC에서도 이것을 지원하게 될 것이다. 그 외에 RealView-MDK와 같은 상용 툴의 평가 버전을 구할 수도 있다.

표 17.2 Cortex-M3를 지원하는 개발 툴의 예

회사	제품[1]
ARM (www.arm.com)	Cortex-M3는 RealView Development Suite 3.0(RVDS)에서 지원된다. RealView-ICE(RVI) 버전 1.5는 디버그 타깃을 디버그 환경에 연결하기 위해 사용된다. ADS와 SDT와 같은 이전 제품들은 Cortex-M3를 지원하지 않는다는 점을 기억해 두자.
KEIL (ARM Company: www.keil.com)	Cortex-M3는 RealView Microcontroller Development Kit(RealView-MDK)에서 지원된다. ULINK(TM) USB-JTAG는 디버그 타깃을 디버그 IDE에 연결하기 위해 사용된다.
CodeSourcery (www.codesourcery.com)	ARM 프로세서를 위한 GNU 툴 체인은 현재 www.codesourcery.com/gnu_toolchains/arm/에서 구할 수 있다. 이것은 GNU C 컴파일러 4.1.0을 기반으로 하고 있으며, Cortex-M3를 지원한다.
Rowley Associates (www.rowley.co.uk)	ARM을 위한 CrossWorks는 Cortex-M3를 지원하는 GNU C 컴파일러 기반의 개발 세트이다 (www.rowley.co.uk/arm/index.htm).
IAR Systems (www.iar.com)	ARM과 Cortex를 위한 IAR Embedded Workbench는 C/C++ 컴파일러와 디버그 환경(v4.40 또는 그 이상)을 제공한다. KickStart Kit 또한 사용 가능하다. 이것은 Luminary Micro LM3S102 마이크로컨트롤러를 기반으로 하고 있으며, 타깃 보드와 디버그 IDE를 연결하기 위해 디버거와 J-Link 디버그 프로브를 포함하고 있다.
Lauterbach (www.lauterbach.com)	JTAG 디버거와 트레이스 유틸리티를 Lauterbach에서 구할 수 있다.

[1] 제품명은 표의 왼쪽 열에 나열된 회사의 등록 상표이다.

임베디드 운영체제 지원

많은 어플리케이션들은 OS를 필요로 한다. 많은 OS들은 임베디드 시장을 위해 개발되었다. 현재 많은 OS들이 Cortex-M3를 지원하고 있다(표 17.3 참고).

표 17.3 Cortex-M3를 지원하는 임베디드 운영체제의 예

회사	제품[2]
FreeRTOS (www.freertos.org)	FreeRTOS
Express Logic (www.expresslogic.com)	ThreadX(TM) RTOS
Micrium (www.micrium.com)	μC/OS-II
Accelerated Technology (www.Acceleratedtechnology.com)	Nucleus
Pumpkin Inc. (www.pumpkininc.com)	Salvo RTOS
CMX Systems (www.cmx.com)	CMX RTX
Keil (www.keil.com)	ARTX-ARM
Segger (www.segger.com)	embOS
IAR Systems (www.iar.com)	ARM을 위한 IAR PowerPac

[2] 제품명은 표의 왼쪽 열에 나열된 회사의 등록 상표이다.

Chapter 18

ARM7에서 Cortex-M3로 어플리케이션 포팅하기

이 장의 내용

- 개요
- 시스템 특징
- 어셈블리어 파일
- C 프로그램 파일
- 미리 컴파일된 오브젝트 파일들
- 최적화

개요

많은 엔지니어들에게, 기존의 프로그램 코드를 새로운 아키텍처로 포팅하는 것은 매우 일상적인 일이다. 이제 막 시장에 진입한 Cortex-M3 제품을 이용하려면, 우리 중 많은 사람들이 ARM7TDMI(아래에서는 ARM7이라고 표기하였다) 코드를 Cortex-M3로 포팅하고자 도전해야만 한다. 이 장에서는 ARM7에서 Cortex-M3로의 어플리케이션 포팅과 관련된 다양한 면들에 대해 살펴보고자 한다.

ARM7에서 Cortex-M3로 포팅할 때 고려해야 하는 몇 가지 영역이 있다.

- 시스템 특징
- 어셈블리어 파일
- C 언어 파일
- 최적화

전체적으로 볼 때 하드웨어 제어, 태스크 관리, 그리고 익셉션 처리와 같은 로우-레벨 코드들은 대부분 변경되어야 한다. 반면에, 어플리케이션 코드는 보통 최소한의 수정과 재컴파일만으로도 포팅이 가능하다.

시스템 특징

ARM7 기반의 시스템과 Cortex-M3 기반의 시스템 간에는 많은 시스템적인 차이가 있다(예를 들어, 메모리 맵, 인터럽트, MPU, 시스템 제어, 동작 모드).

메모리 맵

다른 마이크로컨트롤러 사이에서 프로그램을 포팅하기 위해 수정해야 하는 가장 명확한 부분은 메모리 맵이다. ARM7에서 메모리와 주변장치들은 거의 어떤 주소 상에 위치할 수 있다. 반면에 Cortex-M3 프로세서는 미리 정의된 메모리 맵을 가지고 있다. 메모리 주소 차이는 보통 컴파일 및 링크 단계에서 해결된다. 주변장치를 위한 프로그래머 모델은 완전히 다를 수 있기 때문에, 주변장치 코드의 포팅은 시간이 더 많이 소요될 수 있다. 이 경우, 디바이스 드라이버를 완전히 새로 작성해야 할 수도 있다.

많은 ARM7 제품들은 부팅 후 벡터 테이블을 SRAM 상에 다시 매핑시킬 수 있도록 하기 위해 메모리 리맵 기능을 지원한다. Cortex-M3에서는 NVIC 레지스터를 사용하여 벡터 테이블을 재배치할 수 있기 때문에, 메모리 리맵 기능이 필요 없다. 그러므로, 메모리 리맵 특징은 많은 Cortex-M3 제품에서 더 이상 사용되지 않는다.

ARM7에서의 빅 엔디안 지원은 Cortex-M3에서의 지원과는 다르다. 프로그램 파일은 새로운 빅 엔디안 시스템으로 재컴파일될 수 있지만, 하드코딩된 룩업 테이블은 포팅 과정 동안 변경되어야 한다.

ARM720T와 ARM9과 같은 그 이후에 출시된 ARM 프로세서들은 상위 벡터라고 불리는 특징을 가지고 있다. 이것은 벡터 테이블을 0xFFFF0000에 위치시킬 수 있게 해 준다. 이러한 특징은 Windows CE를 지원하기 위한 것이며, Cortex-M3에서는 사용할 수 없다.

인터럽트

두 번째 특징은 인터럽트 컨트롤러가 사용된다는 점이다. 인터럽트 활성화 또는 비활성화 같은 인터럽트 컨트롤러를 제어하기 위한 프로그램 코드는 변경되어야 한다. 또한 다양한 인터럽트를 위한 인터럽트 우선순위 레벨과 벡터 주소를 설정하기 위한 새로운 코드가 필요하다.

인터럽트 리턴 방법 또한 변경된다. 이것은 어셈블러 코드로 인터럽트 리턴을 수정해야 한다. 만약 C 언어가 사용된다면, 컴파일 지시어를 수정해야 할 수도 있다.

예전에 CPSR을 수정하여 인터럽트를 활성화하고 비활성화하였던 것은 인터럽트 마스크 레지스터를 설정하는 것으로 대치된다.

Cortex-M3에서 어떤 레지스터들은 스택 PUSH-POP 방식을 통해 자동으로 저장된다. 그러므로 소프트웨어 스택 푸시 동작의 일부가 줄여지거나 제거될 수 있다. 하지만 FIQ 핸들러의 경우, 전통적인 ARM 코어는 FIQ를 위해 분리된 레지스터(R8–R11)들을 가지고 있다. 이러한 레지스터들은 스택으로 푸시하지 않고도 FIQ에 의해 사용될 수 있다. 하지만, Cortex-M3에서는 이러한 레지스터들이 자동으로 스택에 푸시되지 않기 때문에, FIQ 핸들러를 Cortex-M3로 포팅할 때 핸들러에 의해 사용되는 레지스터들은 수정이 필요하며, 스택에 푸시하는 단계가 필요하다.

중첩 인터럽트 핸들러를 위한 코드는 제거될 수 있다. Cortex-M3에서는 NVIC가 내장된 중첩 인터럽트 핸들러를 가지고 있다.

오류를 처리하는 것에 있어서도 차이가 있다. Cortex-M3는 결함의 원인을 알아낼 수 있도록 다양한 결함 상태 레지스터를 가지고 있다. 게다가 Cortex-M3에는 새로운 결함 유형이 정의되어 있다(예를 들어, 스태킹과 언스태킹 결함, 메모리 관리 결함, 하드 결함). 그러므로 결함 핸들러도 다시 작성되어야 한다.

메모리 보호 장치

메모리 보호 장치(MPU) 프로그래밍 모델은 새로운 프로그램 코드 셋업을 필요로 하는 또 다른 시스템 영역이다. ARM7TDMI/ARM7TDMI-S 기반의 마이크로컨트롤러 제품에는 MPU가 없기 때문에, 어플리케이션 코드를 Cortex-M3로 포팅할 때에는 문제가 되지 않는다. 하지만, ARM720T 기반의 제품들은 메모리 관리 장치(MMU)를 가지고 있는데, 이것은 Cortex-M3에 있는 MPU와는 다른 기능을 갖는다. 따라서 만약 어플리케이션이 (가상 메모리 시스템에서처럼) MMU를 사용하고 있다면, 이것은 Cortex-M3로 포팅될 수 없다.

시스템 제어

시스템 제어는 어플리케이션을 포팅할 때 자세히 살펴보아야 하는 또 다른 핵심 영역이다. Cortex-M3는 슬립(sleep) 모드로 진입할 수 있는 내장된 명령어를 가지고 있다. 게다가 Cortex-M3 제품 안에 있는 시스템 컨트롤러는 ARM7 제품의 그것과는 완전히 다른 것처럼 보인다. 따라서 시스템 관리 기능을 포함한 함수 코드는 다시 작성될 필요가 있다.

동작 모드

ARM7에는 7개의 동작 모드들이 있다. Cortex-M3에서 이 모드들은 익셉션을 구분하기 위해 변경되었다(표 18.1 참고).

ARM7 안에 있는 FIQ는 Cortex-M3에서 일반적인 IRQ로 포팅될 수 있다. 왜냐하면 Cortex-M3에서는 특별한 인터럽트를 가장 높은 우선순위로 설정할 수 있기 때문이다. 그러면 그것은 ARM7에서 FIQ가 그랬듯이 다른 익셉션들을 선점할 수 있게 된

표 18.1 ARM7TDMI의 익셉션과 모드를 Cortex-M3로 매핑

ARM7에서의 모드 및 익셉션	Cortex-M3에서의 그에 대응되는 모드 및 익셉션
Supervisor(Default)	특권 모드, 쓰레드
Supervisor(Software Interrupt)	특권 모드, SVC
FIQ	특권 모드, 인터럽트
IRQ	특권 모드, 인터럽트
Abort(Prefetch)	특권 모드, 버스 결함 익셉션
Abort(Data)	특권 모드, 버스 결함 익셉션
Undefined	특권 모드, 사용 결함 익셉션
System	특권 모드, 쓰레드
User	사용자 접근 모드(비특권), 쓰레드

다. 하지만 ARM7에서의 FIQ 뱅크 레지스터들과 Cortex-M3에서의 스택에 들어가는 레지스터들 간의 차이 때문에, FIQ 핸들러에서 사용되는 레지스터들이 변경되어야 하며, 핸들러에 의해 사용되는 레지스터들은 수동으로 스택에 저장되어야 한다.

FIQ와 NMI

많은 엔지니어들은 ARM7 안에 있는 FIQ가 Cortex-M3의 NMI에 바로 포팅되기를 기대한다. 어떤 어플리케이션에서는 이것이 가능하기도 하지만, FIQ와 NMI와의 많은 차이점들로 인해 FIQ로 NMI를 사용하여 어플리케이션을 포팅할 때 특히 주의를 기울여야 한다.

첫 번째로, NMI는 비활성화될 수 없는 반면, ARM7에서 FIQ는 CPSR의 F비트를 1로 설정함으로써 비활성화할 수 있다. 그러므로 ARM7에서 FIQ를 리셋시 비활성화하는 반면, Cortex-M3에서는 부팅시 NMI 핸들러가 적절히 시작될 수 있도록 처리한다.

두 번째로, ARM7에서는 FIQ 핸들러 안에서 SWI를 사용할 수 있는 반면, Cortex-M3에서는 NMI 핸들러 안에서 SVC를 사용할 수 없다. ARM7에서는 FIQ 핸들러가 실행되는 동안 다른 익셉션이 발생할 수 있다(IRQ는 제외. FIQ가 서비스될 때 I비트는 자동적으로 1로 설정되기 때문). 하지만, Cortex-M3에서는 NMI 핸들러 내의 결함 익셉션이 프로세서가 잠기도록 한다.

어셈블리어 파일

어셈블리 파일을 포팅하는 것은 그 파일이 ARM 상태인지 아니면 Thumb 상태인지에 따라 다르다.

Thumb 상태

파일이 Thumb 상태에 있다면, 작업이 훨씬 더 간단하다. 대부분의 경우 파일들은 문제 없이 재사용이 가능하다. 하지만, ARM7에서 지원되는 몇몇 Thumb 명령어들은 Cortex-M3에서는 지원되지 않는다.

- ARM 상태로 상태 변경을 시도하는 코드
- SWI는 SVC로 대체된다(사용방법 또한 변경되어야 한다는 점을 기억해 두자).

마지막으로, 프로그램은 Full Descending Stack 동작에 의해서만 스택으로 접근할 수 있다는 점을 기억해 두자. 비록 특별한 경우이기는 하지만, ARM7TDMI에서는 다른 스택 모델(예를 들어, Full Ascending)로 다르게 구현하는 것도 가능하다.

ARM 상태

ARM 코드를 위한 상황은 더욱 복잡하다. 여기 몇 가지 시나리오가 있다.

- 벡터 테이블: ARM7에서, 벡터 테이블은 주소 0x0로부터 시작하며 분기 명령어들로 구성되어 있다. Cortex-M3에서, 벡터 테이블은 스택 포인터와 리셋 벡터 주소들의 초기값으로 구성되어 있다. 리셋 벡터 주소 다음에는 익셉션 핸들러의 주소들이 온다. 이러한 차이로 인해 벡터 테이블은 완전히 새로 작성되어야 한다.
- 레지스터 초기화: ARM7에서는 모드별로 레지스터들을 초기화해야 한다. 예를 들어, ARM7에서는 뱅크 스택 포인터(R13), 링크 레지스터(R14), 저장된 프로그램 상태 레지스터(SPSR)를 초기화해 주어야 한다. Cortex-M3는 다른 프로그래머 모델을 가지고 있기 때문에, 레지스터 초기화 코드는 변경되어야 한다. 사실, Cortex-M3에서는 모드별로 프로세서를 전환해야 할 필요가 없기 때문에 레지스터 초기화 코드가 훨씬 더 간단하다.
- 모드 전환 및 상태 전환 코드: Cortex-M3에서의 동작 모드 정의는 ARM7에서와

다르기 때문에, 모드 전환을 위한 코드는 제거되어야 한다. ARM/Thumb 상태 전환 코드도 마찬가지로 제거되어야 한다.

- 인터럽트 활성화 및 비활성화: ARM7에서 인터럽트들은 CPSR의 I 비트에 0을 쓰거나 1을 써서 활성화하거나 비활성화할 수 있다. Cortex-M3에서는 PRIMASK 또는 FAULTMASK와 같은 인터럽트 마스크 레지스터에 0을 쓰거나 1을 써서 활성화하거나 비활성화할 수 있다. Cortex-M3에서는 FIQ 입력이 없으므로 F 비트가 없다.
- 코프로세서 접근: Cortex-M3에서 지원되는 코프로세서가 없기 때문에, 이러한 종류의 동작은 포팅될 수 없다.
- 인터럽트 핸들러와 인터럽트 리턴: ARM7에서 인터럽트 핸들러의 첫 번째 명령어는 벡터 테이블 안에 있는데, 보통 실제 인터럽트 핸들러로 분기하기 위한 분기 명령어를 포함하고 있다. Cortex-M3에서는 정확하게 조정된 프로그램 카운터가 스택에 저장되어 있고, 인터럽트 리턴은 EXC_RETURN을 프로그램 카운터로 로드할 때 트리거된다. MOVS와 SUBS와 같은 명령어들은 Cortex-M3 상에 인터럽트 리턴으로 사용되어서는 안 된다. 이러한 차이점들로 인해, 인터럽트 핸들러와 인터럽트 리턴 코드는 포팅하면서 수정을 해주어야 한다.
- 중첩 인터럽트 지원 코드: ARM7에서는 인터럽트 중첩이 필요한 경우, 보통 IRQ 핸들러가 프로세서 모드를 시스템 모드로 전환하여 인터럽트를 다시 활성화시켜 주어야 했다. 하지만 Cortex-M3에서는 이 작업이 필요 없다.
- FIQ 핸들러: FIQ 핸들러를 포팅해야 하는 경우, R8–R11의 내용을 스택 메모리에 저장하는 단계를 추가해야 한다. ARM7에서는 R8–R12가 뱅크되어 있기 때문에 FIQ 핸들러는 이 레지스터들을 스택에 저장하는 단계를 없앨 수 있었다. 하지만, Cortex-M3에서는 R0–R3와 R12는 자동으로 스택에 저장되지만, R8–R11은 그렇지 않다.
- 소프트웨어 인터럽트(SWI) 핸들러: SWI는 SVC로 대체된다. 하지만 SWI 핸들러를 SVC로 포팅하려면, SWI 명령어를 위해 전달되는 매개변수를 추출하는 코드가 업데이트되어야 한다. 호출하는 SVC 명령어 주소는 저장된 PC에서 찾을 수 있는데, 이것은 ARM7에서의 SWI와 다르다. 여기서는 프로그램 카운터 주소가 링크 레지스터에서 결정되었다.
- SWAP 명령어(SWP): Cortex-M3에서는 스왑 명령어가 없다. 만약 세마포어를 위해 스왑 명령어가 사용되었다면, 대신 배타적 접근 명령어가 사용되어야 한다. 즉,

세마포어 코드를 다시 작성해야 한다. 명령어가 순수하게 데이터 전송을 위해 사용되었다면, 이것은 다중 메모리 접근 명령어로 대체될 수 있다.

- CPSR과 SPSR에의 접근: ARM7에서의 CPSR은 Cortex-M3에서는 xPSR로 대체되었으며, SPSR은 제거되었다. 어플리케이션이 프로세서 플래그의 현재값에 접근하고자 한다면, 프로그램 코드는 APSR의 읽기 접근으로 대체될 수 있다. 익셉션이 발생하기 전에 익셉션 핸들러가 PSR에 접근하고자 한다면, 인터럽트가 받아들여질 때 xPSR의 값은 자동으로 스택으로 저장되기 때문에, 스택 메모리 안에서 그 값을 찾을 수 있다. 그래서 Cortex-M3에서는 SPSR을 위해 필요가 없게 되었다.
- 조건 실행: ARM7에서는 많은 ARM 명령어들을 위해 조건 실행이 지원된다. 반면에 대부분의 Thumb-2 명령어들은 명령어 코드 내에 조건 필드를 가지고 있지 않다. 이 코드들을 Cortex-M3로 포팅할 때, 어떤 경우에는 IF-THEN 명령어 블록을 사용할 수 있다. 그렇지 않을 경우에는 조건적으로 실행되는 코드를 생성하는 분기 명령어들을 삽입해야 한다. 조건 실행 코드를 IT 명령어 블록으로 대체할 때 생기는 한 가지 이슈는 프로그램 코드의 일부에서의 로드/스토어 연산이 명령어의 접근 범주를 초과할 수 있기 때문에, 코드 크기를 증가시켜 결과적으로 성능이 떨어지는 문제를 야기시킨다는 점이다.
- 현재 프로그램 카운터를 사용하여 계산하는 것을 포함하는 코드에서 프로그램 카운터값 사용: ARM7에서의 ARM 코드를 실행할 때, 읽어들인 명령어의 PC값은 그 명령어의 주소에 8을 더한 값이다. ARM7은 3단 파이프 라인이고, 실행 단계에서 PC를 읽으면 프로그램 카운터는 이미 한 번에 4바이트씩 두 번 증가해 있기 때문이다. PC값을 처리하는 코드를 Cortex-M3에 포팅하는 경우, 그 코드는 Thumb에 있으므로 프로그램 카운터의 오프셋은 4가 될 것이다.
- R13값의 사용: ARM7에서 스택 포인터 R13은 32비트이다. Cortex-M3 프로세서에서 스택 포인터의 하위 2비트는 항상 0이다. 그러므로 R13이 데이터 레지스터로 사용되는 특별한 경우, 그 코드는 최하위 2비트는 버려질 것이기 때문에 수정되어야 한다.

ARM 프로그램 코드의 나머지 특징들을 확인하기 위해 Thumb/Thumb-2로 그것을 컴파일해 보고, 다른 수정이 필요한지를 확인해 보도록 하자. 예를 들어, ARM7에서의 pre-index와 post-index 메모리 접근 명령어 일부는 Cortex-M3에서는 지원되지 않기 때문에, 여러 명령어들로 다시 코딩해야 한다. 코드의 일부는 Thumb 코드로는 컴파일될 수 없는 긴 분기 범주나 긴 상수 데이터값을 가질 수 있다. 따라서 이는 수동으로 Thumb-2 코드로 수정해야 한다.

C 프로그램 파일

C 프로그램 파일을 포팅하는 것은 어셈블리 파일을 포팅하는 것보다 훨씬 더 쉽다. 대부분의 경우, C로 작성된 어플리케이션은 Cortex-M3를 위해 문제 없이 재컴파일될 수 있다. 하지만, 잠재적으로 수정을 요구하는 몇 가지 영역도 있다.

- 인라인 어셈블러: 어떤 C 프로그램 코드는 수정을 요구하는 인라인 어셈블리 코드를 가지고 있다. 이 코드는 __*asm* 키워드를 통해 쉽게 사용할 수 있다. 만약 RVDS/RVCT3.0 또는 그 이후 버전의 툴이 사용된다면, 이것은 임베디드 어셈블러로 변경되어야 한다.
- 인터럽트 핸들러: C 프로그램에서 ARM7에서 동작하는 인터럽트 핸들러를 생성하기 위해 __*irq*를 사용할 수 있다. 사용되는 개발 툴에 따라서 ARM7과 Cortex-M3 사이에 저장되는 레지스터와 인터럽트 리턴 같은 인터럽트 동작의 차이로 인하여, __*irq* 키워드는 제거되어야 할 필요가 있다. (하지만, RVDS3.0과 RVCT3.0에서는 Cortex-M3를 위해 __*irq*가 추가되어야 하며, __*irq* 지시어는 보다 명확한 동작을 위해 권장된다)

미리 컴파일된 오브젝트 파일들

대부분의 C 컴파일러들은 다양한 함수 라이브러리들과 스타트업 코드를 위해 미리 컴파일된 오브젝트 파일들을 제공한다. (전통적인 ARM 코어를 위한 스타트업 코드와 같이) 이것들 중 몇몇은 동작 모드와 상태의 차이로 인해 Cortex-M3에서는 사용될 수 없다. 그것들 중 대부분은 소스 코드를 가지고 있어서 Thumb-2 코드를 사용하여 재컴파일될 수 있다. 보다 상세한 사항을 위해서는 툴 벤더의 문서들을 참고하도록 하자.

최적화

Cortex-M3에서 동작할 프로그램이 있다면, 성능을 더욱 좋게 하고 메모리 사용을 줄이기 위해 그 코드를 개선시킬 수 있다. 이를 위해서는 여러 분야를 살펴보아야 한다.

- Thumb-2 명령어의 사용: 예를 들어, 16비트 Thumb 명령어가 한 레지스터에서 다른 레지스터로 데이터를 전송한 후 데이터 처리 연산을 수행하는 경우, 이는 하나의 Thumb-2 명령어로 그 과정을 대체할 수 있다. 이것은 연산에 필요한 클럭 사이클 수를 줄여준다.
- 비트 대역: 만약 주변장치가 비트-대역 영역에 위치해 있다면, 비트-대역 앨리어스를 통해 비트를 액세스함으로써 레지스터 비트를 제어하기 위한 액세스가 매우 단순화될 수 있다.
- 곱셈 및 나눗셈: 디스플레이를 위해 값들을 10진수로 바꾸는 것과 같이 나눗셈 연산을 필요로 하는 루틴들은 Cortex-M3 안에 있는 나눗셈 명령어를 사용하도록 수정될 수 있다. 긴 데이터의 곱셈을 위해서는 코드의 복잡도를 줄여주기 위해 UMULL, SMULL, MLA, MLS, UMLAL, SMLAL과 같은 Cortex-M3 안에 있는 다중 명령어들이 사용될 수 있다.
- 상수 데이터: Thumb 명령어로 코딩될 수 없는 상수 데이터는 Thumb-2 명령어를 사용하여 생성될 수 있다.
- 분기: Thumb 코드(보통 다중 분기 단계를 통해 구현된다)로 코딩될 수 없을 만큼 긴 거리의 분기는 Thumb-2 명령어로 코딩될 수 있다.
- 불 데이터: 메모리 공간을 절약하기 위해 다중 불 데이터(0 또는 1)는 하나의 바이트/하프워드/워드의 비트-대역 영역 안에 모아질 수 있다. 그러면 그것들은 비트-대역 앨리어스를 통해 접근될 수 있다.
- 비트-필드 처리: Cortex-M3는 UBFX, SBFX, BFI, BFC, RBIT 등과 같은 비트-영역 처리를 위한 많은 명령어들을 제공한다. 그것들은 주변장치 프로그래밍, 데이터 패킷 구성, 추출 및 시리얼 데이터 통신을 위한 많은 프로그램 코드를 단순화시켜 준다.
- IT 명령어 블록: 몇 가지 짧은 분기들은 IT 명령어 블록으로 대체될 수 있다. 이를 통해 분기하는 동안 파이프라인이 플러시될 때 클럭 사이클을 낭비하는 것을 피할 수 있다.
- ARM/Thumb 상태 전환: 어떤 상황에서 ARM 개발자들은 코드를 다양한 파일로 나눈다. 그것들 중 어떤 것은 ARM 코드로 컴파일될 수 있고, 어떤 코드들은 Thumb 코드로 컴파일될 수 있다. 이것은 보통 실행 속도에 그다지 민감하지 않은

코드의 집적도를 향상하기 위해 필요하다. Cortex-M3에서의 Thumb-2 특징으로 인해, 이 단계는 더 이상 필요하지 않다. 따라서 짧은 코드를 생성하여 오버헤드를 줄이고, 가능하다면 프로그램 파일들의 수를 줄여줌으로써 상태 전환의 오버헤드 일부를 제거할 수 있다.

Chapter 19

GNU 툴 체인을 사용하여 Cortex-M3 시작하기

이 장의 내용

- 배경
- GNU 툴 체인 구하기
- 개발 플로우
- 예제
- 특별한 레지스터로의 접근
- 지원하지 않는 명령어 사용하기
- GNU C 컴파일러 내의 인라인 어셈블러

배경

많은 사람들은 ARM 제품 개발을 위해 GNU 툴 체인을 사용하며, 많은 ARM 개발 툴들이 GNU 툴 체인을 기반으로 하고 있다. GNU 툴 체인도 Cortex-M3를 지원하고 있으며, 현재 CodeSourcery(www.codesourcery.com)에서 무료로 이용이 가능하다. 주요한 GNU C 컴파일러 개발은 가까운 미래에 Cortex-M3에 대한 지원도 포함할 것이다.

이 장은 GNU 툴 체인 사용에 있어서 가장 기본 단계들만을 소개하고 있다. 툴 체인의 사용에 대한 보다 상세한 사항들은 인터넷에서 찾아볼 수 있으며, 이 책의 범주 밖에 있다.

GNU 어셈블러에 대한 어셈블러 표기법(GNU 툴 체인에서의 AS)은 ARM 어셈블러와는 다소 다르다. 이 차이점으로는 정의, 컴파일 지시어, 주석 등이 있다. 따라서 GNU 툴 체인을 가지고 작업하기 전에 ARM RealView Development 툴에 대한 어셈블리 코드를 수정해야 한다.

GNU 툴 체인 구하기

GNU 툴 체인의 컴파일된 버전은 www.codesourcery.com/gnu_toolchains/arm/에서 다운로드 받을 수 있다. 바이너리로 빌드된 것들도 여럿 구할 수 있다. 가장 간단한 사용을 위해서는 타깃 플랫폼으로 EABI[1]를 가지고 있고, 특정한 임베디드 OS는 없는 것으로 선택하면 된다. 툴 체인은 윈도우즈와 리눅스 같은 다양한 개발 플랫폼에서 사용이 가능하다. 이 장에서 보여주는 예제들은 이 두 버전의 플랫폼 중 하나에서 동작해야 한다.

[1] ARM 아키텍처를 위한 임베디드 어플리케이션 바이너리 인터페이스(Embedded Application Binary Interface: EABI) — 실행 가능한 파일들은 다양한 개발 툴 세트에서 사용될 수 있도록 하기 위해 이 규격에 적합해야만 한다.

개발 플로우

ARM 툴에서와 같이, GNU 툴 체인은 컴파일러, 어셈블러, 그리고 링커를 포함하고 있다. 이 툴들은 프로젝트가 C 언어와 어셈블리어로 작성된 소스 코드를 포함할 수 있게 해준다(그림 19.1 참고).

다른 어플리케이션 환경(심비안, 리눅스, EABI 등)을 위한 툴 체인의 버전들이 있다. 프로그램들의 파일명은 보통 접두사(prefix)를 가지고 있는데, 이는 툴 체인 타깃 옵션에 따라 다르다. 예를 들어 EABI 환경이 사용되고 있다면, GCC 명령은 *arm-xxxx-eabi-gcc*가 된다. 표 19.1에 표기된 것들은 CodeSourcery GNU ARM 툴 체인에서

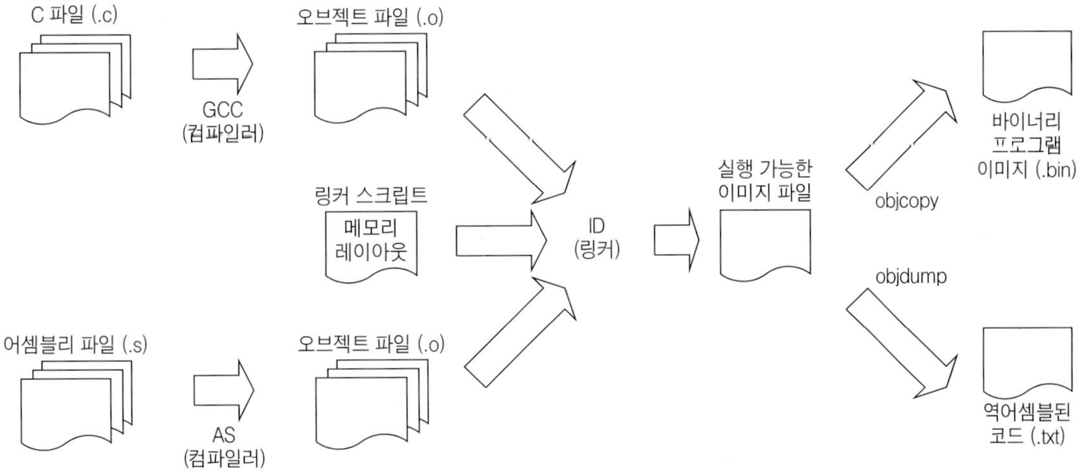

그림 19.1 GNU 툴 체인 기반의 개발 플로우 예

표 19.1 CodeSourcery 툴 체인의 명령어 이름

기능	명령(EABI 버전)
어셈블러	*arm-none-eabi-as*
C 컴파일러	*arm-none-eabi-gcc*
링커	*arm-none-eabi-ld*
바이너리 이미지 생성기	*arm-none-eabi-objcopy*
역어셈블러	*arm-none-eabi-objdump*

벤더마다 툴 체인의 명령어 이름이 어떻게 다른지를 나타낸다.

사용되는 명령어 이름의 예이다.

개발 플로우에서 링커 스크립트는 선택 가능하지만, 메모리 맵이 다소 복잡할 때 종종 요구된다.

예제

GNU 툴 체인을 사용한 몇 가지 예제를 살펴보자.

예제 1: 첫 번째 프로그램

첫 번째 예제로는 10장에서 다루었던 10 + 9 + 8 + ··· + 1을 계산하는, 간단한 어셈블리 프로그램을 살펴보자.

```
=================== example1.s =====================
/* 상수 정의 */
        .equ      STACK_TOP, 0x20000800
        .text
        .global _start
        .code 16
        .syntax unified
        /* .thumbfunc */
        /* .thumbfunc은 2006Q3-26 이상의 CodeSourcery GNU 툴 체인에서만 요구된다. */
_start:
        .word STACK_TOP, start
        .type start, function
        /* 메인 프로그램의 시작 */
start:
        movs  r0, #10
        movs  r1, #0
        /* 10+9+8+···+1을 계산한다. */
loop:
        adds  r1, r0
        subs  r0, #1
        bne   loop
        /* 결과는 현재 R1 안에 저장되어 있다. */
deadloop:
        b     deadloop
```

```
        .end
===================== 파일의 끝 ======================
```

- 여기서 *.word* 지시어는 시작하는 스택 포인터값을 0x20000800으로 정의하고, 리셋 벡터값을 시작으로 정의할 수 있도록 돕는다.
- *.text*는 프로그램 영역이 어셈블되어야 한다는 것을 가리키는 미리 정의된 지시어이다.
- *.global*은 필요한 경우 라벨 *_start*를 다른 오브젝트 파일과 공유할 수 있게 해준다.
- *.code 16*은 프로그램 코드가 Thumb로 작성되어 있다는 것을 가리킨다.
- *.syntax unified*는 단일화된 어셈블리어 표기법이 사용되고 있다는 것을 가리킨다.
- *_start*는 프로그램 영역의 시작점을 가리키는 라벨이다.
- *start*는 리셋 핸들러를 가리키는 분리된 라벨이다.
- *.type start, function*은 *start* 심벌이 함수라는 것을 가리킨다. 이것은 벡터 테이블 안에 모든 익셉션 벡터를 위해 필요하다. 그렇지 않으면 어셈블러는 벡터의 LSB를 0으로 설정할 것이다.
- *.end*는 이 프로그램 파일의 끝을 가리킨다.

ARM 어셈블러와는 달리, GNU 어셈블러에 있는 라벨은 뒤에 콜론(:)이 나온다. 주석은 /*와 */ 사이에 나오며, 지시어는 그 앞에 마침표(.)가 온다.

리셋 벡터(start)는 thumb 코드(.code 16) 내의 함수로 정의된다는 것을 가리킨다. 이러한 이유로, 그것이 Thumb 상태에서 시작된다는 것을 가리키기 위해 리셋 벡터의 LSB가 1로 설정된다. 그렇지 않으면, 프로세서는 ARM 모드에서 시작하려고 할 것이며, 결과적으로 hard fault에 야기하게 된다. 이 파일을 어셈블하기 위해서, *as*에 다음의 명령을 사용할 것이다.

```
$> arm-none-eabi-as -mcpu=cortex-m3 -mthumb example1.s -o example1.o
```

이것은 오브젝트 파일 example1.o를 만들어낸다. *-mcpu*와 *-mthumb*라는 옵션은 사용될 명령어 세트를 정의한다. 링크 단계에서 *ld*에 의해 다음과 같이 수행된다.

```
$> arm-none-eabi-ld -Ttext 0x0 -o example1.out example1.o
```

그런 다음, 아래와 같이 Object Copy(*objcopy*)를 사용하여 바이너리 파일을 생성할 수 있다.

```
$> arm-none-eabi-objcopy -Obinary example1.out example1.bin
```

Object Dump(*objdump*)를 사용하여 역어셈블된 코드 리스트를 생성하여 출력물들을 검증할 수도 있다.

```
$> arm-none-eabi-objdump -S example1.out > example1.list
```

그 결과는 다음과 같다.

```
example1.out:     file format elf32-littlearm
Disassembly of section .text:

00000000 <_start>:
    0: 0800       lsrs     r0, r0, #32
    2: 2000       movs     r0, #0
    4: 0009       lsls     r1, r1, #0
    ...
00000008 <start>:
    8: 200a       movs     r0, #10
    a: 2100       movs     r1, #0
0000000c <loop>:
    c:1809        adds     r1, r1, r0
    e:3801        subs     r0, #1
    10: d1fc      bne.n    c <loop>
00000012 <deadloop>:
    12: e7fe      b.n      12 <deadloop>
```

예제 2: 여러 개의 파일들 링크

앞에서 말했듯이, 여러 개의 오브젝트 파일들을 생성하고 그것들을 함께 링크할 수 있다. 여기서는 두 어셈블리 파일인 example2a.s와 example2b.s의 예를 다룰 것이다. example2a.s는 벡터 테이블만을 포함하고 있고, example2b.s는 프로그램 코드를 포함하고 있다. *.global*은 주소를 한 파일에서 다른 파일로 옮기기 위해 사용된다.

```
===================== example2a.s ====================
/* 상수 정의 */
        .equ       STACK_TOP, 0x20000800
        .global vectors_table
        .global start
        .global nmi_handler
        .code 16
        .syntax unified
vectors_table:
        .word STACK_TOP, start, nmi_handler, 0x00000000
        .end
===================== 파일의 끝 =====================

===================== example2b.s ====================
/* 메인 프로그램 */
        .text
        .global _start
        .global start
        .global nmi_handler
        .code 16
        .syntax unified
        .type start, function
        .type nmi_handler, function
_start:
        /* 메인 프로그램의 시작 */
start:
        movs  r0, #10
        movs  r1, #0
        /* 10+9+8+…+1을 계산한다. */
loop:
        adds  r1, r0
        subs  r0, #1
        bne   loop
        /* 결과는 현재 R1 안에 저장되어 있다. */
deadloop:
        b     deadloop
        /* 더미 NMI 핸들러 */
nmi_handler:
        bx    lr
        .end
====================== 파일의 끝 ======================
```

실행 가능한 이미지를 생성하기 위해서는 다음과 같은 단계가 사용된다.

1. example2a.s를 어셈블한다.

```
$> arm-none-eabi-as -mcpu=cortex-m3 -mthumb example2a.s -o example2a.o
```

2. example2b.s를 어셈블한다.

```
$> arm-none-eabi-as -mcpu=cortex-m3 -mthumb example2b.s -o example2b.o
```

3. 오브젝트 파일들을 하나의 이미지로 링크한다. 명령 라인 안에 놓일 오브젝트 파일들의 순서는 최종적인 실행 가능한 이미지에 놓일 오브젝트들의 순서에 영향을 줄 수 있다는 점을 기억해 두자.

```
$> arm-none-eabi-ld -Ttext 0x0 -o example2.out example2a.o example2b.o
```

4. 그러면 바이너리 파일이 생성될 수 있다.

```
$> arm-none-eabi-objcopy -Obinary example2.out example2.bin
```

5. 이전의 예제에서처럼, 정확하게 어셈블된 이미지를 가지고 있는지를 확인하기 위해 리스트 파일을 생성한다.

```
$> arm-none-eabi-objdump -S example2.out > example2.list
```

파일들의 수가 증가함에 따라, UNIX *makefile*을 사용하여 컴파일 과정을 단순화시킬 수 있다. 각각의 개발 툴들은 컴파일 프로세스를 보다 단순하게 하기 위해 그 기능을 내장하여 가지고 있을 수도 있다.

예제 3: 간단한 "Hello World" 프로그램

좀 더 명확하게 하기 위해서, 이제 "Hello World" 프로그램을 만들어보고자 한다. (주: 여기서 UART 초기화는 생략하겠다. 이 예제작업을 하려면, 자신의 시스템에 맞게 UART 초기화 코드를 추가해야 한다. C 언어로 UART를 초기화하는 예제는 20장에 제공되어 있다)

```
====================== example3a.s ======================
/* 상수 정의 */
        .equ      STACK_TOP, 0x20000800
```

```
        .global vectors_table
        .global _start
        .code 16
        .syntax unified
vectors_table:
        .word STACK_TOP, _start
        .end
==================== 파일의 끝 ====================

==================== example3b.s ====================
        .text
        .global _start
        .code 16
        .syntax unified
        .type _start, function
_start:
        /* 메인 프로그램의 시작 */
        movs    r0, #0
        movs    r1, #0
        movs    r2, #0
        movs    r3, #0
        movs    r4, #0
        movs    r5, #0

        ldr     r0, =hello
        bl      puts
        movs    r0, #0x4
        bl      putc
deadloop:
        b       deadloop
hello:
        .ascii  "Hello\n"
        .byte   0
        .align
puts:   /* UART로 문자열을 보내기 위한 서브루틴 */
        /* r0=문자열의 시작 주소 입력 */
        /* 문자열은 null 문자로 끝나야 한다. */
        push    {r0, r1, lr}        /* 레지스터들을 저장한다. */
        mov     r1, r0              /* r0가 putc를 위한 입력으로 사용되기 때문에, r1에
                                    /* 주소를 복사한다. */
```

```
putsloop:
        ldrb.w  r0, [r1], #1         /* 한 문자를 읽고, 주소를 증가시킨다. */
        cbz     r0, putsloopexit     /* 문자가 null이면, 끝으로 이동한다. */
        bl      putc
        b       putsloop
putsloopexit:
        pop     {r0, r1, pc}         /* 리턴 */
.equ    UART0_DATA, 0x4000C000
.equ    UART0_FLAG, 0x4000C018
putc:   /* UART를 통해 문자를 전송하는 서브루틴 */
        /* R0=전송할 문자 입력 */
        push    {r1, r2, r3, lr}     /* 레지스터들을 저장한다. */
        LDR     r1, =UART0_FLAG
putcwaitloop:
        ldr     r2, [r1]             /* 상태 플래그를 읽는다. */
        tst.w   r2, #0x20            /* 송신 버퍼 채움(full) 플래그 비트를 확인한다. */
        bne     putcwaitloop         /* 송신 버퍼가 가득 차있다면 루프를 반복한다. */
        ldr     r1, =UART0_DATA      /* 그렇지 않으면, 데이터를 송신 버퍼로 출력한다. */
        str     r0, [r1]
        pop     {r1, r2, r3, pc}     /* 리턴 */
        .end
===================== 파일의 끝 ========================
```

이 예제에서는 null 종료 문자열을 생성하기 위해 *.ascii*와 *.byte*를 사용하였다. 문자열을 정의한 후, 다음 명령어가 적절한 위치에서 시작할 수 있도록 *.align*을 사용하였다. 만약 이 지시어를 사용하지 않는다면, 어셈블러가 정렬되지 않은 위치에 다음 명령어를 놓을 수도 있다.

프로그램을 컴파일하고 바이너리 이미지를 생성하고 출력물을 역어셈블하기 위해서는 다음과 같은 단계가 사용된다.

```
$> arm-none-eabi-as -mcpu=cortex-m3 -mthumb example3a.s -o example3a.o
$> arm-none-eabi-as -mcpu=cortex-m3 -mthumb example3b.s -o example3b.o
$> arm-none-eabi-ld -Ttext 0x0 -o example3.out example3a.o example3b.o
$> arm-none-eabi-objcopy -Obinary example3.out example3.bin
$> arm-none-eabi-objdump -S example3.out > example3.list
```

예제 4: RAM 안의 데이터

데이터는 보통 SRAM 안에 저장된다. 다음의 간단한 예제는 이를 위해 필요한 과정을 보여주고 있다.

```
======================== example4.s ==========================
    .equ  STACK_TOP, 0x20000800
    .text
    .global _start
    .code 16
    .syntax unified
_start:
    .word STACK_TOP, start
    .type start, function
    /* 메인 프로그램의 시작 */
start:
    movs  r0, #10
    movs  r1, #0
    /* 10+9+8+…+1을 계산한다. */
loop:
    adds  r1, r0
    subs  r0, #1
    bne   loop
    /* 결과는 현재 R1 안에 저장되어 있다. */
    ldr   r0, =Result
    str   r1, [r0]
deadloop:
    b     deadloop
/* 데이터 영역 */
    .data
result:
    .word 0
    .end
==================== 파일의 끝 ======================
```

이 프로그램에서는 데이터 영역을 생성하기 위해 *.data* 지시어가 사용되었다. 이 영역 안에서는 *Result*라는 이름의 공간을 예약해 두기 위해 *.word* 지시어가 사용되었다. 그러면 프로그램 코드는 *Result*라는 라벨 정의를 사용하고 있는 이 영역에 접근할 수 있다.

이 프로그램을 링크하기 위해서는 링커에서 RAM이 어디에 위치하는지를 말해 주어야 한다. 이것은 *-Tdata* 옵션을 사용하여 수행할 수 있는데, *-Tdata* 옵션은 데이터 세그먼트를 원하는 영역으로 설정할 수 있다.

```
$> arm-none-eabi-as -mcpu=cortex-m3 -mthumb example4.s -o example4.o
$> arm-none-eabi-ld -Ttext 0x0 -Tdata 0x20000000 -o example4.out example4.o
$> arm-none-eabi-objcopy -Obinary -R .data example4.out example4.bin
$> arm-none-eabi-objdump -S example4.out > example4.list
```

이 예제에서는 *objcopy*를 동작시킬 때 *–R .data* 옵션이 사용되었다는 것을 기억해 두자. 이것은 데이터 메모리 영역이 바이너리 출력 파일 안에 포함되지 못하게 한다.

예제 5: 어셈블리 파일 없이 C 파일만 존재하는 경우

GNU 툴 체인 안에 있는 주요 컴포넌트 중 하나는 C 컴파일러이다. 이 예제에서는 모든 실행 가능한 이미지 — 리셋 벡터와 스택 포인터 초기화 값조차 — 가 C를 사용하여 코딩되고 있다. 게다가 세그먼트들을 적당한 위치에 놓기 위해 링커 스크립트가 사용된다. 우선 C 프로그램 파일을 살펴보자.

```
====================== example5.c =======================
#define STACK_TOP 0x20000800
#define NVIC_CCR ((volatile unsigned long *)(0xE000ED14))
// 함수 선언
void myputs(char *string1);
void myputc(char mychar);
int main(void);
void nmi_handler(void);
void hardfault_handler(void);
// 벡터 테이블 정의
__attribute__ ((section("vectors")))
void (*const VectorArray[])(void)={
    STACK_TOP,
    main,
    nmi_handler,
    hardfault_handler
    };
```

```
// 메인 프로그램의 시작
int main(void)
{
    const char *helloworld[]="Hello world\n";
    *NVIC_CCR=*NVIC_CCR|0x200; /* NVIC 안에 STKALIGN을 설정한다. */
    myputs(*helloworld);
    while(1);
    return(0);
}

// 함수들
void myputs(char *string1)
{
    char mychar;
    int j;
    j=0;
    do{
    mychar=string1[j];
    if (mychar!=0) {
      myputc(mychar);
      j++;
      }
    } while(mychar!=0);
    return;
}
void myputc(char mychar)
{
    #define UART0_DATA ((volatile unsigned long *)(0x4000C000))
    #define UART0_FLAG ((volatile unsigned long *)(0x4000C018))

    // busy 플래그가 0으로 클리어될 때까지 대기한다.
    while((*UART0_FLAG&0x20)!=0);
    // 문자를 UART로 출력한다.
    *UART0_DATA=mychar;
    return;
}

// 더미 핸들러
void nmi_handler(void)
{
```

```
    return;
}
void hardfault_handler(void)
{
    return;
}
====================== 파일의 끝 =========================
```

벡터 테이블은 *__attribute__*code를 사용하여 정의한다. 이 파일은 벡터 테이블이 어디에 위치하는지를 말해 주지는 않는다. 그것은 링커 스크립트의 작업이다. 간단한 링커 스크립트는 다음과 같은 간단한 .ld와 같은 형태가 될 수 있다.

```
====================== simple.ld ==========================
/* MEMORY 명령: 허락된 메모리 영역을 정의한다. */
/* 이 부분은 링커가 데이터를 입력할 수 있도록 허락된 다양한 메모리 영역을 정의한다.    */
/* 이것은 선택적으로 사용할 수 있으나, 프로그램을 위치시키기에 너무 큰 경우를 링커가  */
/* 경고해 줄 수 있기 때문에 매우 유용하게 사용된다.                                  */
MEMORY
    {
    /* ROM은 읽기가 가능하며(r), 실행 가능한 영역(x)이다.                            */
    rom (rx) : ORIGIN = 0, LENGTH = 2M

    /* RAM은 읽기가 가능하며(r), 쓰기도 가능하며(w), 실행 가능한 영역(x)이다.        */
    ram (rwx) : ORIGIN = 0x20000000, LENGTH = 4M
    }

/* SECTION 명령: 입력 섹션을 출력 섹션으로 매핑하여 정의한다.                         */
SECTIONS
    {
    . = 0x0;            /* 0x00000000부터 시작 */
    .text : {
      *(vectors)        /* 벡터 테이블 */
      *(.text)          /* 프로그램 코드 */
      *(.rodata)        /* 읽기만 가능한 데이터 */
      }
    .=0x20000000;       /* 0x20000000부터 시작 */
    .data:{
      *(.data)          /* 데이터 메모리 */
    }
    .bss:{
```

```
        *(.bss)           /* 동작중 0의 값으로 채워지는 데이터 메모리 */
      }
    }
========================= 파일의 끝 ============================
```

그러면 컴파일 단계에서 메모리 맵 정보가 컴파일러에게 넘어간다.

```
$> arm-none-eabi-gcc -mcpu=cortex-m3 -mthumb example5.c -nostartfiles
  -T simple.ld -o example5.o
```

그런 다음 링커 스크립트 파일을 사용하여 다시 출력 오브젝트 파일이 링크된다.

```
$> arm-none-eabi-ld -T simple.ld -o example5.out example5.o
```

이 경우에는 하나의 소스 파일만을 가지고 있기 때문에 링킹 단계가 생략될 수 있다. 마지막 단계로 바이너리 파일과 역어셈블 리스트 파일을 생성한다.

```
$> arm-none-eabi-objcopy -Obinary example5.out example5.bin
$> arm-none-eabi-objdump -S example5.out > example5.list
```

이 예제에서는 *-nostartfiles*라고 불리는 컴파일러 옵션을 사용하였다. 이것은 C 컴파일러가 스타트업 라이브러리 함수를 실행 가능한 이미지에 삽입하지 못하게 한다. 이것을 수행하는 이유 중 하나는 프로그램 이미지의 크기를 줄이기 위함이다. 하지만, 이 옵션을 사용하는 주요한 이유는 GNU 툴 체인의 스타트업 라이브러리 코드가 배포하는 공급자들에 따라 달라질 수 있다는 데에 있다. 그것들 중 일부는 Cortex-M3를 위해 적합하지 않을 수도 있다. 그것들은 ARM7(이것들은 Thumb 코드 대신 ARM 코드를 사용한다)과 같은 전통적인 ARM 프로세서용으로 컴파일되어 있을 수도 있다.

대부분의 경우에는 사용되는 어플리케이션과 라이브러리에 따라, 데이터 영역의 초기화와 같은 초기화 과정을 수행하기 위해 스타트업 라이브러리를 사용해야 할 수도 있다(예를 들어, 어플리케이션을 동작시키는 데이터 영역은 0으로 초기화되어야 한다). 다음의 예제는 이를 위한 간단한 셋업 과정을 보여주고 있다.

예제 6: 표준 C 스타트업 코드가 있는 C 파일

보통의 경우에는 C 프로그램이 컴파일될 때, 표준 C 라이브러리 스타트업 코드가 출력물 안에 자동으로 포함된다. 이것은 런-타임 라이브러리들이 정확하게 초기화되는 것을 보장한다. C 라이브러리 스타트업 코드는 GNU 툴 체인에 의해 제공된다. 하지만, 그 셋업 과정은 툴 체인 공급자들에 따라 다를 수 있다. 다음의 예제는 CodeSourcery GNU ARM Tool Chain 버전 2006q3-26을 기반으로 하고 있다. 이 버전을 사용할 경우, 정확한 스타트업 코드 오브젝트 파일, armv7m-crt0.o를 구하기 위해 CodeSourcery 지원팀에 연락을 해야 한다. 왜냐하면, 이 버전은 Thumb 코드보다는 ARM 코드에서 컴파일된 부정확한 스타트업 코드를 제공하고 있기 때문이다. 이 문제는 버전 2006q3-27 또는 그 상위 버전에서 수정되었다. 다른 벤더들이 제공하는 GNU 툴 체인 버전들은 다른 스타트업 코드와 다른 파일명을 사용할 수도 있다. 스타트업 코드를 정의하기에 가장 적합한 것이 무엇인지 결정하기 위해서 툴 체인에서 제공하는 문서들을 확인해 보도록 하자.

C 스타트업 소스 코드를 컴파일하기 전에, 예제 5 안에 있는 C 프로그램 중 몇 가지를 수정해야 한다. 스타트업 코드 armv7m-crt0는 디폴트로 벡터 테이블을 포함하고 있으며, *_nmi_isr*과 *_fault_isr*이라는 이름으로 정의된 NMI 핸들러와 hard fault 핸들러도 가지고 있다. 따라서 C 코드에서 벡터 테이블을 제거해야 하며, NMI 핸들러와 hard fault 핸들러의 이름을 바꾸어야 한다.

```
====================== example6.c ===========================
// 함수 선언
void myputs(char *string1);
void myputc(char mychar);
int  main(void);
void _nmi_isr(void);
void _fault_isr(void);

// 메인 프로그램의 시작
int main(void)
{
    const char *helloworld[]={"Hello World\n"};

    myputs(*helloworld);
    while(1);
    return(0);
}

// 함수들
void myputs(char *string1)
```

```
{
    char mychar;
    int j=0;
    do {
      mychar=string1[j];
      if (mychar!=0) {
        myputc(mychar);
        j++;
        }
      } while(mychar!=0);

    return;
}

void myputc(char mychar)
{
    #define UART0_DATA((volatile unsigned long *)(0x4000C000))
    #define UART0_FLAG((volatile unsigned long *)(0x4000C018))

    // busy 플래그가 0으로 클리어될 때까지 대기한다.
    while((*UART0_FLAG&0x20)!=0);
    // 문자를 UART로 출력한다.
    *UART0_DATA=mychar;
    return;
}

// 더미 핸들러
void _nmi_isr(void)
{
    return;
}
void _falut_isr(void)
{
    return;
}
======================= 파일의 끝 ==========================
```

CodeSourcery 초기화에는 많은 링커 스크립트들이 포함되어 있다. 그것들은 codesourcery/sourcery g++/arm-none-eabi/lib 디렉토리 상에 위치할 수 있다. 다음의 예제에서는 lm3s8xx-rom.ld가 사용된다. 이 링커 스크립트는 Luminary Micro

LM3S8XX 시리즈 소자를 지원한다.

C 프로그램 코드 위치가 배정될 때에는 현재의 디렉토리 외에, *lib*라고 불리는 라이브러리 서브디렉토리가 현재 디렉토리 안에 생성된다. 이것은 라이브러리 검색 경로 설정을 보다 쉽게 만들어준다. 스타트업 코드 오브젝트 파일인 armv7m-crt0.o와 필요한 링커 스크립트는 이 *lib* 디렉토리에 복사된다. 다음의 예제에서 *-L lib* 옵션은 라이브러리 검색 경로와 같은 디렉토리 *lib*를 정의한다.

이제 C 프로그램을 컴파일할 수 있다.

```
$> arm-none-eabi-gcc -mcpu=cortex-m3 -mthumb example6.c -L lib -T
  lm3s8xx-rom.ld -o example6.out
```

이것은 example6.out와 같은 출력 오브젝트 파일을 생성하고 링크한다. 오브젝트 파일은 하나밖에 없기 때문에, 바이너리 파일이 바로 생성될 수 있다.

```
$> arm-none-eabi-objcopy -Obinary example6.out example6.bin
```

역어셈블 코드의 생성은 이전 예제에서와 동일하다.

```
$> arm-none-eabi-objdump -S example6.out > example6.list
```

특별한 레지스터로의 접근

CodeSourcery GNU ARM 툴 체인은 특별한 레지스터로의 접근을 지원한다. 특별한 레지스터들의 이름은 소문자로 써야 한다. 예를 들어,

```
msr  control, r1
mrs  r1, control
msr  apsr, R1
mrs  r0, psr
```

지원하지 않는 명령어 사용하기

만약 다른 GNU ARM 툴 체인을 사용하고 있는 경우, 사용하고 있는 GNU 어셈블러

가 사용하고자 하는 어셈블리 명령어들을 지원하지 않을 수도 있다. 이러한 상황에서는 *.word*를 사용하여 바이너리 데이터의 형태로 명령어를 삽입할 수 있다. 예를 들어,

```
.equ        DW_MSR_CONTROL_R0, 0x8814F380

            ...
            MOV  R0, #0x1
.word       DW_MSR_CONTROL_R0  /* 이것은 프로세서를 사용자 모드로 설정한다. */
            ...
```

GNU C 컴파일러 내의 인라인 어셈블러

ARM C 컴파일러에서처럼, GNU C 컴파일러도 인라인 어셈블러를 지원한다. 표기법은 다소 다르다.

```
__asm ( "inst1 op1, op2, … \n"
        "inst2 op1, op2, … \n"
        …
        "inst op1, op2, … \n"
        : output_operands          /* 선택 가능 */
        : input_operands           /* 선택 가능 */
        : clobbered_register_list  /* 선택 가능 */
        );
```

예를 들어, 다음과 같이 슬립 모드로 진입하는 간단한 코드를 살펴보자.

```
void Sleep(void)
{  // Wait-For-Interrupt를 사용하여 슬립 모드로 진입한다.
  __asm(
    "WFI\n"
    );
}
```

어셈블러 코드가 입력변수와 출력변수를 가지고 있어야 한다면 — 예를 들어, 다음과 같은 코드에서 변수를 5로 나누는 경우 — 어셈블러 코드는 다음과 같이 작성될 수 있다.

```
unsigned int DataIn, DataOut;  /* 입력과 출력을 위한 변수 */
...
__asm  ("mov    r0, %0\n"
        "mov    r3, #5\n"
        "udiv   r0, r0, r3\n"
        "mov    %1, r0\n"
        : "=r" (DataOut) : "r" (DataIn) : "cc", "r3" );
```

이 코드에서 입력 매개변수는 *DataIn*(%0 첫 번째 매개변수)이라고 불리는 C 변수이며, 그 코드는 *DataOut*(%1 두 번째 매개변수)이라고 불리는 또 다른 C 변수로 그 결과를 리턴한다. 인라인 어셈블러 코드는 그것들을 변경된 레지스터 리스트에 나열하기 위해 레지스터 *r3*를 수동으로 수정하고 상태 플래그 *cc*를 변경한다.

인라인 어셈블러에 대한 보다 많은 예제들을 살펴보고자 한다면, 인터넷에서 GNU 툴 체인 문서 *GCC-Inline-Assembly-HOWTO*를 찾아보도록 하자.

Chapter **20**

KEIL RealView MDK를 이용하여 개발 시작하기

이 장의 내용

- 개요
- µVision으로 시작하기
- UART를 통해 "Hello World" 메시지 출력하기
- 소프트웨어 테스트하기
- 디버거 사용하기
- 명령어 세트 시뮬레이터
- 벡터 테이블 수정하기
- 인터럽트를 가진 스톱워치 예제

개요

Cortex-M3를 위해 다양한 상용 개발 플랫폼이 이용될 수 있다. 가장 대표적으로 사용되는 상용 플랫폼으로는 KEIL사의 RealView MDK(RealView Microcontroller Development Kit)가 있다. RealView MDK는 다음과 같은 다양한 컴포넌트들을 포함하고 있다.

- μVision
- 통합개발환경(Integrated Development Environment: IDE)
- 디버거
- 시뮬레이터
- ARM사의 RealView 컴파일 툴
  1. C/C++ 컴파일러
  2. 어셈블러
  3. 링커
- RTX 실시간 커널
- 마이크로컨트롤러를 위한 상세한 스타트업 코드
- 플래시 프로그래밍 알고리즘
- 프로그램 예제

RealView MDK를 가지고 Cortex-M3를 배울 때에는 Cortex-M3 하드웨어가 필요 없다. μVision 환경은 개발 보드를 요구하지 않는 간단한 프로그램들을 테스트해 볼 수 있는 명령어 세트 시뮬레이터를 포함하고 있다.

RealView MDK는 또한 다음과 같은 다른 툴 체인을 가지고 사용될 수도 있다.

- GNU ARM 컴파일러
- ADS(ARM Development Suite)

KEIL 웹사이트(www.keil.com)에서는 KEIL 툴에 대한 무료 평가 버전 CD-ROM을 구할 수 있다. 이 버전은 Luminary Micro Stellaris Evaluation Kit[1](www.

[1] Stellaris는 Luminary Micro의 등록 상표이다.

luminarymicro.com) 안에도 포함되어 있다.

μVision으로 시작하기

RealView MDK에는 많은 예제들이 제공된다. 여기에는 Luminary Micro Stellaris 마이크로컨트롤러 제품들을 위한 몇 가지 예제들도 포함되어 있다. 이러한 예제들은 바로 사용할 수 있는 막강한 디바이스 드라이버 라이브러리를 제공한다. 어플리케이션 개발을 시작하기 위해 제공된 예제들을 쉽게 수정할 수도 있고, 이로부터 프로젝트를 개발할 수도 있다. 다음의 예제들은 이러한 방법들을 보여준다. 이 장에서 설명하고 있는 예제들은 v3.03 베타 버전과 Luminary Micro LM32811 소자를 기반으로 하고 있다.

RealView MDK를 설치하면, 프로그램 메뉴에서 μVision을 시작할 수 있다. 설치 후, μVision은 전통적인 ARM 프로세서를 위한 디폴트 프로젝트로 시작된다. 현재 프로젝트를 닫고, 풀-다운 메뉴의 **New Project**를 선택하여 새로운 프로젝트를 시작할 수도 있다(그림 20.1 참고).

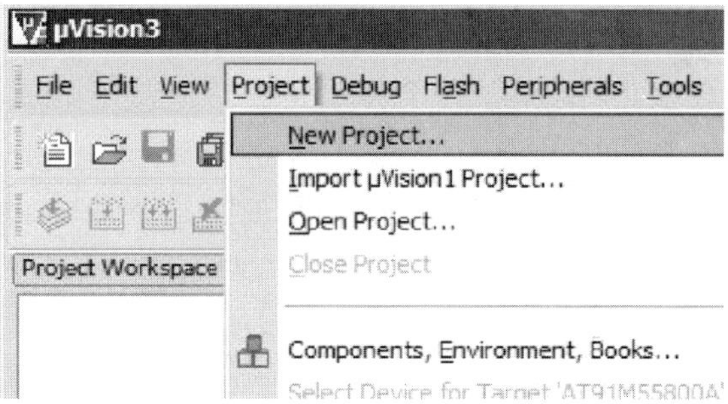

그림 20.1 프로그램 메뉴에서 New Project 선택하기

여기에는 Cortex-M3라고 불리는 새로운 프로젝트 디렉토리가 생성되어 있다(그림 20.2 참고).

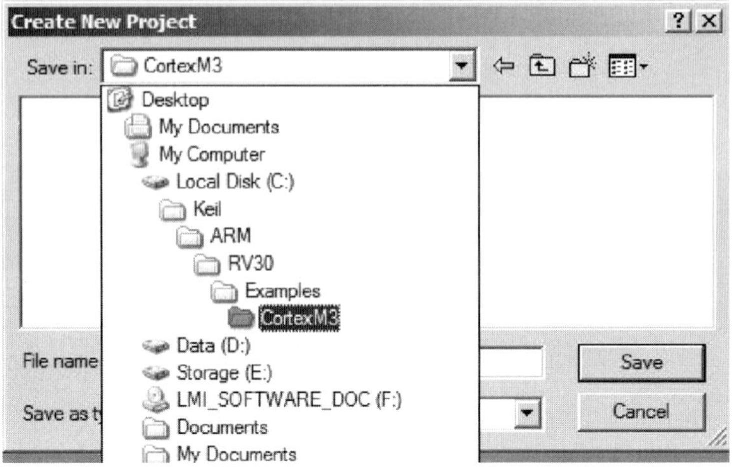

그림 20.2 CortexM3 프로젝트 디렉토리 선택하기

이제 이 프로젝트를 위한 타깃 소자를 선택해야 한다. 이 예제에서는 LM3S811이 선택되었다(그림 20.3 참고).

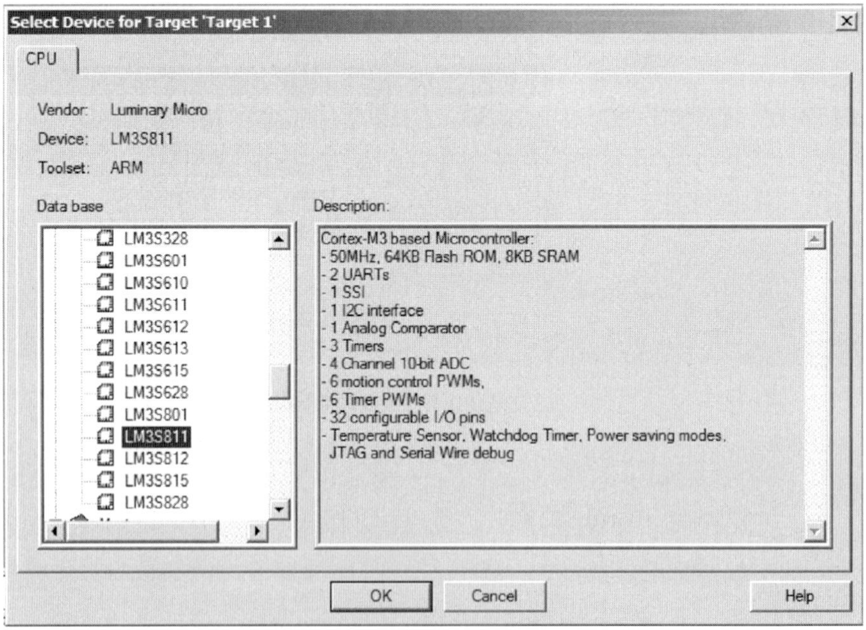

그림 20.3 LM3S811 소자 선택하기

그러면, 소프트웨어는 디폴트 스타트업 코드를 사용할 것인지 물을 것이다. 이때, **Yes** 를 선택한다(그림 20.4 참고).

그림 20.4 디폴트 스타트업 코드 사용을 선택하기

이제 Startup.s 라고 불리는 파일 하나만을 가진 Hello 라는 프로젝트가 만들어졌다(그림 20.5 참고).

그림 20.5 디폴트 스타트업 코드를 가지고 생성된 프로젝트

메인 프로그램을 포함하고 있는 새로운 C 프로그램 파일을 생성할 수 있다(그림 20.6 참고).

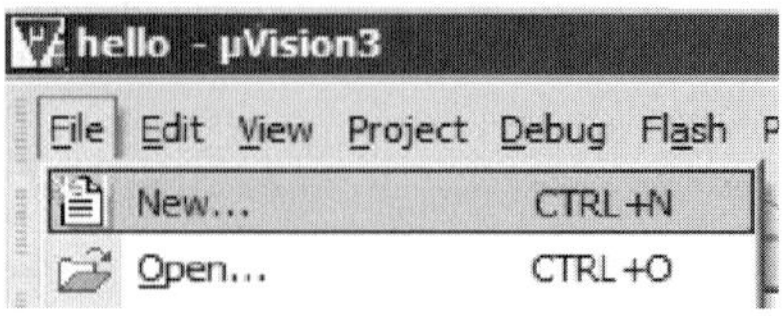

그림 20.6 새로운 C 프로그램 파일 생성하기

텍스트 파일은 hello.c로 생성되어 저장된다(그림 20.7 참고).

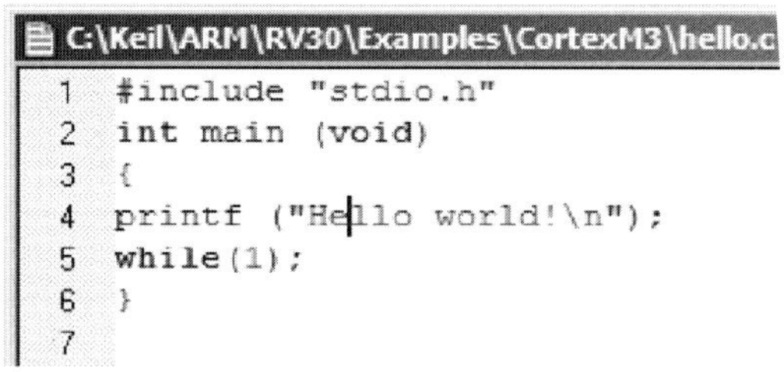

C:\Keil\ARM\RV30\Examples\CortexM3\hello.c
#include "stdio.h"
int main (void)
{
printf ("Hello world!\n");
while(1);
}

그림 20.7 Hello World C 예제

이제 오른쪽을 클릭하여 **Source Group 1**을 선택함으로써 프로젝트에 이 파일을 추가한다(그림 20.8 참고).

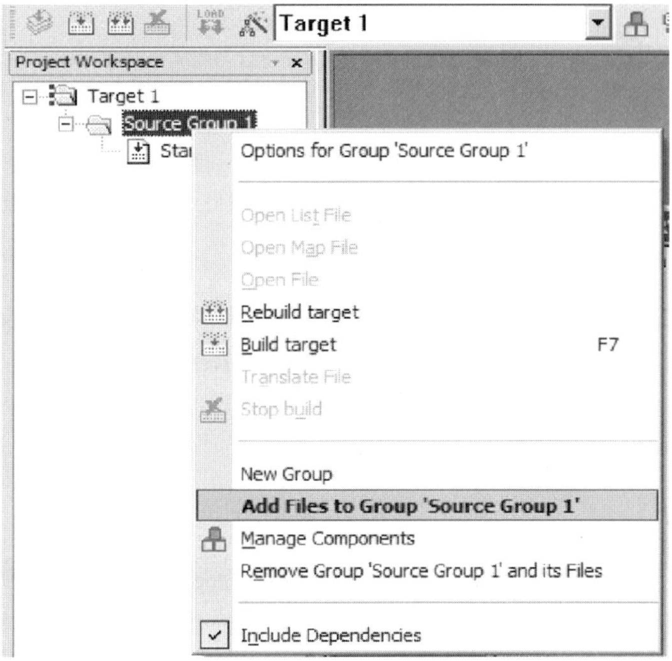

그림 20.8 Hello World C 예제를 프로젝트에 추가하기

타깃과 파일 그룹의 이름 다시 짓기

타깃명인 Target 1과 파일 그룹명인 Source Group 1은 보다 분명한 의미를 부여하기 위해 이름을 다시 지을 수 있다. 이것은 프로젝트 워크스페이스에서 Target 1과 Source Group 1을 클릭하고 거기에서 이름을 편집하여 수행할 수 있다.

생성된 **hello.c**를 선택한 다음, Add File 창을 닫는다. 이제 프로젝트는 두 개의 파일들을 포함하고 있다(그림 20.9 참고).

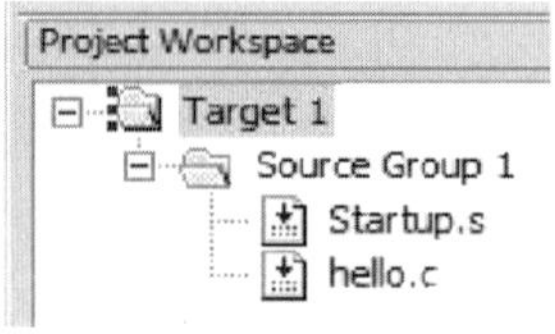

그림 20.9 Hello World C 예제가 추가된 프로젝트 창

프로젝트의 진입점(entry point)을 정의하기 위해서는 링커 세팅을 설정해야 한다. Misc Control 상자 안에 있는 **entry Reset_Handler**를 추가한다(그림 20.10 참고). 이 옵션은 프로그램의 시작점을 정의한다. *Reset_Handler*는 Startup.s 안에 있는 명령어 주소이다.

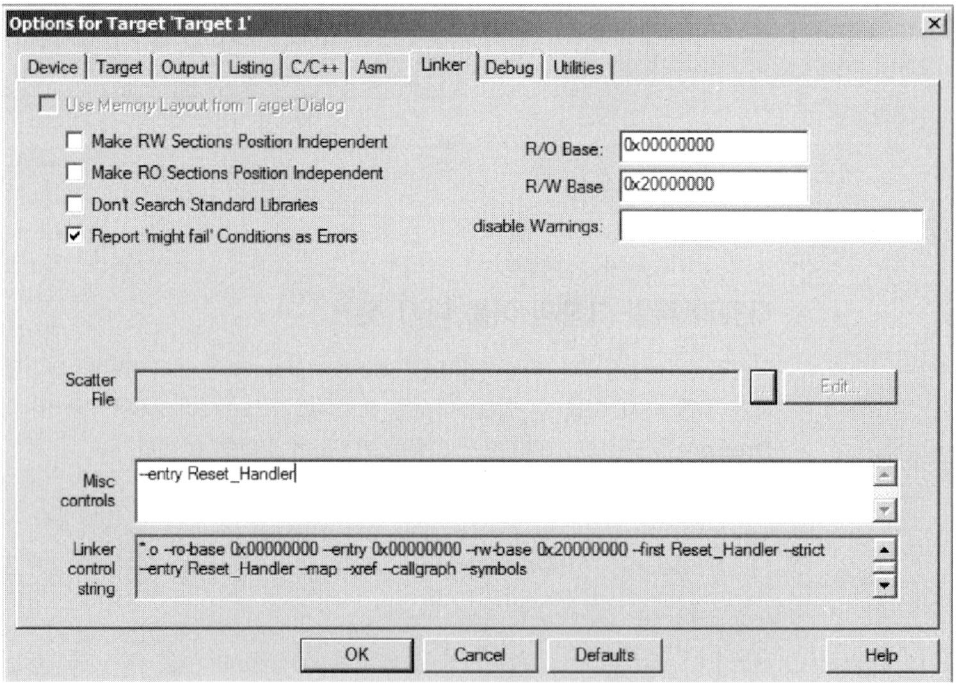

그림 20.10 프로젝트에서 진입점 정의하기

이제 프로그램을 컴파일할 수 있다. **Target 1**에서 마우스 오른쪽 버튼을 클릭하여, **Build target**을 선택한다(그림 20.11 참고).

그러면 출력 창에서 컴파일을 성공했다는 메시지를 발견할 수 있을 것이다(그림 20.12 참고).

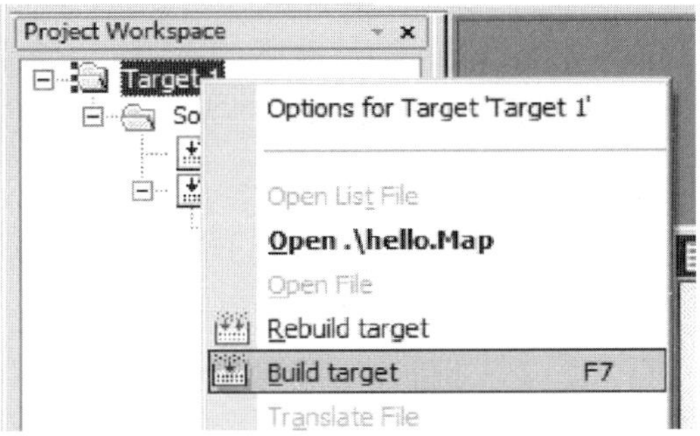

그림 20.11 컴파일 시작하기

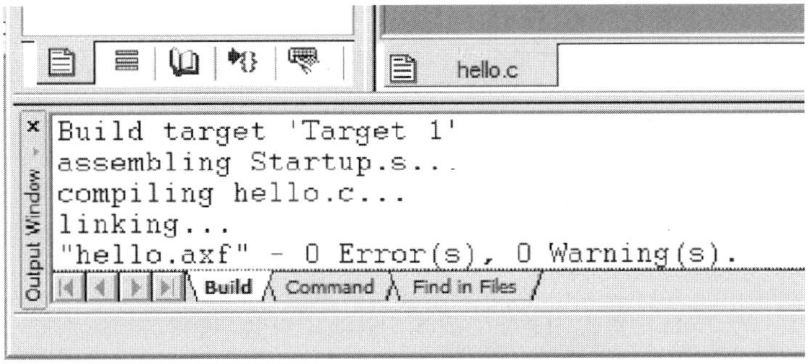

그림 20.12 출력 창의 컴파일 결과

UART를 통해 "Hello World" 메시지 출력하기

생성한 프로그램 코드를 살펴보면, 표준 C 라이브러리 안에 있는 *printf* 함수를 사용했음을 알 수 있다. C 라이브러리는 현재 사용하고 있는 실제 하드웨어를 알지 못하기 때문에, 칩 상의 UART와 같은 실제 하드웨어를 사용하여 문자 메시지를 출력하기를 원한다면 추가 코드를 작성해야 한다.

이 책의 앞부분에서 설명한 것처럼, 실제 하드웨어로의 출력을 구현하는 것을 **리타깃팅**(retargeting)이라고 부른다. 리타깃팅 코드는 문자 출력을 생성하는 것 외에 오류 처리 및 프로그램 종료를 위한 함수들도 포함할 수 있다. 이 예제에서는 문자 출력 리타깃팅만을 다루고 있다.

다음의 코드에서는 "Hello World" 메시지가 LM3S811 소자의 UART0로 출력되는 것을 보여주고 있다. 사용되는 타깃 시스템으로는 루미너리마이크로사의 LM3S811 평가 보드를 사용하였다. 이 보드는 클럭 소스로 사용되는 6MHz의 크리스털과 간단한 셋업 과정을 거친 후, 클럭 주파수를 50MHz까지 끌어올리는 역할을 하는 내부 PLL 모듈을 가지고 있다. 보레이트는 115200으로 설정되어 있으며, 윈도우즈 PC 상에서 동작하는 하이퍼터미널에 출력된다.

printf 메시지를 리타깃팅하기 위해서는 *fputc* 함수를 구현해야 한다. 다음의 코드에서는 *sendchar* 함수라고 부르는 *fputc* 함수를 만들었는데, 이것은 UART 제어를 수행한다.

```
=================== hello.c ====================
#include "stdio.h"
#define  CR       0x0D              // 캐리지 리턴
#define  LF       0x0A              // 라인피드

void Uart0Init(void);
void SetClockFreq(void);
int sendchar(int ch);

// 6MHz 클럭을 사용하기 위해 다음과 같이 정의한다.
#define  CLOCK50MHZ

// 레지스터 주소
#define  SYSCTRL_RCC      ((volatile unsigned long *)(0x400FE060))
#define  SYSCTRL_RIS      ((volatile unsigned long *)(0x400FE050))
#define  SYSCTRL_RCGC1    ((volatile unsigned long *)(0x400FE104))
#define  SYSCTRL_RCGC2    ((volatile unsigned long *)(0x400FE108))
#define  GPIOPA_AFSEL     ((volatile unsigned long *)(0x40004420))

#define  UART0_DATA       ((volatile unsigned long *)(0x4000C000))
```

```
#define  UART0_FLAG      ((volatile unsigned long *)(0x4000C018))
#define  UART0_IBRD      ((volatile unsigned long *)(0x4000C024))
#define  UART0_FBRD      ((volatile unsigned long *)(0x4000C028))
#define  UART0_LCRH      ((volatile unsigned long *)(0x4000C02C))
#define  UART0_CTRL      ((volatile unsigned long *)(0x4000C030))
#define  UART0_RIS       ((volatile unsigned long *)(0x4000C03C))

int main(void)
{
 SetClockFreq(); // 클럭 설정(50MHz/6MHz)
 Uart0Init();    // Uart0 초기화

 printf("Hello world!\n");
 while(1);
}

void SetClockFreq(void)
{
#ifdef   CLOCK50MHZ
// BYPASS를 1로 설정하고, USRSYSDIV와 SYSDIV를 0으로 설정한다.
*SYSCTRL_RCC = (*SYSCTRL_RCC & 0xF83FFFFF)|0x800;
// OSCSRC, PWRDN, OEN을 0으로 설정한다.
*SYSCTRL_RCC = (*SYSCTRL_RCC & 0xFFFFCFCF);
// SYSDIV를 변경하고, USRSYSDIV와 크리스털값을 1로 설정한다.
*SYSCTRL_RCC = (*SYSCTRL_RCC & 0xF87FFC3F)|0x01C002C0;
// PLLLRIS가 1이 될 때까지 대기한다.
while((*SYSCTRL_RIS & 0x40)==0);   // PLLLRIS가 1이 될 때까지 대기한다.
// BYPASS를 0으로 설정한다.
*SYSCTRL_RCC = (*SYSCTRL_RCC & 0xFFFFF7FF);
#else
// BYPASS를 1로 설정하고, USRSYSDIV와 SYSDIV를 0으로 설정한다.
*SYSCTRL_RCC = (*SYSCTRL_RCC & 0xF83FFFFF)|0x800;
#endif
return;
}

void Uart0Init(void)
{
*SYSCTRL_RCGC1=*SYSCTRL_RCGC1|0x0003;       // UART0 & UART1 클럭 활성화
*SYSCTRL_RCGC2=*SYSCTRL_RCGC2|0x0001;       // PORTA 클럭 활성화
```

```
*UART0_CTRL=0;              // UART 비활성화
#ifdef CLOCK50MHZ
*UART0_IBRD=27;             // 보레이트를 50MHz 클럭으로 설정
*UART0_FBRD=9;
#else
*UART0_IBRD=3;              // 보레이트를 6MHz 클럭으로 설정
*UART0_FBRD=17;
#endif
*UART0_LCRH=0x60;   // 8비트, 패러티 비트 없음
*UART0_CTRL=0x301;  // TX와 RX 활성화, UART 활성화
*GPIOPA_AFSEL=*GPIOPA_AFSEL|0x3;   // GPIO 핀을 UART0로 사용

return;
}

/* 한 문자를 UART0로 출력한다(데이터를 출력하기 위해 printf 함수가 사용된다). */
int sendchar(int ch)
{
  if(ch=='\n'){
   while((*UART0_FLAG & 0x8));      // UART0가 사용중이라면 대기
   *UART0_DATA=CR;                  // 하이퍼터미널 상에 디스플레이를 정확하게
  }                                 // 하기 위해 추가적으로 CR을 출력
  while((*UART0_FLAG & 0x8));       // UART0가 사용중이라면 대기
  return((*UART0_DATA=ch);          // 데이터 출력
}
/* 문자 출력을 위해 코드를 리타깃팅한다. */
int fputc(int ch, FILE *f){
 return(sendchar(ch));
}
=============== 파일의 끝 =======================
```

SetupClockFreq 루틴은 시스템 클럭을 50MHz로 설정한다. 셋업 시퀀스는 소자에 따라 다르다. 만약 CLOCK50MHZ 컴파일 지시어가 설정되어 있지 않다면, 클럭 주파수를 6MHz로 설정하기 위해 서브루틴이 사용될 수도 있다.

UART 초기화는 *Uart0Init* 서브루틴 안에서 수행된다. 셋업 과정에는 115200의 보레이트를 제공하기 위해 보레이터 생성기를 셋업하는 작업이 포함되어 있다; 여기서는 UART를 8비트, 패러티 비트 없음, 정지 비트 1로 설정하고 UART 핀들이 GPIO 포트 A와 공유되어 있기 때문에, GPIO 포트를 특정 기능으로 변경한다. UART와

GPIO에 접근하기 전에, 이 블록들을 위한 클럭이 활성화되어 있어야 한다. 이것은 SYSCTRL_ RCGC1과 SYSCTRL_RCGC2에 값을 써서 수행할 수 있다.

리타깃팅 코드는 문자 출력을 위해 이미 정의되어 있는 함수인 *fputc*에 의해 수행된다. 이 함수는 문자를 UART로 출력하기 위해 *sendchar* 함수를 호출한다. *sendchar* 함수는 새로운 라인이 감지될 때, 추가적으로 캐리지리턴(CR) 문자를 출력한다. 이는 하이퍼터미널 상에 정확하게 문자 출력이 되기 위해 필요하다. 그렇지 않으면, 새로운 라인에 있는 새로운 문자가 이전 라인의 문자 위에 덮어 쓰여지게 될 것이다.

hello.c 프로그램이 리타깃팅 코드를 포함하도록 수정된 후, 이 프로그램을 다시 컴파일하도록 하자.

소프트웨어 테스트하기

만약 루미너리마이크로사의 LM3S811 평가 보드를 가지고 있다면, 컴파일된 프로그램을 플래시로 다운로드하여 하이퍼터미널에 "Hello World" 메시지가 디스플레이되는지 확인해 볼 수 있다. 평가 보드에서 동작할 수 있도록 소프트웨어 드라이버들을 셋업하였다고 가정하고, 프로그램을 다운로드하고 테스트하기 위해서 다음과 같은 단계들을 따르도록 하자.

먼저, 플래시 다운로드 옵션을 설정하도록 하자. 이것은 그림 20.13에서 볼 수 있듯이 풀-다운 메뉴에서 설정 가능하다.

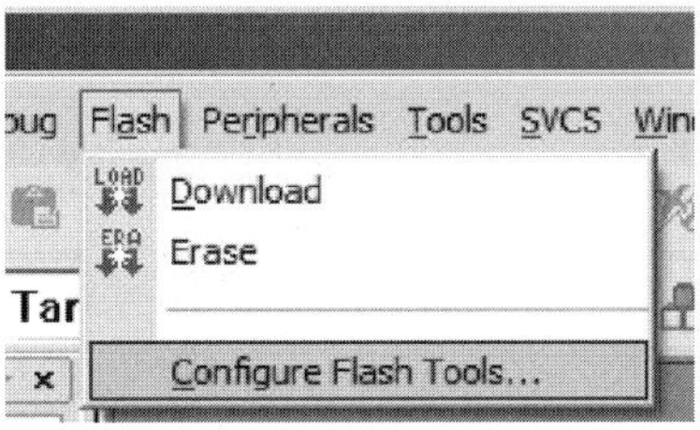

그림 20.13 플래시 프로그래밍 설정 셋업하기

이 메뉴 안에서 다운로드 타깃으로 **Luminary Evaluation Board**를 선택한다(그림

20.14 참고).

그런 다음, 풀-다운 메뉴 안에서 **Download**를 선택하여 칩 안에 있는 플래시로 프로그램을 다운로드할 수 있다(그림 20.15 참고).

그러면, 다운로드가 완료되었다는 것을 가리키는 그림 20.16에서와 같은 메시지가 나타날 것이다. 주: 보드가 하이퍼터미널에서 이미 동작하고 있다면, 플래시로 프로그래밍을 하기 전에 하이퍼터미널을 닫고 PC에서 USB 케이블을 제거한 다음, 다시 연결하도록 하자.

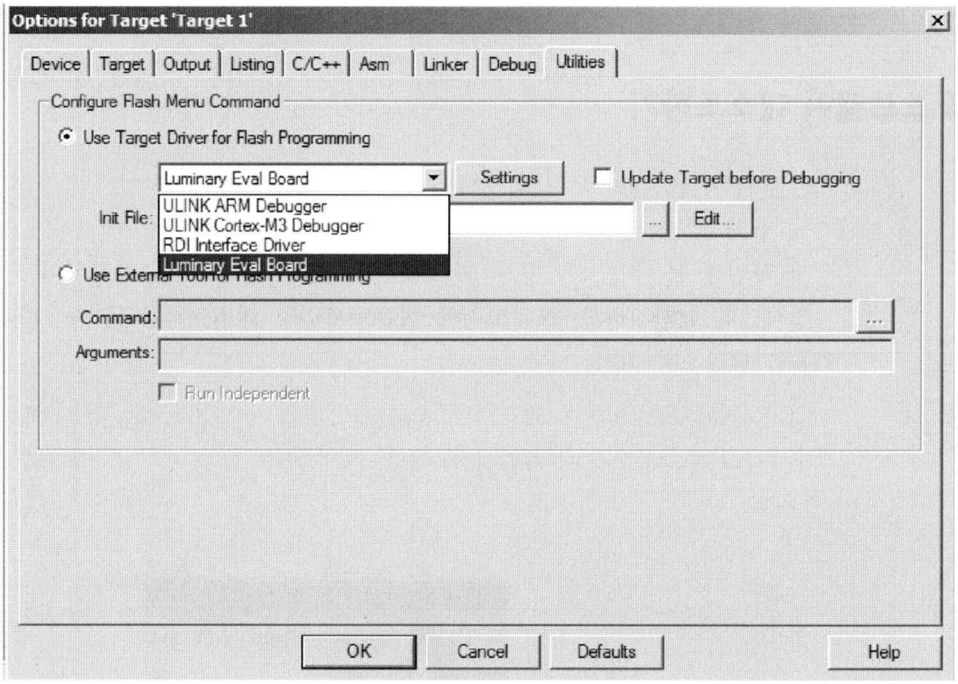

그림 20.14 플래시 프로그래밍 드라이버 선택하기

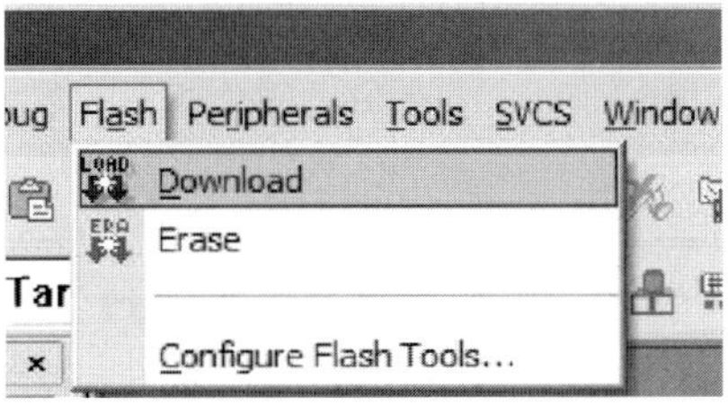

그림 20.15 다운로드 과정 시작하기

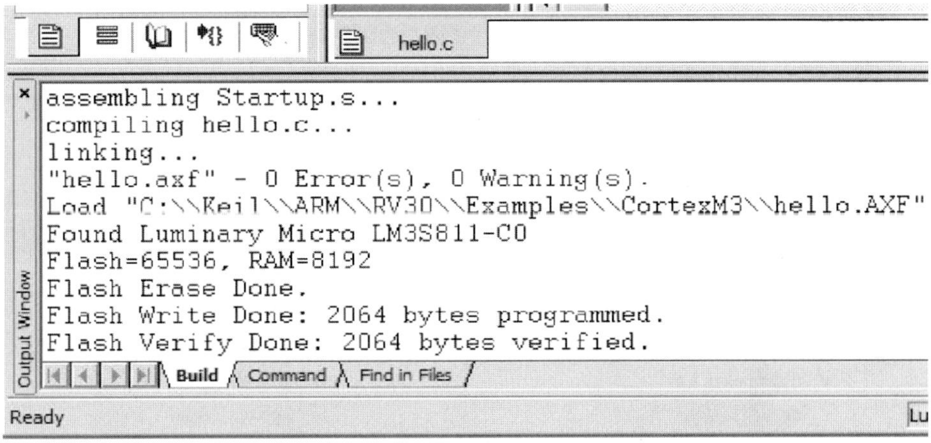

그림 20.16 출력 창에 표기된 다운로드 과정

프로그래밍이 완료된 후, 하이퍼터미널을 시작하고, USB 연결을 통해 가상 COM 포트 드라이버를 사용하여 보드에 연결하면, 마이크로컨트롤러 상에서 동작하는 프로그램으로부터의 문자 출력을 확인할 수 있다(그림 20.17 참고).

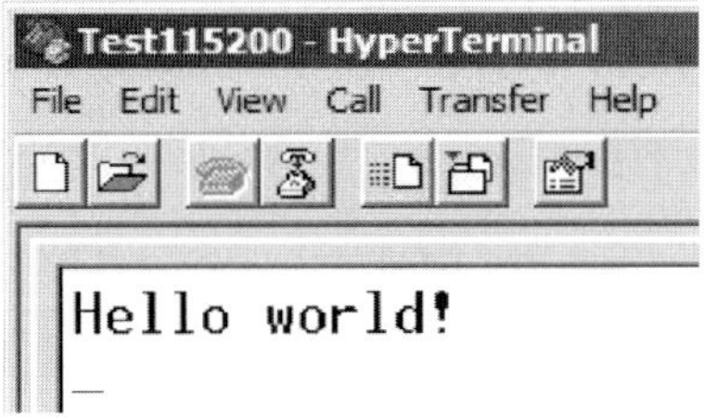

그림 20.17 하이퍼터미널 콘솔 창에 나타난 Hello World 예제 출력

디버거 사용하기

어플리케이션을 디버깅하기 위해서는 Luminary 평가 보드에 μVision에 있는 디버거를 연결하여 사용할 수 있다. 프로젝트 **Target 1**에서 오른쪽 마우스를 클릭하여 **Options**를 선택하면, 디버그 옵션을 볼 수 있다. 이 경우 그림 20.18과 같이 디버깅을 위해 **Luminary Eval Board**를 사용하겠다고 선택한다.

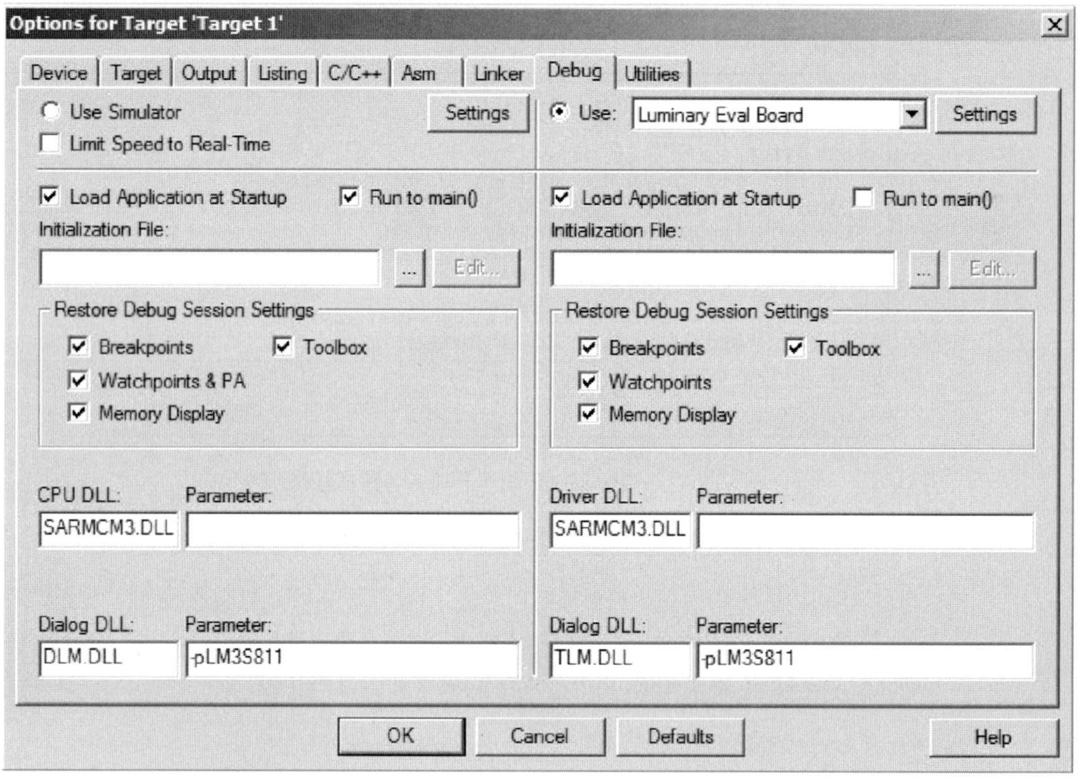

그림 20.18 μVision 디버거에서 Luminary Micro 평가 보드를 사용하도록 설정하기

그런 다음, 풀-다운 메뉴에서 디버그 세션을 시작한다(그림 20.19 참고). 주: 보드가 하이퍼터미널에서 이미 동작하고 있다면, 디버그 세션을 시작하기 전에 하이퍼터미널을 닫고 PC에서 USB 케이블을 제거한 다음, 다시 연결하도록 하자.

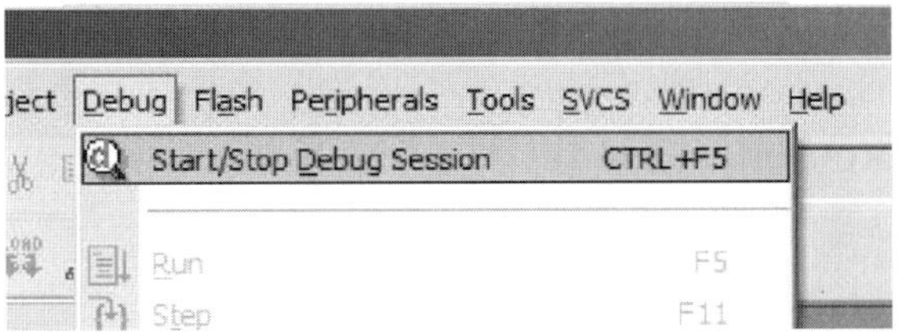

그림 20.19 µVision 안에 있는 디버그 세션 시작하기

디버거가 시작될 때, IDE는 레지스터 내용을 디스플레이하기 위해 레지스터 화면을 제공한다. 그리고 역어셈블리 코드 창도 제공되며, 현재의 명령어 주소를 볼 수도 있다. 그림 20.20에서는 코어가 *Reset_Handler*에서 정지되어 있음을 확인할 수 있다.

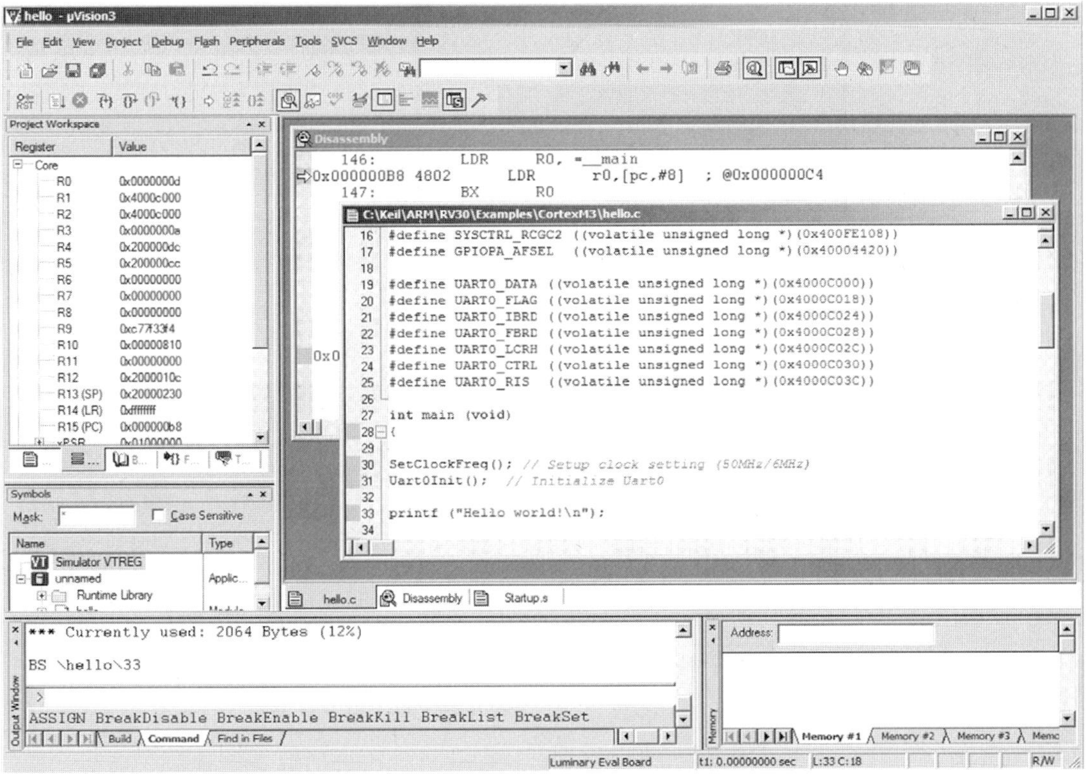

그림 20.20 µVision 디버그 환경

테스트를 위해 메인의 시작에서 프로그램 실행을 멈추도록 브레이크포인트를 설정한다. 이는 프로그램 코드 창에서 마우스 오른쪽 버튼을 클릭한 다음, **Insert/Remove Breakpoint**(그림 20.21 참고)를 선택함으로써 설정할 수 있다. 주: 메인의 시작에서 프로그램 실행을 멈추게 하기 위해 디버그 옵션 중 *Run to main( )* 기능을 사용할 수도 있다.

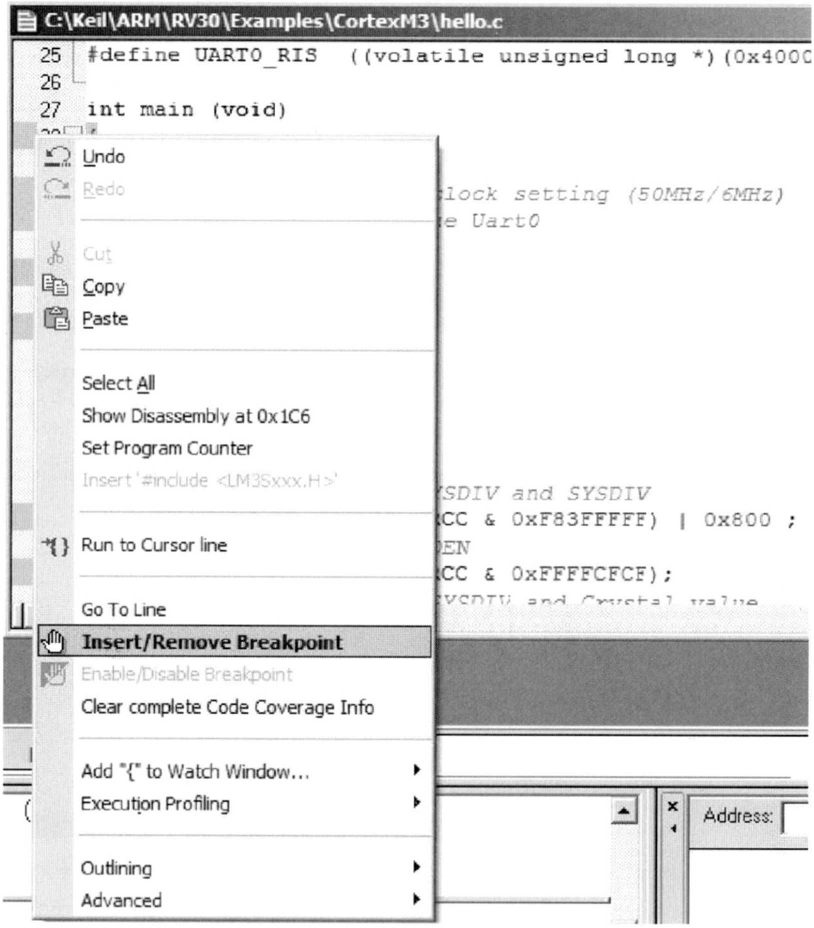

그림 20.21 브레이크포인트 삽입 또는 제거

툴 바의 **Run** 버튼을 누르면, 프로그램 실행이 시작된다(그림 20.22 참고).

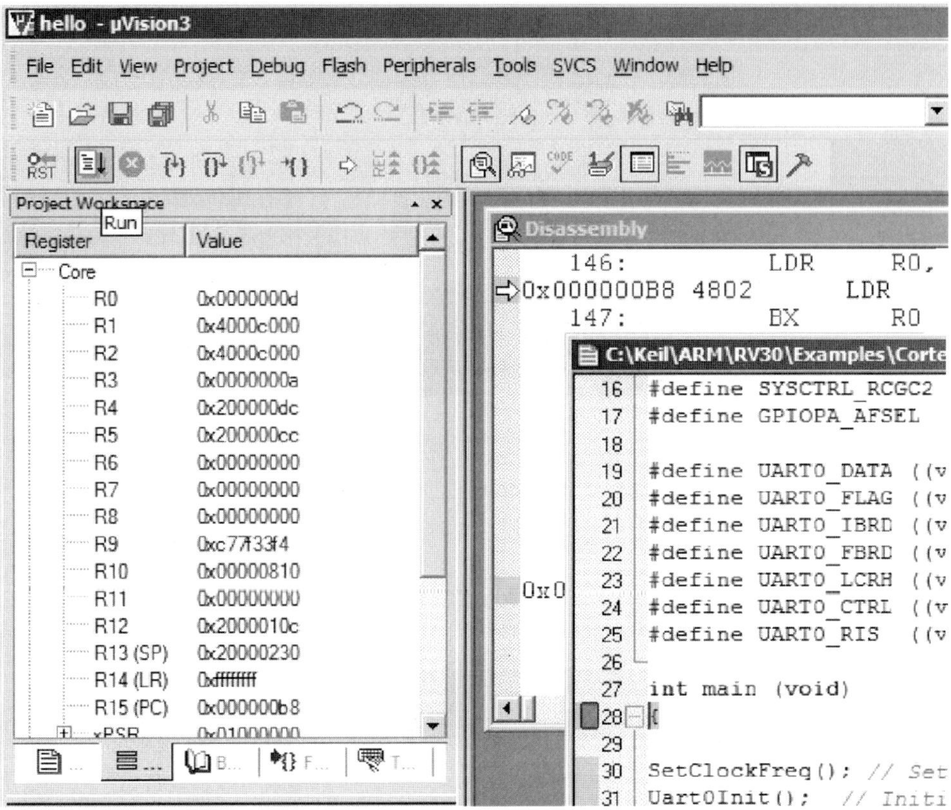

그림 20.22 Run 버튼을 사용하여 프로그램 실행 시작하기

프로그램이 시작되면, 그것은 메인 프로그램의 시작 위치에서 정지된다(그림 20.23 참고).

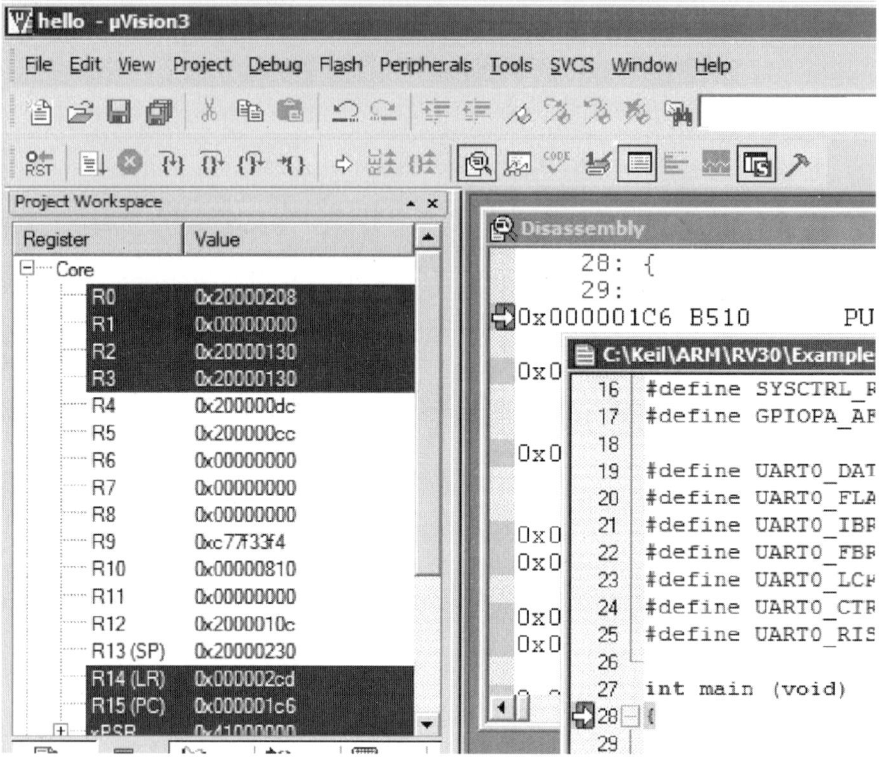

그림 20.23 브레이크포인트를 만났을 때, 메인의 시작에서 프로그램 실행이 중단됨

어플리케이션을 테스트하기 위해서는 툴 바의 스텝 제어 기능을 사용할 수 있으며, 레지스터 창에서 그 결과를 살펴볼 수 있다.

명령어 세트 시뮬레이터

µVision IDE는 어플리케이션을 디버깅하기 위해 사용될 수 있는 명령어 세트 시뮬레이터를 제공하고 있다. 그 동작은 하드웨어와 함께 디버거를 사용하는 것과 유사한데, 이것은 Cortex-M3를 배우는 데 유용한 툴이다. 명령어 세트 시뮬레이터를 사용하기 위해서, 프로젝트의 디버그 옵션을 **Use Simulator**로 변경하도록 하자(그림 20.24 참고). 시뮬레이터가 모든 하드웨어 주변장치 동작을 시뮬레이팅할 수는 없다. 따라서 UART 인터페이스 코드는 정확하게 시뮬레이션되지 않을 수도 있다.

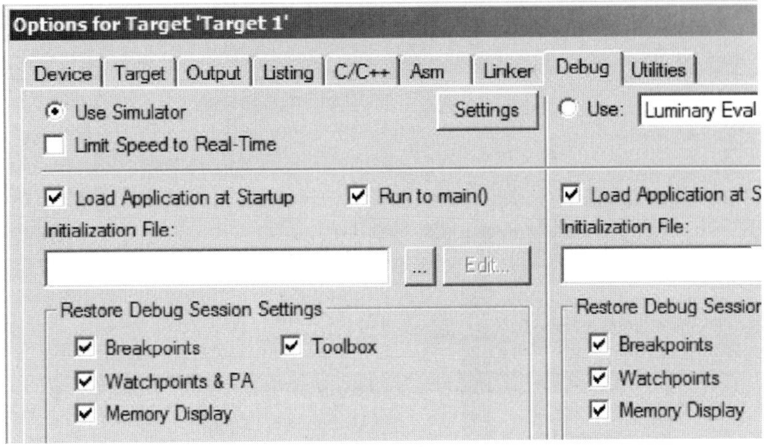

그림 20.24 디버깅 타깃으로 Simulator 선택하기

디버깅을 위해 시뮬레이터를 사용할 때, 시뮬레이션을 위한 메모리 설정을 조정해야 한다. 이것은 디버깅 세션이 시작된 다음, **Memory Map**에 접근하여 조정할 수 있다(그림 20.25 참고).

예를 들면, UART 메모리 주소 범위를 메모리 맵에 추가해야 한다(그림 20.26 참고). 그렇지 않으면, UART에 접근을 시도할 때 시뮬레이터에서 abort 익셉션이 발생하게 된다.

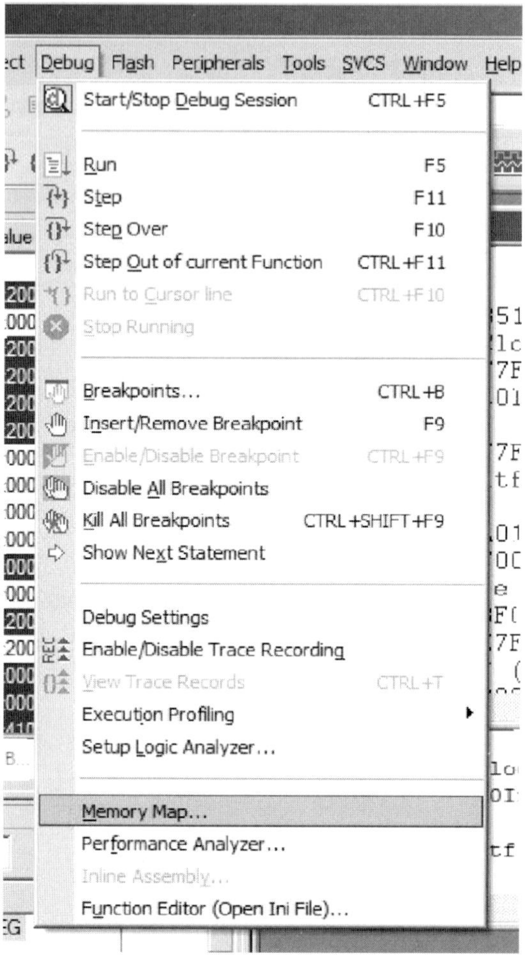

그림 20.25 Memory Map 옵션 선택하기

벡터 테이블 수정하기

이전의 예제에서 Startup.s 파일 안에 벡터 테이블이 정의되어 있는데, 이것은 툴이 자동으로 준비하는 표준 스타트업 코드이다. 이 파일은 벡터 테이블과 디폴트 리셋 핸들러, 디폴트 NMI 핸들러, 디폴트 하드 결함 핸들러, 디폴트 인터럽트 핸들러를 포함하고 있다. 이러한 익셉션 핸들러들은 어플리케이션에 따라 커스터마이즈되거나 수정

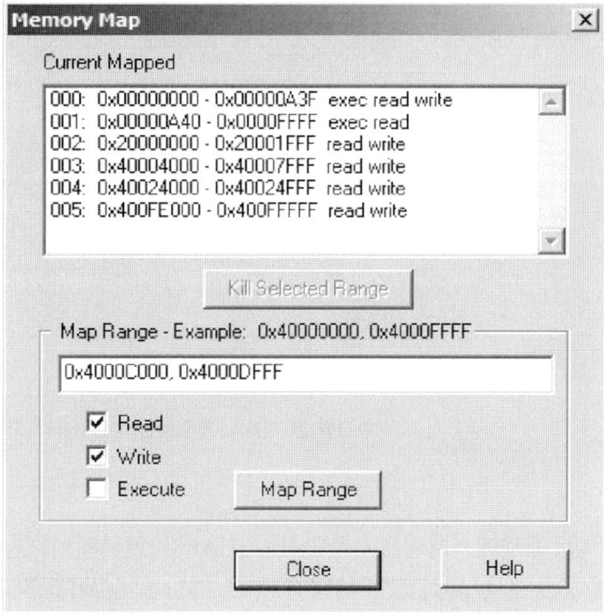

그림 20.26 시뮬레이터 메모리 설정에 UART 메모리 추가하기

될 수도 있다. 예를 들어, 어플리케이션에서 주변장치 인터럽트가 요구되는 경우, 인터럽트가 발생하였을 때 생성한 인터럽트 서비스 루틴(ISR)이 실행될 수 있도록 벡터 테이블을 변경해야 한다.

디폴트 익셉션 핸들러는 Startup.s 안에 어셈블리 코드 형태로 되어 있다. 하지만, 익셉션 핸들러는 C로 작성될 수도 있으며, 다른 어셈블리 프로그램 파일 안에 존재할 수도 있다. 이러한 경우, 인터럽트 핸들러 주소 라벨이 다른 파일 안에 있다는 것을 가리키기 위해 어셈블러 안에 IMPORT 명령을 써야 한다. 다음 절에서는 이 명령이 어떻게 사용되는지, 그리고 C로 익셉션을 처리하는 간단한 예제를 보일 것이다.

인터럽트를 가진 스톱워치 예제

이 예제는 SYSTICK과 인터럽트(UART0)와 같은 익셉션들의 사용을 포함하고 있다. 새로 만들 스톱워치는 그림 20.27에서처럼 세 가지의 상태를 가지고 있다.

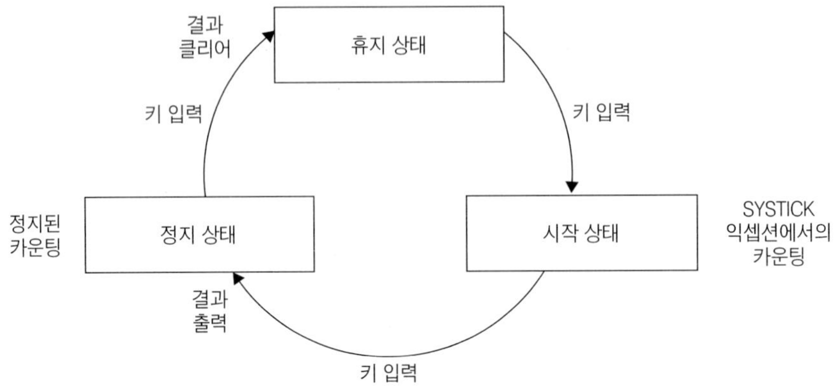

그림 20.27 스톱워치를 위한 상태 기계 설계

이전의 예제에서처럼, 스톱워치는 UART 인터페이스를 사용하여 PC에서 제어된다. 예제 코드를 단순화하기 위해서 동작 속도를 50MHz로 고정한다.

타이밍 측정은 SYSTICK에 의해 수행되는데, 이것은 100Hz 주기로 프로세서에게 인터럽트를 건다. SYSTICK은 50MHz에서 코어 클럭 주파수를 동작시킨다. 스톱워치가 실행되면, SYSTICK 익셉션 핸들러가 실행될 때마다 카운터 변수인 *TickCounter*가 증가한다.

UART를 통한 문자 출력은 상대적으로 느리기 때문에, 스톱워치의 제어는 익셉션 핸들러 내부에서 처리되며, 문자의 출력과 스톱워치값은 메인(쓰레드 레벨)에서 수행된다. 스톱워치의 시작, 끝, 초기화를 제어하기 위해 간단한 소프트웨어 상태 기계(state machine)가 사용된다. 상태 기계는 UART 핸들러를 통해 제어되는데, 문자가 수신될 때마다 트리거된다.

"Hello World" 예제에서 사용된 동일한 절차를 사용하여, *stopwatch*라고 불리는 새로운 프로젝트를 시작해 보자. hello.c 대신에 stopwatch.c라고 불리는 C 프로그램 파일이 추가되어 있다.

```
==================== stopwatch.c ========================
#include "stdio.h"
#define CR         0x0D    // 캐리지 리턴
#define LF         0x0A    // 라인피드
```

```
void    Uart0Init(void);
void    SysTickInit(void);
void    SetClockFreq(void);
void    DisplayTime(void);
vodi    PrintValue(int value);
int     sendchar(int ch);
int     getkey(void);
void    Uart0Handler(void);
void    SysTickHandler(void);

// 레지스터 주소
#define SYSCTRL_RCC          ((volatile unsigned long *)(0x400FE060))
#define SYSCTRL_RIS          ((volatile unsigned long *)(0x400FE050))
#define SYSCTRL_RCGC1        ((volatile unsigned long *)(0x400FE104))
#define SYSCTRL_RCGC2        ((volatile unsigned long *)(0x400FE108))
#define GPIOPA_AFSEL         ((volatile unsigned long *)(0x40004420))
#define UART0_DATA           ((volatile unsigned long *)(0x4000C000))
#define UART0_FLAG           ((volatile unsigned long *)(0x4000C018))
#define UART0_IBRD           ((volatile unsigned long *)(0x4000C024))
#define UART0_FBRD           ((volatile unsigned long *)(0x4000C028))
#define UART0_LCRH           ((volatile unsigned long *)(0x4000C02C))
#define UART0_CTRL           ((volatile unsigned long *)(0x4000C030))
#define UART0_IM             ((volatile unsigned long *)(0x4000C038))
#define UART0_RIS            ((volatile unsigned long *)(0x4000C03C))
#define UART0_ICR            ((volatile unsigned long *)(0x4000C044))

#define NVIC_IRQ_EN0  ((volatile unsigned long *)(0xE000E100))

// 전역변수
volatile int             CurrState;       // 현재 상태
volatile unsigned long   TickCounter;     // 스톱워치값
volatile int             KeyReceived;     // 사용자가 키를 눌렀다는 것을 알려줌
volatile int             userinput;       // 사용자에 의해 눌린 키

#define   IDLE_STATE      0               // 시스템 상태 정의
#define   RUN_STATE       1
#define   STOP_STATE      2

int main(void)
{
```

```
int        CurrStateLocal;  // 지역변수

// 전역변수 초기화
CurrState=0;
KeyReceived=0;

// 하드웨어의 초기화
SetClockFreq();    // 클럭 설정(50MHz) 셋업
Uart0Init();       // Uart0 초기화
SysTickInit();     // Systick 초기화

printf("Stop Watch \n");

while(1){
  CurrStateLocal=CurrState;    // UART 핸들러에 의해 언제든 변경될 수 있기 때문에
  // 복사본을 만들어둔다.
  switch(CurrStateLocal){
   case(IDLE_STATE):
    printf("\nPress any key to start\n");
    break;
   case(RUN_STATE):
    printf("\nPress any key to stop\n");
    break;
   case(STOP_STATE):
    printf("\nPress any key to clear\n");
    break;
   default:
    CurrState=IDLE_STATE;
    break;
   } // switch 구문의 끝
   while(KeyReceived==0){
    if(CurrState==RUN_STATE){
     DisplayTime();
     }
    }; // 사용자의 입력 대기
    if(CurrStateLocal==STOP_STATE){
      TickCounter=0;
      DisplayTime(); // 결과가 클리어되었다는 것을 가리키는 디스플레이
      }
     else if(CurrStateLocal==RUN_STATE){
```

```
            DisplayTime(); // 결과를 디스플레이
            }
        if(KeyReceived!=0) KeyReceived=0;

    }; // while 루프의 끝
} // main의 끝

void SetClockFreq(void)
{
// BYPASS를 1로 설정하고, USRSYSDIV와 SYSDIV를 0으로 설정한다.
*SYSCTRL_RCC = (*SYSCTRL_RCC & 0xF83FFFFF)|0x800;
// OSCSRC, PWRDN, OEN을 0으로 설정한다.
*SYSCTRL_RCC = (*SYSCTRL_RCC & 0xFFFFCFCF);
// SYSDIV를 변경하고, USRSYSDIV와 크리스털값을 1로 설정한다.
*SYSCTRL_RCC = (*SYSCTRL_RCC & 0xF87FFC3F)|0x01C002C0;
// PLLLRIS가 1이 될 때까지 대기한다.
while((*SYSCTRL_RIS & 0x40)==0); // PLLLRIS가 1이 될 때까지 대기한다.
// BYPASS를 0으로 설정한다.
*SYSCTRL_RCC = (*SYSCTRL_RCC & 0xFFFFF7FF);
return;
}
// UART0 초기화
void Uart0Init(void)
{

*SYSCTRL_RCGC1=*SYSCTRL_RCGC1|0x0003;        // UART0 & UART1 클럭 활성화
*SYSCTRL_RCGC2=*SYSCTRL_RCGC2|0x0001;        // PORTA 클럭 활성화
*UART0_CTRL=0;                // UART 비활성화
*UART0_IBRD=27;               // 보레이트를 50MHz 클럭으로 프로그래밍
*UART0_FBRD=9;
*UART0_LCRH=0x60;             // 8비트, 패러티 비트 없음
*UART0_CTRL=0x301;            // TX와 RX 활성화, UART 활성화
*UART0_IM=0x10;               // 수신 데이터를 위해 UART 인터럽트 활성화
*GPIOPA_AFSEL=*GPIOPA_AFSEL|0x3;    // GPIO 핀을 UART0로 사용
*NVIC_IRQ_EN0=(0x1<<5);       //NVIC에서 UART 인터럽트 활성화

return;
}

// SYSTICK 초기화
```

```
void SysTickInit(void)
{

#define NVIC_STCSR       ((volatile unsigned long*)(0xE000E010))
#define NVIC_RELOAD      ((volatile unsigned long*)(0xE000E014))
#define NVIC_CURRVAL     ((volatile unsigned long*)(0xE000E018))
#define NVIC_CALVAL      ((volatile unsigned long*)(0xE000E01C))

*NVIC_STCSR  =0;         // SYSTICK 비활성화
*NVIC_RELOAD =499999;    // 100Hz를 위한 값을 50MHz 클럭으로 로드
*NVIC_CURRVAL=0;         // 현재값을 0으로 설정
*NVIC_STCSR  =0x7;       // SYSTICK을 인터럽트, 코어 클럭으로 활성화
return;
}
// SYSTICK 익셉션 핸들러
void SysTickHandler(void)
{
if(CurrState==RUN_STATE){
  TickCounter++;
  }
return;
}
// UART0 RX 인터럽트 핸들러
void Uart0Handler(void)
{
userinput=getkey();
// 키가 수신되었다는 것을 가리킨다.
KeyReceived++;
// UART 인터럽트 펜딩 클리어
*UART0_ICR=0x10;
// 상태 변경
switch(CurrState){
  case(IDLE_STATE):
    CurrState=RUN_STATE;
    break;
  case(RUN_STATE):
    CurrState=STOP_STATE;
    break;
  case(STOP_STATE):
    CurrState=IDLE_STATE;
    break;
```

```
  default:
    CurrState=IDLE_STATE;
    break;
  } // switch 구문의 끝
return;
}
// 시간값 디스플레이하기
void DisplayTime(void)
{
unsigned long TickCounterCopy;
unsigned long TmpValue;

sendchar(CR);
TickCounterCopy=TickCounter; // 그 값이 SYSTICK 핸들러에 의해 언제든 변경될 수
// 있기 때문에, 지역변수 복사본을 만들어둔다.
TmpValue=TickCounterCopy/6000; // 분
PrintValue(TmpValue);
TickCounterCopy=TickCounterCopy-(TmpValue*6000);
TmpValue=TickCounterCopy/100; // 초
sendchar(':');
PrintValue(TmpValue);
TmpValue=TickCounterCopy-(TmpValue*100);
sendchar(':');
PrintValue(TmpValue); // 밀리-초
sendchar(' ');
sendchar(' ');
return;
}
// 10진수값 디스플레이하기
void PrintValue(int value)
{
printf("%d", value);
return;
}

// 한 문자를 UART0로 출력한다(데이터를 출력하기 위해 printf 함수가 사용된다).
int sendchar(int ch)
{
  if(ch=='\n'){
    // while((*UART0_FLAG & 0x8)); // UART0가 사용중이라면 대기
```

```
        while((*UART0_FLAG & 0x20));     // TXFIFO가 가득 차있다면 대기
        *UART0_DATA=CR;                  // 하이퍼터미널 상에 디스플레이를 정확하게
      }                                  // 하기 위해 추가적으로 CR을 출력
      // while((*UART0_FLAG & 0x8));     // UART0가 사용중이라면 대기
      while((*UART0_FLAG & 0x20));       // TXFIFO가 가득 차있다면 대기
      return(*UART0_DATA=ch);            // 데이터 출력
    }
    // 사용자 입력
    int getkey(void){                    // 시리얼 포트를 통해 문자 수신
      while((*UART0_FLAG & 0x10));       // RXFIFO가 비어 있다면 대기
      return(*UART0_DATA);
    }
    // 문자 출력 리타깃팅
    int fputc(int ch, FILE *f){
      return(sendchar(ch));
    }
    ====================== 파일의 끝 =======================
```

문자가 UART 인터페이스를 통해 수신될 때 인터럽트를 활성화하기 위해 UART 초기화가 다소 변경되었다. UART 인터럽트 요청을 활성화하기 위해서, 인터럽트는 NVIC에서뿐만 아니라 UART 인터럽트 마스크 레지스터에서도 활성화되어야 한다. SYSTICK을 위해서는 SYSTICK 제어 및 상태 레지스터에서의 익셉션 제어를 프로그래밍해야 한다.

또한 UART 및 SYSTICK 핸들러, 디스플레이 함수, SYSTICK 초기화를 포함하여 많은 추가 함수들이 추가된다. 주변장치의 설계에 따라, 익셉션/인터럽트 핸들러는 익셉션/인터럽트 요청을 클리어해야 할 필요가 있을 수도 있다. 이 경우 UART 핸들러는 인터럽트 클리어 레지스터(UART0_ICR)를 사용하여 UART 인터럽트 요청을 클리어한다. 익셉션 핸들러를 셋업하기 위해 스타트업 코드 Startup.s 역시 수정된다(그림 20.28 참고).

핸들러는 C 프로그램 파일 안에 있기 때문에, 주소 라벨이 다른 파일에 있다는 것을 어셈블러에게 알려주기 위해 IMPORT 명령이 필요하다.

프로그램을 컴파일하고 평가 보드에 다운로드한 다음, 하이퍼터미널을 실행하고 있는 PC에 연결하여 테스트해 볼 수 있다. 그림 20.29는 그 결과를 보여주고 있다.

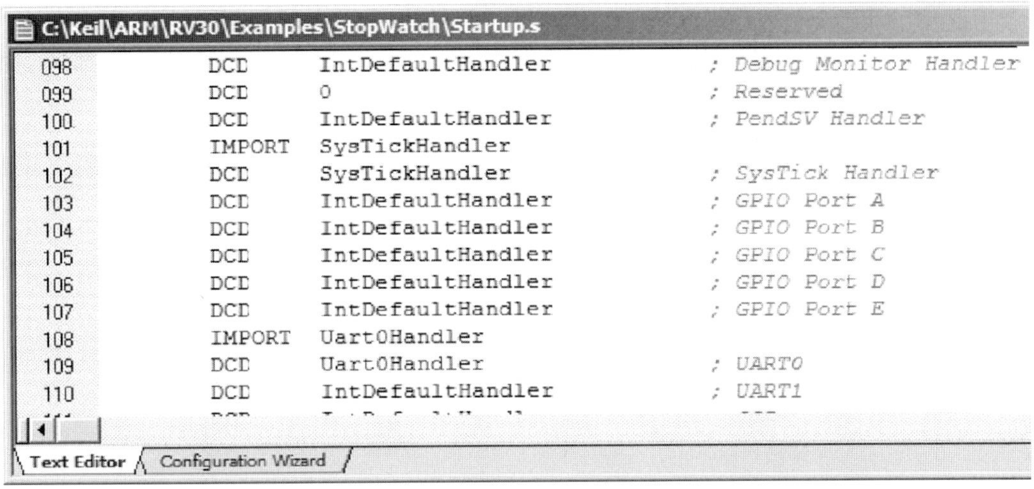

그림 20.28 IMPORT와 DCD 명령을 사용하여 벡터 테이블에 SysTickHandler와 Uart0Handler 추가

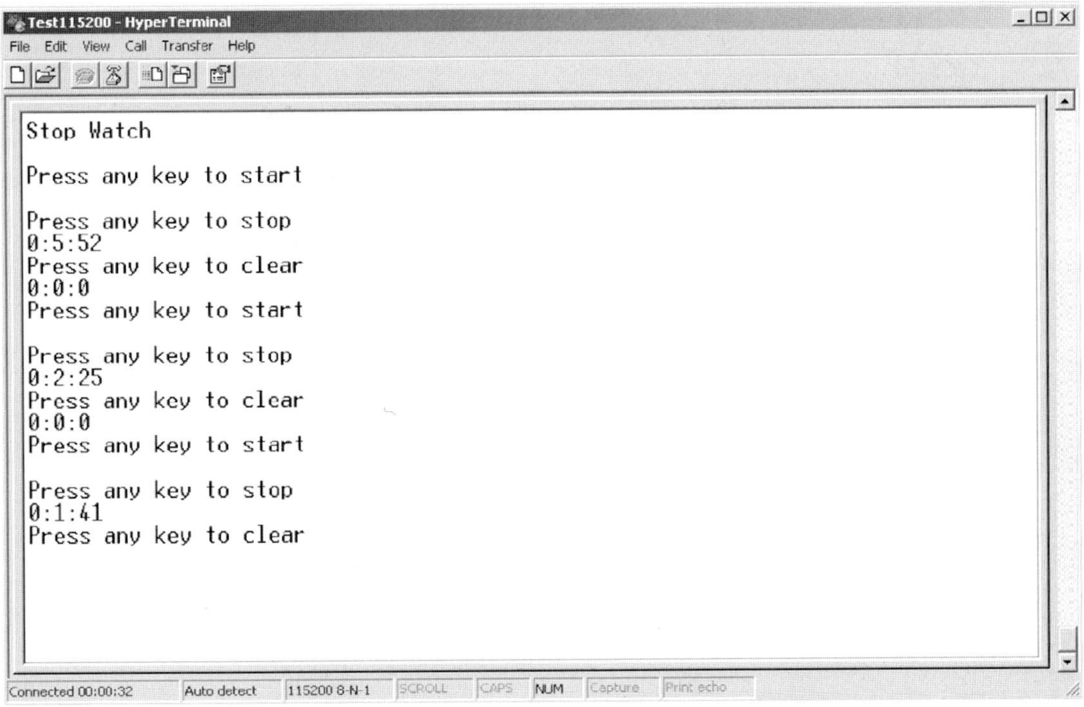

그림 20.29 하이퍼터미널 콘솔 상에 스톱워치 예제가 출력된 모습

주: 테스트 보드가 Luminary Micro 평가 보드이고, UART 통신을 위해 가상 COM 포트가 사용된다면, 가상 COM 포트 디바이스 드라이버와 관련된 문제 때문에, 이 예제는 정확하게 동작하지 않을 수도 있다(하이퍼터미널에서의 키 입력이 보드로 전송될 수 없다). 이 경우에는 디바이스 드라이버만 있고, RealView MDK는 설치되어 있지 않은 다른 PC에서 프로그램을 테스트해 볼 필요가 있다.

Appendix A

Cortex-M3 명령어 요약

이 내용은 ARM사의 허가 하에 *Cortex-M3 Technical Reference Manual*의 내용을 복제한 것이다. 플러스 기호(+)가 표시된 명령어들은 플래그(APSR)가 업데이트된다는 것을 가리킨다.

지원되는 16비트 Thumb 명령어

표 A.1 지원되는 16비트 Thumb 명령어

어셈블러	동작
ADC <Rd>, <Rm>$^+$	레지스터값에 레지스터값과 C 플래그를 더한다. Rd = Rd + Rm + C
ADD <Rd>, <Rn>, #<immed_3>$^+$	레지스터값에 3비트 상수값을 더한다. Rd = Rn + immed_3
ADD <Rd>, #<immed_8>$^+$	레지스터값에 8비트 상수값을 더한다. Rd = Rd + immed_8
ADD <Rd>, <Rn>, <Rm>$^+$	하위 레지스터값과 하위 레지스터값을 더한다. Rd = Rn + Rm
ADD <Rd>, <Rm>	상위 레지스터값과 하위 또는 상위 레지스터값을 더한다.
ADD <Rd>, PC, #<immed_8>*4	레지스터값에 4 x (8비트 상수값) + (워드 정렬된 PC값)을 더한다. Rd = PC + 4*immed_8
ADD <Rd>, SP, #<immed_8>*4	레지스터값에 4 x (8비트 상수값) + (워드 정렬된 SP값)을 더한다. Rd = SP + 4*immed_8
ADD SP, #<immed_7>*4	SP에 4 x (7비트 상수값)을 더한다. SP = SP + 4*immed_7
AND <Rd>, <Rm>$^+$	레지스터값을 논리적 AND 연산 Rd = Rd AND Rm
ASR <Rd>, <Rm>, #<immed_5>$^+$	상수값만큼 오른쪽으로 산술 시프트 Rd = Rm >> immed_5
ASR <Rd>, <Rs>$^+$	레지스터 안에 있는 수만큼 오른쪽으로 산술 시프트 Rd = Rm >> Rs
B<cond> <target_address_8>	조건 분기: 만약 <cond>이면, PC = (PC+4) + (SignExtend(target_address_8)*2)

표 A.1 (계속)

어셈블러	동작
B <target_address_11>	무조건 분기: PC = (PC+4) + (SignExtend(target_address_11)*2)
BIC <Rd>, <Rm>+	비트 클리어: Rd = Rd AND (NOT Rm)
BKPT <immed_8>	소프트웨어 브레이크포인트
BL <target_address_11>	링크 분기
BLX <Rm>	링크 및 교환 분기(Rm[bit0]는 1이어야 한다)
BX <Rm>	교환 분기(Rm[bit0]는 1이어야 한다)
CBNZ <Rn>, <label>	비교 후 0이 아니면 분기(앞으로만 분기)
CBZ <Rn>, <label>	비교 후 0이면 분기(앞으로만 분기)
CMN <Rn>, <Rm>+	레지스터값을 음의 반전하여 다른 레지스터값과 비교한다. (Rn - (-Rm))을 계산한 다음 플래그 업데이트한다.
CMP <Rn>, #<immed_8>+	레지스터값과 8비트 상수값을 비교한다.
CMP <Rn>, <Rm>+	레지스터들 간에 비교한다.
CMP <Rn>, <Rm>+	상위 레지스터와 하위 또는 상위 레지스터를 비교한다.
CPSIE <i or f> CPSID <i or f>	프로세서 상태를 변경한다. CPSIE는 PRIMASK(i) 또는 FAULTMASK(f)를 0으로 클리어시킴으로써 인터럽트를 활성화시킨다. CPSID는 PRIMASK(i) 또는 FAULTMASK(f)를 1로 설정함으로써 인터럽트를 비활성화시킨다.
CPY <Rd>, <Rm>	상위 또는 하위 레지스터값을 또 다른 상위 또는 하위 레지스터값에 복사한다.
EOR <Rd>, <Rm>+	레지스터값을 배타적 OR
IT<x> <cond> IT<x><y> <cond> IT<x><y><z> <cond>	IF-THEN 조건 블록. 조건<cond>를 기반으로 다음에 오는 2~4개의 명령어들을 조건적으로 수행한다.
LDMIA <Rn>!, <registers>	다중 로드 후 증가한다. Rn으로 규정된 주소에서 시작하는 메모리에서 여러 개의 워드를 로드한다.
LDR <Rd>, [<Rn>, #<immed_5>*4]	베이스 레지스터 주소 + 5비트 상수 오프셋에서 메모리 워드를 로드한다.
LDR <Rd>, [<Rn>, <Rm>]	베이스 레지스터 주소 + 레지스터 오프셋에서 메모리 워드를 로드한다.
LDR <Rd>, [PC, #<immed_8>*4]	PC 주소 + 8비트 상수 오프셋에서 메모리 워드를 로드한다.
LDR <Rd>, [SP, #<immed_8>*4]	SP 주소 + 8비트 상수 오프셋에서 메모리 워드를 로드한다.
LDRB <Rd>, [<Rn>, #<immed_5>]	베이스 레지스터 주소 + 5비트 상수 오프셋에서 메모리 바이트[7:0]을 로드한다.

표 A.1 (계속)

어셈블러	동작
LDRB <Rd>, [<Rn>, <Rm>]	베이스 레지스터 주소 + 레지스터 오프셋에서 메모리 바이트[7:0]을 로드한다.
LDRH <Rd>, [<Rn>, #<immed_5>*2]	베이스 레지스터 주소 + 5비트 상수 오프셋에서 메모리 하프워드[15:0]을 로드한다.
LDRH <Rd>, [<Rn>, <Rm>]	베이스 레지스터 주소 + 레지스터 오프셋에서 메모리 하프워드[15:0]을 로드한다.
LDRSB <Rd>, [<Rn>, <Rm>]	베이스 레지스터 주소 + 레지스터 오프셋에서 부호화된 메모리 바이트[7:0]을 로드한다.
LDRSH <Rd>, [<Rn>, <Rm>]	베이스 레지스터 주소 + 레지스터 오프셋에서 부호화된 메모리 하프워드[7:0]을 로드한다.
LSL <Rd>, <Rm> #<immed_5>[+]	상수값만큼 왼쪽으로 논리 시프트 Rd = Rd << immed_5
LSL <Rd>, <Rs>[+]	레지스터 안에 있는 수만큼 왼쪽으로 논리 시프트 Rd = Rd << Rs
LSR <Rd>, <Rm> #<immed_5>[+]	상수값만큼 오른쪽으로 논리 시프트 Rd = Rd >> immed_5
LSR <Rd>, <Rs>[+]	레지스터 안에 있는 수만큼 오른쪽으로 논리 시프트 Rd = Rd >> Rs
MOV <Rd>, #<immed_8>[+]	8비트 상수값을 레지스터로 이동한다. Rd = immed_8
MOV <Rd>, <Rn>[+]	하위 레지스터값을 하위 레지스터로 이동한다.
MOV <Rd>, <Rm>	상위 또는 하위 레지스터값을 상위 또는 하위 레지스터로 이동한다.
MUL <Rd>, <Rm>[+]	레지스터값을 곱한다. Rd = Rd * Rm
MVN <Rd>, <Rm>[+]	레지스터값의 내용을 반전하여 레지스터에 저장한다. Rd = NOT(Rm)
NEG <Rd>, <Rm>[+]	레지스터값을 음수화하여 레지스터에 저장한다. Rd = 0 - Rm
NOP	아무 동작도 안한다.
ORR <Rd>, <Rm>[+]	레지스터값을 논리적 OR 연산 Rd = Rd OR Rm
POP <registers>	스택에서 레지스터들을 읽어온다.
POP <registers, PC>	스택에서 레지스터들과 PC를 읽어온다.
PUSH <registers>	레지스터들을 스택에 저장한다.
PUSH <registers, LR>	레지스터들과 LR을 스택에 저장한다.

표 A.1 (계속)

어셈블러	동작
REV <Rd>, <Rn>	워드 안에 있는 바이트들을 반전하여 레지스터에 복사한다. Rd = {Rn[7:0], Rn[15:8], Rn[23:16], Rn[31:24]}
REV16 <Rd>, <Rn>	두 개의 하프워드 안에 있는 바이트들을 반전하여 레지스터에 복사한다. Rd = {Rn[23:16], Rn[31:24], Rn[7:0], Rn[15:8]}
REVSH <Rd>, <Rn>	하위 하프워드[15:0] 안에 있는 바이트들을 반전하여 부호 확장하고 레지스터에 복사한다. Rd = SignExtend({Rn[7:0], Rn[15:8]})
ROR <Rd>, <Rs>+	레지스터 안에 있는 양만큼 오른쪽으로 로테이트
SBC <Rd>, <Rm>+	레지스터값에서 레지스터값과 borrow(~C)를 뺀다. Rd = Rd - Rm - NOT(C)
SEV	이벤트를 전송한다.
STMIA <Rn>!, <registers>	여러 개의 레지스터 워드를 순차적인 메모리 위치에 저장한다.
STR <Rd>, [<Rn>, #<immed_5>*4]	레지스터 워드를 레지스터 주소 + 5비트 상수 오프셋 위치에 저장한다.
STR <Rd>, [<Rn>, <Rm>]	레지스터 워드를 레지스터 주소 + 레지스터 오프셋 위치에 저장한다.
STR <Rd>, [PC, #<immed_8>*4]	레지스터 워드를 PC 주소 + 8비트 상수 오프셋 위치에 저장한다.
STR <Rd>, [SP, #<immed_8>*4]	레지스터 워드를 SP 주소 + 8비트 상수 오프셋 위치에 저장한다.
STRB <Rd>, [<Rn>, #<immed_5>]	레지스터 바이트[7:0]을 레지스터 주소 + 5비트 상수 오프셋 위치에 저장한다.
STRB <Rd>, [<Rn>, <Rm>]	레지스터 바이트[7:0]을 레지스터 주소 + 레지스터 오프셋 위치에 저장한다.
STRH <Rd>, [<Rn>, #<immed_5>*2]	레지스터 하프워드[15:0]을 레지스터 주소 + 5비트 상수 오프셋 위치에 저장한다.
STRH <Rd>, [<Rn>, <Rm>]	레지스터 하프워드[15:0]을 레지스터 주소 + 레지스터 오프셋 위치에 저장한다.
SUB <Rd>, <Rn>, #<immed_3>+	레지스터값에서 3비트 상수값을 뺀다. Rd = Rn - immed_3
SUB <Rd>, #<immed_8>+	레지스터값에서 8비트 상수값을 뺀다. Rd = Rd - immed_8
SUB <Rd>, <Rn>, <Rm>+	레지스터값들을 뺀다. Rd = Rn - Rm
SUB SP, #<immed_7>*4	SP에서 (7비트 상수값) x 4를 뺀다. SP = SP - immed_7*4
SVC <immed_8>	8비트 상수 호출 코드를 가진 OS 서비스 호출한다.
SXTB <Rd>, <Rm>	레지스터에서 바이트[7:0]을 추출하여 레지스터로 이동하고 32비트로 부호 확장한다.
SXTH <Rd>, <Rm>	레지스터에서 하프워드[15:0]을 추출하여 레지스터로 이동하고 32비트로 부호 확장한다.

표 A.1 (계속)

어셈블러	동작
TST <Rn>, <Rm>+	레지스터값과 다른 레지스터값을 테스트하기 위해 AND한다. Rn AND Rm
UXTB <Rd>, <Rm>	레지스터에서 바이트[7:0]을 추출하여 레지스터로 이동하고 32비트로 비부호(0으로) 확장한다.
UXTH <Rd>, <Rm>	레지스터에서 하프워드[15:0]을 추출하여 레지스터로 이동하고 32비트로 비부호(0으로) 확장한다.
WFE	이벤트 대기
WFI	인터럽트 대기

지원되는 32비트 Thumb-2 명령어

*{S}*가 있는 명령어들은 *S* 접미사가 사용될 때만 플래그들(APSR)을 업데이트한다. 플러스 기호(+)가 표시된 명령어들은 플래그들(APSR)이 업데이트된다는 것을 가리킨다.

주: 일반적으로 요구되는 값 범위의 상수 데이터를 지원하기 위해, 많은 Thumb-2 명령어들은 표 A.2에서 *modify_constant*라고 표시된 상수 데이터-인코딩 방식을 사용한다. 이 인코딩 방식은 *ARM Architecture Application Level Reference Manual*의 A5.2절 "Immediate Constants"에 상세하게 설명되어 있다.

표 A.2 지원되는 32비트 Thumb-2 명령어

어셈블러	동작
ADC{S}.W <Rd>, <Rn>, #<modify_constant(immed_12)>	레지스터값에 레지스터값, 상수값, C 플래그를 더한다. Rd = Rd + modify_constant(immed_12) + C
ADC{S}.W <Rd>, <Rn>, <Rm>{, <shift>}	레지스터값에 시프트된 레지스터값과 C 비트를 더한다. Rd = Rn + (Rm<<shift) + C
ADD{S}.W <Rd>, <Rn>, #<modify_constant(immed_12)>	레지스터값에 레지스터값과 상수값을 더한다. Rd = Rd + modify_constant(immed_12)
ADD{S}.W <Rd>, <Rn>, <Rm>{, <shift>}	레지스터값에 시프트된 레지스터값을 더한다. Rd = Rn + (Rm<<shift)

표 A.2 (계속)

어셈블러	동작
ADDW.W <Rd>, <Rn>, #<immed_12>	레지스터값에 12비트 상수값을 더한다.
AND{S}.W <Rd>, <Rn>, #<modify_constant(immed_12)>	레지스터값과 상수값을 AND 연산함
AND{S}.W <Rd>, <Rn>, <Rm>{, <shift>}	레지스터값과 시프트된 레지스터값을 AND 연산
ASR{S}.W <Rd>, <Rn>, <Rm>	레지스터 안에 있는 수만큼 오른쪽으로 산술 시프트
B.W	무조건 분기
B{cond}.W <label>	조건 분기
BFC.W <Rd>, #<lsb>, #<width>	비트 필드를 클리어
BFI.W <Rd>, <Rn>, #<lsb>, #<width>	한 레지스터값에서 또 다른 레지스터값으로 비트 필드 삽입
BIC{S}.W <Rd>, <Rn>, #<modify_constant(immed_12)>	레지스터값과 상수값의 보수를 AND 연산
BIC{S}.W <Rd>, <Rn>, <Rm>{, <shift>}	레지스터값과 시프트된 레지스터값의 보수를 AND 연산
BL <label>	링크 분기
CLZ.W <Rd>, <Rn>	레지스터값 안에서 0이 시작되는 비트를 카운팅한다.
CLREX.W	배타적 접근 모니터 상태 클리어
CMN.W <Rn>, #<modify_constant(immed_12)>+	레지스터값과 상수값의 2의 보수를 비교한다.
CMN.W <Rn>, <Rm>{, <shift>}+	레지스터값과 레지스터값의 2의 보수를 비교한다.
CMP.W <Rn>, #<modify_constant(immed_12)>+	레지스터값과 상수값을 비교한다.
CMP.W <Rn>, <Rm>{, <shift>}+	레지스터값과 레지스터값을 비교한다.
DMB	데이터 메모리 배리어
DSB	데이터 동기화 배리어
EOR{S}.W <Rd>, <Rn>, #<modify_constant(immed_12)>	레지스터값과 상수값을 배타적 OR
EOR{S}.W <Rd>, <Rn>, <Rm>{, <shift>}	레지스터값과 시프트된 레지스터값을 배타적 OR
ISB	명령어 동기화 배리어
LDM{IA|DB}.W <Rn>{!}, <registers>	여러 메모리 레지스터들을 로드한다. 후 증가 또는 선 감소
LDR.W <Rxf>, [<Rn>, #<offset_12>]	베이스 레지스터 주소 + 12비트 상수값에서 메모리 워드를 읽어온다.
LDR.W <Rxf>, [<Rn>],	포스트-인덱스된 8비트 상수값 오프셋을 가진 베이스 레지스터 주소에서 메모리 워드를 읽는다.

표 A.2 (계속)

어셈블러	동작
LDR.W <Rxf>, [<Rn>, #+/-<offset_8>]!	프리-인덱스된 8비트 상수값 오프셋을 가진 베이스 레지스터 주소에서 메모리 워드를 읽는다.
LDR.W <Rxf>, [<Rn>, <Rm>{, LSL #<shift>}]	시프트된 레지스터값 오프셋(0에서 3까지의 범위로 시프트)을 가진 베이스 레지스터 주소에서 메모리 워드를 읽는다.
LDR.W <Rxf>, [PC, #+/-<offset_12>]	12비트 상수값 오프셋을 가진 PC에서 메모리 워드를 읽는다.
LDR.W PC, [<Rn>, #<offset_12>]	베이스 레지스터 주소 + 12비트 상수값 오프셋에서 분기 타깃을 읽고 분기한다.
LDR.W PC, [<Rn>], #+/-<offset_8>	포스트-인덱스된 8비트 상수값 오프셋을 가진 베이스 레지스터 주소에서 분기 타깃을 읽고 분기한다.
LDR.W PC, [<Rn>, #+/-<offset_8>]!	프리-인덱스된 8비트 상수값 오프셋을 가진 베이스 레지스터 주소에서 분기 타깃을 읽고 분기한다.
LDR.W PC, [<Rn>, <Rm>{, LSL #<shift>}]	시프트된 레지스터값 오프셋(0에서 3까지의 범위로 시프트)을 가진 베이스 레지스터 주소에서 분기 타깃을 읽고 분기한다.
LDR.W PC, [PC, #+/-<offset_12>]	12비트 상수값 오프셋을 가진 PC에서 분기 타깃을 읽고 분기한다.
LDRB.W <Rxf>, [<Rn>, #<offset_12>]	베이스 레지스터 주소 + 12비트 상수값 오프셋에서 메모리 바이트를 읽는다.
LDRB.W <Rxf>, [<Rn>], #+/-<offset_8>	포스트-인덱스된 8비트 상수값 오프셋을 가진 베이스 레지스터 주소에서 메모리 바이트를 읽는다.
LDRB.W <Rxf>, [<Rn>, #+/-<offset_8>]!	프리-인덱스된 8비트 상수값 오프셋을 가진 베이스 레지스터 주소에서 메모리 바이트를 읽는다.
LDRB.W <Rxf>, [<Rn>, <Rm>{, LSL #<shift>}]	시프트된 레지스터값 오프셋(0에서 3까지의 범위로 시프트)을 가진 베이스 레지스터 주소에서 메모리 바이트를 읽는다.
LDRB.W <Rxf>, [PC, #+/-<offset_12>]	12비트 상수값 오프셋을 가진 PC에서 메모리 바이트를 읽는다.
LDRD.W <Rxf1>, <Rxf2>, [<Rn>, #+/-<offset_8>*4] {!}	베이스 레지스터 주소 +/- 상수값 오프셋의 메모리에서 더블워드를 읽는다. 프리-인덱스
LDRD.W <Rxf1>, <Rxf2>, [<Rn>], #+/-<offset_8>*4	베이스 레지스터 주소 +/- 상수값 오프셋의 메모리에서 더블워드를 읽는다. 포스트-인덱스
LDREX.W <Rxf>, [<Rn>{, #<offset_8>*4}]	상수 오프셋을 가진 베이스 레지스터 주소에서 워드를 배타적 로드
LDREXB.W <Rxf>, [<Rn>]	레지스터 주소에서 바이트를 배타적 로드
LDREXH.W <Rxf>, [<Rn>]	레지스터 주소에서 하프워드를 배타적 로드
LDRH.W <Rxf>, [<Rn>, #<offset_12>]	베이스 레지스터 주소 + 12비트 상수값 오프셋에서 메모리 하프워드를 읽는다.

표 A.2 (계속)

어셈블러	동작
LDRH.W <Rxf>, [<Rn>], #+/-<offset_8>	포스트-인덱스된 8비트 상수값 오프셋을 가진 베이스 레지스터 주소에서 메모리 하프워드를 읽는다.
LDRH.W <Rxf>, [<Rn>, #+/-<offset_8>]!	프리-인덱스된 8비트 상수값 오프셋을 가진 베이스 레지스터 주소에서 메모리 하프워드를 읽는다.
LDRH.W <Rxf>, [<Rn>,<Rm> {,LSL #<shift>}]	시프트된 레지스터값 오프셋(0에서 3까지의 범위로 시프트)을 가진 베이스 레지스터 주소에서 메모리 하프워드를 읽는다.
LDRH.W <Rxf>, [PC, #+/-<offset_12>]	12비트 상수값 오프셋을 가진 PC에서 메모리 하프워드를 읽는다.
LDRSB.W <Rxf>, [<Rn>, #<offset_12>]	베이스 레지스터 주소 + 12비트 상수값 오프셋에서 메모리 바이트를 읽고 부호 확장하여 레지스터에 복사한다.
LDRSB.W <Rxf>, [<Rn>], #+/-<offset_8>	베이스 레지스터 주소 + 8비트 상수값 오프셋에서 메모리 바이트를 읽고 부호 확장하여 레지스터에 복사한다. 포스트-인덱스
LDRSB.W <Rxf>, [<Rn>, #+/-<offset_8>]!	베이스 레지스터 주소 + 8비트 상수값 오프셋에서 메모리 바이트를 읽고 부호 확장하여 레지스터에 복사한다. 프리-인덱스
LDRSB.W <Rxf>, [<Rn>,<Rm> {,LSL #<shift>}]	시프트된 레지스터값 오프셋(0에서 3까지의 범위로 시프트)을 가진 베이스 레지스터 주소에서 메모리 바이트를 읽고 부호 확장하여 레지스터에 복사한다.
LDRSB.W <Rxf>, [PC, #+/-<offset_12>]	12비트 상수값 오프셋을 가진 PC에서 메모리 바이트를 읽고 부호 확장하여 레지스터에 복사한다.
LDRSH.W <Rxf>, [<Rn>, #<offset_12>]	베이스 레지스터 주소 + 12비트 상수값 오프셋에서 메모리 하프워드를 읽고 부호 확장하여 레지스터에 복사한다.
LDRSH.W <Rxf>, [<Rn>], #+/-<offset_8>	8비트 상수값 오프셋을 가진 베이스 레지스터 주소에서 하프워드를 읽고 부호 확장하여 레지스터에 복사한다. 포스트-인덱스
LDRSH.W <Rxf>, [<Rn>, #+/-<offset_8>]!	8비트 상수값 오프셋을 가진 베이스 레지스터 주소에서 하프워드를 읽고 부호 확장하여 레지스터에 복사한다. 프리-인덱스
LDRSH.W <Rxf>, [<Rn>,<Rm> {,LSL #<shift>}]	시프트된 레지스터값 오프셋(0에서 3까지의 범위로 시프트)을 가진 베이스 레지스터 주소에서 메모리 하프워드를 읽고 부호 확장하여 레지스터에 복사한다.
LDRSH.W <Rxf>, [PC, #+/-<offset_12>]	12비트 상수값 오프셋을 가진 PC에서 메모리 하프워드를 읽고 부호 확장하여 레지스터에 복사한다.
LDRT.W <Rxf>, [<Rn>, #<offset_8>]	변환하여 워드 저장. 특권 모드에서, 상수 오프셋을 가진 베이스 레지스터 주소에 쓰고 사용자 접근 레벨로 변환한다.
LDRBT.W <Rxf>, [<Rn>, #<offset_8>]	변환하여 바이트 저장. 특권 모드에서, 상수 오프셋을 가진 베이스 레지스터 주소에 쓰고 사용자 접근 레벨로 변환한다.
LDRHT.W <Rxf>, [<Rn>, #<offset_8>]	변환하여 하프워드 저장. 특권 모드에서, 상수 오프셋을 가진 베이스 레지스터 주소에 쓰고 사용자 접근 레벨로 변환한다.

표 A.2 (계속)

어셈블러	동작
LSL{S}.W <Rd>, <Rn>, <Rm>	레지스터 안에 있는 수만큼 레지스터값을 왼쪽으로 논리 시프트
LSR{S}.W <Rd>, <Rn>, <Rm>	레지스터 안에 있는 수만큼 레지스터값을 오른쪽으로 논리 시프트
MLA.W <Rd>, <Rn>, <Rm>, <Racc>	곱셈/덧셈. 두 개의 부호화 또는 비부호화 레지스터값을 곱하여 하위 32비트를 레지스터값에 더한다. Rd = (Rn*Rm) + Racc
MLS.W <Rd>, <Rn>, <Rm>, <Racc>	곱셈/뺄셈. 두 개의 부호화 또는 비부호화 레지스터값을 곱하여 하위 32비트를 레지스터값에서 뺀다. Rd = Racc - (Rn*Rm)
MOV{S}.W <Rd>, #<modify_constant(immed_12)>	상수값을 레지스터에 이동한다. Rd = modify_constant(immed_12)
MOV{S}.W <Rd>, <Rm>{, <shift>}	시프트된 레지스터값을 레지스터에 이동한다.
MOVT.W <Rd>, #<immed_16>	16비트 상수값을 레지스터의 상위 하프워드[31:16]에 이동하고 하위 하프워드에는 영향을 주지 않는다.
MOVW.W <Rd>, #<immed_16>	16비트 상수값을 레지스터의 하위 하프워드[15:0]에 이동하고 상위 하프워드는 0으로 클리어한다.
MRS <Rd>, <sreg>	특별한 레지스터들을 읽고 레지스터에 복사한다.
MSR <sreg>, <Rd>	레지스터값을 특별한 레지스터에 쓴다.
MUL.W <Rd>, <Rn>, <Rm>	두 개의 부호화 또는 비부호화 값들을 곱한다. Rd = Rm * Rn
NOP.W	아무 동작도 안한다.
ORN{S}.W <Rd>, <Rn>, #<modify_constant(immed_12)>	레지스터값과 상수값을 OR NOT 연산한다.
ORN{S}.W <Rd>, <Rn>, <Rm>{, <shift>}	레지스터값과 시프트된 레지스터값을 OR NOT 연산
ORR{S}.W <Rd>, <Rn>, #<modify_constant(immed_12)>	레지스터값과 상수값을 OR 연산
ORR{S}.W <Rd>, <Rn>, <Rm>{, <shift>}	레지스터값과 시프트된 레지스터값을 OR 연산
POP.W <registers>	스택에서 레지스터들을 읽어온다.
POP.W <registers, PC>	스택에서 레지스터들과 PC를 읽어온다.
PUSH.W <registers>	레지스터들을 스택에 저장한다.
PUSH.W <registers, LR>	레지스터들과 LR을 스택에 저장한다.
RBIT.W <Rd>, <Rm>	비트 순서를 반전한다.
REV.W <Rd>, <Rm>	워드 안에 있는 바이트들을 반전한다.

표 A.2 (계속)

어셈블러	동작
REV16.W <Rd>, <Rn>	각 하프워드 안에 있는 바이트들을 반전한다.
REVSH.W <Rd>, <Rn>	하위 하프워드 안에 있는 바이트들을 반전하고 부호 확장한다.
ROR{S}.W <Rd>, <Rn>, <Rm>	레지스터 안에 있는 수만큼 오른쪽으로 로테이트
RSB{S}.W <Rd>, <Rn>, #<modify_constant(immed_12)>	상수값에서 레지스터값을 뺀다.
RSB{S}.W <Rd>, <Rn>, <Rm>{, <shift>}	시프트된 레지스터값에서 레지스터값을 뺀다.
RRX{S}.W <Rd>, <Rm>	1 비트만큼 확장하여 오른쪽으로 로테이트
SBC{S}.W <Rd>, <Rn>, #<modify_constant(immed_12)>	레지스터값에서 상수값과 C 비트를 뺀다.
SBC{S}.W <Rd>, <Rn>, <Rm>{, <shift>}	레지스터값에서 시프트된 레지스터값과 C 비트를 뺀다.
SBFX.W <Rd>, <Rn>, #<lsb>, #<width>	레지스터에서 비트 필드를 복사하고 32비트로 부호 확장한다.
SDIV.W <Rd>, <Rn>, <Rm>	부호화 나눗셈: Rd = Rn / Rm
SEV	이벤트를 전송한다.
SMLAL.W <RdLo>, <RdHi>, <Rn>, <Rm>	부호화 워드를 곱하고 부호 확장된 값을 두 개의 레지스터값에 더한다. {RdHi, RdLo} = (Rn*Rm) + {RdHi, RdLo}
SMULL.W <RdLo>, <RdHi>, <Rn>, <Rm>	두 개의 부호화 레지스터값들을 곱한다. {RdHi, RdLo} = (Rn*Rm)
SSAT.W <Rd>, #<imm>, <Rn>{, <shift>}	시프트된 레지스터값을 상수값 안에 있는 비트 위치로 부호화 포화시킨다. 포화가 발생하면 Q 플래그가 업데이트된다.
STM{IA|DB}.W <Rn>{i}, <registers>	여러 개의 레지스터 워드를 연속적인 메모리 위치에 쓴다. 후 증가 또는 전 감소
STR.W <Rxf>, [<Rn>, #<offset_12>]	베이스 레지스터 주소 + 12비트 상수값 오프셋에 워드를 쓴다.
STR.W <Rxf>, [<Rn>], #+/-<offset_8>	포스트-인덱스된 8비트 상수값 오프셋을 가진 베이스 레지스터 주소에 워드를 쓴다.
STR.W <Rxf>, [<Rn>, #+/-<offset_8>]!	프리-인덱스된 8비트 상수값 오프셋을 가진 베이스 레지스터 주소에 워드를 쓴다.
STR.W <Rxf>, [<Rn>, <Rm>{, LSL #<shift>}]	시프트된 레지스터값 오프셋(0에서 3까지의 범위로 시프트)을 가진 베이스 레지스터 주소에 워드를 쓴다.
STRB.W <Rxf>, [<Rn>, #<offset_12>]	베이스 레지스터 주소 + 12비트 상수값 오프셋에 바이트를 쓴다.
STRB.W <Rxf>, [<Rn>], #+/-<offset_8>	포스트-인덱스된 8비트 상수값 오프셋을 가진 베이스 레지스터 주소에 바이트를 쓴다.

표 A.2 (계속)

어셈블러	동작
STRB.W <Rxf>, [<Rn>, #+/-<offset_8>]!	프리-인덱스된 8비트 상수값 오프셋을 가진 베이스 레지스터 주소에 바이트를 쓴다.
STRB.W <Rxf>, [<Rn>, <Rm>{, LSL #<shift>}]	시프트된 레지스터값 오프셋(0에서 3까지의 범위로 시프트)을 가진 베이스 레지스터 주소에 바이트를 쓴다.
STRD.W <Rxf1>, <Rxf2>, [<Rn>, #+/-<offset_8>*4] {!}	프리-인덱스된 베이스 레지스터 주소 +/- 상수값 오프셋의 메모리에 더블워드를 쓴다.
STRD.W <Rxf1>,<Rxf2>, [<Rn>], #+/-<offset_8>*4	포스트-인덱스된 베이스 레지스터 주소 +/- 상수값 오프셋의 메모리에 더블워드를 쓴다.
STREX.W <Rxf>, [<Rn>{, #<offset_8>*4}]	상수 오프셋을 가진 베이트 레지스터 주소에서 워드를 배타적 저장
STREXB.W <Rxf>, [<Rn>]	레지스터 주소에서 바이트를 배타적 저장
STREXH.W <Rxf>, [<Rn>]	레지스터 주소에서 하프워드를 배타적 저장
STRH.W <Rxf>, [<Rn>, #<offset_12>]	베이스 레지스터 주소 + 12비트 상수값 오프셋 주소에 하프워드를 쓴다.
STRH.W <Rxf>, [<Rn>], #+/-<offset_8>	포스트-인덱스된 8비트 상수값 오프셋을 가지고 베이스 레지스터 주소에 하프워드를 쓴다.
STRH.W <Rxf>, [<Rn>, #+/-<offset_8>]!	프리-인덱스된 8비트 상수값 오프셋을 가지고 베이스 레지스터 주소에 하프워드를 쓴다.
STRH.W <Rxf>, [<Rn>, <Rm>{, LSL #<shift>}]	시프트된 레지스터값 오프셋을 가지고 베이스 레지스터 주소에 하프워드를 쓴다(0에서 3의 범위로 시프트).
STRT.W <Rxf>, [<Rn>, #<offset_8>]	변환하여 워드 저장. 특권 모드에서, 상수 오프셋을 가진 베이스 레지스터 주소에 쓰고 사용자 접근 레벨로 변환한다.
STRBT.W <Rxf>, [<Rn>, #<offset_8>]	변환하여 바이트 저장. 특권 모드에서, 상수 오프셋을 가진 베이스 레지스터 주소에 쓰고 사용자 접근 레벨로 변환한다.
STRHT.W <Rxf>, [<Rn>, #<offset_8>]	변환하여 하프워드 저장. 특권 모드에서, 상수 오프셋을 가진 베이스 레지스터 주소에 쓰고 사용자 접근 레벨로 변환한다.
SUB{S}.W <Rd>, <Rn>, #<modify_constant(immed_12)>	레지스터에서 상수값을 뺀다. Rd = Rd - modify_constant(immed_12)
SUB{S}.W <Rd>, <Rn>, <Rm>{, <shift>}	레지스터에서 시프트된 레지스터값을 뺀다. Rd = Rn + (Rm<<shift)
SUBW.W <Rd>, <Rn>, #<immed_12>	레지스터에서 12비트 상수값을 뺀다. Rd = Rd - immed_12
SXTB.W <Rd>, <Rm>, {, <rotation>}	바이트를 32비트로 부호 확장한다. Rd = sign_extend(byte(rotate_right(Rm))), 로테이트는 0~3바이트가 될 수 있다.

표 A.2 (계속)

어셈블러	동작
SXTH.W <Rd>, <Rm>, {, <rotation>}	하프워드를 32비트로 부호 확장한다. Rd = sign_extend(hword(rotate_right(Rm))), 로테이트는 0~3바이트가 될 수 있다.
TBB.W [<Rn>, <Rm>]	바이트 테이블 분기
TBH.W [<Rn>, <Rm>, LSL #1]	하프워드 테이블 분기
TEQ.W <Rn>, #<modify_constant(immed_12)>$^{+}$	레지스터값과 상수값이 동일한지를 테스트한다.
TEQ.W <Rn>, <Rm>{, <shift>}$^{+}$	레지스터값과 시프트된 레지스터값이 동일한지를 테스트한다.
TST.W <Rn>, #<modify_constant(immed_12)>$^{+}$	레지스터값과 상수값을 테스트하기 위해 AND 연산
TST.W <Rn>, <Rm>{, <shift>}$^{+}$	레지스터값과 시프트된 레지스터값을 테스트하기 위해 AND 연산
UBFX.W <Rd>, <Rn>, #<lsb>, #<width>	레지스터에서 비트 필드를 복사하고 32비트로 비부호(0으로) 확장한다.
UDIV.W <Rd>, <Rn>, <Rm>	비부호화 나눗셈: Rd = Rn / Rm
UMLAL.W <RdLo>, <RdHi>, <Rn>, <Rm>	비부호화 워드들을 곱하고 비부호 확장된 값을 두 개의 레지스터값에 더한다. {RdHi, RdLo} = (Rn*Rm) + {RdHi, RdLo}
UMULL.W <RdLo>, <RdHi>, <Rn>, <Rm>	두 개의 비부호화 레지스터값들을 곱한다. {RdHi, RdLo} = (Rn*Rm)
USAT.W <Rd>, #<imm>, <Rn>{, <shift>}	시프트된 레지스터값을 상수값 안에 있는 비트 위치로 비부호화 포화시킨다.
UXTB.W <Rd>, <Rm>, {, <rotation>}	바이트를 32비트로 비부호 확장한다. Rd = unsign_extend(byte(rotate_right(Rm))), 로테이트는 0~3바이트가 될 수 있다.
UXTH.W <Rd>, <Rm>, {, <rotation>}	하프워드를 32비트로 비부호 확장한다. Rd = unsign_extend(hword(rotate_right(Rm))), 로테이트는 0~3바이트가 될 수 있다.
WFE.W	이벤트 대기
WFI.W	인터럽트 대기

Appendix B

16비트 Thumb 명령어와 아키텍처 버전

16비트 Thumb 명령어의 대부분은 아키텍처 v4T(ARM7TDMI)에서 사용할 수 있다. 하지만, 많은 명령어들이 아키텍처 v5, v6, v7에 추가되었다. 표 B.1에는 이 명령어들이 표기되어 있다.

표 B.1 다양한 최근 ARM 아키텍처 버전에서의 16비트 명령어 지원의 변화

명령어	v4T	v5	v6	Cortex-M3(v7-M)
BKPT	N	Y	Y	Y
BLX	N	Y	Y	오직 BLX〈reg〉
CBZ, CBNZ	N	N	N	Y
CPS	N	N	Y	CPSIE〈i/f〉, CPSID〈i/f〉
CPY	N	N	Y	Y
NOP	N	N	N	Y
IT	N	N	N	Y
REV(다양한 형태)	N	N	Y	REV, REV16, REVSH
SEV	N	N	N	Y
SETEND	N	N	Y	N
SWI	Y	Y	Y	SVC로 변경됨
SXTB, SXTH	N	N	Y	Y
UXTB, UXTH	N	N	Y	Y
WFE, WFI	N	N	N	Y

Appendix C

Cortex-M3 익셉션 퀵 레퍼런스

익셉션 유형 및 활성화

표 C.1 Cortex-M3 익셉션 유형 및 우선순위 설정에 대한 요약

익셉션 유형	이름	우선순위(레벨 주소)	활성화
1	리셋	-3	항상
2	NMI	-2	항상
3	하드 결함	-1	항상
4	MemManage	프로그램 가능(0xE000ED18)	NVIC SHCSR(0xE000ED24) 비트[16]
5	버스 결함	프로그램 가능(0xE000ED19)	NVIC SHCSR(0xE000ED24) 비트[17]
6	사용 결함	프로그램 가능(0xE000ED1A)	NVIC SHCSR(0xE000ED24) 비트[18]
7-10	-	-	-
11	SVC	프로그램 가능(0xE000ED1F)	항상
12	디버그 모니터	프로그램 가능(0xE000ED20)	NVIC DEMCR(0xE000EDFC) 비트[16]
13	-	-	-
14	PendSV	프로그램 가능(0xE000ED22)	항상
15	SysTick	프로그램 가능(0xE000ED23)	SYSTICK CTRLSTAT(0xE000E010) 비트[1]
16-255	IRQ	프로그램 가능(0xE000E400)	NVIC SETEN(0xE000E100)

익셉션 스태킹 후의 스택 내용

표 C.2 익셉션 스택 프레임

주소	데이터	저장 순서
기존 SP (N) ->	(이전에 저장된 데이터)	-
(N-4)	PSR	2
(N-8)	PC	1
(N-12)	LR	8
(N-16)	R12	7
(N-20)	R3	6
(N-24)	R2	5
(N-28)	R1	4
새로운 SP (N-32) ->	R0	3

주: 만약 더블워드 스태킹 정렬 특징이 사용되고, 익셉션이 발생하였을 때 SP가 더블워드로 정렬되어 있지 않다면, 스택 프레임의 맨 위는 ((OLD_SP-4) AND 0xFFFFFFF8)에서 시작하고, 테이블의 나머지는 한 워드씩 줄어들면서 움직인다.

Appendix D

NVIC 레지스터 퀵 레퍼런스

표 D.1 인터럽트 컨트롤러 유형 레지스터(0xE000E004)

비트	이름	종류	리셋값	설명
4:0	INTLINESNUM	R	–	32단계의 인터럽트 입력 번호 0 = 1~32 1 = 33~64 …

표 D.2 SYSTICK 제어 및 상태 레지스터(0xE000E010)

비트	이름	종류	리셋값	설명
16	COUNTFLAG	R	0	이 레지스터가 읽힌 마지막 이후로 카운터가 0에 이르렀을 때 1이 읽힌다. 현재 카운터값이 읽혀지거나 0으로 클리어될 때, 자동으로 0으로 클리어된다.
2	CLKSOURCE	R/W	0	0 = 외부 레퍼런스 클럭(STCLK) 1 = 코어 클럭 사용
1	TICKINT	R/W	0	1 = SYSTICK 타이머가 0에 이르렀을 때, SYSTICK 인터럽트 생성을 활성화시킴 0 = 인터럽트를 발생시키지 않음
0	ENABLE	R/W	0	SYSTICK 타이머 활성화

표 D.3 SYSTICK 리로드값 레지스터(0xE000E014)

비트	이름	종류	리셋값	설명
23:0	RELOAD	R/W	0	타이머가 0에 이르렀을 때의 리로드값

표 D.4 SYSTICK 현재값 레지스터(0xE000E018)

비트	이름	종류	리셋값	설명
23:0	CURRENT	R/Wc	0	타이머의 현재값을 리턴하기 위해 읽는다. 카운터를 0으로 클리어하기 위해 값을 쓴다. 현재값을 클리어하려면 SYSTICK 제어 및 상태 레지스터 안에 있는 COUNTFLAG도 클리어해야 한다.

표 D.5 SYSTICK 보정값 레지스터(0xE000E01C)

비트	이름	종류	리셋값	설명
31	NOREF	R	–	1 = 외부 레퍼런스 클럭 없음(STCLK 사용 불가) 0 = 외부 레퍼런스 클럭 사용 가능
30	SKEW	R	–	1 = 보정값이 정확히 10ms가 아님 0 = 보정값이 정확함
23:0	TENMS	R/W	0	보정값이 10ms이다. SoC 설계자는 Cortex-M3 입력신호를 통해 이 값을 제공해야 한다. 만약 이 값이 0이라고 읽힌다면, 이는 보정값이 사용 불가능하다는 것을 의미한다.

표 D.6 외부 인터럽트 SETEN 레지스터(0xE000E100-0xE000E11C)

주소	이름	종류	리셋값	설명
0xE000E100	SETENA0	R/W	0	외부 인터럽트 #0-31을 위한 활성화 인터럽트 #0을 위한 비트[0] 인터럽트 #1을 위한 비트[1] ... 인터럽트 #31을 위한 비트[31]
0xE000E104	SETENA1	R/W	0	외부 인터럽트 #32-63을 위한 활성화
...	–	–	–	–

표 D.7 외부 인터럽트 CLREN 레지스터(0xE000E180-0xE000E19C)

주소	이름	종류	리셋값	설명
0xE000E180	CLRENA0	R/W	0	외부 인터럽트 #0-31을 위한 활성화 클리어 인터럽트 #0을 위한 비트[0] 인터럽트 #1을 위한 비트[1] … 인터럽트 #31을 위한 비트[31]
0xE000E184	CLRENA1	R/W	0	외부 인터럽트 #32-63을 위한 활성화 클리어
…	-	-	-	-

표 D.8 외부 인터럽트 SETPEND 레지스터(0xE000E200-0xE000E21C)

주소	이름	종류	리셋값	설명
0xE000E200	SETPEND0	R/W	0	외부 인터럽트 #0-31을 위한 펜딩 인터럽트 #0을 위한 비트[0] 인터럽트 #1을 위한 비트[1] … 인터럽트 #31을 위한 비트[31]
0xE000E204	SETPEND1	R/W	0	외부 인터럽트 #32-63을 위한 펜딩
…	-	-	-	-

표 D.9 외부 인터럽트 CLRPEND 레지스터(0xE000E280-0xE000E29C)

주소	이름	종류	리셋값	설명
0xE000E280	CLRPEND0	R/W	0	외부 인터럽트 #0-31을 위한 펜딩 클리어 인터럽트 #0을 위한 비트[0] 인터럽트 #1을 위한 비트[1] … 인터럽트 #31을 위한 비트[31]
0xE000E284	CLRPEND1	R/W	0	외부 인터럽트 #32-63을 위한 펜딩 클리어
…	-	-	-	-

표 D.10 외부 인터럽트 ACTIVE 레지스터(0xE000E300-0xE000E31C)

주소	이름	종류	리셋값	설명
0xE000E300	ACTIVE0	R	0	외부 인터럽트 #0-31을 위한 활성화 상태 인터럽트 #0을 위한 비트[0] 인터럽트 #1을 위한 비트[1] ... 인터럽트 #31을 위한 비트[31]
0xE000E304	ACTIVE1	R	0	외부 인터럽트 #32-63을 위한 활성화 상태
...	-	-	-	-

표 D.11 외부 인터럽트 우선순위-레벨 레지스터(0xE000E400-0xE000E4EF; 바이트 주소로 나열됨)

주소	이름	종류	리셋값	설명
0xE000E400	PRI_0	R/W	0	우선순위 레벨 외부 인터럽트 #0
0xE000E401	PRI_1	R/W	0	우선순위 레벨 외부 인터럽트 #1
...	-	-	-	-
0xE000E41F	PRI_31	R/W	0	우선순위 레벨 외부 인터럽트 #31
...	-	-	-	-

표 D.12 CPU ID 베이스 레지스터(주소 0xE000ED00)

비트	이름	종류	리셋값	설명
31:24	IMPLEMENTER	R	0x41	CPU 코드; ARM은 0x41
23:20	VARIANT	R	0x0/0x1	정의된 파생 번호
19:16	Constant	R	0xF	상수
15:4	PARTNO	R	0xC23	소자 번호
3:0	REVISION	R	0x0/0x1	버전 코드

표 D.13 인터럽트 제어 및 상태 레지스터(0xE000ED04)

비트	이름	종류	리셋값	설명
31	NMIPENDSET	R/W	0	NMI가 펜딩된다.
28	PENDSVSET	R/W	0	시스템 호출을 펜딩하기 위해 1을 쓴다. 읽힌 값은 펜딩 상태를 가리킨다.
27	PENDSVCLR	W	0	PendSV 펜딩 상태를 클리어하기 위해 1을 쓴다.
26	PENDSTSET	R/W	0	Systick 익셉션을 펜딩하기 위해 1을 쓴다. 읽힌 값은 펜딩 상태를 가리킨다.
25	PENDSTCLR	W	0	Systick 펜딩 상태를 클리어하기 위해 1을 쓴다.
23	ISRPREEMPT	R	0	펜딩 인터럽트가 (디버깅을 위한) 다음 단계에서 활성화될 수 있다는 것을 가리킨다.
22	ISRPENDING	R	0	외부 인터럽트 펜딩(결함을 위한 NMI와 같은 시스템 익셉션 제외)
21:12	VECTPENDING	R	0	ISR 번호 펜딩
11	RETTOBASE	R	0	프로세서가 익셉션 핸들러를 실행하고 있을 때 1로 설정된다. 인터럽트가 리턴되고, 다른 익셉션 펜딩이 없다면 쓰레드 레벨로 리턴될 것이다.
9:0	VECTACTIVE	R	0	현재 실행되는 인터럽트 서비스 루틴

표 D.14 벡터 테이블 오프셋 레지스터(주소 0xE000ED08)

비트	이름	종류	리셋값	설명
29	TBLBASE	R/W	0	코드(0) 또는 RAM(1) 안에 있는 테이블 베이스
28:7	TBLOFF	R/W	0	코드 영역 또는 RAM 영역으로부터의 테이블 오프셋값

표 D.15 어플리케이션 인터럽트 및 리셋 제어 레지스터(주소 0xE000ED0C)

비트	이름	종류	리셋값	설명
31:16	VECTKEY	R/W	–	접근 키; 이 레지스터에 값을 쓰기 위해서는 0x05FA가 이 필드에 쓰여져야 한다. 그렇지 않으면, 쓰기가 무시된다. 다시 읽으면 0xFA05값이 읽힌다.
15	ENDIANESS	R	–	데이터를 위한 엔디안을 가리킨다. 빅 엔디안(BE8)이면 1, 리틀 엔디안이면 0이다. 이것은 리셋 후에만 변경될 수 있다.
10:8	PRIGROUP	R/W	0	우선순위 그룹
2	SYSRESETREQ	W	–	리셋을 생성하기 위한 칩 제어 로직을 요청한다.
1	VECTCLRACTIVE	W	–	익셉션들을 위한 활성화 상태 정보를 모두 클리어한다. 시스템이 시스템 오류로부터 복원될 수 있도록 보통 디버거 또는 OS에서 사용된다. (리셋이 더 안전하다)
0	VECTRESET	W	–	Cortex-M3(디버그 로직 제외)를 리셋한다. 하지만, 프로세서 외부의 회로는 리셋하지 않을 것이다.

표 D.16 시스템 제어 레지스터(0xE000ED10)

비트	이름	종류	리셋값	설명
4	SEVONPEND	R/W	0	펜딩 상태에서 이벤트를 전송한다. 인터럽트가 현재 레벨보다 더 높은 우선순위를 가졌는지에 상관 없이 새로운 인터럽트가 펜딩되면 WFE로부터 깨어난다.
3	Reserved	–	–	–
2	SLEEPDEEP	R/W	0	슬립 모드에 진입하였을 때 SLEEPDEEP 출력신호를 활성화한다.
1	SLEEPONEXIT	R/W	0	SleeponExit 특징을 활성화한다.
0	Reserved	–	–	–

표 D.17 설정 제어 레지스터(0xE000ED14)

비트	이름	종류	리셋값	설명
9	STKALIGN	R/W	0	더블워드 정렬 주소로 익셉션-스태킹 시작을 강요한다.[1]
8	BFHFNMIGN	R/W	0	하드 결함 및 NMI 핸들러에서는 데이터 버스 결함을 무시한다.
7:5	Reserved	–	–	예약됨
4	DIV_0_TRP	R/W	0	0으로 나눗셈을 수행하였을 때 발생한다.
3	UNALIGN_TRP	R/W	0	정렬되지 않은 접근시 발생한다.
2	Reserved	–	–	예약됨
1	USERSETMPEND	R/W	0	1로 설정되면, 사용자 코드가 소프트웨어 트리거 인터럽트 레지스터에 쓰여지게 된다.
0	NONBASETHRDENA	R/W	0	Nonbase 쓰레드 활성화. 1로 설정되면, 리턴값을 제어함으로써 어떤 레벨에서 익셉션 핸들러가 쓰레드 상태로 리턴되게 한다.

[1] Cortex-M3의 버전 1에서만 사용 가능하다. 버전 0은 이 기능을 지원하지 않는다.

표 D.18 시스템 익셉션 우선순위-레벨 레지스터(0xE000ED18–0xE000ED23; 바이트 주소로 나열됨)

주소	이름	종류	리셋값	설명
0xE000ED18	PRI_4	R/W	0	메모리 관리 결함을 위한 우선순위 레벨
0xE000ED19	PRI_5	R/W	0	버스 결함을 위한 우선순위 레벨
0xE000ED1A	PRI_6	R/W	0	사용 결함을 위한 우선순위 레벨
0xE000ED1B	–	–	–	–
0xE000ED1C	–	–	–	–
0xE000ED1D	–	–	–	–
0xE000ED1E	–	–	–	–
0xE000ED1F	PRI_11	R/W	0	SVC를 위한 우선순위 레벨
0xE000ED20	PRI_12	R/W	0	디버그 모니터를 위한 우선순위 레벨
0xE000ED21	–	–	–	–
0xE000ED22	PRI_14	R/W	0	PendSV를 위한 우선순위 레벨
0xE000ED23	PRI_15	R/W	0	SYSTICK을 위한 우선순위 레벨

표 D.19 시스템 핸들러 제어 및 상태 레지스터(0xE000ED24)

비트	이름	종류	리셋값	설명
18	USGFAULTENA	R/W	0	사용 결함 핸들러 활성화
17	BUSFAULTENA	R/W	0	버스 결함 핸들러 활성화
16	MEMFAULTENA	R/W	0	메모리 관리 결함 활성화
15	SVCALLPENDED	R/W	0	SVC 펜딩; SVCall이 시작되었지만, 더 높은 우선순위 익셉션에 의해 대체되었을 때
14	BUSFAULTPENDED	R/W	0	버스 결함 펜딩; 버스 결함 핸들러가 시작되었지만, 더 높은 우선순위 익셉션에 의해 대체되었을 때
13	MEMFAULTPENDED	R/W	0	메모리 관리 결함 펜딩; 메모리 관리 결함이 시작되었지만, 더 높은 우선순위 익셉션에 의해 대체되었을 때
12	USGFAULTPENDED	R/W	0	사용 결함 펜딩; 사용 결함이 시작되었지만, 더 높은 우선순위 익셉션에 의해 대체되었을 때
11	SYSTICKACT	R/W	0	SYSTICK 익셉션이 활성화되어 있다면 1이 읽힌다.
10	PENDSVACT	R/W	0	PendSV 익셉션이 활성화되어 있다면 1이 읽힌다.
8	MONITORACT	R/W	0	디버그 모니터 익셉션이 활성화되어 있다면 1이 읽힌다.
7	SVCALLACT	R/W	0	SVCall 익셉션이 활성화되어 있다면 1이 읽힌다.
3	USGFAULTACT	R/W	0	사용 결함 익셉션이 활성화되어 있다면 1이 읽힌다.
1	BUSFAULTACT	R/W	0	버스 결함 익셉션이 활성화되어 있다면 1이 읽힌다.
0	MEMFAULTACT	R/W	0	메모리 관리 결함 익셉션이 활성화되어 있다면 1이 읽힌다.

주: 비트 12(USGFAULTPENDED)는 Cortex-M3의 버전 0에서는 사용 불가능하다.

표 D.20 메모리 관리 결함 상태 레지스터(0xE000ED28; 바이트 크기)

비트	이름	종류	리셋값	설명
7	MMARVALID	–	0	MMAR이 유효하다는 것을 의미
6:5	–	–	–	–
4	MSTKERR	R/Wc	0	스태킹 오류
3	MUNSTKERR	R/Wc	0	언스태킹 오류
2	–	–	–	–
1	DACCVIOL	R/Wc	0	데이터 접근 침해
0	IACCVIOL	R/Wc	0	명령어 접근 침해

표 D.21 버스 결함 상태 레지스터(0xE000ED29; 바이트 크기)

비트	이름	종류	리셋값	설명
7	BFARVALID	–	0	BFAR이 유효하다는 것을 의미
6:5	–	–	–	–
4	STKERR	R/Wc	0	스태킹 오류
3	UNSTKERR	R/Wc	0	언스태킹 오류
2	IMPREISERR	R/Wc	0	부정확한 데이터 접근 침해
1	PRECISERR	R/Wc	0	정확한 데이터 접근 침해
0	IBUSERR	R/Wc	0	명령어 접근 침해

표 D.22 사용 결함 상태 레지스터(0xE000ED2A; 하프워드 크기)

비트	이름	종류	리셋값	설명
9	DIVBYZERO	R/Wc	0	0으로의 나눗셈이 발생하였다는 것을 가리킨다(DIV_0_TRP가 1로 설정되었을 때만 설정될 수 있다).
8	UNALIGNED	R/Wc	0	비정렬 접근이 발생하였다는 것을 가리킨다(UNALIGN_TRP가 1로 설정되었을 때만 설정될 수 있다).
7:4	–	–	–	–

표 D.22 (계속)

비트	이름	종류	리셋값	설명
3	NOCP	R/Wc	0	코프로세서 명령어를 실행시키려고 했을 때
2	INVPC	R/Wc	0	EXC_RETURN 번호에 잘못된 값을 가진 익셉션을 실행하려고 했을 때
1	INVSTATE	R/Wc	0	유효하지 않은 상태로 전환을 시도하려고 했을 때(예를 들어, ARM)
0	UNDEFINSTR	R/Wc	0	정의되지 않은 명령어를 실행하려고 했을 때

표 D.23 하드 결함 상태 레지스터(0xE000ED2C)

비트	이름	종류	리셋값	설명
31	DEBUGEVT	R/Wc	0	하드 결함이 디버그 이벤트에 의해 발생하였다는 것을 가리킨다.
30	FORCED	R/Wc	0	버스 결함/메모리 관리 결함/사용 결함 때문에 하드 결함이 발생하였다는 것을 가리킨다.
29:2	–	–	–	–
1	VECTBL	R/Wc	0	벡터 페치의 실패에 의해 하드 결함이 야기되었다는 것을 가리킨다.
0	–	–	–	–

표 D.24 디버그 결함 상태 레지스터(0xE000ED30)

비트	이름	종류	리셋값	설명
4	EXTERNAL	R/Wc	0	EDBGRQ 신호가 발생된다.
3	VCATCH	R/Wc	0	벡터 페치가 발생된다.
2	DWTTRAP	R/Wc	0	DWT 매치가 발생된다.
1	BKPT	R/Wc	0	BKPT 명령어가 실행된다.
0	HALTED	R/Wc	0	NVIC에서 중단이 요청된다.

표 D.25 메모리 관리 주소 레지스터 MMAR(0xE000ED34)

비트	이름	종류	리셋값	설명
31:0	MMAR	R	–	메모리 관리 결함을 야기했던 주소

표 D.26 버스 결함 주소 레지스터 BFAR(0xE000ED38)

비트	이름	종류	리셋값	설명
31:0	BFAR	R	–	버스 결함을 야기했던 주소

표 D.27 보조 결함 상태 레지스터(0xE000ED3C)

비트	이름	종류	리셋값	설명
31:0	Vendor controlled	R/Wc	0	벤더 제어(선택 가능)

표 D.28 MPU 유형 레지스터(0xE000ED90)

비트	이름	종류	리셋값	설명
23:16	IREGION	R	0	명령어 영역의 번호; ARMv7-M 아키텍처는 통합된 MPU를 사용하기 때문에, 이것은 항상 0이다.
15:8	DREGION	R	0 또는 8	영역들의 번호가 이 MPU에 의해 지원된다.
0	SEPARATE	R	0	MPU가 항상 통합되어 있기 때문에, 이것은 항상 0이다.

표 D.29 MPU 제어 레지스터(0xE000ED94)

비트	이름	종류	리셋값	설명
2	PRIVDEFENA	R/W	0	특권 모드의 디폴트 메모리 맵을 활성화한다.
1	HFNMIENA	R/W	0	1로 설정되어 있다면, 하드 결함 핸들러와 NMI 핸들러에서 MPU를 활성화할 것이다. 그렇지 않으면, 하드 결함 핸들러와 NMI에서 MPU가 활성화될 수 없다.
0	ENABLE	R/W	0	1로 설정되어 있다면, MPU를 활성화한다.

표 D.30 MPU 영역 번호 레지스터(0xE000ED98)

비트	이름	종류	리셋값	설명
7:0	REGION	R/W	–	프로그램된 영역을 선택한다.

표 D.31 MPU 영역 베이스 주소 레지스터(0xE000ED9C)

비트	이름	종류	리셋값	설명
31:N	ADDR	R/W	–	영역의 베이스 주소; N은 영역 크기에 따라 다르다.
4	VALID	R/W	–	이것이 1이면, 비트[3:0]에서 정의된 REGION이 프로그래밍 단계에서 사용될 것이다. 그렇지 않으면, MPU 영역 번호 레지스터에 의해 선택된 영역이 사용된다.
3:0	REGION	R/W	–	VALID가 1이면, 이 필드는 MPU 영역 번호 레지스터보다 우위에 있다. 그렇지 않으면 이것은 무시된다.

표 D.32 MPU 영역 베이스 속성 및 크기 레지스터(0xE000EDA0)

비트	이름	종류	리셋값	설명
31:29	Reserved	–	–	–
28	XN	R/W	–	명령어 접근 비활성화(1 = 비활성화)
27	Reserved	–	–	–
26:24	AP	R/W	–	데이터 접근 권한 필드
23:22	Reserved	–	–	–
21:19	TEX	R/W	–	유형 확장 필드
18	S	R/W	–	공유 가능
17	C	R/W	–	캐시 가능
16	B	R/W	–	버퍼 가능
15:8	SRD	R/W	–	서브영역 비활성화
7:6	Reserved	–	–	–
5:1	REGION SIZE	R/W	–	MPU 보호 영역 크기
0	SZENABLE	R/W	–	영역 활성화

표 D.33 MPU 앨리어스 레지스터(0xE000EDA4–0xE000EDB8)

주소	이름	설명
0xE000EDA4	D9C의 앨리어스	MPU 앨리어스 1 영역 베이스 주소 레지스터
0xE000EDA8	DA0의 앨리어스	MPU 앨리어스 1 영역 속성 및 크기 레지스터
0xE000EDAC	D9C의 앨리어스	MPU 앨리어스 2 영역 베이스 주소 레지스터
0xE000EDB0	DA0의 앨리어스	MPU 앨리어스 2 영역 속성 및 크기 레지스터
0xE000EDB4	D9C의 앨리어스	MPU 앨리어스 3 영역 베이스 주소 레지스터
0xE000EDB8	DA0의 앨리어스	MPU 앨리어스 3 영역 속성 및 크기 레지스터

표 D.34 디버그 중단 제어 및 상태 레지스터(0xE000EDF0)

비트	이름	종류	리셋값	설명
31:16	KEY	W	–	디버그 키; 이 레지스터에 값을 쓰기 위해서는 0xA05F의 값이 이 필드에 쓰여져야 한다. 그렇지 않으면, 그 쓰기가 무시될 것이다.
25	S_RESET_ST	R	–	코어가 리셋되었거나 리셋될 것이다. 이 비트는 읽으면 0으로 클리어된다.
24	S_RETIRE_ST	R	–	마지막으로 읽기를 한 후 명령어가 완료된다. 이 비트는 읽으면 0으로 클리어된다.
19	S_LOCKUP	R	–	이 비트가 1이면, 코어는 락 상태에 있게 된다.
18	S_SLEEP	R	–	이 비트가 1이면, 코어는 슬립 모드 상태에 있게 된다.
17	S_HALT	R	–	이 비트가 1이면, 코어는 중단된다.
16	S_REGRDY	R	–	레지스터 읽기/쓰기 동작이 완료된다.
15:6	Reserved	–	–	예약됨
5	C_SNAPSTALL	R/W	–	중단된 메모리 접근을 멈추게 하기 위해 사용된다.
4	Reserved	–	–	예약됨
3	C_MASKINTS	R/W	–	스테핑 동안의 마스크 인터럽트; 프로세서가 중단되어 있을 때만 수정될 수 있다.
2	C_STEP	R/W	–	프로세서의 단일 스테핑; C_DEBUGEN이 1로 설정되어 있을 때만 유효하다.
1	C_HALT	R/W	–	프로세서 코어를 중단시킨다. C_DEBUGEN이 1로 설정되어 있을 때만 유효하다.
0	C_DEBUGEN	R/W	–	중단 모드 디버그를 활성화시킨다.

표 D.35 디버그 코어 레지스터 선택 레지스터(0xE000EDF4)

비트	이름	종류	리셋값	설명
16	REGWnR	W	–	데이터 전송의 방향 쓰기 = 1, 읽기 = 0
15:5	Reserved	–	–	–
4:0	REGSEL	W	–	접근될 레지스터 00000 = R0 00001 = R1 ...

표 D.35 (계속)

비트	이름	종류	리셋값	설명
				01111 = R15 10000 = xPSR/Flags 10001 = MSP(메인 스택 포인터) 10010 = PSP(프로세스 스택 포인터) 10100 =특별한 레지스터: [31:24] 제어 [23:16] FAULTMASK [15:8] BASEPRI [7:0] PRIMASK
0				다른 값들은 예약되어 있다.

표 D.36 디버그 코어 레지스터 데이터 레지스터(0xE000EDF8)

비트	이름	종류	리셋값	설명
31:0	Data	R/W	–	결과를 읽은 레지스터값을 저장하거나 선택된 레지스터로 데이터를 쓰기 위한 데이터 레지스터

표 D.37 디버그 익셉션 및 모니터 제어 레지스터(0xE000EDFC)

비트	이름	종류	리셋값	설명
24	TRCENA	R/W	0	트레이스 시스템 활성화; DWT, ETM, ITM, TPIU를 사용하기 위해, 이 비트는 1로 설정되어야 한다.
23:20	Reserved	–	–	예약됨
19	MON_REQ	R/W	0	디버그 모니터가 하드웨어 디버그 이벤트가 아닌 수동의 펜딩 요구에 의해 야기되었다는 것을 가리킨다.
18	MON_STEP	R/W	0	프로세서의 단일 스테핑; MON_EN이 1로 설정되어 있을 때만 유효하다.
17	MON_PEND	R/W	0	모니터 익셉션 요청을 펜딩시킨다. 우선순위가 허락될 때, 코어는 모니터 익셉션에 진입할 것이다.
16	MON_EN	R/W	0	디버그 모니터 익셉션 활성화
15:11	Reserved	–	–	예약됨
10	VC_HARDERR	R/W	0	하드 결함에서의 디버그 트랩

표 D.37 (계속)

비트	이름	종류	리셋값	설명
9	VC_INTERR	R/W	0	인터럽트/익셉션 서비스 오류에서의 디버그 트랩
8	VC_BUSERR	R/W	0	버스 결함에서의 디버그 트랩
7	VC_STATERR	R/W	0	사용 결함 상태 오류에서의 디버그 트랩
6	VC_CHKERR	R/W	0	사용 결함-활성화 확인 오류에서의 디버그 트랩(예를 들어, 비정렬, 0으로의 나눗셈)
5	VC_NOCPERR	R/W	0	코프로세서 오류에서의 사용 결함에 대한 디버그 트랩
4	VC_MMERR	R/W	0	메모리 관리 결함에서의 디버그 트랩
3:1	Reserved	–	–	예약됨
0	VC_CORERESET	R/W	0	코어 리셋에 대한 디버그 트랩

표 D.38 소프트웨어 트리거 인터럽트 레지스터(0xE000EF00)

비트	이름	종류	리셋값	설명
8:0	INTID	W	–	인터럽트의 펜딩 비트에 인터럽트 번호 세트를 쓴다.

표 D.39 NVIC 주변장치 ID 레지스터(0xE000EFD0-0xE000EFFC)

주소	이름	종류	리셋값	설명
0xE000EFD0	PERIPHID4	R	0x04	주변장치 ID 레지스터
0xE000EFD4	PERIPHID5	R	0x00	주변장치 ID 레지스터
0xE000EFD8	PERIPHID6	R	0x00	주변장치 ID 레지스터
0xE000EFDC	PERIPHID7	R	0x00	주변장치 ID 레지스터
0xE000EFE0	PERIPHID0	R	0x00	주변장치 ID 레지스터
0xE000EFE4	PERIPHID1	R	0xB0	주변장치 ID 레지스터
0xE000EFE8	PERIPHID2	R	0x0B/0x1B	주변장치 ID 레지스터
0xE000EFEC	PERIPHID3	R	0x00	주변장치 ID 레지스터
0xE000EFF0	PCELLID0	R	0x0D	컴포넌트 ID 레지스터
0xE000EFF4	PCELLID1	R	0xE0	컴포넌트 ID 레지스터
0xE000EFF8	PCELLID2	R	0x05	컴포넌트 ID 레지스터
0xE000EFFC	PCELLID0	R	0xB1	컴포넌트 ID 레지스터

주: PERIPHID2 값은 Cortex-M3 버전 0에서는 0x0B이고, 버전 1에서는 0x1B이다.

Appendix E

Cortex-M3 문제해결 가이드

개요

Cortex-M3를 사용할 때 해볼 만한 일 중 하나는 프로그램이 잘못되었을 때, 그 문제를 찾아내는 것이다. Cortex-M3 프로세서는 이 문제 해결에 도움을 주는 많은 결함 상태 레지스터들을 제공하고 있다(표 E.1 참고).

표 E.1 Cortex-M3에서의 결함 상태 레지스터

주소	레지스터	전체 이름	크기
0xE000ED28	MMSR	MemManage 결함 상태 레지스터	바이트
0xE000ED29	BFSR	버스 결함 상태 레지스터	바이트
0xE000ED2A	UFSR	사용 결함 상태 레지스터	하프워드
0xE000ED2C	HFSR	하드 결함 상태 레지스터	워드
0xE000ED30	DFSR	디버그 결함 상태 레지스터	워드
0xE000ED3C	AFSR	보조 결함 상태 레지스터	워드

MMSR, BFSR, UFSR 레지스터는 워드 전송 명령어를 사용하여 전송하면서 접근될 수 있다. 이 상황에서 통합된 결함 상태 레지스터는 설정 가능한 결함 상태 레지스터(CFSR)라고 불린다.

또 다른 중요한 정보는 스택에 저장된 프로그램 카운터(PC)이다. 이것은 메모리 주소 [SP + 0x24]에 위치한다. Cortex-M3에는 두 개의 스택 포인터가 있기 때문에, 결함 핸들러는 스택에 저장된 PC를 얻기 전에 어떤 스택 포인터를 사용할지 결정해야 한다.

버스 결함과 메모리 관리 결함에서는, 결함을 야기했던 주소를 알아낼 수도 있다. 이것은 MemManage(메모리 관리) 결함 주소 레지스터(MMAR)와 버스 결함 주소 레지스터(BFAR)에 접근함으로써 알 수 있다. 이 두 레지스터의 내용은 (MMSR 안의) MMAVALID 비트 또는 (BFSR 안의) BFARVALID 비트가 1로 설정되어 있을 때에만 유효하다. MMAR과 BFAR은 물리적으로 동일한 레지스터이다. 따라서 그것들은 한 번에 하나만 유효하다(표 E.2 참고).

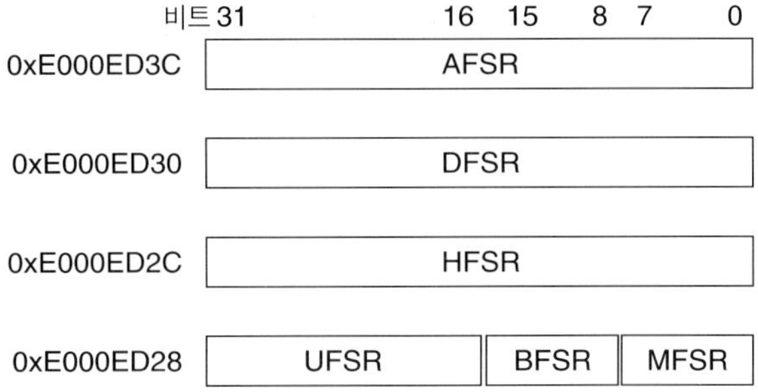

그림 E.1 접근 결함 상태 레지스터

표 E.2 Cortex-M3에서의 결함 주소 레지스터

주소	레지스터	전체 이름	크기
0xE000ED34	MMAR	MemManage 결함 주소 레지스터	워드
0xE000ED38	BFAR	버스 결함 주소 레지스터	워드

마지막으로, 결함 핸들러에 진입할 때의 링크 레지스터(LR)값은 결함의 원인에 대한 힌트를 제공한다. 유효하지 않은 EXC_RETURN값에 의해서 야기되는 결함들의 경우, 결함 핸들러에 진입할 때의 LR값은 결함이 발생하였을 때의 이전 LR값을 보여주기 때문에, LR이 유효하지 않은 리턴값을 가지고 끝난 이유를 확인하기 위해 소프트웨어 프로그래머들은 이 정보를 사용할 수 있다.

결함 핸들러의 개발

대부분의 경우, 개발 시스템을 위한 결함 핸들러와 실제 동작하는 시스템을 위한 결함 핸들러는 서로 다르다. 소프트웨어 개발을 위한 결함 핸들러는 오류의 유형을 기록하는 데 초점이 맞추어져 있어야 한다. 반면에, 동작하는 시스템을 위한 결함 핸들러는 보통 시스템 복원 동작에 초점이 맞추어져 있을 것이다. 시스템 복원 동작은 설계 유형과 요구사항에 의해 매우 영향을 많이 받기 때문에, 여기서는 결함 기록에 대해서만 다루도록 하겠다.

복잡한 시스템에서는 결함 핸들러 내에 결과를 출력하는 대신, 이 레지스터들의 내용을 메모리 블록에 복사하고, 결함의 상세 내용을 나중에 기록하기 위해 PendSV를 사용할 수 있다. 이것은 디스플레이나 출력 루틴에서 락업을 야기하는 잠재적인 결함을 피할 수 있게 해준다. 간단한 어플리케이션에서는 이것이 문제가 되지 않으며, 결함의 상세 내용이 결함 핸들러 루틴 안에서 직접 출력될 수 있다.

결함 상태 레지스터 기록

결함 핸들러의 가장 기본적인 단계는 결함 상태 레지스터값을 기록하는 것이다. 이것은 다음의 것들을 포함한다.

- UFSR
- BFSR
- MMSR
- HFSR
- DFSR
- AFSR(선택 가능)

스택에 저장된 PC 기록

스택에 저장된 PC값을 얻는 단계는 이 책의 SVC 예제와 유사하다.

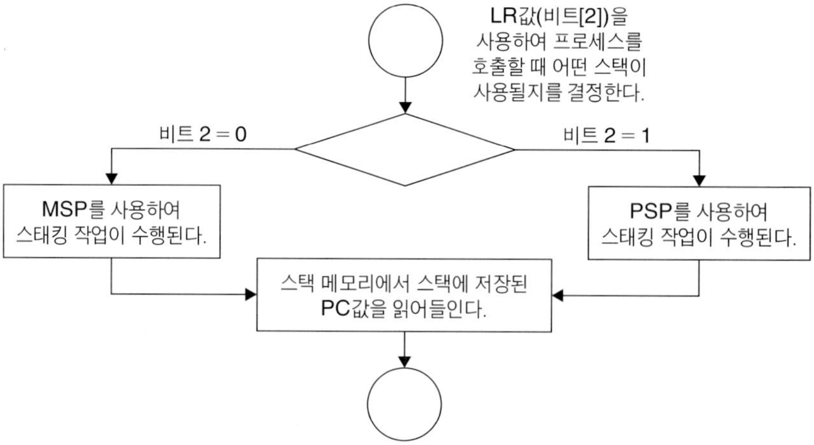

그림 E.2 스택 메모리에서 스택에 저장된 PC값 얻기

이 프로세스는 다음과 같은 어셈블리어에서 수행될 수 있다.

```
TST     LR, #0x4          ; LR 비트 2 안에 있는 EXC_RETURN값을 테스트함
ITTEE   EQ                ; 만약 0이면, (같으면)
MRSEQ   R0, MSP           ; 메인 스택이 사용되며, R0에 MSP를 넣음
LDREQ   R0, [R0, #24]     ; 스택으로부터 스택에 저장된 PC값을 읽어들임
MRSNE   R0, PSP           ; 그렇지 않으면, 프로세스 스택이 사용되며, PSP를 R0에 넣음
LDRNE   R0, [R0, #24]     ; 스택으로부터 스택에 저장된 PC값을 읽어들임
```

디버깅에 도움을 주기 위해, 이 문제를 쉽게 해결할 수 있도록 역어셈블된 코드 리스트 파일을 생성할 수 있다.

결함 주소 레지스터 읽기

결함 주소 레지스터는 MMARVALID 또는 BFARVALID가 0으로 클리어된 후 지워진다. 결함 주소 레지스터로 정확하게 접근하기 위해, 다음의 과정이 사용되어야 한다.

1. BFAR/MMAR을 읽는다.
2. BFARVALID/MMARVALID를 읽는다. 만약 그것이 0이면, BFAR/MMAR 읽기는 무시될 것이다.
3. BFARVALID/MMARVALID를 0으로 클리어한다.

먼저 유효 비트들을 읽지 않고 이 과정을 수행하는 이유는 유효 비트가 읽힌 다음, 결함 핸들러가 우선순위가 더 높은 다른 결함 핸들러에 의해 선점되지 못하도록 하기 위해서이다. 이는 다음과 같은 잘못된 결함-기록 과정을 야기할 수 있다.

1. BFARVALID/MMARVALID를 읽는다.
2. BFAR/MMAR을 읽기 위해 유효한 비트를 1로 설정한다.
3. 더 높은 우선순위의 익셉션이 기존의 결함 핸들러를 선점하며, 그것은 또 다른 결함을 야기하고, 또 다른 결함 핸들러가 실행되게 한다.
4. 더 높은 우선순위 결함 핸들러는 BFAR/MMAR이 지워지도록 BFARVALID/MMARVALID 비트를 0으로 클리어한다.
5. 본래의 결함 핸들러로 되돌아간 후, BFAR/MMAR이 읽혀지지만, 이제 그 내용은

유효하지 않으며, 결함 주소의 부정확한 기록을 야기한다.

그러므로, 주소 레지스터의 내용이 유효함을 보장하기 위해 결함 주소 레지스터를 읽은 다음 BFARVALID/MMARVALID를 읽는 것이 중요하다.

결함 상태 비트 클리어하기

결함 핸들러가 실행된 다음 이전에 실행된 결함이 결함 핸들러를 혼동시키지 않도록 하기 위해서는, 결함 기록이 수행된 후에 FSR 안에 있는 결함 상태 비트가 0으로 클리어되어야 한다. 만약 결함 주소 유효 비트가 0으로 클리어되지 않는다면, 결함 주소 레지스터는 다음 결함을 위해 업데이트되지 않을 것이다.

기타

결함 핸들러의 시작 부분에는 LR의 내용을 저장해 두어야 한다. 하지만, 만약 결함이 스택 오류에 의해 야기된다면, LR을 스택에 넣는 작업은 상황을 더 악화시킬 것이다. 알다시피 R0–R3와 R12는 이미 저장되었고, 어떤 함수 호출을 수행하기 전에 이 레지스터들의 내용에 LR을 복사할 수 있기 때문이다.

결함의 원인 이해하기

필요한 정보를 얻은 다음, 문제의 원인을 규명할 수 있다. 표 E.3 ~ E.7은 결함이 발생한 일반적인 원인에 대해 몇 가지 나열하고 있다.

표 E.3 MemManage 결함 상태 레지스터

비트	가능한 원인
MSTKERR	스태킹 작업(익셉션의 시작) 동안 발생하는 오류 1) 스택 포인터가 훼손되었을 때 2) 스택 크기가 너무 커서 MPU에 의해 정의되지 않은 영역까지 이르렀거나 MPU 설정에서 허용되지 않을 때
MUNSTKERR	언스태킹 작업(익셉션의 끝) 동안 발생하는 오류. 만약 스태킹 작업 동안에는 오류가 없지만 언스태

표 E.3 (계속)

비트	가능한 원인
	킹 작업 동안 오류가 발생하였을 때, 일어날 수 있다. 1) 익셉션 동안에 스택 포인터가 훼손되었을 때 2) 익셉션 핸들러에 의해 MPU 설정이 변경되었을 때
DACCVIOL	메모리 접근 보호 영역으로의 침해. 이것은 MPU 설정에 의해 정의된다. 예를 들어, 특권 모드에서만의 접근 영역에 사용자 어플리케이션이 접근을 시도할 때
IACCVIOL	1) 메모리 접근 보호 영역으로의 침해. 이것은 MPU 설정에 의해 정의된다. 예를 들어, 특권 모드에서만의 접근 영역에 사용자 어플리케이션이 접근을 시도할 때. 스택에 저장된 PC값은 문제를 야기한 코드에 의해 위치가 정해질 수 있다. 2) 실행할 수 없는 영역으로의 분기 3) 유효하지 않은 익셉션 리턴 코드 4) 익셉션 벡터 테이블로의 유효하지 않은 진입. 예를 들어, 전통적인 ARM 코어를 위한 실행 가능한 이미지를 메모리로 로딩하거나 벡터 테이블이 셋업되기 전에 익셉션이 발생할 때 5) 익셉션 처리 동안 스택에 저장된 PC가 훼손될 때

표 E.4 버스 결함 상태 레지스터

비트	가능한 원인
STKERR	스태킹 작업(익셉션의 시작) 동안 발생하는 오류 1) 스택 포인터가 훼손되었을 때 2) 스택 크기가 너무 커서 MPU에 의해 정의되지 않은 영역까지 이르렀을 때 3) PSP가 사용되지만 초기화되지 않았을 때
UNSTKERR	언스태킹 작업(익셉션의 끝) 동안 발생하는 오류. 만약 스태킹 작업 동안에는 오류가 없지만 언스태킹 작업 동안 오류가 발생한다면, 익셉션 동안 스택 포인터가 훼손되었을 것이다.
IMPREISERR	데이터 접근 동안의 버스 결함. 이것은 초기화되지 않은 장치에 의해 또는 사용자 모드에서 특권 영역으로 접근을 시도하였을 때, 또는 특별한 장치에 대해 정확하지 않은 전송 크기로 접근하였을 때 야기될 수 있다.
PRECISERR	데이터 접근 동안의 버스 결함. 결함 주소는 BFAR에 의해 가리켜질 수 있다. 버스 결함은 초기화되지 않은 장치에 의해 또는 사용자 모드에서 특권 영역으로 접근을 시도하였을 때, 또는 특별한 장치에 대해 정확하지 않은 전송 크기로 접근하였을 때 야기될 수 있다.
IBUSERR	1) 메모리 접근 보호 영역으로의 침해. 이것은 MPU 설정에 의해 정의된다. 예를 들어, 특권 모드에서만의 접근 영역에 사용자 어플리케이션이 접근을 시도할 때 2) 실행할 수 없는 영역으로의 분기 3) 유효하지 않은 익셉션 리턴 코드

표 E.4 (계속)

비트	가능한 원인
	4) 익셉션 벡터 테이블로의 유효하지 않은 진입. 예를 들어, 전통적인 ARM 코어를 위한 실행 가능한 이미지를 메모리로 로딩하거나 벡터 테이블이 셋업되기 전에 익셉션이 발생할 때 5) 익셉션 처리 동안 스택에 저장된 PC가 훼손될 때

표 E.5 사용 결함 상태 레지스터

비트	가능한 원인
DIVBYZERO	0으로의 나눗셈이 발생하고 DIV_0_TRP가 1로 설정되었을 때 야기된다. 결함을 야기하는 코드는 스택에 저장된 PC를 사용하여 찾아낼 수 있다.
UNALIGNED	UNALIGN_TRP가 1로 설정되었을 때 비정렬 접근을 시도한다. 결함을 야기하는 코드는 스택에 저장된 PC를 사용하여 찾아낼 수 있다.
NOCP	코프로세서 명령어를 실행시키려고 하였을 때. 결함을 야기하는 코드는 스택에 저장된 PC를 사용하여 찾아낼 수 있다.
INVPC	1) 익셉션 리턴 동안 EXC_RETURN 번호 안에 유효하지 않은 값을 가질 때. 예를 들어, • EXC_RETURN = 0xFFFFFFF1을 가진 쓰레드를 리턴할 때 • EXC_RETURN = 0xFFFFFFF9를 가진 핸들러를 리턴할 때 이 문제를 조사하기 위해, 현재의 LR값은 익셉션 리턴을 실패했을 때의 LR값을 제공하고 있다. 2) 유효하지 않은 익셉션 활성화 상태. 예를 들어, • 현재 익셉션을 위한 익셉션 활성화 비트가 이미 클리어된 상태에서의 익셉션 리턴. VECTCLRACTIVE의 사용에 의해 야기되거나 NVIC SHCSR에서의 익셉션 활성화 상태가 클리어되었을 때 발생 • 한 개의(또는 그 이상) 익셉션 활성화 비트가 여전히 활성화될 때 쓰레드로 익셉션 리턴 3) 스택에 저장된 IPSR이 부정확하게 만드는 스택 훼손. INVPC 결함에 대해 스택에 저장된 PC는 결함 익셉션이 메인/선점형 프로그램에 인터럽트를 거는 시점을 보여준다. 그 문제의 원인을 조사하기 위해, ITM에서의 익셉션 트레이스 특징을 사용하는 것이 가장 좋다. 4) 현재 명령어에 대해 유효하지 않은 ICI/IT 비트. 이것은 다중 로드/스토어 명령어가 인터럽트를 야기할 때 발생할 수 있다. 인터럽트 핸들러 안에서는 스택에 저장된 PC가 수정된다. 인터럽트 리턴이 발생하면, 0이 아닌 ICI 비트는 ICI 비트를 사용하지 않는 명령어에 적용된다. 스택에 저장된 PSR의 훼손 때문에 동일한 문제가 발생할 수도 있다.
INVSTATE	1) LSB가 0인 경우 분기 타깃 주소를 PC로 로딩한다. 스택에 저장된 PC는 분기 타깃을 나타낸다. 2) 벡터 테이블 안에 있는 벡터 주소의 LSB는 0이다. 스택에 저장된 PC는 익셉션 핸들러의 시작을 보여준다.

표 E.5 (계속)

비트	가능한 원인
	3) 익셉션 처리 동안에 스택에 저장된 PSR을 훼손한다. 익셉션 후에 코어는 ARM 상태에서 인터럽트된 코드로 되돌아가려고 한다.
UNDEFINSTR	1) Cortex-M3에서 지원되지 않는 명령어의 사용 2) 잘못된/훼손된 메모리 내용 3) 링크 단계에서의 ARM 오브젝트 코드를 로딩한다. 컴파일 단계를 확인한다. 4) 명령어 정렬 문제. 예를 들어, GNU 툴 체인이 사용된다면, .ascii 뒤에 .align을 생략하는 것은 다음 명령어가 (하프워드 주소 대신 홀수 메모리 주소에서 시작하도록) 정렬되지 않는 상황을 야기할 수 있다.

표 E.6 하드 결함 상태 레지스터

비트	가능한 원인
DEBUGEVF	이 결함은 디버그 이벤트에 의해 야기된다. 1) 브레이크포인트/와치포인트 이벤트 2) 하드 결함 핸들러가 실행되면, 모니터 핸들러(MON_EN=0)를 활성화하지 않거나 중단 디버그(C_DEBUGEN=0)를 활성화하지 않고 BKPT를 실행할 때 야기될 수 있다. 디폴트로 어떤 C 컴파일러들은 BKPT를 사용하는 세미호스팅 코드를 포함하고 있을 수 있다.
FORCED	1) SVC/모니터 내의 SVC/BKPT를 실행할 때, 또는 동일하거나 더 높은 우선순위를 갖는 다른 핸들러를 실행할 때 2) 결함이 발생되었지만, 그에 상응하는 핸들러가 비활성화되어 있거나 시작될 수 없을 때. 동일하거나 더 높은 우선순위를 가진 또 다른 익셉션이 실행되고 있거나 익셉션이 마스킹되어 있기 때문에 발생한다.
VECTBL	벡터 페치 실패. 이 결함은 다음과 같은 상황에 의해 야기될 수 있다. 1) 벡터 페치에서의 버스 결함 2) 부정확한 벡터 테이블 오프셋 셋업

표 E.7 디버그 결함 상태 레지스터

비트	가능한 원인
EXTERNAL	EDBGRQ 신호가 발생하였을 때
VCATCH	벡터 캐치 이벤트가 발생하였을 때
DWTTRAP	DWT 와치포인트 이벤트가 발생하였을 때
BKPT	1) 브레이크포인트 명령어가 실행되었을 때 2) FPB 장치가 브레이크포인트 이벤트를 생성하였을 때 어떤 경우, BKPT 명령어는 세미호스팅 디버깅 셋업의 일부로 C 스타트업 코드에 의해 삽입될 수 있다. 이것은 실제 어플리케이션 코드를 위해 제거되어야 한다. 상세한 사항은 컴파일 문서를 참고하도록 하라.
HALTED	NVIC 안에서의 중단 요청

다른 가능한 문제점들

많은 여러 가지 일반적인 문제점들에 대해서 표 E.8에 나타내었다.

표 E.8 다른 가능한 문제점들

상황	가능한 원인
프로그램 실행이 없을 때	벡터 테이블이 부정확하게 설정될 수 있다. • 부정확한 메모리 위치에 놓일 때 • 벡터의 LSB(하드 결함 핸들러 포함)가 1로 설정되어 있지 않을 때 • 벡터 테이블에서의 분기 명령어(전통적인 ARM 프로세서에서의 벡터 테이블에서처럼)를 사용할 때 벡터 테이블이 정확하게 셋업되었는지 아닌지를 확인하기 위한 역어셈블 코드 리스트를 생성한다.
몇 가지 명령어들 다음에 프로그램이 깨졌을 때	부정확한 엔디안 설정 또는 부정확한 스택 포인터 설정(벡터 테이블 확인) 또는 전통적인 ARM 프로세서의 C 오브젝트 라이브러리의 사용(Thumb 코드 대신 ARM 코드)에 의해 야기될 수 있다. 추가적인 C 오브젝트 라이브러리 코드는 C 스타트업 루틴의 일부가 될 수 있다. Thumb 또는 Thumb-2 라이브러리 파일들이 사용되었는지 보장하기 위해 컴파일러와 링커 옵션을 확인해 보도록 하자.

찾아보기

ARM Cortex-M3 완벽 가이드

초판 1쇄 발행 : 2009년 3월 5일

지은이 Joseph Yiu(조셉 위)
옮긴이 임희연
발행인 최규학

기획 · 진행 장성두
마케팅 최복락
교정 · 교열 홍희정
본문디자인 늘푸른나무

발행처 도서출판 ITC
등록번호 제8-399호
등록일자 2003년 4월 15일

주소 경기도 파주시 교하읍 문발리 파주출판단지 535-7
세종출판벤처타운 307호
전화 031-955-4353(대표)
팩스 031-955-4355
이메일 itc@itcpub.co.kr

용지 신승지류유통 인쇄 해외정판사 제본 반도제책사

ISBN-10 : 89-90758-21-1
ISBN-13 : 978-89-90758-21-7 13560

값 25,000원

www.itcpub.co.kr